"十四五"国家重点图书出版规划

# 中国疏浚简史

## 【第一卷】

中国交通建设集团有限公司 组织编写

龙登高 主编

许天成 佘雪琼 编著

清华大学出版社

北京

## 内 容 简 介

本书是一部系统性的中国疏浚通史,共两卷,每卷分为上、下两篇,上篇简要梳理不同历史阶段中国疏浚的演变与发展特征,下篇通过专题研究深入考察疏浚技术与重大工程,兼顾专业性与大众化。

第一卷内容涵盖先秦、汉唐至宋元明清时期各类内河疏浚,首次系统总结了我国传统疏浚技术与施工方法、杰出人物及其疏浚思想,在治理都江堰、大运河、黄河、淮河等方面的疏浚成就,及其在航运、水利灌溉与抗击自然灾害中的重要作用。第二卷通过对尘封的原始中英文档案的梳理,揭示了 1840 年至 1949 年社会经济与疏浚需求的变化之下,海河工程局、浚浦工程局、辽河工程局、中央水工试验所等现代疏浚机构应运而生与曲折发展的历程,疏浚基础理论与技术设备的发展,疏浚专业人才的成长,海河航道、浦江浚治等代表性的疏浚重大工程及其推动航运贸易与港口建设的贡献。

**图书在版编目(CIP)数据**

中国疏浚简史.第一卷/中国交通建设集团有限公司组织编写;龙登高主编. —北京:清华大学出版社,2022.12
ISBN 978-7-302-59563-2

Ⅰ.①中… Ⅱ.①中… ②龙… Ⅲ.①河道整治—水利史—中国 Ⅳ.①TV882

中国版本图书馆 CIP 数据核字(2021)第 239563 号

**责任编辑:**王巧珍
**封面设计:**傅瑞学
**责任校对:**王荣静
**责任印制:**丛怀宇

**出版发行:**清华大学出版社
    **网  址:**http://www.tup.com.cn,http://www.wqbook.com
    **地  址:**北京清华大学学研大厦 A 座    **邮  编:**100084
    **社 总 机:**010-83470000       **邮  购:**010-62786544
    **投稿与读者服务:**010-62776969,c-service@tup.tsinghua.edu.cn
    **质量反馈:**010-62772015,zhiliang@tup.tsinghua.edu.cn
**印 装 者:**三河市东方印刷有限公司
**经  销:**全国新华书店
**开  本:**170mm×240mm   **印  张:**38    **字  数:**640 千字
**版  次:**2022 年 12 月第 1 版     **印  次:**2022 年 12 月第 1 次印刷
**定  价:**180.00 元(第一、二卷)

产品编号:089497-01

# 《中国疏浚简史》编委会

## 一、编委会顾问

黄镇东　李盛霖　钮茂生　翁孟勇　何建中　付绪银

严以新　林忠钦　李天碧　周纪昌　刘起涛　孟凤朝

朱碧新　陈　云　宋海良　文　岗　彭兴第　张喜刚

林　鸣　王景全　王　浩　曲久辉　张建云　王复明

邓铭江　李华军　王焰新　胡亚安　余　波　侯金龙

徐三好　陈玉胜　杨力强　甄少华　刘湘东　傅俊元

杨永胜　蒋　千　姜明宝　解曼莹　肖大选　张宝晨

## 二、指导委员会

主　　　任：王彤宙　王海怀　徐　光

常务副主任：刘　翔　彭碧宏　孙子宇　王　建　裴岷山

　　　　　　陈　重　周静波　李茂惠　朱宏标　杨志超

副　主　任：(按姓氏笔画排序)

丁文智　马建伟　马洪波　马　颖　王小勇　王先进

王雨春　王建华　王承斌　王　宣　王　泰　王家维

韦德鉴　卢学东　叶　春　史福生　包起帆　司　政

吉同祥　任子敬　过兴发　朱旭峰　朱鲁存　任建华

向功顺　刘文生　刘伯莹　刘永河　刘　俊　汤震宇

孙有恒　孙国升　苏建光　杜国志　李立东　李现社

李清波　杨　启　肖　乾　何炎平　余　帆　张水波

张华庆　张佩良　张原锋　陈广桐　陈耳东　陈志平

陈桂亚　陈鸿起　陈德顺　苗建中　范锦春　林　健

金国亮　周志禹　周擎红　郑金海　单保庆　屈　强

孟咸宏　赵　军　赵明江　姜赛娇　姜　霞　宫　成

费　龙　顾金山　徐　健　徐　颂　徐德贵　凌　云

高仁波　唐伯明　谈传生　桑　勇　曹江洪　寇　军

随守信　屠清奎　董战峰　蒋昌波　韩利威　韩建波

谢　健　窦希萍　蔡　辉　谭　岚　潘新春　薛　冰

戴济群

### 三、审查委员会：

主　　任：孙子宇

常务副主任：顾　明　汪双杰　廖朝华　孟凡超　张志明

副　主　任：刘成云　周长江　王永彬　慈正开　孙立强　郭主龙

　　　　　　王京春　赵　晖　路　军　贡忠芳　赵喜安　吴　澎

　　　　　　吴明先　王仁贵　陈楚江　祝世华　卢永昌　李一勇

　　　　　　曹根祥　程泽坤　周　海　吕卫清　吴今权　吴利科

　　　　　　徐梅坤　王仙美　季则舟　刘德进　杨国平　程新生

成　　员：（按姓氏笔画排序）

　　　　　　丁红林　万军杰　马文彬　王文俊　王世峰　王建岳

　　　　　　王　珏　王　俊　王洪涛　王　震　毛元平　方丘泽

　　　　　　邓新安　邓　磊　平　萍　卢耀军　由广君　由瑞凯

| | | | | | |
|---|---|---|---|---|---|
| 白银战 | 白聚敏 | 邢佩旭 | 曲贝贝 | 朱连宇 | 任回兴 |
| 向 剑 | 刘圣伟 | 刘 军 | 刘连战 | 刘萍芳 | 李伟仪 |
| 李金明 | 李宗平 | 李祝龙 | 李惠明 | 李富春 | 李 聪 |
| 李 磊 | 李 灏 | 杨向阳 | 杨 晖 | 肖玉芳 | 吴爱清 |
| 吴益炳 | 吴维忠 | 宋文涛 | 张文海 | 张江亭 | 张言东 |
| 张 鸿 | 张 震 | 陈 平 | 陈夏波 | 武永涛 | 林懿翀 |
| 罗 冬 | 季振祥 | 孟祥源 | 赵 宏 | 胡利斌 | 胡国丹 |
| 胡雄伟 | 查长苗 | 姜海斌 | 洪 进 | 姚彦敏 | 柴信众 |
| 徐汉洲 | 高全生 | 郭 力 | 唐桥梁 | 唐海军 | 龚 海 |
| 崔玉萍 | 崔 伟 | 崔珂琳 | 康 卓 | 章始红 | 梁 赟 |
| 蒋 伟 | 蒋筱江 | 景奉韬 | 储 彤 | 游 斌 | 赖树奎 |
| 滕爱国 | 潘卫康 | 薛安青 | 冀海军 | 戴界乾 | |

**四、编写委员会：**

主　　　任：周静波

常务副主任：

| 田菊芳 | 刘永满 | 霍胜勇 | 康学增 | 胥昌荣 | 钟文炜 |
|---|---|---|---|---|---|
| 周光涛 | 王柏欢 | 王珉球 | 姜 松 | 何 勇 | 张巧梅 |

副　主　任：

| 彭陆强 | 彭增亮 | 朱朝晖 | 王良才 | 刘若元 | 刘树东 |
|---|---|---|---|---|---|
| 关 巍 | 黄道金 | 张海军 | 武建宏 | 熊 强 | 高 伟 |

成　　　员：

| 范志成 | 徐宗礼 | 杨永舫 | 李纯民 | 郑宗国 | 钱献国 |
|---|---|---|---|---|---|
| 马正平 | 胡永桢 | 顾为同 | 宗源远 | 侯晓明 | 张华松 |
| 邹景林 | 江醒标 | 邓士文 | 周泉生 | 林 风 | 吴兴元 |
| 白植悌 | 梁培福 | 郑 捷 | 殷 生 | 毛昌锋 | 白景银 |
| 张军清 | 李汉江 | 秦 斌 | 史本宁 | 贺 恒 | 程玉来 |

曹湘喜　夏　勇　方君华　顾　勇　刘华锋　丁　健

刘晓兵　彭　清　王　权　陈　林　黄中立　王永吉

刘凤松　霍桂勇　周连营　张晴波　梅志能　方武奇

洪国军　刘裕人　陶润礼　缪袁泉　戴文伯　井　云

毕仲燕　朱　治　周显田　金浩强　董寿山　蒋文杰

李华山　林海聪　黄志军　覃志达　金雷鸣

## 五、编写组：

组　　　　长：赵燕丽

副　组　长：王兴松

主　　　编：龙登高

撰　　　稿：（第一卷）许天成　佘雪琼

　　　　　　（第二卷）水　方　缪德刚　许天成

课题组成员：于经尚　余　江　赵宇翔　苗澍野　郭恩泽

# 序 一

在"两个一百年"的历史交汇点,我们很欣喜地看到,作为疏浚行业的第一部行业通史——《中国疏浚简史》正式同大家见面了。这是中国交通人的幸事,功在当代,利在千秋。

纵观中国交通业的发展,水路交通占据着举足轻重的地位。在古代,陆路交通不发达,水路运输成为重要的交通方式。修建京杭大运河,打通了中国南北水运通道;开辟海上丝绸之路,增进了中国同世界各国的交流。随着疏浚技术的进步和疏浚器具的更新,一系列知名的世界级水利工程相继诞生,古代中国成为名副其实的水运大国。

近代以来,公路、铁路、轮船、管道运输等新型交通工具的兴起,对于中国社会转型乃至对外交流的开展,都具有重大的推动意义。西方列强强加给中国的一系列不平等条约让我们被迫打开国门。随着通商口岸的激增,港口发展进入新阶段,对航道通航能力提出了更高要求,中国民族疏浚业应运而生,开启了疏浚大规模机械工业化的新篇章。天津、上海、广州等重要商埠繁荣发展,推动了中国近现代城市文明的进步。

1949 年 10 月 1 日,中华人民共和国成立后,交通运输业在党的领导下,伴随着新中国的成长而不断壮大。港航疏浚业在新中国成立后更是得到了迅猛发展,涌现出一个又一个"第一":第一个海港疏浚工程——塘沽新港开港工程建成;第一个内陆湖泊疏浚治理工程——1956 年颐和园昆明湖疏浚治理实施。20 世纪 70 年代的"三年大建港"期间,天津港、上海港等一批重大港口工程相继竣工,改变了我国港口的落后面貌,为推动我国交通发展和经济建设发挥了关键作用。

改革开放后,随着港口、航道等交通基础设施加快建设,疏浚行业也有了长足的进步。特别是长江口深水航道整治工程、南京以下—12.5 米航道整治工程建设和沿海港口进港航道(最大 40 万吨散货船)的疏浚建设,大大提高了我国水道的疏浚能力,我国成为当之无愧的世界疏浚大国。

党的十八大以来,在习近平新时代中国特色社会主义思想的指引下,交通运输进入了加快现代综合交通运输体系建设的新阶段。2013年,铁路实现政企分开,交通运输大部门体制改革基本落实到位。2019年,党中央、国务院出台《交通强国建设纲要》,明确了我国到2035年基本建成交通强国的战略目标。作为交通运输业的重要组成部分,疏浚业无论是从装备升级到技术更新,都得到了更大的发展,在港珠澳大桥、深中通道等一批国家重大项目上发挥了关键作用,为中国成为航运大国、交通大国,提升人民群众的获得感、幸福感、安全感作出重要贡献。

习近平总书记指出,我们党的百年历史,就是一部践行党的初心使命的历史,就是一部党与人民心连心、同呼吸、共命运的历史。伴随着建党百年历程,在党的坚强领导下,在社会各界和人民群众的大力支持下,在历代交通人的努力奋斗下,交通运输业发生了翻天覆地的变化,取得了万众瞩目的成就,为实现中华民族伟大复兴中国梦提供了支撑。

作为一部厚重的行业通史,《中国疏浚简史》详尽记录了中华民族自古至今开拓民族疏浚业、交通运输业的艰辛历程,激励当代交通人为推进"交通强国"国家战略的宏大愿景而奋勇前行。

历史是最好的教科书,也是最好的清醒剂。修史是一个反思的过程,这个过程可以帮助我们重新审视发展历程,调整发展视角,拓展思想的深度。我相信,这部《中国疏浚简史》一定能够成为一部对疏浚业、交通业发展产生深远影响的著作,成为一部具有丰富文化内涵和较高学术水准的著作,成为一部对人民负责、对未来负责的著作,成为中国交通运输史发展历程中的重要组成部分。

# 序　二

党的十八大以来,在习近平新时代中国特色社会主义思想指引下,我国疏浚业飞速发展,已经成为世界第一疏浚大国。回顾历史,以史为鉴,继往开来,弘扬疏浚文化,开创新时代疏浚业新局面,意义重大。

我国是一个水旱灾害频发的国家。纵观中国历史,善治国家者必重水利。我国是世界上最早用人工疏通河道、挖运河来发展航运的文明古国。国之润,自疏浚始。几千年来,疏浚与兴水利、除水害相辅相成,为促进社会经济发展作出了突出贡献。

新中国成立后,尤其是改革开放以来,在中国共产党的带领下,发挥集中力量办大事的制度优势,兴建了一大批利国利民的防洪、灌溉、航运等大型工程,人民生活日益改善,国家日益富强。

中国疏浚走过的数千年历史,特别是近代以来疏浚业的发展,积累了宝贵经验,凝聚着艰苦奋斗、创新发展、爱国为民的伟大精神力量。

中国疏浚史,是一部艰苦奋斗史。中国疏浚业的发展镌刻着中华民族奋斗的辉煌。古代疏浚人依靠仅有的原始技术,动用以千万计的人力,构建了我国内河航运网。新中国成立后,疏浚人与时间赛跑,以"宁让汗水漂起船,不让工期拖一天"的拼搏精神完成了我国港口事业的基本布局。改革开放以来,疏浚人更是在冰天雪地开挖航道、在大洋孤岛开辟港口,推动中国七座港口进入世界前十,为我国发展成为全球第一贸易大国提供了重要支撑。

中国疏浚史,是一部创新发展史。我国近代疏浚业发端后,船舶装备远远落后于欧洲发达国家,严重制约了我国港航疏浚事业的发展,国家敏感地带的水文、地质等信息还有泄露的风险。120余年间,在几代疏浚人的共同努力下,我国高端疏浚装备实现了从无到有、从小到大、从弱到强的历史性变革。一大批"大国重器"的建成,为国家经济发展和国防安全提供了重要保障。

中国疏浚史,是一部爱国为民史。人民对美好生活的向往,就是中国疏浚业前进的方向。新中国成立后,百废待兴,港口淤浅,码头失修。中国疏浚人在技术严重落后的情况下,人抬肩扛,保障重大港口恢复使用,确保我国粮食、物资、能源安全。进入新世纪,中国疏浚人不惜一切代价,完成国家重点工程建设,为维护国家主权和地区和平作出了重大贡献。党的十八大以来,中国疏浚业积极投身生态文明建设,开展系统性的流域治理,让疏浚与生态更和谐。向水而行,产业报国,中国疏浚人始终走在为人民谋幸福、为国家谋复兴的征途上。

历史是文化的传承,是人类文明的轨迹。我很欣慰有《中国疏浚简史》这样一部巨作,更喜于中国疏浚文化的繁荣。《中国疏浚简史》是中国疏浚行业首部史书,是中华民族伟大复兴的文化产物。全书系统阐述了疏浚的发展与辉煌,揭示了中华民族的勤劳和智慧以及为美好梦想而奋斗的历史。

中华民族已经迎来了从站起来、富起来到强起来的伟大飞跃。习近平总书记提出"节水优先、空间均衡、系统治理、两手发力"的治水方针,赋予了新时期治水的新内涵、新要求、新任务。站在新的历史起点,让我们鉴古知今,通过学习疏浚历史,激发奋勇拼搏的前进动力,为全面建设社会主义现代化强国而努力奋斗。

水利部原部长、党组书记

河北省原省长

中共中央国家机关工作委员会原主持工作副书记

第十届全国政协常委、民族和宗教委员会主任

中共第十五届、第十六届中央委员

钮茂生

# 目 录

下篇　专题研究

# 绪　言

## 一、"疏浚"要义

疏浚与人类生活和经济活动息息相关，从古至今，生产力、经济与科技的不断发展，催生出日益多样化、专业化的需求。疏浚业务领域不断扩张，其概念也在动态发展变化中。欲流之远也，必浚其泉源。要探寻疏浚概念的起源，并在此基础上有一个比较清晰的界定和定义，不妨先做一点考古和古文字训诂方面的工作。

### （一）"疏浚"溯源

疏浚自始就作用于人类社会与自然环境生态系统的构建和持续完善，如抵御水患、筑建家园、畅通水运、改善环境等。当中华文明的曙光在龙山文化晚期初现于亚洲大陆的东部，浙江良渚（新石器晚期文化之一，存续期约距今 12 000—5 700 年之间）、湖南城头山（距今约 6 000—5 000 年）、河南淮阳平粮台（距今约 4 600 年）、山西陶寺（距今约 4 300—3 900 年）等多地，都出现了人工挖掘的护城河、为改善生产和生活条件而构造的水资源排蓄系统、短途的水运通道等工程。只不过，早期还没有比较成熟的文字系统，难以留下成体系的历史记录。夏代以后，华夏文明进入了幼年时期。4 000 年以来，传说与史实相互交织，被历代中国人民广为传颂的"禹疏九河、开国兴业"等经典，更是疏浚对人类生态文明持续进步积极贡献的印证。

东汉许慎《说文解字》明确指出："疏，通也。"清代朱骏声《说文通训定声》注解："㐬者，子生也；疋者，破包足动也。孕则塞，生则通。"现代的张舜徽《说文约注》："疏之本义为生子气通，因引申为凡疏通、疏解之称。"①在更早的《国语·周

---

① 　吴锡有：《常用汉字字理（象形指事会意卷）》，长春出版社，2012，第 165 页。

语》中，已指明"疏"首先是一个动作。即"疏为川谷，以导其气"。三国时期的韦昭注："疏，通也。"唐代柳宗元在《天说》中也说"疏为川渎、沟洫、陂池"。[①] 而对于"浚"字，《说文解字》等古籍给出了更加详尽、复杂的解释。"浚，抒也。"段玉裁注："抒者挹也，取诸水中也。《春秋经》'浚洙'，《孟子》'使浚井'，《左传》'浚我以生'，义皆同。浚之则深，故《小弁》传曰：'浚，深也。'"[②]不难看出，疏、浚的原始含义，都与水体、河流有关，并且都含有使用非自然的力量，对自然界施加改造的动作。

早期古汉语表现出以单字（语素）作为一个最小独立含义单位构建意群和句子的显著特征。古汉语书面语（文言文）又无标点，在《史记》中虽然已有"疏""浚"两字连续出现的情况，但还不能说这两个字就形成了一个固定词汇。将意思相近的两个字连用，而形成具有固定指代意涵和相应外延的河工专用词汇，明确可见的文本记载，则是在中唐时期。陆贽任同平章事（即宰相）期间，在其所编写的私人文集《陆宣公翰苑集》（宋刊本）中，"疏浚"一词已经出现，记载"如水之发源，壅阏则污泥，疏浚则川沼"等。

当然，古代的疏浚还是一个比较宽泛的概念，蕴含于古代的水利建设、自然灾害（水旱灾害）赈济和治理等活动中。这与当时人类社会知识积累有限，各学科尚未形成明确的概念界定、内涵区隔和外延边界的情况，也是一致的。因此，古代疏浚的创建历史，往往表现为发展生产的灌溉工程（如芍陂、都江堰等），改善交通运输条件的运河工程（如京杭大运河等）和抵御海水咸潮入侵的海塘护岸、蓄淡御咸工程（如它山堰）等。在漫长的历史中，我国历代先民总结出水沙运动的一般认识规律，产生了保护环境尤其是保护植被的宝贵思想；在行洪放淤、裁弯取直加快流速、"束水攻沙"等当时先进思想的指导下，又展开了治理黄河、淮河、长江、运河的可歌可泣的伟大实践。这些疏浚实践与水利、水运等其他学科，也存在着交叠重合的情况。

（二）疏浚的内涵及其延展

近代科学和工程学意义上的专门疏浚行业，始于16世纪的荷兰。得益于工业革命以后飞速发展的生产力和日新月异的科学进步，这个行业终于从人类传统的水利工程实践中，脱胎换骨，迅速发展。中国近现代疏浚开端于1897年海河工程局的设立。其后，浚浦工程局也于1905年在上海成立。

---

① 柳宗元：《说·天说》，《柳宗元文集》卷6。
② 金景芳：《金景芳全集(3)》，上海古籍出版社，2015，第1481页。

时至今日,疏浚已经发展成为满足人类生产、生活或改善生态系统等需要,应用人力、水力、机械或利用除水力以外的其他各种自然力等方法,挖掘、移除江河湖海底床的泥沙、岩石、矿产等物料,输移到一定区域或做适宜处置的活动及方式。就疏浚的目的或其服务领域方面而言,具体的疏浚工程,则涵盖了种类繁多的活动或作用方式,如港航疏浚、水利疏浚、环保疏浚、海洋资源开发等。就疏浚施工形式或分类工程性质方面而言,疏浚业内通常认为其分属基建性疏浚工程、维护性疏浚工程、修复性疏浚工程等不同性质。

疏浚业是一个资金、技术密集型行业,涉及的专业面很广,也是公认的高风险行业,其风险难以控制的根本原因在于"疏浚土的组合是无穷的,疏浚施工是不可重复的"。比如,就挖泥船作业来说,因为同一项目、同一区域、同一土层,不同的土块(试样)其物理、力学特性都会有很大差异,所以挖泥船的操作都是时刻调整变化的,而其他建造施工作业大多是可重复的,如绑扎、焊接、混凝土预制、浇筑等。疏浚还受到水文、气象、交通等因素的影响,具有偶然性与不确定性。疏浚工程还有一个与其他建筑工程截然不同的特征:一般建筑工程是物料堆砌的过程,而疏浚是移除的过程。按以上特点划分,吹填造陆、水中取料进行的换基、回填等应纳入疏浚范围,因为其采用的技术、设备等同于疏浚,其工程建筑的另一端——取料环节满足疏浚的特点。①

中国疏浚历经演变与发展,其作业从人工到水力,再到机械乃至智能化;疏浚工程从内河到近海,再到外海与深海。疏浚以建设、改善与水环境生态紧密关联的基础设施,为人类提供福祉,作为自身存在和延续的根本使命。在推进环境友好型可持续发展进程中,疏浚的功能及作用非但未被消减,而且将在生态文明建设的进程中进一步提升和延展,继续发挥重要的基础性作用、经济性作用和生态性作用。

社会经济与科学技术的不断发展,人民生活水平的日益提高,催生出更多的市场需求,业务领域不断扩张,其重要的战略意义也更为凸显。疏浚概念也从单纯的挖泥吹填发展到追寻与自然和谐相处、走可持续发展道路,更加强调疏浚工程的经济意义与社会价值。疏浚是一种促进社会文明发展进步、造福人类的有意义的活动,比如海岸修复、流域治理、岛礁建设、城市水环境治理等。疏浚在人类生产生活中普遍存在,疏浚行业是服务于国民经济的基础环节,但由于其资本、技术密集型特征,故疏浚行业具有较高的进入门槛。

---

①　感谢中国交通建设集团天津航道局周泉生、中交疏浚协会高伟等专家与我们的交流所给予的启发。

## 二、 中国疏浚从古代到近代的演变

### （一）古代疏浚遗产（远古—1840）

自远古时期以来直至近代（1840），是中国传统江河湖海（港）疏浚的萌生与成长期。古代不同时期人工运河的开凿，侧重点各有不同，但最主要的特点是围绕着王朝都城的物资转运和税收、经济需求进行布置。

先秦两汉时期，经济重心和政治中心都在北方，运河开凿和疏浚主要是东西向或者西北-东南走向的。并且这些运河主要通过整理天然水系，以形成一些区间运河、灌溉体系等。其中有一些（诸如都江堰、灵渠等），在历朝历代中不断得到疏浚与维护，至今泽被世人。这一时期，伴随着铁器、牛耕的推广，农业生产水平也有很大进步，国家和民间又兴办一系列主要服务于农业灌溉的渠道系统。在此过程中，涌现出井渠法等一些代表性的疏浚技术。这一时期，黄河为害的现象开始频繁起来，相应的治河思路与办法也开始涌现。

到了南北朝至两宋时期，东南—西北走向的运河开始变为主导，地区间的运河在这一时期也开始形成南北大运河。隋唐两宋时期，在前代遗留水网的基础上，因为要适应政治、经济格局的变化，于是有了开凿南北大运河之举。这一时期的疏浚活动，客观上开始发挥平衡南北经济、社会发展差距的作用。两宋时期经济和人口重心的东移、南下，使得长江三角洲等地区的开发呈现新面貌。江南地区组织兴建的海塘工程从无到有，规模日益扩大，华南地区人民开始在珠江口围垦沙田。黄河为害的频率和严重程度在这一时期又有增加，这迫使人们专为治黄而发明了诸如狭河木岸、埽[①]等一些工程技术手段和解决方案。

至元明清时期，由于定都北京，国家漕运变为南北走向，政治局面从南北对峙变为绝大部分时间内的大一统。因此，经过众多改线施工之后，形成了今日京杭大运河的基本格局。在不断进行疏浚活动的过程中，人工河道的开挖和日常维护技术、管理制度等，都逐步走向正规化、系统化。绵密繁复的漕运官僚和监管体系，黄河中下游规模庞大的双重乃至三重堤防系统，包括运河在内的各类河流上人工开掘的月（越）河、川字河及由专人管理的闸坝系统等，就是明证。《行水金鉴》《河工器具图说》等一批专业性的图书，也反映了疏浚技术及工具的进步、成熟和时人

---

① 埽，治河时用来护堤堵口的器材，用树枝、秫秸等捆扎而成。

对此的系统化总结。京杭大运河在协调南北方原材料供应与商品生产不平衡的问题上,发挥了极为有效的经济功能。沿河出现了一大批商品经济繁荣、文化艺术生活丰富多彩的市镇。都城和市镇的发展和人口聚集,对城市上、下水道系统的规划设计和定期维护,都提出了更高的要求。宋元以来,汴京(开封)、广州、赣州以及明清时期北京城中的航运和给排水系统是成功的典范。

古代中国疏浚的发生、发展、演变历程,也是一部人类认识自然、改造和利用自然,并在得到自然或正面或负面的反馈之后,继续深化认识并采取行动,改善自身生存和发展条件的历史。从这个意义上说,先有具体的疏浚实践,涌现出诸如大禹、李冰、王景、王安石、郭守敬、贾鲁、潘季驯、靳辅、林则徐等带领劳动人民改造自然的杰出代表人物。其后,再由他们自己或者后人总结其人其事,绍述其整治黄河、太湖等水系流域的思想,以为后来者借鉴。尽管有着历史的局限性,同一时代的不同疏浚方案相互碰撞,不同时代的疏浚思想交替演进,都指导着人们的疏浚实践活动。比如,中国先民对于水沙运动及其相互关系的认识,就是在治黄过程中日益深化的;解决具体的河工工程工艺技术问题的需要,则刺激着古代中国各种形式工艺技术的发明创造。总之,这些杰出人物及其思想认识深刻影响着他们所处时代的政治、经济、社会结构的发展方向;广大劳动人民创造的疏浚工艺、器具则从最根本的生产力层面,推动着社会物质基础的积累与发展。

(二)近代疏浚的重大变化(1840—1949)

鸦片战争后,西方列强撬开了中国的大门,部分沿海、沿江城市被迫开埠成为通商口岸。19世纪中叶以来,轮船成为新兴的重要运输工具,港口建设进入新的阶段,同时对航道的通过能力提出了新的要求。各类新式挖泥设备的使用,揭开了疏浚大规模机械工业化的新篇章。

航道治理与机械化疏浚是系统化且耗资巨大的工程,技术要求高,需要深入研究测绘和勘测等相关的领域、结合系统的专业知识、建立综合措施保障构建系统性的整体解决方案,才能进行有成效的疏浚。被不平等条约体系卷入近代全球化洪流之中的中国,其现代化疏浚也在应对外部冲击中逐步产生及发展。

津沪航道疏浚在中外利益相关多方的合作博弈过程中,几经制度变迁。在尝试"官办"治理失败后,继而接纳洋商与其他各方的合作诉求,包括资金共筹,成立"官督洋办"的专门疏浚机构——海河工程局与浚浦工程局,聘请"洋"总工程师

(Engineer-in-Chief)，全面负责机构运营与组织管理。之后，两局又相继改组为利益相关方协同治理的"公益法人"，外方更深度、更全面地参与机构治理。

现有史料显示，中国近代疏浚业先后有政府拨款、资助、银行借款、债券发行等资金渠道，还以收费的方式提供额外的疏浚服务。由于疏浚的准公共品属性，政府拨款顺理成章。然而，航道疏浚耗资耗力，政府全资治理未果，说明任何一方都无力单独承担疏浚大业，疏浚的责任与收益要在利益相关各方之间协调。尤其值得关注的是，海关代征代缴的疏浚专项附加税"天然地"应对和解决了资金问题，恰当地满足了利益相关各方的需求，也符合公平原则、效益原则和稳定原则。

疏浚业的技术主导性决定了疏浚机构自始就注重技术、重视人才。由于海关道和海关税务司等董事局和顾问局成员都是兼职，真正掌管全局运营的就是总工程师。两局自创建之始就实行"洋"总工程师负责制，全面负责机构运营的各个方面，包括人力资源、财务审计、工程技术、发布公告等一切日常工作。从海河工程局、浚浦工程局保存下来的系统而完整的英文档案中可看出，总工程师负责制是近代中国疏浚业管理的一个突出特征，它使得中国疏浚业受西方科学管理体系的影响，有了一个较高的起点和较开阔的国际视野，成为近代企业管理与国际合作的成功典范。

中国近代开展大规模机械化疏浚后，成效显著，推动了津沪航运发展。通过浚治，航运发展势头迅猛，短短几十年间，天津港迅速成长为北方的航运中心和经济中心。黄浦江航道的治理，对港口航运和经济贸易发展产生重大影响，也助力上海成长为当时世界上较为重要的工业、金融和贸易中心之一。海河工程局和浚浦工程局在完成疏浚工程的同时，也为城市发展做出了贡献。疏浚挖出的大量淤泥没有浪费，被用来填垫新城区内的洼地，加速了津沪城市建设的进程。

清晚期，大运河沟通南北的功能遭到了严重削弱并最终完全丧失。作为人工挖掘的河渠，大运河本身没有多少天然汇水来源，其北半段需要常年从黄河、含沙量同样较大的华北平原其他中小型河流处引水。泥沙进入运河淤积，运河航运条件越来越差，虽较早利用近代机械力进行了疏浚尝试，1870 年"江南造船厂制造蒸汽挖泥船试航成功，并用于疏浚大运河"，[1]但收效甚微。同时，远洋和近岸轮船航

---

① 见 1870 年 5 月 5 日 *The North-China Herald and Supreme Court & Consular Gazette*（1870—1941）（《北华捷报·最高法庭与领事公报》）。

运、铁路火车长途运输和公路短途汽车运输等,开始逐渐取代损耗巨大的运河漕运。

1855 年,河决铜瓦厢之后,滚滚黄水漫流 20 余年不得治理,"同光中兴"以后,才有一些由山东地方督抚衙门举办的局部性、小流域疏浚治理。1929 年设置黄河水利委员会之前,并无统一的全流域管理机构,更谈不上有统一的疏浚机构。1937 年 1 月,国民政府修正《黄河水利委员会组织法》,改组黄委会。又如,导淮委员会成立于 1929 年,后于 1938 年 1 月改隶属经济部;1941 年 9 月,改隶属水利委员会;1947 年 7 月,又改隶水利部,更名为淮河水利工程总局;之后又改组为治淮委员会。又如 1931 年,李仪祉提出设立国立中央水工试验所的提案;1933 年 10 月 1 日,中国第一水工试验所在天津成立;1937 年"七七事变"爆发,中国第一水工试验所毁于战火。再如 1934 年,中央水工试验所开始筹备;1935 年 12 月,中央水工试验所成立,后因战火内迁;自 1938 年起,中央水工试验所奉命统筹管理西南各省水文测验事宜,在石门设立水文研究站;1942 年,中央水利实验处内部下设水文总站。随着政府体制的变化,中国主要河流负责疏浚工作的机构也随之分分合合,历尽变迁。

近代疏浚业的一个特点是,规划不少,但因政局动荡而未及实施,或无力实施。

## 三、 中国疏浚业的现代发展

### (一)中国疏浚体系的确立与成就(1949—1978)

尽管我国水运资源丰富,拥有许多优良的天然港湾和航道,但由于新中国成立前政局动荡、疏浚机构也较为分散,缺乏体系。沿海较大港口的航道均为天然水深航道,未经开发;内河浅水航道多用人工挖砂艇等传统工艺进行疏浚。仅天津和上海等地出现了现代疏浚。1949 年年底,我国建成海港和河港各 20 处左右,港口吞吐量仅为 469 万吨,布局杂乱,设施简陋,多数没有装卸机械。仅有的现代化港口主要分布在东部沿海,港口分布区域失衡明显。新中国成立后,在经济发展的不同阶段,面对不同的疏浚资源禀赋和工业化发展程度,疏浚业有目标、有侧重地稳步发展。

1949—1978 年间,作为基建行业,疏浚业的发展已成为国民经济的重要组成部分,是推动水运交通建设的重要助力,是建设重大水利民生工程的重要基础。但计划经济时期,中国疏浚技术相较发达国家有一定差距,主要通过引进装备技术和访问交流等方式向发达国家学习①,同时我国仍不忘援助发展中国家疏浚工程的建设。中国疏浚事业在国家探索独立发展道路中曲折前行,不仅构建了完整的组织机构体系,而且取得了一定的技术积累和工程成就。

第一,中国疏浚机构体系逐渐形成,建设队伍逐渐成熟。1949 年后,新政权接管塘沽新港工程局、海河工程局、浚浦工程局等筑港和疏浚企业;统筹长江航道管理机构,成立江务处②;新建交通部广州区航道工程局、长江航道局、交通部航道工程总局勘察设计大队以及马颊河疏浚工程局(水利电力部第十三工程局前身)等机构,领导全国恢复和发展疏浚事业。分散和弱小的疏浚队伍在塘沽新港建设、湛江港兴建等工程中不断壮大,构建了一种疏浚事业的举国体制。在计划经济体制下,各个单位始终明确其主业为疏浚、筑港,放弃了一些水利业务,新增了航标等业务。

具体而言,在组织性质上,构建了符合计划经济要求的国营企业或者企业化运行的事业单位;在作业范围上,不再局限于地域,而是走向全国;在作业方式上,不再是单打独斗,而是服从举国体制,不同区域的疏浚队伍相互融合,集中力量攻克重点工程;在运营管理上,不再是外国人主导,而是中国人自己独立运营。1952 年 12 月 27 日,交通部决定将交通部航道工程总局改为航务工程总局,下设筑港工程、设计、疏浚、打捞四个公司,以统一全国疏浚力量。航务工程总局及其下设公司的成立,构成了中国疏浚事业的基本力量,并成为培养中国疏浚队伍的摇篮。在经过 1958 年和 1961 年的调整后,疏浚队伍逐渐形成了交通部所属天津航道局(根据交通部与天津市委研究决定,1961 年天津航道局分别归属中央和地方,划归中央部分称"交通部天津航道局",划归地方部分称"天津市内河航运管理局天津航道工程处")、上海航道局、广州航道局和水运规划设计院等单位在内的格局体系。与此同时,中国疏浚队伍的装备力量也不断提高,以新河船厂、新港工程局修船厂、张华浜船舶修理厂等为代表的企业实现了疏浚装备的维护和生产。国有疏浚企事业单位积极探索计划经济体制下疏浚队伍组织结构和管理制度,推动技术引进、吸收和改造,实现了规模和质量双重增长,从而得以更

---

① 1971 年由上海航道局出资江南造船厂建造了"劲松轮""险峰轮"等挖泥船。

② 1950 年年底,交通部将分散归属的上、中、下江务部门统一由汉口长江区航务管理局领导,并在汉口江务科的基础上成立了江务处。

好地服务于工农业和城市建设。

第二,建设工程成就显著。从新中国成立到 20 世纪 60 年代末,我国港口建设处于恢复发展时期,以扩建、改造为主,大多是在原有港口基础上进行小修小补,基本没有离开原来的港址。70 年代 3 年大建港期间,在大连、秦皇岛、青岛、南京等港建设了一批深水原油码头;在天津、青岛、上海、广州等港扩建、新建了一批万吨级以上的散杂货和客运码头。这一时期,港口建设仍大体基于原港址,利用基岩海岸、沙质海岸及河口区域水深、泊稳的有利条件,建设万吨级以上码头。不过此时的内河航运建设基本处于停顿状态。三线建设和军事工程等都成为中国疏浚队伍贡献国家的舞台。

第三,技术进步,初步实现了疏浚事业的工业化。20 世纪 50 年代,中国向苏联学习了系统的工程技术、工艺规范标准和管理体制。20 世纪六七十年代并不是完全封闭的状态,如 1966 年,经周恩来总理特批,交通部购买首艘 4 000 立方米舱容的双边耙自航耙吸式挖泥船——“浚通”轮(当时世界上最先进的现代化挖泥船),并交由天航局使用。3 年大建港中引进了一批西方先进的装备,购买了疏浚船舶,代表了当时疏浚装备的先进水平。中国疏浚建设者通过干中学,在实践中创新,在创新中发展,开始探索符合中国国情的疏浚技术道路,重视研发,奠定了研发能力基础。

第四,国家在政策层面支持和重视疏浚业。1949 年 9 月,中国人民政治协商会议第一届全体会议把“疏浚河流,推广水运”写入《中国人民政治协商会议共同纲领》。全国疏浚人开始实施治理河湖、兴建港口航道等工程。1952 年 6 月 18 日,中央人民政府政务院颁布《关于调整高等学校毕业生工作中几个问题的指示》,疏浚行业开始加强对技术人员的管理和培养。交通部也通过下发关于财务管理、航道管理分工范围等文件对疏浚单位和企业的活动进行指导和规范。

第五,疏浚队伍在党的领导下形成了优秀的疏浚精神。中国疏浚队伍艰苦奋斗,自力更生,强化管理,重视技术。“宁让汗水漂起船,不让工期拖一天。”靠着优秀的疏浚精神,中国疏浚队伍参与了国家大多数港口疏浚重大工程,尤其在 3 年大建港中立下赫赫战功。

（二）改革开放以来疏浚行业的发展（1978—2021）

### 1. 市场化改革后的高水平发展

1978 年中国开始从计划经济向市场经济艰难转型。1984—1987 年交通部各疏浚施工单位由国营事业单位逐步转变为当时的国营工业企业，开始国企改革历程。"事改企"后，各疏浚单位适应新形势，以转换经营机制为重点，加快企业改革，逐步成为自主经营、独立核算、自负盈亏的企业法人，并逐步在加强企业管理、提高生产效率方面取得突破。随后党中央又提出在转换企业经营机制的基础之上，探索建立现代企业制度。结合制度变革、技术引进等多方面的举措，中国疏浚业逐渐实现了向市场化的转型。

在推动疏浚企业经营体制改革的同时，国家还在政策规划、行业规定、技术标准等方面积极推动疏浚业的制度建设。1980 年，国务院下发《国务院批准关于六机部为交通部建造船舶和交通部贷款买船问题的会议纪要》，提出保护和扶持国内造船工业的发展，为我国疏浚装备研发和制造提供了方向性的指引。1987 年 8 月22 日，为加强航道管理，改善通航条件，国务院首次发布《中华人民共和国航道管理条例》，对疏浚业也具有指导意义。1983 年，交通部转发《交通部水运工程系统电子计算机应用规划（1983—2000 年）编制工作会议纪要》的通知，在疏浚企业推动综合设计程序系统的应用。1984 年，交通部建设局颁发《疏浚土分类标准（试行）》，对疏浚土分类标准做出规定。如此诸多措施，为疏浚业的发展提供了日益良好的制度环境，是疏浚企业得以实现快速发展的重要条件。

而各疏浚企业为了在激烈的市场竞争中求生存、创效益，采取了多种措施推动技术进步，同时依托工程，开发与经营相结合，在推动理论创新的同时，增强了技术的实用性和可操作性，不仅提升了企业的核心竞争力，也为企业创造了可观的经济效益。值得注意的是，许多民营企业在改革开放后开始建立，民间资本也开始涉足疏浚业，民营疏浚企业在这一时期得到了快速的发展。①

在疏浚技术装备方面，这一时期各疏浚企业主要是通过学习、引进西方，尤其是日本、联邦德国、荷兰具有世界先进水平的技术，进而摆脱过去单纯依靠苏联技术的影响。通过技术引进和装备进口，中国的疏浚装备水平较改革开放前有了明显的提高。一方面，新装备陆续在各项重大工程中得以应用；另一方面，疏浚队伍

---

① 仅江苏省就有海宏建设工程有限公司、航务海洋打捞有限公司、神龙海洋工程有限公司等。

又进一步夯实基础研发能力,逐步开发出了一批具有部分自主知识产权的新技术和新装备。20 世纪末启动的"百船工程"中,国家实行"技贸结合"的方针,鼓励疏浚队伍消化吸收引进的技术和装备,大大加速了国内挖泥船设计建造技术水平的提高,降低了进口船型的价格。据统计,"百船工程"中,国内设计建造的疏浚船型占了总数量的 64%。

疏浚业的显著进步,不仅体现在各疏浚单位引进使用先进的技术装备,还体现在疏浚工程的施工数量、施工规模、施工范围不断扩大上。这一时期,沿海港口航道建设规划得到了全面推进,环渤海、长江三角洲、东南沿海、珠江三角洲、西南沿海港口航道建设,促进了中国港口的快速发展,现代化管理水平显著提高,成为对外开放的主要门户、综合交通运输体系的重要枢纽和现代物流系统的基础平台。①港口建设从最初的底子薄到 21 世纪初的形成规模,从严重滞后于国民经济发展到世纪之交初步适应国民经济和社会发展,中国疏浚业在其中的贡献与努力功不可没。

经国家和交通部的统一规划,我国各地纷纷兴建港口,推动了疏浚业的发展,使疏浚工程开始向大型化的方向发展。如大连港香炉礁码头、连云港庙岭新港区、天津港 10 万吨级航道、秦皇岛港 10 万吨级航道、浦东机场一期围海大堤、浙江舟山虾峙门口外航道整治等工程的建设规模,较计划经济时期的疏浚工程有了明显的扩展。1998 年正式开工的长江口深水航道工程,是当时中国疏浚业中采用技术最佳、所建规模最大、使用装备最先进的重大疏浚工程。长江口深水航道的建设标志着中国的疏浚业在 20 世纪末已经赶上了世界疏浚发展潮流,并开始衍生出具有中国特色的疏浚工程。

20 世纪 80 年代以来,中外疏浚技术交流越发频繁。选派工程技术人员赴国外学习,邀请外国疏浚专家来华讲学,使专业技术干部拓宽了视野,及时了解了当时世界疏浚及船机技术的发展水平和动态。疏浚队伍积极参与国际市场竞争,不断扩大与国际同行的交流与合作,引进、消化吸收国外新技术,学习国外先进管理经验(如鲁布格工程管理经验),结合国(境)外工程建设,进行科技攻关、改进和创新,开发出一批技术专利和专有技术,有些已达到国际先进水平。部分国内疏浚企业开始积极尝试进军海外市场。虽然国内疏浚企业在此过程中遇到了一些波折,

①　中华人民共和国交通运输部、《中国交通运输改革开放 30 年》丛书编委会编:《中国交通运输改革开放 30 年(企业卷)》,人民交通出版社,2008,第 8 页。

但提升了疏浚队伍的国际化程度。

## 2. 加入WTO后的辉煌成就

随着我国加入WTO,在经济全球化及国际贸易的推动下,为适应集装箱及油轮运输大型化发展需求,我国各地纷纷兴建港口、拓宽并挖深沿海航道,以提高通航能力,疏浚行业也因此摆脱了20世纪90年代末的低迷状态,开始了前所未有的高速增长,在市场竞争中逐渐形成了以交通系统、水利系统和民营疏浚企业为主的行业框架。

在国家、交通部和地方政府有关"交通强国""海洋强国"等水运基建相关政策支持下,以及中国疏浚协会和中国水运建设行业协会等的推动下,中国疏浚行业发生了巨变。从2000—2006年的高速增长阶段,到2007—2011年的跨越式发展阶段,再到2012—2020年转型升级的高质量发展阶段,中国疏浚取得了前所未有的成就,与新世纪以前不可同日而语,完成了从量变到质变的飞跃。

随着工程规模、复杂程度、环保要求等方面的提高,对于疏浚技术的要求也越来越高,大型国企不断发展壮大。2006年,随着中国交通集团成立和整体上市,国内疏浚行业优化重组,疏浚行业现代化进程不断加快。2015年,中国交通集团整合疏浚业务,世界上最大的疏浚企业——中交疏浚集团成立,以迈向世界一流企业为目标引领着中国疏浚行业的发展。疏浚企业发挥行业优势,激发出强劲的内生动力,推动行业不断发展突破。2001年疏浚协会成立,2003年完成"百船工程计划",2005年大造船,2012年中国交通集团A股上市,2019年"海上大型绞吸疏浚装备的自主研发与产业化"获国家科学技术进步奖特等奖等,都是中国疏浚行业奋发向前的最好例证。中国疏浚能力由2005年的世界第三,上升至2008年的世界第二,最终在2010年成为世界第一。截至2019年,我国年疏浚量已达20亿立方米,是世界疏浚量最大的国家。[①]

具体而言,中国疏浚行业乘着国家改革开放的大潮,取得了至少如下几方面的辉煌成就。

**第一,市场规模不断扩大,企业实力大幅增强。**

在国际疏浚市场规模徘徊不前之时,我国疏浚市场规模不断扩大,疏浚工程呈现专业化、多元化、系统化、综合化的发展趋势。2006年中国疏浚市场规模为143

---

① 资料来源:《中国疏浚行业年度简报,2019—2020》。

亿元,2019 年增长至 758.4 亿元。投资拉动和产业升级是主要驱动因素,水运建设投资和水利建设投资总和由 734 亿元增长至 8 878 亿元,年均增长率超过 14%;随着生态文明建设和乡村振兴战略的推进,疏浚行业抓住市场机遇,开展了大量的环保疏浚、河湖治理、水库清淤等工程建设。这一时期,我国的疏浚企业实力大幅增强,在部分领域成为国际一流。

**第二,建设了大批重点工程,夯实了我国水运基础设施。**

新世纪以来,《国务院关于加快长江等内河水运发展的意见》《国务院关于依托黄金水道推动长江经济带发展的指导意见》相继出台,大量沿海港口、航道需要疏浚加深,以长江为首的内河航道疏浚市场快速发展,以农业和环保为目的的湖泊、水库的疏浚工程逐年增加,有力地推进了疏浚市场的发展。在此背景下,中国完成了长江口航道整治、港珠澳大桥岛隧、天津港东疆人工岛等一大批重大工程;实施了洞庭湖、永定河、西湖、太湖、滇池、茅尾海等水环境水生态治理与修复工程;同时,国家通过"百船工程"提升了一定的防洪减灾能力,显示了疏浚行业在"人与自然和谐共生"和推进生态文明建设中的重要作用,推进了我国水运基础设施建设。

**第三,疏浚装备实力不断增强,技术创新水平飞速发展。**

我国疏浚技术装备创新经历了不同的历史发展阶段:从 2001 年以前的技术引进的初级阶段,到 2001—2005 年的技术学习借鉴阶段,再到 2006—2010 年的技术转化和自主创新快速发展阶段,最后到 2011—2020 年,疏浚装备和技术爆炸式的发展。新世纪以来自主建造了"新海虎""通途轮""新海凤""天狮船""天鲸号""天鲲号""通旭轮"等一批大国重器。20 年栉风沐雨,我国疏浚行业技术装备发展取得了举世瞩目的成就,已自主研制出具有国际先进水平的大型挖泥船整船装备及核心疏浚机具,并掌握了先进的疏浚施工技术。国内疏浚企业装备水平已跻身国际前列,在国际疏浚市场可以与欧洲四大疏浚企业分庭抗礼。不过,我国在疏浚技术设备研发上缺乏连续性与前瞻性,一些基础科学研究,以及疏浚系统设备配套、自动控制等高端技术的研发应用方面,与荷兰、比利时等疏浚强国相比,仍需要进一步加强。在疏浚土利用方面,研发了绿化用土资源化技术、路基用土资源化技术和建材用土资源化技术,实现底泥的资源化利用,疏浚土利用率不断提高,但相比日本等国家还有一定差距。

我国疏浚行业的发展离不开疏浚人的艰苦奋斗,新世纪以前,我国疏浚行业专业人才匮乏。新世纪以来,在一系列重大疏浚项目中培养了大量的技术人才和工程管理人才。在高端技术人才方面,拥有全国工程勘察设计大师、全国水运工程勘察设计大师、船舶设计大师、国家百千万人才、交通部十百千人才等优秀技术专家。在人才培养方面,国内疏浚企业纷纷推出人才强企战略,并制定了相应的措施。

**第四,疏通航道促进国际经济贸易增长,吹填维护支撑工业化城镇化发展。**

在国家社会经济发展的各个角落与重要环节,都能发现"疏浚"的身影:在国际经济贸易中,疏浚技术为港口建设做出了重要贡献,长江口深水航道治理工程、洋山深水港区陆域形成工程和航道工程为上海国际航运中心的建设奠定了坚实的基础。长江口深水航道治理工程历经 13 年,广大疏浚人先后攻克了多项重大技术难题,完成了超过 3 亿立方米的疏浚量,实现了航道水深由 7 米逐期增深至 12.5 米,建成全长 92.2 公里、宽 350～400 米、水深 12.5 米的"水上高速通道",从而在洋山深水港区陆域形成工程和航道工程之上建成世界最大的集装箱港口与世界最大的全自动化码头。工业化、城市化的高速发展得到了疏浚业的有力支撑。城市化建设主要是沿海吹填疏浚,包括港口、工业、贸易服务、娱乐、运输等工业基础设施的建设。比如:在天津滨海新区的建设中,其面积因吹填大为拓展,随后的港口维护更是离不开疏浚;竹篙湾填海工程是香港历来最大型的填海工程之一,填筑面积为 2 平方千米,填方量约 0.7 亿立方米;横沙东滩促淤圈围工程,历经八期建设,减缓了横沙东滩滩面水流,减少了长江口吹泥上滩土的流失,增加泥沙落淤,取得了巨大的经济社会效益。

**第五,中国疏浚的国际化发展**

中国疏浚企业以"一带一路""六廊六路多国多港"及"五通"建设为重点,带动中国技术、装备、经验、标准"走出去",以打造连心桥、致富路、发展港、幸福城为抓手,成为贯彻落实"走出去"战略和推进"一带一路"建设的重要参与者、建设者、贡献者。中国疏浚技术和创新能力不断提升,在国际工程市场上的占有率逐年增加。经过近 10 年的不懈努力,疏浚企业在"一带一路"沿线国家建造了一大批高层次、高技术含量、高经济附加值的大型项目,同时收获国际及国家科技进步奖、优质工程奖项数十个。中交疏浚集团成为全球疏浚及其延伸产业领域的佼佼者,建立和完善与国际化经营相匹配的组织管理体系和海外业务资源优先配置体系,完善对境外工程实施的项目管理,提高履约率;加强海外项目的 HSE 三标一体管理体系建设,提高境外风险防控和应急事件处置能力。中国电建集团港航公司优先发展国际工程,兼顾国内业务,坚持多元化发展理念。在孟加拉、厄瓜多尔、巴基斯坦、毛里塔尼亚等国家承建多个港口疏浚国际项目,截至 2020 年 5 月,海外市场营业额占比 40％。中国铁建港航局集团有限公司"立足广东、面向全国、走向世界",在国内经营实现全覆盖的同时,海外在建和跟踪经营项目分布在东南亚、非洲、拉美洲等 13 个国家和地区。中国疏浚装备技术标准实现了从无到有,从企业标准逐步升级为行业标准、国家标准,乃至国际标准,形成了"企业/行业/国家/国际"四位一体的标准化格局,全面填补了我国疏浚技术与装备领域标准化成果的空白。随着使用中国标准成功建设项目的增多,疏浚企业的国际化之路将会越走越顺,中国设立的国际标准将会为我们的企业赢得实实在在的话语权。

## 四、　疏浚行业未来展望

我国"十四五"规划提出社会经济发展要以推动高质量发展为主题,以深化供给侧结构性改革为主线,以改革创新为根本动力。随着构建以国内大循环为主体、国内国际双循环相互促进的新发展格局的不断推进,我国经济步入高质量发展阶段,对疏浚行业和疏浚企业的发展提出了更高的要求。未来随着积极拓展海洋经济发展空间,推动绿色发展,推动共建"一带一路"高质量发展,乡村生态振兴等国家战略不断深入,江河湖海综合治理将持续增长,生态修复环境治理投资将不断加速,海洋产业形势大好,为我国疏浚行业提供了巨大的发展空间和良好的发展前景。

以中交疏浚集团为首的中国疏浚企业,努力践行国家重大战略要求,将在促进区域协调发展、加快发展方式绿色转型、全面推进乡村振兴等方面更多地体现国企担当,企业发展将呈现业务多元化和国际化的趋势。我国疏浚行业也将沿着高质量发展道路前进,由疏浚大国向疏浚强国不断迈进。未来在绿色生态、高效低碳、智能精准等理念的指引下,智能疏浚成为必然趋势,绿色、开放、共享、协作的智能疏浚产业生态将会逐步形成,绿色、环保、智能型疏浚产品与技术体系也将逐步建立。

我国疏浚历史悠久,近现代疏浚行业获得长足进步,当前我国已成为世界第一疏浚大国。尽管如此,我们也要清醒地认识到,与世界疏浚强国相比,我国疏浚行业在技术装备等方面还有一定差距。随着我国疏浚市场和技术的发展,中国疏浚人不断奋发进取,中国疏浚行业未来可期。

上 篇
发展概论

# 第一章
# 先秦和秦代的疏浚

## 第一节　良渚古城人工河道网

### 一、 地形地貌变迁的考古学证据

在中华文明早期的神话传说中,曾有麻姑多次看到东海变为桑田的传说,这就是成语"沧海桑田"的来源。根据古生物学和古气候学的研究成果,第四纪更新世末期以来,中国东部沿海确实经历了3次完整的海侵—海退过程,即所谓的星轮虫海侵、假轮虫海侵和卷转虫海侵。良渚文化遗址位于今杭州市余杭区,是上古时期重要的人类文化聚落,也是确证我国5 000年文明史的重要物证。该遗址出土了种类丰富的可用于碳十四测年的碳化文物样品,包括碳化的稻谷、植物果实、有火烧痕迹的兽骨等。根据古生物碳十四测年的结果,良渚文化遗址距今约5 300—4 200年。在卷转虫海侵的全盛期(距今7 000—6 000年前),今天余杭的良渚还是一片浅海,成片的陆地是大遮山、大雄山群岛。到了距今5 000年左右,海退开始呈现出比较明显的结果,良渚所在地成为丘陵、孤峰、沼泽、河湖多种地形并存一处的近海地带。人类开始从躲避洪水的山间居所向山下平原迁移,其生产方式则从渔猎、采集为主向定居和稻作农业为主转变。良渚城系人类以工程手段,排除海侵形成的沿海感潮湿地积水后人工建筑而成,已经得到了考古发掘的证实。而且至今我们仍能在塘山坝附近找到名为"后潮湾"的自然村,这可能是该地曾经属于潮间带而在语言学、地名学上留下的痕迹(见图1-1)。

良渚古城遗址的北和西北方,蓄积淡水资源,用于稻作农业。其蓄水面积约13平方公里。在西北方向上,6条水坝东西分为两组,在山谷出口控制两条水路,

图 1-1 良渚筑城以前的地貌情况

资料来源：http://www.ngchina.com.cn

因海拔相对高一些而被考古学者称为高坝系统。其中东高坝为岗公岭、老虎岭、周家畈，估计库容约 1 310 万立方米。西高坝为秋坞、石坞、蜜蜂垄，估算库容约 34 万立方米。在城址正西面，距离城墙 3～4 公里处，又修建有狮子山、鲤鱼山、宫山、梧桐弄等 4 条低坝。城正北方大遮山下有一组两路平行长坝，残存东西长约 5 公里，即"塘山长堤"。整个低坝系统形成的库容约为 3 290 万立方米。平原低坝系统未构建之前，自然环境中存在许多天然河道。建筑堤坝后，形成了可以控制水位的高—低二级坝系统，可发挥防洪、围垦、灌溉、通航等多种功能。山前的这些低坝因有许多溢洪道和可供过水的低小围堰，因而又有"九段岗"之称。"原本低洼不可耕种的良渚城周边地方，因为排水便利，有大片土地出露，耕作条件得到改善。鲤鱼山、前村畈、横堂山等处坝下的土层中发现了高密度的水稻植硅体，这意味着上述地区在当时很可能存在稻田，而它们都处于低坝库区的下游，可以通过引水实现自流灌溉。"[1]并且，根据碳十四测年的结果，良渚城和其周边水利设施的兴建时间基本一致。

大部分高坝和低坝坝体的底部采用淤泥堆筑、部分松软地基处还采取挖槽填入淤泥的工艺，外部包裹以黄土的结构，与良渚古城宫殿区莫角山的堆筑方式完全相同。部分关键位置还以黄土草裹泥堆垒加固，是将泥土以芦荻茅草包裹形成长

---

① 王宏伟、王晰：《参与考古三年，河海大学团队解密良渚水利工程》，《新华日报》2019 年 7 月 26 日。

圆形的泥包,即"草裹泥工艺",再将"草裹泥包"横竖堆砌而成(见图1-2)。而塘山长堤采用底部铺筑块石,其上堆筑黄土的形式,与良渚古城的城墙堆筑工艺类同,未见使用草裹泥的迹象。[①]

图 1-2　人工从远方运来黄土进行筑坝示意图

资料来源:http://www.ngchina.com.cn

　　从聚落形态来看,良渚属于具有都城性质的大型多功能城市遗址,其下控制着西起湖州东到上海、南起钱塘江北到丹阳这一区域内的大量基层村落。其都、邑、聚格局等级清晰。在稻作农业的基础上,良渚城作为都一级的聚落,发展出了较为发达的石器、陶器作坊和木作、纺织、竹编、髹漆、牙雕和宝石镶嵌、骨角蚌器磨制手工业。它既是本区域内的行政管理中心,也是巫卜神权政治活动的场所,还是区域经济活动中心。良渚城中有规模庞大的宫殿建筑遗迹和含有丰富随葬品的高等级墓葬。浙江天目山一带,蕴藏着丰富的玉石、竹木资源。良渚制作的玉琮数量众多,器物体量变化多端。城中宫殿区建筑木料遗存也证明其宫殿建筑使用了大量的巨型圆木。

　　考虑到良渚人并未发明轮子用于运输,这些资源的运输很可能是通过上下二级坝和古河道形成的水网运输系统进行的。良渚城的城墙有多达8个水门,而陆地城门只发现了1个,则从侧面印证了其交通方式,应当是以水运为主。"通过筑坝蓄水形成的库容,可以形成连接多个山谷的水上交通运输网。如高坝系统中的岗公岭、老虎岭和周家畈3坝,以现存坝顶高程中最低的海拔25米计,根据谷底高程推算,满水时可沿山谷航行上溯1 500米左右。低坝系统中的鲤鱼山等4坝群海拔约10米,满水时可北溯3 700米左右,直抵岗公岭坝下方;东北面可以与塘山

---

① 王宁远:《5000年前的大型水利工程》,《中国文物报》2016年3月11日。

长堤渠道贯通。良渚先民在外围兴建防洪水利设施的同时,在城内外挖掘大量的人工河道,连接平原区的自然水域,从而形成复杂而完善的水上交通网。"[1]在良渚城发掘过程中,发现确实存在直接抵达莫角山宫殿区东北角和其西侧的河道。在东侧河道中,发掘出3根长达18米的木料。这是使用河道运输建材的实证。在古城城墙以内的河道中,还发现了大量使用木料进行护坡的遗迹。这又证实了城内河道并不是纯天然的状态,而是由人力参与其间,经过了修整。[2]

在良渚城内,已经发掘整理出了南北向的主河道——钟家港河道。位于城内宫殿区以东的钟家港古河道,是城内的南北主干道,根据考古勘探确认,钟家港总长度约1 000米、宽18～80米、深约3米,可分为南段、中段、北段3段。

钟家港南段和北段由于紧邻两岸台地,所以河道堆积中存在大量的陶器、石器以及木器等遗物,此外,通过淘洗还发现了大量的动植物遗存,以及少量人骨标本。钟家港南段西岸的李家山台地边缘显露出保存良好的木构护岸遗迹,台地边缘堆积中出土了木器坯件等漆木器。在钟家港南段河东岸钟家村台地上发现了大片的红烧土堆积,台地边缘堆积中出土了较多的黑石英石片、玉料、玉钻芯、石钻芯等遗物。钟家港南段的发掘显示李家山和钟家村台地上可能分别存在漆木器和玉石器作坊,这是城内首次发现手工业作坊区,推测良渚古城内除宫殿区、王陵和贵族墓地等核心区以外的台地主要应该是手工业作坊区。

钟家港中段由于靠近莫角山宫殿区,所以河道内堆积中包含的遗物很少,通过发掘和勘探可知,此段河道大部分区域在良渚晚期主要被人工填平,底部填筑了草裹泥,顶部则以纯净的黄土和沙土交错填筑。此段河道堆积也反映了当时莫角山宫殿区应该不是一般的生活区域,所以很少有生活遗物。

钟家港北段东西紧邻居住台地,通过对河道西岸的发掘,确认了河道西岸经过了多次扩建和使用过程,从而使河道逐渐变窄,最终在良渚文化晚期后段被完全填平。[3]

## 二、 同时期中国其他人类聚落有代表性的疏浚遗迹

此外,中国其他一些比良渚稍早(如湖南城头山古城,距今约6 000年;浙江余

---

① 王宁远:《5000年前的大型水利工程》,《中国文物报》2016年3月11日,第8版。

② 王宏伟、王晰:参与考古三年,河海大学团队解密良渚水利工程,《新华日报》2019年7月26日周刊第98期,第15版。

③ 浙江省考古所:《良渚古城城内考古发掘及城外勘探取得重要收获,发掘莫角山宫殿区、姜家山贵族墓地和钟家港古河道》,《中国文物报》2016年12月16日,第8版。

姚河姆渡遗址,距今6 500—5 800 年)或与良渚同一历史时期(如郑州巩义双槐树遗址,距今5 300 年)的人类聚落遗存,也有人工开挖的古水道遗迹。对于此类遗址的具体情况及功能考证,还有待于进一步的考古发掘和理论探讨。但可以肯定的是,湖南城头山遗址已经建筑有堆土环形城防工事,配合深4 米、宽20～40 米的护城壕沟(见图1-3),壕沟引用城外天然河流为水源;在河南双槐树遗址中,已经出现了人工开挖和维护的三重城壕防御工程。

图 1-3 湖南城头山遗址航拍所见护城壕残迹

资料来源:东方网东方 IC 图片库。

## 第二节 大禹随山浚川治洪水

### 一、 在传说与史迹之间:考古学、地质学的疏浚印证

虽然夏代初年的史实还没有与现代考古发掘得到的结果对应得十分清楚,关于二里头文化到底是属于夏晚期还是商早期,在学术界的争论仍在继续,但是有一点可以确认,即尽管大禹治水的叙事有夸张,乃至于带有神话性质,但大禹并不是虚拟出来的神话人物。他是新石器时代晚期到奴隶制血缘继承制国家早期承前启后的一位重要人物。根据考古发掘的结果,安金槐认为,"禹都阳城"最有可能的地点是河南登封王城岗遗址。根据夏商周断代工程的简略年表,夏代初年约在公元前2071 年。从龙山文化晚期各类遗址的发掘情况来看,那时中国中东部季风区内的气候模式还不稳定,不仅气温普遍比现在高3～5 摄氏度,而且降水多,降水的年较差(即降水量的年际波动)也比较大(属于地质学和古气候学上所称的"全新世大暖期"时间段内)。即《孟子·滕文公》所称上古时"天下犹

未平,洪水横流,泛滥于天下,草木畅茂,禽兽繁殖,五谷不登,禽兽逼人,兽蹄鸟迹之道,交于中国"。①

尧在位时,曾经访求能够治理水患的人。群臣推荐了以筑坝堵水法治水的鲧。尧用鲧治水9年,没有取得成效,四处寻访后得舜。舜认为鲧治水无方,于是将鲧诛于羽山,而以其子禹替代,继续治水。② 禹改堵为疏,"疏九河,瀹济漯而注诸海,决汝汉,排淮泗而注之江",等到积水排空之后,土地出露,"然后中国可得而食也"。③ 虽然上古史学术界对于"九河"到底指哪些河流争论不休,但是毫无疑问,在治水的过程中,禹积累了成为领导人的威望,造访了广大的地理空间范围。后来,人们为纪念禹的功绩,称其为大禹。在甲骨文中,"大"字是"天"的通假字,这是一种尊号。即人们相信禹的功绩足可以与天神媲美。从传世文献中,可以窥见大禹治水的大概方法和范围。《尚书·禹贡》篇记载了"禹别九州,随山浚川,任土作贡;禹敷土,随山刊木,奠高山大川……禹锡玄圭,告厥成功"。④ 由此可见,大禹以疏导法治水,至少到过长江上游的岷江流域、黄河流域和长江干流中间的一段。而其治水方法,则是依据勘察地形地貌的结果,随山川形势的便利条件来施工。在此过程中,我国先民实际上完善了对当时华夏文明核心地区的物产普查和行政区域划分。近代,中国地理学会创办的刊物取名《禹贡月刊》,即张本于此。

大禹疏浚治水的过程,在传世文献中,大略的记载如下。"禹乃遂与益、后稷奉帝命,命诸侯百姓兴人徒以傅土,行山表木,定高山大川。禹伤先人父鲧功之不成受诛,乃劳身焦思,居外十三年,过家门不敢入。薄衣食,致孝于鬼神。卑宫室,致费于沟淢。陆行乘车,水行乘船,泥行乘橇,山行乘檋。左准绳,右规矩,载四时,以开九州,通九道,陂九泽,度九山。"⑤至于其所疏通的河流具体有哪些,各家说法不一。《禹贡》记:大禹治水始于积石,至于龙门。《庄子·天下》篇转引了墨子讲道时候的说法,称大禹"决江河而通四夷九州,名川三百,支川三千,小者无数"⑥。《吕氏春秋》称:"昔上古龙门未开,吕梁未发,河出孟门,大溢逆流。"⑦据此反推,那

①③ 杨伯峻:《孟子译注》,中华书局,1960,第124页。
② 司马迁:《史记》,中华书局,1959,第50页。
④ 江灏、钱宗武:《今古文尚书全译》,贵州人民出版社,1990,第69-88页。
⑤ 司马迁:《史记》,中华书局,1959,第51页。
⑥ 韩忠:《庄子读解》,上海书店出版社,2018,第337页。
⑦ 吕不韦:《吕氏春秋》,上海古籍出版社,2014,第524页。

么就是说,大禹治水挖通了龙门山和吕梁山。从上古时期人类工程能力的角度分析,我们当然知道龙门山、吕梁山不可能是大禹挖通的。因此,要考证大禹疏浚山川的实际情况,还是要回到那一历史时期发掘出土的毁于洪水的古人类聚落遗址当中加以寻访。

虽然学术界对李学勤等编制的夏商周断代工程简版年表的准确性还有争议,但是夏代初年的年代范围大致已经能够借此确定。就考古发掘所看到的新石器时代晚期中国境内洪水形成的破坏性痕迹而言,上古传说和传世文献基本上可以得到印证。在中原地区、黄河中上游、长江中下游,考古形成的夏代初年各城邑证据链是完整的。

在龙山时代晚期,遭到大洪水冲决的大型、高等级人类聚落有许多,其中近年来发掘的重要遗址有:河南省登封市禹州瓦店王城岗遗址(出土大量青铜器,疑似是"禹都阳城"可能的地点之一);河南辉县孟庄遗址;青海民和喇家遗址(在积石峡下游,合于"导河积石"的记载);以及浙江良渚文化晚期、吴兴钱山漾遗址、杭州水田畈遗址良渚文化层至马桥文化层突变遗迹、昆山龙滩湖、无锡许巷、上海青浦果园村遗址等。这些遗址的共同特点是,在龙山文化晚期至二里头文化早期之间,以及在良渚文化晚期和后来的其他各种文化之间,堆积了比较厚的河相、湖相沉积地层。出现这种文化断层的根本原因是长期水淹。对于长期水淹的成因,有两种比较流行的假说,即根据在甘肃积石峡和黄河中下游考古得到的证据提出的黄河上游堰塞湖说,以及针对东南沿海地区情况而提出的海侵说。前文中已经略述了良渚文化与海侵之间的关联,在此主要介绍堰塞湖之说。

此说认为,在积石峡西段的大拐弯处曾存在一个由一场强烈地震引发的山体滑坡形成的大型滑坡坝体。地质调查表明,该残余坝体的高度超过现在的河流水位240米,并沿着积石峡延伸1 300米。当时堰塞湖坝的高度大概相当于三峡大坝和胡佛大坝高度之间的某种状态。据推测,该堰塞湖完全堵塞了黄河长达6~9个月,最终因湖水漫溢过顶而溃决。研究者认为,该灾难性决口的深度达110~135米,在很短的时间内释放了110亿~160亿立方米的湖水,形成了巨大的溃决洪水。在堰塞湖下游的黄河两岸,研究者们发现了这场溃决洪水的沉积物,即一套特殊的碎屑沉积。此外,在下游25公里处的喇家遗址中,他们也发现了这场溃决洪水的沉积。通过对采自于溃决洪水沉积中的大量碳屑样品进行碳十四加速器质谱法(AMS)测定,研究者们将这场洪水的发生时间限定在公元前 2130—前 1770 年之间。通过对同样一场地震中丧生的喇家遗址中的 3 名儿童遗骸的骨骼样品的碳十四定年,研究者将这场洪水的发生时间确定在大约公元前 1920 年,属于齐家文化时期(前 2300—前 1500 年)。科学家们计算得出的洪峰流量大约为 40 万立方米每秒,相当于积石峡黄河平均流量的 500 倍,应该是距今 1 万年以来,地球上发生的最大的洪水之一。体积为 110 亿~160 亿立方米的这场史前溃决应该可以轻易向下游传播 2 000 公里以上。当这场洪水到达黄河下游平原时,很可能造成了天然堤的溃决,从而引发了多年的大范围的洪水泛滥。从考古资料推测,黄河下游在公元前 2000 年左右有一次重大改道,积石峡洪水可能是造成这次改道的原因。在新的天然堤—天然河道建立起来前,这种大范围的洪水泛滥会反复发生。研究者们认为,这一发端于积石峡的史前巨大洪水的发现,为中国古代文献所记录的大洪水传说提供了科学上的支持,表明这些传说基于真实的自然事件。[①]

## 二、"大禹治水"叙事的构建及其精神特质

在甘肃积石峡,也留下了不少大禹治水的传说。这些传说很可能是口传或经过书写的历史记忆变形后的产物,能够部分与考古、地质学的研究结果相呼应。在积石峡的悬崖绝壁上,多处留有斧凿刀砍的痕迹。最著名的有"斧痕崖",崖色青白,斧凿之印累累,间有股红条状岩体,纵横蜿蜒如蟒蛇。相传大禹当年在此处与守崖的恶龙大战三天三夜,终斩孽龙。龙血淋漓成画,千年不灭,成为大禹不畏艰险、敢于拼搏的佐证;在河滩上有"禹王千秋石",石高 9 米,长宽各约 7 米,色青如铁,上面有禹王坐歇时留下的印迹。以现代的科学观点来看,这是当地因地震、泥石流等地质活动造成地表径流路线变动后留下的遗迹。

大禹治水的神话叙事,具备构建族群的想象共同体、塑造共同的历史叙事和群体记忆等功能。其深远意义在于对后世治水和疏浚活动的影响。中国以后历代关于黄河治理方案的争论、宋人的太湖治理理念等,都以禹王旧事来标榜其合法性。在追求和巩固政权合法性的过程中,"大禹治水"故事的细节逐渐丰满起来,对禹的崇拜及其祭祀仪轨则逐渐得到官方承认和正规化。论迹不论心,在治河者所追求

---

① Wu, Q., Zhao, Z., Liu, L., Granger, D. E., Wang, H., & Cohen, D. J., et al. "Outburst flood at 1920 BCE supports historicity of china's great flood and the Xia dynasty". *Science*, 2016, 353(6299): 579-582.

的目标(至少是其公开宣言的目标)中,往往以"复神禹之故迹"为治河之最高理想。至于"禹迹"到底应该被还原成历史上的哪些河流路径,又应该采取什么方式来达到这个目标,在追求实现这个目标的过程中是否还有借助"禹迹"之复以达各人自己的一些(政治或经济)设计等问题,在所不论。

后人为了纪念大禹的丰功伟绩,曾在积石峡口修有禹王庙,供奉其塑像,历代有不少人在禹王庙留下诗篇,清代吴镇的《积石歌》曰:"圣子疏凿起积石,神功鬼斧惊千秋。天门屹立云根断,灵光闪烁飞雷电。"①可惜这座庙宇在光绪二十一年(1895)毁于战乱,至今只留石柱残迹。禹王庙、关于上古时期大洪水的记忆都因被风吹雨打而变得面目模糊了。

## 第三节　"天下第一塘"芍陂

芍陂(音 què bēi),又称"期思陂",后称"安丰塘"。《水经注》记载:"淝水流经白芍亭,积水成湖,故名芍陂。"芍陂位于安徽省淮南市寿县,史载由孙叔敖建于公元前 613—前 591 年,至今已有 2 600 多年的历史,是我国现存最古老的人工水库,被誉为"天下第一塘"。芍陂比都江堰、郑国渠还早 300 多年,被称为"中国灌溉工程鼻祖",现为世界灌溉工程遗产。

自从春秋战国以来,中国 2 000 多年的政治、经济、文化的发展变化,都在这口塘上留下了鲜明、隽永的印记。芍陂于春秋中期建成之后,保障了楚国的农业生产。延至东汉,年久失修,陂废,东汉章帝建初八年(83)庐江郡太守王景主持修陂。东汉献帝时刘馥主持屯田治陂。三国魏曹芳正始年间邓艾屯田治陂,增灌溉、通漕运。西晋武帝时,刘颂抑强扶弱,岁修芍堤。晋室东迁,兵戈相扰,芍陂又废。宋文帝元嘉期间,刘义欣出镇寿春,遣殷肃治陂,引淠入陂,芍陂又兴。梁陈之年,芍陂又废。隋初赵轨治陂。五代时期至元朝年间,芍陂的兴废修治代不乏人。北宋年间,整修斗门,筑堤防患。

由于黄河决口改道频繁,到明隆庆年间,以至把隋代因芍陂水利而设置的安丰县都撤销了。清康熙三十七年(1698),颜伯珣主持重修工程,并制定了灌溉用水制度。乾隆年间,在今天的寿县众兴集南 0.5 公里处兴建一座滚水坝,至此,古塘的灌溉和防洪工程基本完备。1934 年,安徽省水利工程处设计引

---

① 　临夏回族自治州概况编写组:《临夏回族自治州概况》,甘肃民族出版社,1986,第 21-23 页。

淠入塘。

明清两代，安丰塘各类维护工程共计 24 次。至清末，尚余水门 28 座。中华人民共和国成立后，安丰塘成为淠史杭工程淠东总干渠调节水库，继续发挥作用。

## 第四节　勾连江淮凿邗沟

### 一、邗江春秋

中国具有明确、可靠纪年的历史始于周共和元年(前 841)。《左传》鲁哀公九年(前 486)条目下，记载了“吴城邗，沟通江淮”这七个字。由曹魏入西晋的史学家、文学家杜预著有《春秋左氏经传集解》，对这七个字的内容予以扩展。杜预注解为：“于邗江筑城、穿沟，东北通射阳湖，西北至末口入淮，通粮道也。”从此注解中可以得知，两汉时，邗沟也称邗江；还可以知道，吴国开凿邗沟是为了军事目的，沟通长江、淮河两大水系之后，水运军需并在邗城囤积，以供当时吴国同齐国进行争霸战争使用。邗城自此之后，历代均有修建，但位置变动不大，大概的范围都在今天江苏省扬州市西北平山乡一带(见图 1-4)。

作为南方诸侯，吴国擅长以舟师水战。而要北上与齐国争夺江淮之间乃至山东丘陵南部的一些小国作为附庸，吴国就首先要解决北上水路的问题。江淮之间本来没有水路，要从江入淮，就要在东海进行近岸航行。海况变化较大，不利于水军安全，吴王夫差决定利用人工渠道连缀江淮之间的几个天然湖泊，“缘江溯淮，开沟深水，出于商、鲁之间”。① 其详细的路线是引江水北上经过邗城、螺丝湾、黄金坝，接入武广湖、渌阳湖，继续向北至樊梁湖，再向东北转弯接入博支湖、射阳湖，出射阳湖后向西北至山阳(今淮安)，改向正北，在末口入淮河。这样绕了一个反 C 字形大弯之后，其总里程约合 400 余里，路程还是较远。

西汉初年，刘濞为吴王，广陵为吴国国都。在他的封地内，有豫章郡的铜矿，又有鱼盐之利丰厚的东海。于是刘濞招募一大批逃避汉中央政权制裁的逃亡犯人和豪强、游侠，采矿并铸造五铢钱，又煮海产盐，阴谋招募死士，勾连其他 6 个诸侯国，预备发动叛乱。为扩大商品贸易，刘濞在广陵东北 20 里处向东开挖了与邗沟相通的“运盐河”。这条人工河呈东西走向，起自茱萸湾(在今广陵区湾头镇)，止于磻溪

① 左丘明：《国语》，山东画报出版社，2004，第 30 页。

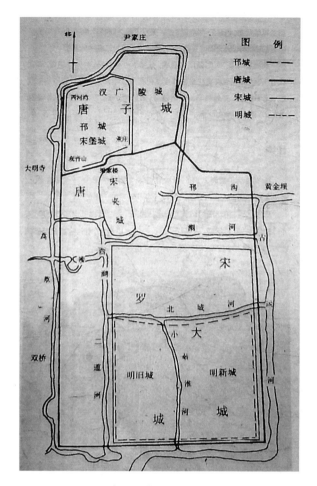

图 1-4 春秋以来邗城城址变动情况

资料来源：曹云飞：《邗江史话》，广陵书社，2017，第23页。

（在今南通如皋）。"吴楚七国之乱"虽未成功，扬州却至今仍然流传着刘濞时本地富饶丰足以至于不用交税的传说。其实这是以讹传讹。历史上刘濞只是"不征赋钱、卒践更者一律给予佣值"[①]而已，至于其他种类的赋税还是照常征收的。其目的在于以自己所铸造和赚取的钱财刺激更多的人为他当兵，壮大自己造反的势力。从今江苏省扬州市城北乡螺丝湾桥到黄金坝一线，还残留有古邗沟一段长约1.5公里的遗迹。沟已丧失航运功能。沟南侧建有邗沟大王庙，为扬州地方信仰庙宇的一种，实际被当成财神庙使用。该庙不拜武财神关羽、文财神赵公明，而主祀春

————————————

① 闻明、张林：《大事录要》，环境科学出版社，2006，第132页。

秋时吴王夫差,陪祀刘濞。

　　东汉建安初年,广陵太守陈登认为古邗沟过于曲折,又多淤塞,因此在建安二年(197)至五年(200)期间,维持古邗沟广陵(今江苏扬州)至樊梁(良)湖一段,但在河道出湖之后,取道正北方,穿过津湖、白马湖,接续射阳湖北部尾流,至山阳末口。津湖至白马湖一段,名为马濑渠。这次"陈登穿沟"的工程形成了现在习惯所称的邗沟西道。

　　至东晋永和年间,长江干流向南摆动。于是邗沟原来引用江水的通江口失去功能。晋朝廷在今江苏仪征以东的欧阳埭新挖取水河口,向东北方接续三汊河、扬子桥,至广陵后,再接续邗沟西道,恢复其航运功能。东晋时期的这次工程是现代仪扬运河的基础,但工程量不大,仅约 60 里。

　　隋朝统一北方后,隋文帝谓仆射高颎曰:"我为百姓父母,岂可限一衣带水不拯之乎?"[1]为继续推动统一大业,他准备随时渡江,灭亡陈后主小朝廷,于开皇七年(587)下令,在春秋吴国开凿的古邗沟以东另开新河。新河自茱萸湾起,至宜陵、樊川、三垛,进入射阳湖后,循吴旧迹,至末口入淮。当时人称之为山阳渎,后世称之为邗沟东道。这个工程服务于欺骗性的军事战略目的,实际是以大规模的工程吸引陈方面的注意力,并把水军精锐放在东道,行疲兵之计;而以疲弱之旅放在西道继续麻痹敌人。开皇九年正月初一(589 年 1 月 22 日),隋军渡过长江灭陈,邗沟东道完成了使命。隋炀帝即位后,于大业元年(605)进行大规模拓宽、挖深的,还是邗沟西道,而非东道。此时的邗沟南起扬子,向北直接抵达淮安。隋文帝山阳渎遗迹,则成为后来里下河一带的农田排灌设施。[2]

　　唐代对邗沟的最重要改造,是废弃了东晋以来的欧阳埭至扬子段,而改修瓜洲河。这是由于长江北岸泥沙淤积,并且其入海口因搬运泥沙的造陆作用,不断向东延伸。唐中期,瓜洲已经从长江干流中瓜子形状的沙洲变成了一面与扬州陆地相连,另一面伸入江中的滩地。开元二十五年(737),润州(今江苏镇江)刺史齐浣奏请自京口埭修凿正南正北向的伊娄河 25 里,直通扬子镇,再与扬州城以北部分的邗沟相连接。为控制水位,在河上设置有堰埭和斗门。

　　至宋,邗沟改称楚州运河,又另开里运河以避开长滩险阻。对于扬州附近的古

---

　　[1]　李大师、李延寿:《南史》,卷 10,《陈后主本纪》。
　　[2]　里下河地区,位于江苏省中部,西起里运河,东至串场河,北自苏北灌溉总渠,南抵老通扬运河,总面积 13 510 余平方公里,属江苏省沿海江滩湖洼平原的一部分。里下河地区涉及江苏省扬州、泰州、南通、淮安、盐城等主要城市。

河道,宋代主要是拆除部分堰埭(完全拆除者有新兴堰、龙舟堰、茱萸堰)、疏浚了堰埭原址附近的水道,又修复了另一部分堰坝、水闸,以便行船。元代及其以后,邗沟的一部分融入了如今仍在正常使用的京杭运河南段。

## 二、 通渠三江五湖

邗沟在江淮之间,起沟通江淮的作用,且位于春秋吴国境内。《史记》载,同一时期,吴国在江南还进行了"通渠三江五湖"的工程。应当明确无疑的一点是,"三江""五湖"都是自然水体,其重点在于人力对其加以改造,使之相互沟通。其中,"三江"之一的"中江",可以确认为胥溪。其他有可能属于"三江五湖"系统的,有胥浦、吴古故水道等,但并不能在文献和考古等方面得到完全的印证。因此,在此仅略叙胥溪之所以为"中江"的一些考据,并叙其他可能与"三江五湖"有涉之水路。

我们在现代地图上,可见江苏高淳、溧水一带,有丹阳湖、石臼湖、固城湖、涌湖、长荡湖等,就以为这里有可能是"三江五湖"之地,这是误打误撞与后世人以讹传讹化相结合共同造成的结果。在春秋晚期,今高淳、溧水一带有一条古河道,名为"菱(陵)水"。《史记·范雎传》中有一句:"伍子胥囊载以出昭关,夜行而昼伏,至于菱水。"这里的菱(陵)水就是溧水,这是上古地名在流传过程中,因语言发音的漂变而随之发生了异字转写的结果。《吴越春秋》记载伍子胥逃到吴国以后乞于街市的地方,就是溧阳。只不过,南北朝时的人在给溧阳这个地名做注释时,又把本地这条河的名字改写成了"濑水"。究其根源,大概张本于《战国纵横家书》(即《战国策》)记载其为"淩水""濑水"。溧阳故名平陵,后改固城。固城湖就是因为位置在古平陵城左近,才得名"固城"的。到春秋时期,其地成为吴国的濑渚县。南宋绍兴年间,在固城湖旁出土了"汉溧阳校官碑"。所有这些名称因此也就可以相互关联起来,形成一个较为完整的地名系统了。据《重修高淳县志》记载,此地在楚灵王在位至吴王在位期间,是吴、楚两国交战的前线。吴国要兴兵伐楚,在伍子胥主持下疏浚源自固城湖的陵水,也就顺理成章。胥溪之名,得于此。

胥溪人工修凿的部分,大概是今天江苏高淳东坝镇至下坝镇一带,东西宽约5公里的土岗。那里是茅山丘陵余脉。胥溪修治,其事约在周敬王十四年(前506)。修治完毕后,吴国水军可以出太湖,经过荆溪、胥溪运河、水阳江,在今天的安徽芜湖附近进入长江,再进一步溯江而上至濡须口,就可以进入巢湖入江水道。巢湖西北岸又有施水(即今之南淝河),可进一步向西北航行至淮河中游地区。那里是见于《左传》的又一个吴楚征战热点地区。

由于春秋秦汉之际,中国文明繁盛的中心在于中原,我们对当时还属于边荒蛮夷之地的认识比较模糊,经常发生以讹传讹的现象。在传世文献中,代代相因袭的,也有不少。《禹贡》《汉书·地理志》《续汉书·郡国志》《水经注·禹贡山川泽地》《舆地纪胜》代代相因袭的一个错误,就是将胥溪称为"东江",而把胥浦称为"中江"。这些古籍众口一辞地说"中江"在丹阳芜湖县(非今安徽芜湖),向东南流淌至会稽郡阳羡入海。《太平寰宇记》引东晋刘穆之之说,正确地指出过胥溪东通太湖,但此说传播不多。等到中国的人口和经济中心向东南移动至江南,这些错误才逐渐得到当时新作的修正和广为传播。譬如,《舆地纪胜》就在引用《水经》而犯错的同时,注释称所谓"中江"是"今县河,东达黄池,又三湖,至银林止,所谓中江东至阳羡,即此也……后筑银林五堰以室之……"①。所以,可以肯定地说,胥溪就是"中江","通渠三江五湖"所指的河道系统必然包括了胥溪水系。明确辩称"中江"即胥溪的,是明代韩邦宪所作的《广通镇坝考》,其文还略叙了春秋至明嘉靖四十年(1561)间胥溪的沿革情况,对"水利"工程在流域上下两游产生的害、利不同影响做出了较为客观的评价。

胥溪之外,可能属于"通渠三江五湖"的人工运河系统还有胥浦、百尺渎、陵水道、徒阳运河、吴古故水道等。但史籍对其开凿过程的记载或者过于简略,或者不能与考古发掘的遗迹物证很好地对应起来,因而尚且存疑,仅附列于后。根据目前考古取得的进展,我们只知道胥浦是接纳今天上海市金山、浙江嘉善一带小型河湖水流并引太湖水东出大海的一条水道。其原本的开凿用意,大概是吴国为了防止越人渡过杭州湾直接从松江方向逆袭姑苏城的惨剧(事在周敬王三十八年,即公元前482年)再次重演。其大致位置在松江泖港乡至金山吕巷、浙江平湖芦沥浦至杭州湾一线。百尺渎大约在钱塘江南岸萧山区龙虎山一带。陵水道系秦始皇"发会稽谪戍卒"修成,又经过汉武帝"开河通闽越贡赋"的成果,大概指的是苏州至杭州间的运河(也有说只到嘉兴的)以及用疏浚土在河岸边垫起的供马匹行走的道路。徒阳运河前身为秦始皇第五次东巡时(前210),发赭衣囚徒三千"凿长坑",修治的运河。其遗迹在今镇江猪婆滩。至于从吴县过无锡、武进、丹阳至丹徒的完整航

---

① 龚抗云:《王先谦的经学成就与经学思想》,湖南大学出版社,2013,第117页。

路,实应归功于三国孙权。① 至于吴古故水道,据《越绝书》载,路线为"出平门,上郭池,入淟,出巢湖,上历地,过梅亭,入杨湖,出渔浦,入大江,奏(通假字,通"凑",为靠近、接近之意)广陵"。② 这里的巢湖不是今安徽巢湖,而是苏州西北 40 里处的漕湖。考其线路,起点在苏州,过无锡、常州、江阴,入长江后抵达今日的扬州。陵水道、徒阳运河和吴古故水道共同构成了江南河最早的发端。

## 第五节　通达中原开鸿沟

### 一、"大沟"与"梁沟"

　　三家分晋后,魏国因自己境内能够出产锋利的铁兵器并且花费大量金钱整备起数量可观的"魏武卒",而保存了较多军事力量。魏文侯在推动变法方面,听取了子夏、田方、段干木、李悝等人的建议,西门豹、吴起等人也得到任用。战国初年,魏国从分晋后的虚弱中恢复过来,开始图谋争霸中原。魏文侯七年(前 439)魏迁都于邺,西门豹、史起等人也曾经先后凿渠引漳河水在邺城改善农业生产条件。另据《汉书·地理志》记载,魏武侯时,迁都到过魏县。魏惠王迁都大梁,事见《水经·河水注》。③

　　《竹书纪年》载,魏惠成王六年四月甲寅,徙都于梁。西晋人臣瓒(姓氏不详)注解《汉书·高帝纪》的时候,也说自己看到过《汲冢书》。"汲郡古文,惠王之六年,自

---

① 萧子显:《南齐书》,卷 14,《志第六·州郡上》。
② 袁康:《越绝书》,时代文艺出版社,2008,第 11-12 页。
③ 《水经注》中所见这个材料,只记载了因为魏惠王迁都大梁,赵国把中牟以交换的方式给魏国。它没有记载魏惠王是从魏县直接南迁,还是先从魏县搬到安邑,再从安邑搬到大梁。现代一般通行的说法是魏迁都大梁,系由安邑迁来。至于迁都原因,现代一般遵从《史记》的说法,认为当时秦国东部边境已经逼近黄河,安邑离秦国太近,在战略上并不安全。关于迁都时间,有魏惠王六年、九年、三十一年(即公元前 364、前 361 和前 339)三种说法。根据各种史料纪年相互冲突的情况,我们可以首先排除公元前 339 年说(见于《史记》《资治通鉴》)。这是因为,"围魏救赵"的发生时间为魏惠王十七年(前 353)。而"围魏救赵"所围困的魏国都城是大梁。假如公元前 339 年魏国才迁都,那么《史记》和《战国策》等关于齐、赵、魏邯郸—大梁之战的一系列记载时间,乃至各诸侯国史书的纪年系统将全部推倒重来。这显然是不可能的。现代通行的说法一般将魏迁都大梁时间定为魏惠王九年(前 360)。这个时间见于《史记·魏世家·集解》《孟子正义》。但是,司马迁给出的"安邑近秦"迁都原因,却不符合魏惠王九年时的秦、魏两国战略形势。在《孟子》中,惠王哀叹自己丧师失地于秦国 700 里。其所指的具体战役,应该是秦攻占少梁,把魏国疆土西部边界从华县—渭河—洛河一线连续不断地向东挤压到黄河干流以东。秦取得少梁,事在魏惠王十七年(前 353)。魏惠王九年(前 361)时,魏、秦之间在安邑以西,还有大量的缓冲地带。"安邑近秦"是魏迁都之后又连续遭遇军事失败而形成的后果,不是促成迁都的原因。更倾向于魏惠王迁都大梁为公元前 364 年的主要证据在于,西晋时期在汲县出土的《汲冢书》中的相关记载和《水经·渠水注》引用汲冢《竹书纪年》并流传于后世的内容。

安邑迁于大梁。"①《汲冢书》是西晋人根据当时不准(Fǒu Biāo)盗墓贼挖掘魏国王族墓地所得竹简缮写的文献。其原始文本为魏国王室档案,可信度比其他传世文献要高。而将魏惠王迁都大梁的时间定为公元前 364 年,就可进一步明确他迁都的目的在于同关东六国争夺中原霸权。战国初期还很虚弱的秦国并不是刺激他迁都的主要因素。而迁都之后又经过数年,魏国在有了一定的积储之后,于周显王九年(即魏惠王十年)(前 361)②开始新建工程引黄河水,构建以大梁为中心的灌溉和航运渠道系统,就比较合理了。至于认为迁都时间和兴工时间都在公元前 361 年,也就是说,迁都以后不久就立即兴建庞大的渠系工程,应该说可能性虽然存在,但合理性较小。

"十年,入河水于甫田,又为大沟而引甫水。"③这是关于鸿沟建设的最早记载。这里指的是魏惠王十年,而不是周显王十年。"大沟"从荥阳(今河南郑州荥阳)引黄河水,向东南进入甫田。甫田即春秋、战国时期著名的圃田泽,在今天河南中牟县。水出圃田泽以后,继续在人工开凿的渠道引导下,抵达大梁北郛(今河南开封)。魏惠王三十一年(前 339)三月,魏国又对这个渠道系统进行了进一步的扩展。"三十一年三月,为大沟于北郛,以行圃田之水"④,此即"梁沟"的开掘。前后两次记载"大沟",其实并不是同一件事。"梁沟"起于大梁北郛,向南至尉氏(今河南尉氏县)、阳夏(今河南太康县)、宛丘(今河南淮阳县),再一分为二。其中一支向东汇入颍河,另一支向南汇入沙河。两河均为淮河支流。这样,古人就在利用魏国西北高东南低的地势发展自流灌溉的同时,形成了连接黄河与淮河的水路交通线。在鸿沟干流以外,在魏都大梁附近,又有与其相通的其他支系。其中,丹水从大梁城东乡东南方向,流经彭城后,汇入古泗水(今已不存),这是汴河最早的源流。睢水出大梁南,过宋国都城睢阳(在今河南商丘)至宿县、睢宁,同样汇入古泗水。濊水也出自鸿沟大梁以南干流,经过蕲(非湖北蕲春,在今安徽宿州南),汇入淮河干流。

孟子和魏惠王讨论赈济灾民只是小仁政而息兵罢战让百姓无失其时才是大仁

---

① 张玉春:《竹书纪年译注》,黑龙江人民出版社,2002,第 58 页。

② 秦以前华夏各地使用黄帝历、颛顼历、夏历、殷历、周历和鲁历等,又有以诸侯国国君在位年数纪年的。以周历论,以阴历十一月为岁首。诸侯受周王赏赐或奉周王之命自己制作的青铜礼器上有时可见(周天子)"唯王某某年";以诸侯王在位论,各国自己的官书史册又有(本国诸侯)"王某某年"。多个纪年系统在换算公元纪年时,有较大可能出现一年以内的差值,乃至差距数年导致年表混乱的情况也有。因此有把该年换算成公元前 361 或前 360 年的两说。

③ 杨宽:《战国史料编年辑证(上)》,上海人民出版社,2016,第 307-308 页。

④ 同上,第 383-384 页。

政的道理时,惠王说他自己对国家事务尽心竭力。"河内凶,则移其民于河东,移其粟于河内;河东凶亦然。"[1]这说明,鸿沟发挥过作为灾民和赈灾粮食转运通道的作用。《战国策·魏策》说魏国交通方便的情况,就像车轮条辐在车轴处汇聚一样"条达辐辏"并且有"粟粮漕庾,不下十万"。[2] 这又说明,鸿沟在平时担负过运输漕粮的任务,只不过这时运输的很可能主要是粟(小米)而不是稻米。而上古时候济水也还健旺,能够分黄河之水。那么就可以说济水、汝河、淮河、古泗水确实形成了以大梁为中心的水路交通网。此足证《战国策》所载并非纵横家夸张之言,而皆有所本也。当然,在这样交通便利的地方建都,付出的代价就是无险可守,必须勤修武备。孟子指责"(魏)王好战"。这实在是形势所迫,不得不为之。相同的地缘战略困境,我们在北宋的历史上也能看到。宋都开封漕运便捷,但无险可守。其所带来的副作用之一,就是中央政权要在这里多设军卒驻守,乃有"冗兵"(尤其是禁军)之害。

## 二、 秦以来鸿沟的变迁

秦王政二十二年(前 225),秦将王贲引黄河、大沟水,灌大梁。《水经注》《史记》等文献说王贲"断故渠,引水东南出,以灌大梁,谓之梁沟"(见图1-5)。[3] 这里的"梁沟"和之前作为"大沟"延长线的"梁沟"不是一回事。

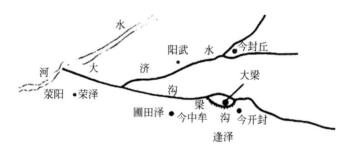

图 1-5　王贲"梁沟"与原来渠系走向的关系

资料来源:钟少异:《中国古代军事工程技术史(上古至五代)》,山西教育出版社,2008,第302页。

在《史记·魏世家》中,记载秦人此次水灌大梁,在浸泡城墙 3 个月之后,才毁坏了城墙而迫使魏王投降。王贲这次以水灌敌,使得鸿沟从绕经大梁北郊变

---

① 《孟子》,卷1,《梁惠王上》。
② 刘向:《战国策》,卷22,《魏一》。
③ 岑仲勉:《黄河变迁史》,中华书局,2004,第202页。

为绕经大梁南郊,并且得名莨荡渠。秦末楚汉相争,曾以鸿沟为界限。入汉以后,鸿沟又名汳水,后来其俗名逐渐演化为汳的同音字汴,即汴河或汴渠。王莽新朝始建国三年(11),黄河发生大改道,今河南省滑县以下河段经过一段时间的摆动,寻觅到地势相对低洼的通道之后才稳定下来,改在今山东省利津县入海。这次大改道殃及开封以东、以南大片地方,破坏了原来比较清晰顺畅的鸿沟渠道网络。东汉永平十二年(69)四月,汉明帝下诏修理汴渠,其中包括疏浚河道泥沙的内容,也有筑堤约束洪水的内容。此事是王景治理黄河的一个组成部分。王景治河的直接后果,是将汴河与黄河进行了分隔。这样一来,虽然可以消除水患并恢复鸿沟的航运功能,却使得鸿沟水量有所减少。

建安九年(204),曹操为攻打袁尚残部所占据的邺城,以军卒挖通白沟,并且以堰坝拦蓄淇水,导入白沟,以利航运。这主要是为了运输军队所需粮草。而曹军粮草的来源,是陈州(今河南周口淮阳区)、蔡州(今河南新蔡县)、汝南、颍川(今河南禹州市)。为把在那里征集的粮草送到白沟沿线并继续向邺城方向运送,曹操不得不整修了睢渠。睢渠只是鸿沟系统的很小一部分。其人工开凿部分西起官渡,东至睢阳。至于官渡以西以北部分,引用鸿沟水源。浚仪县以东以南部分,则利用经过修整的睢水河床。至西晋永兴元年(304),南匈奴贵族刘渊在左国城(今山西吕梁市离石区)建立赵汉政权(即五胡十六国之前赵),开启了"永嘉之乱"的序幕。建兴五年(317),晋愍帝在平阳被杀,琅琊王司马睿南渡长江,在建康(今江苏南京)建立东晋,鸿沟在西晋末年的这些动乱中逐渐淤废。其下一次重开,要等到100年之后。东晋义熙十二年至十三年(416—417),刘裕领兵北伐后秦。他在此次灭亡后秦的战役中,运用水军从黄河入渭河,配合从武关陆路进攻的偏师围困和攻破长安。后来他经长安—洛阳—黄河—汴河路线南归,就修浚过汴渠。《宋书·武帝纪》所谓"开汴渠以归",指的就是此事。[1] 刘裕旧迹后来在隋朝开凿通济渠时,有部分得到了利用。

隋大业五年(605),朝廷征发河南各郡县"男女百余万",开凿通济渠"引谷、洛水达于河"。[2] 这是隋朝大运河工程的最早一段。其起于河南荥阳,经过郑、中牟、汴、杞、睢、虞、夏邑、宿州,在江苏盱眙汇入淮河。这个工程利用了部分历代鸿沟流路遗迹,又发动如此多的劳动力参与,因而修建完成得比较快,大约费时170余日

---

① 沈约:《宋书》,卷 2,《本纪第二·武帝纪》。
② 杜佑:《通典》,卷 10,《食货十》。

即告通航。隋通济渠利用刘裕汴渠旧迹的那部分，习惯上仍称汴河。但是隋朝的通济渠在开封以东借用的是睢水、蕲水遗迹，这与开封以东以南的古汴河径流路线又是不同的。隋朝的通济渠开通后，开封附近的睢水慢慢淤废了。由此，唐宋汴河的西段可以说是源于战国魏至后来汉、晋时期的丹水（汴水）；而唐宋汴河的东段，实际是利用睢水、蕲水遗迹，开展部分新疏浚的结果。公元1194年黄河夺淮之后，汴河废。后世又把汴河的名称所覆盖的河段长度拉长了，将隋朝通济渠东段全部概称汴河。只不过，等到北宋灭亡之后，南宋不同时期派往金国的使臣楼钥、周辉等人都报告说汴河已经淤废了。其残存至今的一小段，在江苏泗洪县境内。由于这一段残迹相对于1966—1970年疏浚修成的新汴河来说，确实是古老的，所以江苏泗洪本地人将残迹命名为"老汴河"。而相较于魏至汉、晋间的古汴水（丹水），"老汴河"实在算不得老。这些名目上的细微差别，容易引起混淆，值得予以特别说明。

隋修通济渠之后，唐开元十五年（727），在郑州设置了水闸。五代十国末，后周显德四年（957），又疏浚了汴河与济水相通的支流，使得鲁、豫可以舟行。北宋时期，汴河一直是漕运主干线，修浚有常。如果遇到特殊情况，则另有非常态化的疏浚兴工。在唐宋通济渠（汴河）担负漕运主干线任务的同时，魏至汉、晋间鸿沟旧迹未被利用的剩余逐渐成为蔡河。元代又将大运河干线整体进行了改线工程（后详），蔡河也逐渐失去了航运功能。

## 第六节　陂渠串联的白起渠

### 一、"杀人盈野"造就"鄢郢臭池"

秦昭王二十八年（前279），白起为了攻取楚国鄢城（在今湖北宜城郑集），引用西山长谷的水源（蛮水），在距离城池100里处筑坝蓄水，然后从鄢城西北引出两条渠道，一路从沔北另一道从沔南灌城。据传，此次水攻共造成数十万人死亡。其积水在城外形成了土门陂、新陂，在城池内的北部积蓄成为熨斗陂，造成大量杀伤后，向东北出城形成臭陂，臭陂下游还有朱湖陂。因"楚人多死……臭闻远近"，白起渠有时候也被人以部分指代整体，号为鄢郢臭池。[1] 其下游出水去路为木里沟的一

---

[1]　韩愈：《记宜城驿》，见严昌点校：《韩愈集》，岳麓书社，2000，第446页。

部分。木里沟即木渠,其历史比白起所修渠道更为久远,为先秦时期楚国修建的灌溉渠。其起点在中庐西山(今湖北襄阳南漳县),中途接入蛮河,向东南方再延长45 里,在宜城东北进入汉江。

## 二、 从"臭池"到"百里长渠"

战后,水渠周边农民利用渠道进行灌溉。东汉时期,南郡太守王宠重修木里沟。白起渠、木里沟(木渠)、蛮河逐渐形成一个整体化的陂渠相联、"长藤结瓜"式的灌溉系统。因其渠系长度较长,俗称"长渠"。此名后被收入唐《元和郡县图志》。包含木渠在内的百里长渠系统见于史载的较大规模修浚,有 7 次。其时间分别为唐大历四年(769)、北宋咸平二年(999)、至和二年(1055)、治平三年(1066)、南宋绍兴三十二年(1162)、淳熙十年(1183)、元大德九年(1305)。唐大历四年(769),割据襄汉的藩镇节帅金紫光禄大夫、检校刑部尚书、山南东道节度使梁崇义在蛮河上修建了武安堰,用于增强长渠引水能力。两宋时期,地方官员对长渠维修较勤,宜城县令孙永于至和二年(1055)修浚长渠时,制定有维修及用水管理办法。南宋淳熙十年(1183)宜城地方官员修浚木渠时,又为其兴修了第二引水口灵溪堰并订立了木渠部分的灌溉用水制度。整个长渠系统所覆盖的灌区面积经过历代增修,逐渐增大到数千顷,使襄宜平原成为沃野。北宋至和年间的宜城县令孙永曾在开封府任职。他与当时从齐州调任襄州,路过开封府的曾巩结识。孙委托曾巩到任后考察他所定下的制度有何变化,"考其约束之废举"。曾巩以优美的文学笔触,创作《襄州宜城县长渠记》,略叙了长渠的历史渊源,赞誉了孙永流惠下民的功业,告诫各地方官要详查自己辖境的地理形势,为施政惠民提供依据。

## 第七节　都江堰、郑国渠、灵渠的疏浚

## 一、 都江堰的创建[①]

公元前 256 年,秦国蜀郡守李冰创建都江堰[②]。都江堰在当今作为历史悠久的

---

[①]　此处仅述李冰创建都江堰,在下篇还有专题深入论述历代修浚都江堰的事迹和制度,以及都江堰工程的社会、经济、文化价值。

[②]　关于都江堰的始建时间,还有其他说法,本书采纳都江堰管理局的官方观点。

灌溉工程而受到世界瞩目①，但它最初的首要功能目标却是航运，灌溉则是在满足航运需求基础上的附加功能。都江堰的最早记载见于司马迁《史记·河渠书》，太史公在述及春秋战国时期诸多其他运河和都江堰时，指出"此渠皆可行舟；有余，则用溉浸；百姓飨其利②"。可见，都江堰原本是通航的人工运道，创建之时即以疏浚为主。

李冰兴建都江堰使岷江改道流经蜀郡治所成都，对秦国以蜀国为跳板兼并天下的宏大战略有着重要意义。战国中期，秦国经商鞅变法后，日益强大，开始走上对外征伐、开疆拓土的道路。秦惠王时，秦国将目光锁定蜀国。攻占蜀国，不仅可用其物产和财物供养军队，而且可借助其水道和巴国兵卒，顺流而下向东进攻楚国，"得蜀则得楚。楚亡，则天下并矣③"。公元前 316 年，秦国趁蜀国与巴国交战，巴国向秦求援之机，出兵灭蜀，又灭巴国，先后设置巴郡和蜀郡。秦据蜀地后，便将其作为后方根据地加以经营，向成都平原迁入大批人口，按照都城咸阳的规制建造成都，以成都为兵力和粮草的集散地，通过岷江和长江外运，支持其征伐各国④。但是，在都江堰兴建以前，从成都到岷江起运码头，仍有一段距离的陆路交通，不便于持续军事行动中兵员和军需物资的补给。李冰创建都江堰使岷江改道成都，此问题于是得到解决。

今天的都江堰渠首枢纽由鱼嘴、飞沙堰、宝瓶口 3 个主要部分组成，将岷江分为内江和外江。李冰修建的都江堰与此不尽相同⑤。据司马迁记载，"蜀守冰凿离碓，辟沫水之害；穿二江成都之中"。离碓(堆)是古代地貌术语，指山体延伸处被截

---

①　2000 年，都江堰与青城山(青城山与都江堰灌溉系统，Mount Qincheng and the Dujiangyan Irrigation System)一同被联合国教科文组织列入世界文化遗产名录，参见 UNESCO：World Heritage Committe Inscribes 61 New Sites on World Heritage List. (2000-11-30)[2020-04-08]. https://whc. unesco. org/en/news/184/；2018 年，都江堰被国际灌排委员会列入世界灌溉工程遗产名录，参见：我国四处工程入选世界灌溉工程遗产. (2018-08-15)[2020-04-08]. http://www. gov. cn/guowuyuan/2018-08/15/content_5313873. htm.

②　司马迁：《史记·河渠书》，见《都江堰文献集成》编委会：《都江堰文献集成·历史文献卷(先秦至清代)》，巴蜀书社，2007，第 1 页。

③　常璩：《华阳国志校补图志》，任乃强校注，上海古籍出版社，1987，第 126 页。

④　谭徐明：《都江堰史》，中国水利水电出版社，2009，第 34-35 页。

⑤　本书对李冰所建都江堰工程的内容和布局的叙述皆采用冯广宏的观点，他对都江堰创建情形的考证颇为详尽，见冯广宏：《都江堰创建史》，巴蜀书社，2014，第 204-289 页。刘星辉对此也有系统的论述，其观点与冯广宏有出入，见刘星辉：《都江堰工程现状和历史问题》，四川科学技术出版社，2014，第 56-61 页。另李德幸和李燊旻对李冰创建都江堰的工程布局又有另一番描述，见李德幸、李燊旻：《浅谈都江堰的创建与发展》，《四川水利》2017 年第 1 期，第 9-15 页。

断后的孤立部分。李冰将岷江东岸的灌口山(玉垒山)山嘴凿断成为离碓,由此开凿出一道引水渠,作为引岷江水入成都的总进水口,即宝瓶口。宝瓶口狭长似瓶颈,可自动稳定引水流量,消解洪水的危害。当上游水量较小时,宝瓶口引水量随之减少,但减少的速度会逐渐变慢;当上游水量较大时,宝瓶口引水量随之增大,但增大的速度也会逐渐变慢①。由于灌口山山体由坚硬的岩石构成,宝瓶口因此可抵挡洪水冲刷,历千年而不坏,是都江堰渠首工程中唯一历经 2 000 年不变的部分。

开凿引水口的同时,李冰还疏凿"二江"绕经成都。二江,《华阳国志》记载为郫江和检江,应是由李冰在天然河道基础上挖掘而成②。郫江,即今之柏条河,李冰自宝瓶口外,循古沱江水,至郫县北三道堰处,分流向南,过成都市桥、江桥(李冰所建七桥中的二座)下,向东南流至合江亭与检江汇合,其下游为今之毗河;检江,也称流江,今之走马河,亦是从宝瓶口外,引水向东南流,至成都东南与郫江汇合③。

然而,仅仅凿离碓、穿二江,还不能实现岷江改道。岷江上游自北向南穿梭于高山深谷之中,到山区和平原交界处先是折向东北,过关口后又向东南,接纳自东北向汇入的白沙河之后,重又向南流去。李冰于白沙河口下游 1 公里处(今鱼嘴上游 1 公里处)"壅江作堋"修建引水枢纽。为将岷江水东引向宝瓶口,李冰又在东(左)岸重新开挖一条河道,这条河道被称为北江,即今内江的前身,是岷江改道的起点。岷江水于是自北江,经宝瓶口,入郫江和检江,过成都。岷江在都江堰改道后,其下游原有河道则降为支流,汉代称之为郫(shòu)水,现在称为金马河;检江则在很长一段时间内被视为正流④。

李冰修建的引水枢纽"堋",可能是人字形堰,由竹笼卵石筑成,岷江水因此向左右两岸分流,两岸开凿引水干渠。左岸引水渠主干即接续北江的郫江和检江(今内江水系),以通航运输物资为首要目的,兼有灌溉之利;右岸开凿羊摩江(今外江羊马河),引水灌溉岷江西岸农田。另外,在都江堰建成后,李冰又开凿石犀渠,石犀渠可能是左岸干渠郫江的延伸支渠,用于灌溉,或是连接二江的人工河道⑤。

① 李可可:《从都江堰看我国传统水利科技与文化》,《中国水利》2020 年第 3 期,第 28-32 页。
② 谭徐明:《都江堰史》,中国水利水电出版社,2009,第 41 页。
③ 常璩:《华阳国志校补图志》,任乃强校注,上海古籍出版社,1987,第 135 页。
④ "李冰穿二江",见四川省水利厅、四川省都江堰管理局:《都江堰水利词典》,科学出版社,2004,第 24 页。
⑤ "李冰穿羊摩江""李冰穿石犀溪",见四川省水利厅、四川省都江堰管理局:《都江堰水利词典》,科学出版社,2004,第 25 页。

都江堰的创建不仅直接提高了郡治成都的战略地位,便利战时兵员和物资的调动与补给;并且改造了成都平原的水系,使成都平原既有稳定的运输和灌溉水源,又有畅通的洪水宣泄通道,一改此前水旱灾害频发的状态,从而促进了蜀地农业生产及经济的繁荣,为秦国横扫六合提供了坚实的后盾。

## 二、 郑国渠的开凿及其演变

"韩闻秦之好兴事,欲罢(通假字,通'疲')之,毋令东伐,乃使水工郑国间说秦,令凿泾水,自中山西邸瓠口为渠,并北山,东注洛三百余里,欲以溉田。中作而觉,秦欲杀郑国。郑国曰:'始臣为间,然渠成亦秦之利也。'秦以为然,卒使就渠。渠就,用注填阏之水,溉泽卤之地四万余顷,收皆亩一钟。于是关中为沃野,无凶年,秦以富强,卒并诸侯,因命曰郑国渠。"[①]从以上记载中可以得知,郑国渠的修建本来是韩国转移秦注意力的一种方法。然而这个原本被韩国君臣设计用于空耗秦国国力迫其无暇东顾的计谋,最终收到了完全相反的结果。就在郑国渠完工的那一年,秦发动了统一中国的总体战。煞费苦心的韩国后来成为第一个被灭亡的诸侯国。郑国渠使关中成为沃野,在很大程度上增强了秦国进行长期征战的能力,乃至于"卒并诸侯"。查其修建时间,为秦始皇元年(前246),完工时间约在10年后。到司马迁在《史记》里重建历史的细节并构建起这样一个故事的西汉中期,时间已经过去了130多年。郑国渠的详细路线,是从中山西瓠口(即谷口,在今陕西泾阳西北),引泾水向东至三原以北,接入浊水、石川河,过富平、蒲城,汇入洛水。其总长300余里。

关于郑国渠渠首建造所使用的技术,据推测可能是以木构件做成笼子,向内塞入石头,成为"石囷",多个石囷纵向和横向交错排列,起到削减水力冲击和促进所引河水中的泥沙快速在渠道开端处沉积下来的作用。在与郑国渠兴修于同一时期的都江堰,构造临时或半永久性挡水、飞沙堤堰时,用到过装满鹅卵石的竹编笼子。其原理和功能是一致的,有所差异的只是因南北自然环境不同,就地取材,一者用竹,另一者用木而已。郑国渠在建造时充分考虑了渭北平原的阶梯状地形因素影响,将干渠选线放在台地的东西最高点连线形成的脊线上。这样,在干渠沿途向南北两侧(主要是南侧)开支渠,就可以借助重力实现自流灌溉。而郑国渠的渠首选在泾河向东南流出高原群山即将抵达平原台地的山前峡口处,又可以借助山势以

---

① 杨宽:《战国史料编年辑证(下)》,上海人民出版社,2016,第1162-1163页。

及原本就窄而深切的河流,少修夯土堤坝或石工。郑国渠用于排泄过多渠水的设施退水渠,一般位于干渠南侧,这是顺应天然河流向东南流淌的走势施工的结果。而从郑国渠水系图(见图 1-6)中又可以看出,干渠一路向东前行时,接纳了许多渭水支流。这有助于增强灌渠径流的稳定性,对抗黄土疏松易渗漏特性造成的径流损失。至于郑国渠"横绝"诸水,到底使用的是河流平交还是立交技术,学术界目前没有定论。西汉时期确实有从长安郊外设渡槽引水的工程实践,称为"飞渠"。在今天西安阎良康桥镇,出土过郑国渠向东穿越石川河(沮水)的工程遗址。

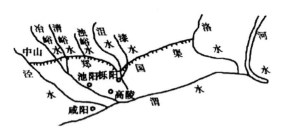

图 1-6　郑国渠水系图

资料来源:河海大学《水利大辞典》编辑修订委员会:《水利大辞典》,上海辞书出版社,2015,第 19 页。

史书称郑国渠"用注填阏之水,溉泽卤之地"。[①] 这证明,泾河水的含沙量虽然与渭河有差异(泾渭分明),但总的来说仍然能起到淤田、肥田的效果;郑国渠流经之地,原本可能是季节性积水(泽)造成次生盐碱化灾害(卤)的地区,郑国渠起到了大水压碱的作用。[②] 以今日的观点来看,大水漫灌压碱是一种低效率的土地整治技术,比较浪费水资源,并且这种做法会在干旱、半干旱气候区内因蒸发形成的毛细作用,造成次生盐碱化的灾害。但是在秦汉之际的历史条件下,这样的工程实践还是具备历史进步性的,不能以今日之眼光对古人求全责备。

汉武帝元鼎六年(前 111),兒宽为左内史,请凿六辅渠,以便能够灌溉郑国渠未能顾及的一些地势高昂的田地。根据传世文献的记载,我们只知道六辅渠是郑国渠上游的六条小渠。[③] 太始二年(前 95),赵中大夫白公主持兴建了新的引泾灌溉工程白渠,后世将其与郑国渠并称"郑白渠"。白渠"引泾水,首起谷口,尾入栎

---

① 杨宽:《战国史料编年辑证(下)》,上海人民出版社,2016,第 1162-1163 页。
② 由于泾河、渭河走向不同,其流域面积内降雨丰沛的时间段也有差异。一般而言,在降水情况正常的年份,公历 7 月中旬之前,是泾河清而渭河浑;7 月中旬以后,降雨带因副高气压北上而被向北挤压,南北向的泾河上游来水变多,东西向的渭河来水减弱,于是变为渭河清而泾河浑。但据现代的水文统计,总体而言,泾河输沙量要比渭河大得多。
③ 唐代文字学家、史学家颜师古认为其在郑国渠上游南岸,但元代史学家李好文认为在北岸。

阳,注渭中,袤二百里,溉田四千五百余顷"①,实际上是对郑国渠、六辅渠的大规模综合改造,白渠取水口引水后,仍部分沿用郑国渠渠道,其后则分道扬镳。历史上对白渠的起始点在何处,一直有各种争论,但最能起确定作用的,还是出土遗址的情况。

天然河流水力冲刷作用的后果之一是,使河床向下深切。假如在某地引水,多年以后河床下切,会使得取水口渐渐高于水面。这时候的做法一般可分为两种。一种是在河道下游起堰坝,提高水位后,继续引水;另一种是废弃原来灌渠的取水口,而将渠道向河的上游延伸后另建取水口,这样可以保证在无须加深渠系全体深度(以节省施工量)的情况下,灌渠系统仍可下水顺畅。也就是说,如果一个灌渠系统被长久使用,那么它的取水口有不断向水源地上游迁移的情况。根据考古发掘的情况,白渠渠口在今天泾河张家山水文站下游约 300 米处。

由于历代古人对白渠渠首在哪里有不同的说法,他们对白渠与郑国渠共用一段渠道后分流的分叉点在哪里,也有不同意见。由于现代的考古发掘已经确定白渠取水口在郑国渠以上约 1.3 公里处,则它应当是在古惠民桥处与郑国渠汇合,用郑国渠故道行水至石桥镇东,再与郑国渠分离,独立向东南-正东方向流淌。

白渠所使用的灌溉方法,仍然是郑国渠的那种引洪放淤灌溉。配合西汉时期逐渐在关中地区得到应用的新农具、区田制、冬小麦种植技术等,农业有了较大的发展。元鼎二年(前 115),西汉朝廷设置了水衡都尉一职,都水丞,左右两都水长丞等,都专司管理水利,拥有皇帝赐予的符、节。然而,令人惋惜的是,儿宽所制定的"水令",今已无存。汉代农业灌溉管理的制度细节也因此难以得见。

东汉迁都洛阳,关中水利设施的维护不力,郑白渠不免衰败。"后汉迁洛,而郑、白两渠渐废。晋建兴四年刘聪使刘曜寇长安,曜陷冯翊,掠上郡、北地,进至泾阳,渭北诸城悉溃,遂逼长安。义熙十三年刘裕代秦,王镇恶自河入渭,秦主宏遣其将姚疆等合兵屯泾上以拒之,为镇恶所败,其时泾水左右皆战地也。宇文周以后,渠堰之利复起。"②也就是说,东汉以后郑白渠渐渐废弛并毁于西晋末年的"永嘉之乱",而在北周建立之前,郑白渠即使偶有小规模的修复,也不甚重要。其中比较成规模的部分修复工程,是西魏大统十六年(550),大将军贺兰祥在今陕西富平县南20 里处修富平堰,余水放归于洛。这个工程大致遵循了石川河以东段的郑国渠遗

---

① 徐坚:《初学记(上)》,京华出版社,2000,第 217-218 页。
② 顾祖禹:《读史方舆纪要》,卷 52,《陕西一》,载叶遇春:《泾惠渠志》,三秦出版社,1991,第 54 页。

迹线路。郑白渠在隋唐时期,有新的发展。因其时该渠已经被一分为三,成为太白渠、中白渠和南白渠,又称"三白渠"。唐代三白渠的渠首已经建有低坝,下配干渠、支渠、斗渠,用于扩大灌溉面积。为合理配水,又设有三限闸。就灌溉技术而言,则从汉代的引洪放淤灌田改为了在冬春夏三季引含沙量较少的清水灌溉,避开水质最为浑浊的秋季。其时,由京兆少尹依据唐《水部式》(见图 1-7)等规定,实行管理和日常维护。

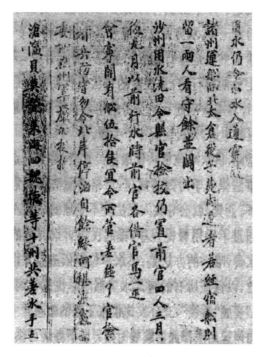

图 1-7　唐《水部式》残卷卷首书影

资料来源:法国巴黎国家图书馆藏 P.2507 号伯希和掠敦煌文书。

唐以后,三白渠屡有兴废。宋代另选线路修有丰利渠。元代对宋渠改造的成果即王御史渠。明代继续改建王御史渠,形成了广惠渠,对其中依傍山脚部分进行裁弯取直工程的一段,又称通济渠。清代将渠道进行了进一步的改建,又把引用水源从引泾河水改为引泾阳县西北 60 里仲山龙洞诸泉,遂改名为龙洞渠。所有这些历代渠道遗迹,经由著名水利学家李仪祉不懈奋斗,化为以现代水利技术惠泽一方的泾惠渠引泾灌区。不过,唐三白渠以后的这些渠系,实在不能说是郑国渠孑遗,而只能算是稍承郑国渠余绪的全新事物了。

### 三、 灵渠的开浚及其作用

秦始皇二十八年(前 219),秦统一中国的战争进入了尾声。屠睢称在 50 万大军的围攻下,岭南之地将不日归于秦。然则战争的实际进展不大。本地土著居民西瓯人(百越之一)采取自己所熟悉的热带、亚热带丛林地区骚扰、伏击作战方法,使用箭毒木处理过的吹箭、竹木构造的陷阱、藤条绊索等兵器,使得秦军长期被围困在兴安城(今广西壮族自治区桂林市兴安县)。秦早期的中心在今天甘肃省的礼县,后来迁移到关中,秦人习惯使用的主要交通和后勤补给工具,是马或牛拉的车辆。在南方毒虫遍地、瘴气弥漫的丛林水网地带,陆路运输损耗很大。屠睢也在缺粮和南方百越人的偷袭中阵亡。

要尽快结束战争,就要增兵补粮。监郡御史禄(仅存其名,后世人以其职务称其为史禄或监禄)受秦始皇之命,兴修沟通湘江和漓江,用于转运军粮的运河。"使监禄无以转饷,又以卒凿渠而通粮道。"[1]这样,补给方式就可以从陆运改为水运。军粮在蜀郡上船,入长江,转入湘江,再通过这条湘桂运河,就可以进入珠江支流漓江。后勤物资转运损耗将下降到比较可以接受的水平。由于鸿沟、邗沟已经建成,理论上,一旦凿通湘桂,从咸阳上船就可以经水路一直抵达南海之滨的番禺。最初,这条人工运河名为秦凿渠。漓江上游古称零水,当地居民又称其为凌水。盖秦始皇二十六年(前 221)置长沙郡零陵县之故。而零陵之地,得名于舜葬九疑(嶷)山。《史记·五帝本纪》载:舜"南巡狩,崩于苍梧之野,葬于江南九疑,是为零陵"。唐代以后,发生了地名学上的"雅化"现象,改称灵渠。

但是,秦人必须解决的工程难题在于,湘江和漓江之间的分水岭很窄,两江之间间隔仅为 4.8 公里,其海拔高差却很显著。如果修建比较平直的河道,渠水将很快从湘江渠首蓄水处流入漓江。落差大、流速快,将使得该运河丧失航运功能。而要减小水力梯度,降低坡降比率,就要采取曲折回环的河道设计,这就要求将渠首工程的坝体选址向分水岭最高点附近移动,同时又不能真的建在分水岭上(无法引水)。折中权衡的结果是,秦人将渠首工程放在较为靠近湘江上游的一侧,同时还设计了自流分水机制。灵渠的总长度,也通过弯曲回环的办法,延展到 33.15 公里,远大于湘江和漓江之间的直线距离。

在灵渠的渠首工程部分,连接漓江的部分称之南渠,连接湘江的部分称为北

---

① 刘安:《淮南子》,卷 18,《人间训》,北京大学出版社,1997,第 885-886 页。

渠。其渠首工程为两条天平坝及其连接物构成的铧嘴。渠身部分地段有堤,河中有陡门。陡门非秦代所设,而是起于唐、兴盛于宋明两代。灵渠渠首部分倾向湘江方向的天平坝,为大天平。其倾向漓江部分的,则为小天平。在大小天平合一处,有一道分水石堤,称铧嘴。铧嘴长 90 米,宽 22.5 米,高 5 米。呈"人"字形夹角且长度不等的大小两天平坝的作用,是使湘江水按照 3∶7 的比例向渠道的南北两段进行分流,三分回归湘江,七分进入漓江。北侧大天平长 344 米,宽 12.9～25.2 米不等;南侧小天平长 130 米,宽 24.3 米。[①] 这样,在湘江和漓江宽度不同的情况下,大致能够保证两段渠道的水深一致。在铧嘴缓冲水流冲击力之后,根据物理中力的合成原理,"人"字形的天平坝还可以将正向的压力分解为侧向的压力以及促使两天平坝结合更加紧密的横向拉力。

经考古发掘,地质学家和水利专家发现,灵渠河床底部的构成是砂砾和疏松的卵石。这样的地质条件一般不满足筑坝的要求,即使勉强筑成,其地基附着力也差,很快会被掏空根脚。现代水利施工一般要求挖除这层卵石堆积层,直至露出基岩。然后在基岩上钻孔、打桩、扎制钢筋笼,再进行浇筑混凝土的工作。这些条件在秦朝当然是不存在的。但是灵渠的渠首工程又已经安然存在和发挥功能长达 2 000 多年。秦人的解决之道是在砂石卵石层中打入松木桩,并让多根松木桩形成"井"字形的木格,再以它们作为承接石料的基础。1975 年,广西地方政府维修天平坝时,在坝体下挖出过这些松木。这种办法,法国人 19 世纪在塞纳河畔软泥地基上修建巴黎歌剧院的时候,也使用过。天平坝坝体本身是由条石和石板砌筑而成的。在缺乏黏合剂的情况下,替代的办法是模仿传统木工技法,在两块相邻的石头上凿出形如篆体字"五"的槽洞(像沙漏),再在这些槽洞中打入同样形状的铁锭,作为锁扣。

到公元前 214 年,灵渠终于完成。从此,灵渠对于促进和维系国家统一开始发挥持续性的作用。汉伏波将军马援出征交趾,就使用该渠作为后勤补给线,对其有过维护。唐代宝历元年(825),桂管观察使李渤"重为疏引,仍增旧迹,以利舟行,遂铧其堤以扼旁流,陡其门以级直注",这是多级船闸的雏形。通过在两道陡门间蓄水或放水,船只可以完成翻越分水岭的过程。唐咸通九年(868),鱼孟威调任桂州刺史,途经灵渠,见渠湮圮,当地人生活困难,遂于是年九月兴工修建,次年十月工程告竣,历时 1 年有余。总计用工 5.3 万余个,费钱 530 余万,一改前人采用"杂束

---

① 高介华编:《中国历代名建筑志(上)》,湖北教育出版社,2015,第 43 页。

篠为堰,间散木为门"的办法,"其铧堤悉用巨石堆积,延至四十里","其斗门悉用坚木排竖,增至十八重"。此次灵渠修竣后,虽百斛大舸,一夫可涉。[①] 两宋时,边玴、李师中、李浩、朱晞颜、胡长卿等历任地方官僚也主持过修治工作。其中,李师中采取灼烧山石后浇水的办法促进灵渠"既导既开",废除了河上一些陡门。这与其他人热衷于修建陡门的做法有所不同。

元代,廉访副使乜儿吉尼复建了不知起于何时的灵渠四贤祠(供奉史禄、马援、李渤、鱼孟威),又修好已损坏的各处陡门,恢复航运。明代修治灵渠,有建陡门防止漏水的,也有拆毁陡门以利行船的,反复较多。至于疏浚事,史册记载的有洪武二十八和二十九年(1395 和 1396)两次疏浚,都没有记载具体的疏浚起讫点,而只是记载了疏浚河道总长度分别为 5 000 余丈[②]、5 159 丈。[③] 清代见于各处史籍记载的灵渠修浚有 15 次,然而记事者多注意的是利用灵渠发展灌溉、增修闸坝、恢复陡门等事,对于河道疏浚,往往泛泛而谈称其利于商旅,不记细节。

都江堰、郑国渠、灵渠是秦兴修的三大水利工程,均含有军事目的,并且都为秦统一中国的战争发挥过巨大的作用。在以后的岁月中,它们也都屡经兴废而延绵至今,仍然发挥着灌溉利民的功效。

① 鱼孟威:《灵渠记》,见唐兆民编:《灵渠文献萃选》,中华书局,1982,第 148 页。
② 陈琎:《重修灵渠记》,载黄佐编:《嘉靖广西通志》,卷 16,《沟洫志》。
③ 严震直:《通筑兴安灵渠陡记》,见民国广西省文献委员会拓:《灵渠碑文拓本》,1947。

# 第二章
# 汉唐时期的疏浚

## 第一节　汉武帝开凿漕渠与龙首渠

西汉都城长安,位于关中地区。但关中本地的粮食产出不足以供养朝廷,需仰赖黄河中下游乃至东南地区,以黄河水系为航道的漕运业由此形成。政府每年从关东运送漕粮入长安,各地缴纳的税粮也从黄河运至渭水,再经渭水运到京城,多时可达 600 万石之多。可以说,通往关中的漕运通道维系着西汉政府的财政命脉。到汉武帝时,由于征讨匈奴、开发西北,关中成为主要的后方基地,所需钱粮更甚,漕运量更大。为改善漕运条件,汉武帝多次兴工,开浚关中漕渠,逐步构建起完整的关中漕渠系统。而具有首创意义的龙首渠,其修建也与漕运有关。汉武帝开凿引洛灌渠龙首渠,以灌溉关中咸卤地,提高关中粮食产出,目的在于缓解漕运压力。[①]

### 一、"引渭穿渠"通关中漕渠

汉武帝元光年间(前 134—前 129),郑当时为大司农。鉴于关东漕粮需经渭水溯流而上方可抵达都城长安,长 900 余里,耗时六月之久,且不时有难行之处,他向武帝建议:"引渭穿渠起长安,并南山下,至河三百余里,径,易漕,度可令三月罢。"南山指秦岭,河指黄河。以渭水为水源,沿秦岭开凿一条从长安到黄河的渠道,代

---

① 张捷:《试论秦汉财政运作与三门峡砥柱漕运》,见李泉主编:《运河学研究(第 2 辑)》,社会科学文献出版社,2018,第 37-48 页;祝昊天:《西汉关中漕渠运输系统的构建——以"关中漕渠复原图"绘制为据》,载《中国古都研究(第三十一辑)》,中国古都学会,2016 年 12 月,第 77-89 页。

替原来的渭水运道,可将原本 900 里的水路缩短为 300 里,运输时间也可缩短一半。此外,渠水还可灌溉沿线农田。既可降低漕运成本,又可灌溉关中农田,提高粮食产出,武帝以为然。遂令水工徐伯,勘测地形,发动数万兵卒开浚漕渠,耗时 3 年乃成。[①]

关中漕渠除郑当时提议开凿的主干河道外,还有"支渠""故渠"若干。为保证水源,在设计上与城市供排水系统结合,构成连接长安城内外的复杂渠系网络。其组成部分包括以下几段[②]:

(1) 长安诸渠。关中漕渠起自长安,引渭水为主要水源,具体引水处不详。《旧唐书》载:"咸阳令韩辽请开兴成渠。旧漕在咸阳县西十八里……自秦汉以来疏凿,其后堙废。"此"旧漕"渠道,即西汉漕渠的起始段,唐时韩辽重新开浚为兴成渠,在今咸阳钓台镇马家寨村以西引渭水。"旧漕"引渭水沿着汉长安城南行进,先于揭水陂纳昆明池水,后经沈水、昆明故渠。汉昆明池在长安西南,元狩三年(前 120)挖凿而成,原为操练水军,后成为长安城的调节水库。昆明池水质较清,引入漕渠不仅可补充漕渠水量,还可减少渠道淤积,冲刷渠道,有利于漕渠的持续通航。沈水是长安城"八水"之一,流经汉长安城西,分为枝渠与支津。长安城市供水由枝渠引流,架"飞渠引水入城",环绕宫城,由东面出城,又分为二渠。此二渠兼有护城、输水的功能,其一北流注入渭水,另一汇入昆明故渠,最终进入漕渠主流。

(2) 霸上渠道。漕渠东出长安后,又借助霸上渠道,接纳灞水。渭水流经霸上,于霸桥下游"左纳漕渠,绝霸右出焉",而后漕渠"东迳霸城北,又东迳子楚陵北……又东迳新丰县,右会故渠"。此"故渠",就是灞水故渠。霸水故渠,是于霸桥之南灞水上游处另外开凿的一条引水渠,属于漕渠的支线运河。除引灞水以补充漕渠流量外,它还可通行漕船,沿此渠西出灞水上游,便于东来漕船顺流过灞水进入漕渠。

(3) 渭中渠道。"渭中"所指区域大致在下邽、郑县与沈阳诸县之间,白渠汇入渭水附近。漕渠在此与渭水并列而行,依次流经郑县、武城北、沈阳南,径直东流。此段渭河支流水量有限,难以有效地补充漕渠,水浅流缓,加剧了渠道的淤堵。由

---

① 周魁一等:《二十五史河渠志注释》,中国书店,1990,第 6 页。
② 此处关于漕渠各段情况的叙述,主要援引祝昊天的成果。祝昊天:《西汉关中漕渠运输系统的构建——以"关中漕渠复原图"绘制为据》,载中国古都学会编:《中国古都研究(第三十一辑)》,2016 年 12 月,第 77-89 页。

于渭河河道不稳定,经常南北摆动,渭河曾于渭南附近侵占了漕渠故道,形成今日的河道。

(4)渭汭渠道。渭汭指渭水入黄河之处。① 渭汭渠道是漕渠的东入黄河的最后一段。渭河"东过华阴县北",于船司空北"东入于河",漕渠则在其南面并行,经"二华夹槽"过京师仓。船司空是专营造船的县级政区,设于此处正为修造漕船;京师仓存储规模在百万石左右,主要起中转关东粟谷西运京师的作用,连接漕渠与河渭之间的运输。船司空、京师仓,分列漕渠两侧。由于黄河与渭水历史上多次变道,研究者们对漕渠东口入流的具体位置意见不一,有人主张漕渠在华阴三河口附近汇入渭水,或认为漕渠在今潼关老城西吊桥附近汇入黄河,或主张漕渠越过三河口于潼关县西注入黄河。

关中漕渠开凿贯通后,长安城的漕运通道直接与黄河相连,从而建立起以长安为中心的漕运中枢。除极大便利漕运外,还使关中上万顷农田因之受益。漕渠不仅为西汉王朝的统治提供了积极支持,还造福后世,一直被沿用至唐代。②

## 二、 创井渠法凿龙首渠

在漕渠开浚成功数年后,汉武帝又采纳庄熊罴的建议,发动兵卒开凿龙首渠。据《史记·河渠书》记载:"其后庄熊罴言:'临晋民愿穿洛以溉重泉以东万顷故卤地。诚得水,可令亩十石'。③"临晋在黄河以西、澄城之南,关中渭水之北,洛水与黄河之间,今大荔县城一带。如能开渠成功,引洛水灌溉临晋境内数万顷盐碱地,有望使亩产为 10 石,共可得千万石粮食④。于是,汉武帝征发数万余人,开始凿渠。

该渠从今澄城西南引洛水向东南流,至今大荔县西仍旧汇入洛水。但引洛水过临晋平原地区,必须在临晋上游的征县(今澄城县)境内开渠,中间横亘着商颜山。⑤ 最初采用的是开凿明渠的办法,但穿凿商颜山时,由于山体为黄土覆盖,土质疏松,渠岸易塌方。⑥"乃凿井,深者四十余丈。往往为井,井下相通行水。水穨

---

① 钱林书:《渭汭》,见《中国历史大辞典·历史地理卷》,上海辞书出版社,1996,第 913 页。

② 刘璇:《汉武帝与关中水利》,《中国水文化》2017 年第 5 期,第 57-60 页。

③ 周魁一等注释:《二十五史河渠志注释》,中国书店,1990,第 8 页。

④ 张捷:《试论秦汉财政运作与三门峡砥柱漕运》,载李泉主编《运河学研究(第 2 辑)》,社会科学文献出版社,2018,第 37-48 页。

⑤ 张捷:《试论秦汉财政运作与三门峡砥柱漕运》,载李泉主编《运河学研究(第 2 辑)》,社会科学文献出版社,2018,第 37-48 页。

⑥ 刘璇:《汉武帝与关中水利》,《中国水文化》2017 年第 5 期,第 57-60 页。

以绝商颜,东至山岭十余里间。井渠之生自此始。"经历 10 余年的艰难施工,终告完成。因凿渠过程中挖出龙骨,故名之为龙首渠。[①]

但是,由于当时井渠未加衬砌,通水后黄土遇水坍塌,导致工程失败,灌溉收益并不显著,"未得其饶"。虽然如此,龙首渠因其首创井渠施工法,开启了"竖井施工,地下行水"的先河,而具有不可取代的历史地位。[②]

龙首渠由明渠、暗渠和竖井三部分组成,其中竖井和暗渠构成了龙首渠的核心内容(见图 2-1)。"井渠法"是龙首渠的主要工程环节,徐象平根据野外调查并结合有关资料,对其具体施工程序做了推测性还原,有如下三个步骤[③]:

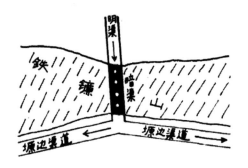

图 2-1　龙首渠穿山渠道示意图

资料来源:徐象平:《试论西汉龙首渠工程技术及其在我国水利史上的地位》,

《农业考古》1991 年第 3 期,第 221-226 页。

(1) 根据地表形态,挖凿深井。竖井的挖凿是井渠工程的第一步,从施工顺序上说,它几乎与隧洞的开凿同步进行。龙首渠竖井"深者四十余丈",约合今 90 余米。其开凿过程,应是先在确定好的井位上按一定的尺度除草挖土,挖土工具有锸、铣、凿、锤等铁制工具。井筒越挖越深,先后穿过黄土层、古土壤,到达砂砾层。砂砾层汇集地下水,并挟带土石、泥沙,随时都有淤积井筒的可能,需用盆、罐、辘轳、齿轮等工具将水排出井外,然后进行井下操作,或者以砖石、陶制井圈等方式加固井壁。以保障井筒深入,达到要求的深度为止。

(2) 辨识地下水位,开凿隧洞。隧洞的开凿是井渠工程的第二步,它与竖井

---

① 周魁一等注释:《二十五史河渠志注释》,中国书店,1990,第 8 页。

② 张捷:《试论秦汉财政运作与三门峡砥柱漕运》,载李泉主编:《运河学研究(第 2 辑)》,社会科学文献出版社,2018,第 37-48 页。

③ 此处对龙首渠施工程序的叙事系援引徐象平的研究。徐象平:《试论西汉龙首渠工程技术及其在我国水利史上的地位》,《农业考古》1991 年第 3 期,第 221-226 页。

相辅相成,互为表里。施工时,先从山麓南北两端按事先确定的暗渠进、出口相向开掘。由于竖井的开凿,穿山渠道被分成许多小段。挖掘各个竖井达到规定的水平线后,便分别转成挖隧洞的形式横向延伸,这样把原来长距离的相向开挖分割成各小段的相向开挖形式,既提高工效,又减少工程误差。同时,这种中段与两端同时并举的拓洞方式,也能初步解决地下通风、采光等一系列复杂的技术问题。

(3)建立地下渠道的排水系统和支护体系。根据铁镰山(即古商颜山)地质构造和汉柏遗迹所处的位置来看,龙首渠地下渠道所通过的地层,多为沙土交接、流沙潜泉密布的地段。地下水的渗出,流沙移动,必然会带来洞顶空虚,致使洞内有坍塌和淤积的可能。因此排水问题至关重要。汉时可能利用了木制水槽或陶水管道等构建井下排水系统,即用这些工具将水引向井下积水坑,或者采取人工排水法,用盆、罐等将水汇集于积水坑内,再用辘轳等将积水提运出去。由于洞壁空虚,难于承受洞压,仍有坍塌的可能,因此施工的同时必须进行支护和加固。从发现的汉柏结构来看,可能继承了早期榫接或搭接支架的方法,做成"人"字形状。该结构能较稳定地承受住来自隧洞内各方面的顶压、侧压和底压。

开凿龙首渠的井渠法是古人将生产经验和科学技术知识充分用于疏浚的典范,有深远的历史影响。自西汉以来流行于新疆地区的坎儿井,便是采纳井渠法开凿而成;在现代疏浚工程中井渠法也常被使用,如1933—1950年开凿的陕西洛惠渠(龙首渠是其前身,龙首渠引洛灌区于2020年入选世界灌溉工程遗产名录)、1960—1969年开凿的河南红旗渠。

## 第二节　王景浚汴水而治黄河

黄河流域是中华文明的主要发源地,也是中国最早的基本经济区,黄河流域的长安、洛阳是历史最为悠久的都城,宋以前的多个王朝皆据此以控天下。然而,黄河也是一条水患灾害频发的河流,治黄是历朝历代的要务。可以说,黄河的治理在某种程度上影响着中华文明的发展。疏浚河道,修筑堤防,是治河的主要措施。东汉王景采取浚河与筑堤相结合的方式治理黄河,取得重大成功,在黄河治理史上有着极其重要的地位,后世有"王景治河,千载无患"的说法。

## 一、浚汴治黄

### 1. 黄河多患

秦始皇统一六国,建立起中国历史上第一个帝制王朝。为巩固统治,他采取统一文字、度量衡,建驰道,修长城等各项措施。此外,还在战国时期各诸侯国修筑的堤防基础上,对黄河堤防加以统一整理,"决通川防,夷去险阻"[①]。

汉代黄河下游已建成完整的堤防系统,但黄河被约束于大堤之中,泥石逐渐淤积于河道,下游河道被抬高,西汉时已形成地上河;加以无序的农业开垦,造成河道紊乱,水患频发。据《汉书》和《后汉书》的记载,黄河在两汉时期决溢达 16 次以上,西汉 12 次,东汉 4 次。汉武帝元光三年(前 132),黄河在瓠子决口,洪水注入巨野,夺泗入淮,祸及十六郡,但当时没有进行有效治理。直至元封二年(前 109),汉武帝决定堵塞决口,命汲仁、郭昌主持,征调数万民工,调用全国物力,终于成功将决口堵塞。瓠子堵口后不久,黄河又在馆陶决口,因当时馆陶北有黄河分流的一支屯氏河,可以分流,情况尚不严重。然而,元帝永光五年(前 39),黄河又于灵县鸣犊口决口,屯氏河也被堵塞;成帝建始四年(前 29),黄河在馆陶和东郡决堤,淹没 4 郡 32 县,灾情极其严重。朝廷派河堤使者王延世经办堵口,王延世将都江堰修浚中采用的竹笼卵石技术用于堵口,迅速完成。王延世堵口两年后,黄河再次决口。但此时西汉王朝气数将尽,无力修复,决口越来越多,间隔时间越来越短。王莽夺汉建立新朝,黄河又数次决溢,但各方利益牵扯,意见不统一,也没有进行实质治理。[②]

东汉初年,黄河、汴渠、济水连成一片,兖州、豫州一带受灾尤为严重,洪水淹没土地和房舍,冲淤运道。建武十年(34),阳武令张汜上书请求修建堤防。即将兴工之际,浚仪令乐俊上书反对,他认为灾区人口大减,田地较多,百姓可避居高地,灾害不大,且仍有部分地方割据势力尚未平定,战事未完,不宜再兴工劳民。于是中辍不修。兖豫百姓长久被灾,怨声载道。此后黄河主流夺汴入淮泗,长达几十年。[③]

直至明帝在位之时,政治稳定,经济好转。永平十二年(69),"天下安平,人无徭役,岁比登稔,百姓殷富,粟斛三十,牛羊被野"。当时人口增加,漕运日渐重要,黄河自流,危害太大,朝廷于是决定治理河汴,于当年兴工,由王景主持此次工程。[④]

---

①　毛振培、谭徐明:《中国古代防洪工程技术史》,山西教育出版社,2017,第 50 页。
②　毛振培、谭徐明:《中国古代防洪工程技术史》,山西教育出版社,2017,第 60-63 页。
③④　姚汉源:《中国水利史纲要》,水利电力出版社,1987,第 61 页。

两汉有 3 次重大的治黄工程,西汉的瓠子堵口和王延世堵口两次治黄工程,采取的都是修补堤防的方式,疏浚在其中作用不明显。而东汉王景治河,疏浚活动在其中则发挥了重要作用。

### 2. 王景受命

永平十二年(69),汉明帝召见王景,"问以理水形便,景陈其厉害,应对敏给"。明帝认可他的方案,遂派他主持治河,并给他"山海经、河渠书、禹贡图"等治水文献。由于决口长达 60 多年,河水逐渐冲出一条新河道,黄河下游主流转向东南入海,自济阴以下流经西汉黄河故道与泰山北麓之间的低地。王景受命治河,治的便是河南濮阳以下的黄河新河道。①

对王景治河过程的记述,见于《后汉书·王景传》和《后汉书·明帝纪》。从此二书的相关记载可知,王景的治河方略包括两方面的工程内容,一是治河,以"筑堤"为主;一是治汴,以"理渠"为主,即疏浚,使黄、汴分流。

《后汉书·王景传》记"筑堤自荥阳东至千乘海口千余里",即修筑黄河下游新大堤,固定黄河第二次大改道后的河线。从公元 11 年(王莽新朝时期)黄河在魏郡决口到公元 69 年王景治河,时近 60 年,虽然朝廷未组织大规模整治,但新河道已经初步形成,灾区民众为了保护自己的家园,陆续修建了一些堤埝。王景仅用 1 年时间就筑成了自河南荥阳东至千乘(今山东高青县北 25 里)入海口的千余里河堤,应是在这些民堤小埝的基础上扩建而来。

《后汉书·王景传》又记"景乃商度地势,凿山阜,破砥绩,直截沟涧,防遏冲要,疏决壅积",这是"理渠",也是此次王景治河过程中所实施的主要疏浚工程。"凿""破""直截""疏决"等一连串动词,显示出疏浚工作的多方面内容。王景依据地势起伏,或穿凿山脉,或铲除河道砂石,或对河道取直,或疏通淤塞河道。然后,"十里立一水门,令更相洄注,无复溃漏之患",从而达到"河、汴分流,复其旧迹"的目的。

王景此次治河,征调了数十万兵卒,施工一整年,耗费庞大。王景治河完工后,明帝亲自巡视,并下诏恢复西汉旧制,在沿河各地设置"河堤员吏",以加强对下游堤防的维修和管理。

---

①　此处关于王景治河事迹的描述,主要采纳毛振培和谭徐明的成果。毛振培、谭徐明:《中国古代防洪工程技术史》,山西教育出版社,2017,第 63-65 页。

## 二、相关争论

由于史书对王景治河过程的记载过于简单,后世因此有不同理解,直至今日仍有不少争论。其中有两个问题争论尤多,即治河与治汴孰轻孰重?"十里立一水门"怎么解释?因这两个问题不同程度地涉及疏浚,故在此略述之。

### 1. 治河与治汴

如上文所述,治河以修筑黄河大堤,固定黄河新河道为主;治汴以理渠,黄、汴分流为主,是疏浚工程。因此,治河与治汴的主辅地位,便进一步牵涉到王景这次伟大的治黄工程中,疏浚活动在其中究竟起着多大作用的问题。

因《后汉书·王景传》记明帝"遣景与王吴修渠",有人认为王景治汴重于治河,或治河的目的在于治汴。这种看法以清代胡渭为代表。胡渭对其观点进行了论述:"史称修汴渠,又曰汴渠成,始终皆不言河。盖建都洛阳,东方之漕,全资汴渠,故唯此为急。河、汴分流,则运道无患,治河所以治汴也。"[1]

当代研究者通常认为,王景治河是治河与治汴兼顾,而以治河为主。理由有三:其一,治理的起因。黄河决口,汴渠渠口被冲毁,"河决,积久日月,侵毁济渠",兖豫两州百姓深受黄河泛滥之苦几十年,多有怨言,"今兖豫之人多被水患,乃云县官不先人急,好兴它役"。于是,有"遣景与王吴修渠"之事。因而,这次施工的直接目的是治河,其次才是治汴。且只有治好河才能谈得上治汴;河不治,汴亦不得治。其二,工程量。这次施工主要在黄河新河道两岸筑堤千余里,治河的工程量显然大于治汴。王景受命治河之前,曾设计堨流法成功治理过汴渠在浚仪附近的河道,可能是整理这段被黄河冲毁的渠段。永平十二年王景治河时,汴渠施工主要应在浚仪以上的一段。其三,漕运需求。持治汴为主论者,基于"议修汴渠"的提法,认为东汉定都洛阳,其东南漕粮的运输全靠汴渠。但事实上,到唐代时东南地区才开始成为朝廷的主要财赋供应地。东汉汴渠漕运固然重要,但也不至于重要到影响帝国命运的地步。这可从建武十年(34)议论修治,却因南北意见不一而拖延 30 余年得到印证。因此,以汴渠漕运之需为此次治理的主要动因,依据不足。[2]

### 2. 水门

历代对"十里立一水门"有不同看法,其分歧在于水门的位置及其作用。魏源

---

① 毛振培、谭徐明:《中国古代防洪工程技术史》,山西教育出版社,2017,第 65 页。
② 《中国水利史稿》编写组:《中国水利史稿(上册)》,水利电力出版社,1979,第 183-184 页。

认为是在黄河河岸每 10 里立一水门,还有李仪祉认为是在汴渠上每 10 里立一水门,另有武同举认为是在汴渠引黄的口门处设置两个以上水门。前两种观点认为水门可起到放淤的作用,第三种说法认为水门的作用是控制进入汴渠的水量。[①]

当代学者姚汉源则提出了不尽相同的看法。他指出,“十里立一水门”指的是在黄河与汴渠分流处,修建多处通汴口门。他进一步解释称,建多处水门的目的是为实现黄、汴分流,控制黄河水流,避免其肆意泛滥。而这种设置多水口的方式,则是为了适应黄河多沙的特点。黄河多沙善淤,主溜往往随河床淤积的变化而摆动。只开一个水门,当主溜变动时,引水口与主溜就会不对应,难以引水。如果在引水段设多个水口,不管主溜如何摆动,都可有一个水门迎向主溜,以保证引水。[②]

姚汉源的意见最为晚出,当是在充分参考其他几种观点的基础上,结合史料作出的推论,更有说服力。笔者在此想要补充的是水门与疏浚的关系。元和三年(86),章帝北巡,在对常山、魏郡、清河等地主政官员的训示中提到:“询访耆老,咸曰‘往者,汴门未作,深者成渊,浅则泥涂’。追惟先帝勤人之德,底绩远图,复禹弘业,圣迹滂流,至于海表。”[③]从“汴门未作,深者成渊,浅则泥涂”之语来看,王景立水门,应该同时有控制黄河入汴的水量和减轻淤积的作用,或者通过调节水流量来达到清淤的作用。可以说,水门的设置充分考虑到河道疏浚的需要,水门发挥了疏浚工具的作用。

## 第三节　两汉西北屯田的沟渠系统

汉代,特别是武帝时期,为抗击匈奴,积极开发西北地区,大兴屯田。朝廷为此设置开田官,调派大批兵卒,专门从事屯田垦殖。由于西北干旱缺水,通渠灌溉便成为屯田开垦中必不可少的工作。于是,在河套与河西走廊一带开凿了大量灌渠,甚至在河西地区已形成了渠道网络,而在新疆地区,龙首渠开创的井渠法被用于开凿坎儿井,后发展成为新疆独特的灌渠系统。并且,朝廷还在河西地区设置水利机构和职官,沟渠的开浚及其日常修浚维护,都由这些机构和相关人员负责。显然,

---

① 毛振培、谭徐明:《中国古代防洪工程技术史》,山西教育出版社,2017,第65-67页。
② 同上书,第67-68页。
③ 范晔:《后汉书》,中华书局,1965,第154页。

疏浚在古代最初的西北大规模开发中,就已发挥重要作用。

## 一、 河套与河西的灌渠

元朔二年(前 127),汉武帝派卫青等出击匈奴,收复了河套地区,设置朔方、五原郡。为对这一带进行开发,在移民十万之后,又调动大批军队充实西北。这庞大的军队,起初皆主要依靠内地的漕运提供军需供应,成本高昂,"自山东咸被其劳,费数十百巨万,府库益虚"。由于对匈奴的军事行动频繁,单凭远道转漕难以维持,开垦屯田便成为必要之举。可是西北地区气候干燥,降水又少,屯田则需先解决灌溉问题。于是,元狩四年(前 119)动员军民,大规模开凿灌渠,"自朔方以西至令居,往往通渠,置田官,吏卒五、六万人"。太初元年(前 104),"初置张掖、酒泉郡。而上郡、朔方、西河、河西开田官,斥塞卒六十万人戍田之","朔方、西河、河西、酒泉皆引河及川谷以溉田"。①

虽然大量渠道早已湮灭不闻,但也有一些渠道存续至今,还有一些则被记载于官方史书和地方文献中。宁夏地区现存的汉渠、汉延渠可能始凿于汉代,现在都是长达百里、灌溉面积达 10 万亩以上的灌溉渠道②。据《汉书·地理志》记载,张掖郡觻得县有千金渠、敦煌郡冥安县有南籍端水、龙勒县有氐置水。其中千金渠引羌谷水(即今黑河)以溉田,自觻得县西流至乐润县,地跨张掖、酒泉二郡,南籍端水和氐置水皆"出南羌中……溉民田"。据敦煌文书《沙州都督府图经》载,敦煌甘泉水(即今党河)上有马圈口堰,"其堰南北一百五十步,阔廿步,高二丈,总开五门,分水以灌田园"。此堰可根据水势大小调节水流,使各个分支在统一的枢纽控制下,构成整体的灌溉网络。在居延肩水都尉府遗址大湾出土的一枚汉简中,记载汉昭帝始元二年(前 85)正月从淮阳郡征调来的 1 500 名戍田卒"为驿马田官穿泾渠"之事,为灌溉驿马田官屯区开凿泾渠。此外,还有很多渠道以数字序号命名,居延汉简中有"第五渠",敦煌悬泉汉简中又有当地"民自穿渠"和"第二左渠、第二右内渠"的记载,可见渠道数量之多。③

## 二、 新疆灌渠及坎儿井

汉代的西北开发推进到西域,在今新疆地区也兴修屯田,开凿灌渠。考古发

---

①② 《中国水利史稿》编写组:《中国水利史稿(上册)》,水利电力出版社,1979,第 137-138 页。
③ 高荣:《汉代河西的水利建设与管理》,《敦煌学辑刊》2008 年第 2 期,第 74-82 页。

现,在今轮台东南孜尔河畔柯尔确尔汉代故城附近的红土滩上,可见到沟渠的痕迹。在今沙雅县东仍可见到红土所筑长达 100 多公里的渠道,渠宽约 8 米,深约 3 米,至今当地犹称之为"汉人渠"。在若羌县沿着古代米兰河道,分布着一个汉代灌溉渠道网络,由干支渠组成,并设有闸门调节水量。①

坎儿井是新疆地区特殊的灌渠系统,最早出现于西汉时期。据《汉书·西域传》记载,宣帝(前 74—前 49)时,"汉遣破羌将军辛武贤将兵万五千人至敦煌,遣使者按行表,穿卑鞮侯井以西,欲通渠转谷,积居庐仓以讨之"。三国人孟康注解"卑鞮侯井":"大井六,通渠也,下流涌出,在白龙堆东土山下。"白龙堆在今新疆库鲁塔克格山以南,罗布泊以东,玉门关以西。卑鞮侯井以泉水为水源,井渠结合,有 6 个竖井,井下通渠引水,与后世的"坎儿井"一致。井渠法创造于开凿龙首渠的施工过程中,新疆人民吸收井渠法的施工经验,并将它应用到新的地理条件下,从而创造了一种新形式的灌溉工程。②

坎儿井由竖井、暗渠、明渠、蓄水池等组成(见图 2-2)。竖井是垂直于地表、向下通向暗渠的通道,井口呈矩形,用于通风、出土。竖井井口间距不等,上游比下游间距长,一般间距为 30～50 米,靠近明渠处间距为 10～20 米。竖井深者在 90 米以上,甚至达 150 米,从上游至下游由深变浅。开凿坎儿井首先要定位和挖掘竖井。暗渠是坎儿井的功能主体,是把雪山融水渗入地下的潜水由山前潜水区经戈壁和沙漠输送到灌区的主要通道。暗渠又被称为"廊道",分为集水廊道和输水廊道。集水廊道的长短,切割地下水位线的深浅,决定了坎儿井源头水量的大小,其水平长度一般在 50～200 米之间。水量大时,只开凿一条集水廊道;水量小时,则同时挖掘多条集水廊道,以增加水源处的出水量。输水廊道长度一般 3 000～5 000 米,最长的超过 10 000 米。暗渠断面为长方形、圆形或穹形,高 1.5～1.7 米,宽 0.8 米左右。暗渠的出水口也叫"龙口",取名"龙口"是希望坎儿井水能长流不断。龙口连接涝坝,涝坝即蓄水池,用以调节灌溉水量,缩短灌溉时间,减少输水损失。和蓄水池连接的明渠是坎儿井输水渠道由地下走出地面的部分,一般在灌区或居住区旁,直接流向田间地头,环绕居民庭院。③

清后期,新疆坎儿井迎来重要发展。道光二十四年(1844)十一月,林则徐和全

① 《中国水利史稿》编写组:《中国水利史稿(上册)》,水利电力出版社,1979,第 139 页。
② 同上;周魁一:《中国科学技术史·水利卷》,科学出版社,2002,第 369 页。
③ 翟源静:《新疆坎儿井传统技艺研究与传承》,安徽科学技术出版社,2017,第 16 页。

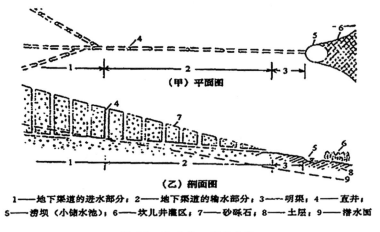

1——地下渠道的进水部分；2——地下渠道的输水部分；3——明渠；4——直井；
5——涝坝（小储水池）；6——坎儿井灌区；7——砂砾石；8——土层；9——潜水面

图 2-2 坎儿井工程示意图

资料来源：周魁一：《中国科学技术史·水利卷》，科学出版社，2002，第 369 页。

庆二人负责查勘兴办南疆水利。在吐鲁番地区，林则徐对坎儿井大加赞赏，他说：
"此处田土膏腴，岁产木棉无算，皆卡井(坎儿井)水利为之也。"这对坎儿井的发展，
起到重要的推动作用。光绪三年(1877)，左宗棠平定阿古柏叛乱，收复失地后，兴
修水利，发展屯垦，大量开凿灌渠，在吐鲁番地区挖掘坎儿井 185 处。据说 1944 年
有人曾统计，历史遗留下来的坎儿井在吐鲁番有 379 处，在托克逊有 156 处。[①]

## 三、 沟渠疏浚管理机构

汉代从中央到地方都设置有管理水利事务的机构和职官，河渠的疏浚管理当
然也属于其职能范畴。河西是汉代屯垦要区，又处于西北边防前沿，故当地水利机
构和吏员配置与内地不尽相同，大致分为如下几类[②]：

### 1. 都水官及其吏员

都水是汉朝设立的负责河渠水利的组织，因其总揽一地河渠灌溉之事，故称都
水。都水在西汉时隶属大司农，东汉初改属地方郡国。当时，凡有河池水利的郡国
都设有"主平水"事务的水官，并根据需要设令、长、丞等主官，其"置吏随事，不具县
员"。汉代治河无专门吏员，临时负责其事的最高官员，见于文献记载或封泥印文

---

① 《中国水利史稿》编写组：《中国水利史稿(下册)》，水利电力出版社，1989，第 340-341 页；周魁一：
《中国科学技术史·水利卷》，科学出版社，2002，第 369-370 页。

② 此处关于河西地区沟渠疏浚管理机构情况的叙述系援引高荣的成果。高荣：《汉代河西的水利建设
与管理》，《敦煌学辑刊》2008 年第 2 期，第 74-82 页。

者有"河堤使者""河堤谒者""河堤都尉"三种。

《金石索·金索》有"张掖属国左卢水长",西安汉城出土有"张掖水长章"。东汉张掖属国下有左骑,"左卢水长"即张掖属国左骑所设的主持当地卢水(即今黑水上游)事务的长吏。汉代有张掖郡,在武威郡下又有张掖县,"张掖水长"应是设在张掖县的水官。此外,敦煌汉简中有"都水长常乐"。敦煌悬泉置的一枚邮书简记载,有两封寄给"东部(都)水"的文书,其封泥上均盖有"水长印";居延汉简中屡见有"延水丞"的残简。居延、敦煌等地都是汉代河西重要的屯田区,这些"水长""都水长""水丞",是在各屯区设立的专司水利事务之官。他们是常驻一地与县令、长同级的都水官员。而"延水丞"应是居延水官之丞,其全名应为"居延水丞"。

### 2. 水曹及其吏员

汉简中有"水部掾三人""主水史""东道平水史"和"监渠佐史"等,史籍和碑刻中还屡见有"都水掾""水曹掾""水曹史"。掾、史为郡、县所属吏员,"吏分诸曹治事,掾为曹长,史之地位在掾之下,副掾理事"。故在汉碑题名所见的许多同曹掾、史并列者,或掾、史各1人,或掾仅1人,而史分左、中、右。居延简有"将军仁恩,忧劳百姓元元,遣守千人迎水部掾三人"。其中将军指窦融,窦融以张掖属国都尉行河西五郡大将军事保据河西。据《续汉书·郡国志》载,张掖属国辖有千人和千人官,简中的3位"水部掾"即张掖属国都尉所部,亦即"都水掾""水曹掾"之属。至于悬泉简中的"主水史",从其行文格式来看,应是敦煌太守府的属吏。即文献和碑刻中的"水曹史",为郡县诸曹之吏。而寄给"东道平水史"的文书,也是由敦煌郡属吏发出的,故该"平水史"应是郡府"主平水"事务的属吏。根据汉朝郡府诸曹掾、史之制,既有"平水史",则当有"平水掾"。既有"东道",则必另有"西道"。这种以方位区分职名的情况,在汉代郡府诸曹吏员设置中非常普遍。汉简中又有"监渠佐史十人,十月行一人"的记载。其中的"监渠佐史",也是太守府派往各地监督检查河渠水利之吏员。

### 3. 河渠卒与治渠卒

汉代规定,成年男子每年需在本郡服徭役一月,称为更赋或更役,服役者称为更卒。治河、穿渠等事常发卒为之,大型工程尤其如此。《汉书·沟洫志》载,汉文帝时"河决酸枣,东溃金堤,于是东郡大兴卒塞之";汉武帝时,漕渠、龙首渠和瓠子决口,也都是发卒修筑的。这些从事穿渠、治河和筑堤等役者被称为"治河卒"。汉成帝曾先后诏令"卒治河者为著外徭六月""治河卒非受平贾者,为著外徭六月"。

汉简中屡见有"河渠卒""治渠卒"等,当与《沟洫志》所记"治河卒"一样,也是服修渠、治河之役的更卒。

### 4. 水工

大型水利工程的修建都需要专门的"水工"设计督修,这在两汉史籍中比比皆是。如《史记·河渠书》载,韩国为阻止秦国东伐,"乃使水工郑国间说秦,令凿泾水自中山西抵瓠口为渠"。《汉书·沟洫志》有"令齐人水工徐伯表,发卒数万人穿漕渠""案图书,观地形,令水工准高下,开大河上领,出之胡中,东注之海"等记载。其中的"水工"均为专事修渠筑堰的技术人员。居延汉简有"禄,六月戊戌延水水工白褒取","延水水工"即属此类。

汉简、封泥所见河渠水利组织和人员名号繁多,可以窥见当地沟渠水利工程规模颇大,管理严密。

## 第四节 通渠积谷曹操开运河

三国魏晋时期,天下纷争,能臣皆以"通渠积谷为备武之道"。或开运河,或修灌渠,疏浚活动在军政大计的施行中扮演着重要角色。曹操可谓此等能臣的代表,为配合其军事行动,先后开浚睢阳渠、白沟、平虏渠、泉州渠、新河、利漕渠等运河。这些运河沟通了黄河与海河水系,便利交通,促进社会经济发展,为曹操定都邺城、统一北方提供了条件,并对后世大运河的开凿与改造有重要影响。

### 一、 疏凿睢阳渠

睢阳渠是曹操最早主持开凿的一条运河。《三国志·魏志》记载,建安七年(202),曹操为官渡之战做准备,开凿睢阳渠,"遂至浚仪,治睢阳渠,……进军官渡(今河南中牟县)"。

睢阳渠在浚仪(今河南开封市)以上系利用蒗荡渠(即鸿沟)的一部分加以改造,使粮运通至官渡,这是曹操开凿睢阳渠的主要目的所在。浚仪以下,睢阳渠主要利用睢水。此段有天然水道可以利用,工程量因而不大,只需疏淤去滞,或稍拓河床,使舟船漕运畅通无阻就可,无须从头开凿新河道。[①]

---

① 此处关于睢阳渠的记述系援用黄盛璋的成果。黄盛璋:《曹操主持开凿的运河及其贡献》,《历史研究》1982年第6期,第20-33页。

## 二、遏淇水入白沟

建安九年(204),曹操继续北伐袁氏,进攻邺城(今河北临漳县)。在进军途中,动员军民"浚渠白沟",此为黄河以北开凿人工运河之始。[1]

《三国志·魏书》记其事,云:"遏淇水入白沟,以通粮道。"白沟是黄河南徙、从宿胥口改向东流后的故道上的一条河,因黄河去后,水源不足。淇水本是南流入黄河的,和白沟约有18里不通。曹操在淇水入黄河口处(今河南淇县卫贤镇附近),用大枋木筑堰,截住淇水,阻止它向南流入黄河;并在堰北开凿一条人工渠道,引淇水东北流,与菀水汇合,同入白沟,淇水因此与白沟连成一河,此即白沟运渠;此外,为保证白沟水量,在菀水与淇水连接处筑堰,阻挡淇水在枯水期流入菀水,又在宿胥口筑堰,阻挡淇水出宿胥口流入黄河,使其全部汇入白沟(见图2-3)。淇水过此之后就叫做白沟。白沟因有淇水加入,可供通航,沿着黄河故道向北延伸,与洹水(安阳河)相接,军粮可运到邺城以东一带。自此以后,白沟就成为河北地区的重要运道。[2]

图 2-3　曹操"遏淇水入白沟"示意图

资料来源:黄盛璋:《曹操主持开凿的运河及其贡献》,《历史研究》1982 年第 6 期,第 20-33 页。

枋堰因处于漕运之口,逐渐发展成军事重镇。西晋时此处即已筑有军事堡垒。南北朝,堰旁筑城,称为枋头城,成为华北重要的政治经济中心,为兵家争夺之地。北魏时堰坏,运道渐废,熙平年间(516—518)曾一度重新疏浚通航。[3]

---

[1]　徐从法:《京杭大运河史略》,广陵书社,2013,第 15 页。

[2]　同上;黄盛璋:《曹操主持开凿的运河及其贡献》,《历史研究》1982 年第 6 期,第 20-33 页。

[3]　黄盛璋:《曹操主持开凿的运河及其贡献》,《历史研究》1982 年第 6 期,第 20-33 页;姚汉源:《中国水利发展史》,上海人民出版社,2005,第 129 页。

### 三、连浚三河：平虏渠、泉州渠、新河

　　平虏渠、泉州渠、新河开凿于同一年。曹操进军邺城，袁军溃败，袁绍病逝，其子袁尚率残部投奔辽西乌桓，企图复兴。为彻底消灭这股力量，以除后患，曹操决定出师讨伐。辽西去邺城较远，中间虽有几条大河，但多不能相通。建安十一年（206），曹操令部将开凿平虏渠、泉州渠、新河3条运河，为征伐辽西做准备。平虏渠，"凿渠自滹沱河入泒水"；泉州渠，"从泃河口凿入潞河，以通海"；新河，从泉州渠北端通到濡水（今滦河），抵辽西。这3条运河彼此衔接，可以联运。[①]

　　平虏渠位于渤海湾西岸，沟通了滹沱河与泒河，为海河下游水系结构带来了历史性变化。《三国志》记载说曹操"凿渠自呼沲入泒水，名平虏渠"。呼沲今作滹沱河。泒河上游就是现在的沙河，据《汉书·地理志》记载，下游原和滹沱河都是分流入海，但此时大概已和潞河合，故和滹沱河不能相通，凿通平虏渠就可由滹沱河转入泒河下合潞河。平虏渠南起滹沱河畔的（河北）青县，北止于泒水的（今天津静海区）独流镇附近，全长50 000米。滹沱河与泒河汇合后始称清河。清河合淇、漳、洹、滱、易、涞、濡、沽、滹沱等河一同入海，形成一个统一水系。[②]

　　泉州渠因渠道南起泉州县境内而得名。渠水上承潞河（今北运河前身），下游即今天津市海河，向北经泉州县治（今天津市武清区西南）东，又北经雍奴县（今武清区西北）东，历沼泽地180里，入于鲍丘水（上游即今潮河，下游循今蓟运河入海），合口在泃河口东，称泉州口，在今天津市宝坻县境内。[③] 平虏渠和泉州渠凿通后，舟船可通过睢阳渠、黄河、淇水、枋头、白沟、清河、平虏渠、泉州渠，抵达今之天津，沟通黄河与海河水系，黄河以南的物资可由此运达辽西前线。[④]

　　由于乌桓在古北口设有重兵防守，遂于泉州渠北端开凿"新河"。[⑤]东汉的辽西郡在滦河流域，北面就是辽西乌桓，仅平虏渠和泉州渠还不能运到辽西，新河的开

---

　　① 徐从法：《京杭大运河史略》，广陵书社，2013，第15页；黄盛璋：《曹操主持开凿的运河及其贡献》，《历史研究》1982年第6期，第20-33页。
　　② 黄盛璋：《曹操主持开凿的运河及其贡献》，《历史研究》1982年第6期，第20-33页；海河志编纂委员会编：《海河志·第一卷》，中国水利水电出版社，1997，第357页。
　　③ 中国历史大辞典·历史地理卷编纂委员会：《中国历史大辞典·历史地理卷》，上海辞书出版社，1996，第668页。
　　④⑤ 徐从法：《京杭大运河史略》，广陵书社，2013，第15页。

凿就是解决泉州渠和滦河的联运问题。新河自鲍邱水向东过庚水、封大水，又穿过清水，东流汇入濡水（今滦河）。自平虏渠通泉州渠，再通新河，直达滦河，形成从渤海湾西岸到北岸的沿海运河，滦河也由此纳入海河水系，达到海河水系向北延伸最远的距离。[①]

## 四、引漳水凿利漕渠

白沟东北流至今河北馆陶县南，左岸有利漕渠汇入，名利漕口。建安十八年（213），曹操引漳水过邺城，开凿利漕渠连接白沟。于是，自邺城可由白沟向南连通黄河，可转运江淮；向北连通平虏各渠，可抵达幽蓟。[②]

建安十八年曹操称魏公，建都邺城。此前为运送军粮开凿的白沟运道，和邺城并不直接相通，且白沟以淇水为水源，只足以将军粮运至邺城附近，要承担起距离更长的大规模运输，则需寻找更为充沛的水源。但作为都城的邺城，漕运量必然极大，自然须依靠水运交通。开凿利漕渠，引漳水入白沟，主要目的便是解决首都邺城漕运与交通问题，这从"利漕"之名亦可知。

利漕渠凿通后，不仅漕运可直达邺城，而且增加了清河水源，清河的运道得以延长。漳河水量远比淇水大，漳河注入白沟后，白沟与清河联运畅通，清河由此沿黄河故道向北延伸，为清河后来与滹沱、滱水等河道汇合入海奠定了基础。[③]

曹操开凿的这些运河，不仅为其统一北方奠定了基础，而且对南北朝、隋唐时期的历史发展有重要影响。隋炀帝开凿的大运河永济渠，自洛阳向东北方向至北京，其中白沟至天津的运道，基本利用了曹操当年所开凿的白沟、平虏渠及屯氏河河道。曹操所开凿的运河，以及隋炀帝在其基础上开凿的永济渠等运河，为华北平原从地区政治中心发展成为全国政治中心提供了条件，促进中华民族走向融合与统一的全面发展阶段。[④]

---

① 海河志编纂委员会编：《海河志·第一卷》，中国水利水电出版社，1997，第 357 页。

② 姚汉源：《中国水利发展史》，上海人民出版社，2005，第 129 页。

③ 此处几段有关利漕渠情况的叙述，系援引黄盛璋的成果。黄盛璋：《曹操主持开凿的运河及其贡献》，《历史研究》1982 年第 6 期，第 20-33 页。

④ 刘庆柱：《从曹魏都城建设与北方运河开凿看曹操的历史功绩》，《安徽史学》2011 年第 2 期，第 28-34 页。

# 第五节 白沙溪三十六堰、天宝陂和相思埭

在浙江金华婺城区琅琊镇,保留着一片古水利遗址,历经 1 900 多年的历史,如今还在造福一方。这片古水利遗址就是琅琊镇白沙溪流域上的白沙溪三十六堰。据《昭利侯白沙庙记》记载,白沙溪古代有位大禹式的人物,叫卢文台,他在东汉光武帝刘秀手下战功卓著,最后受封辅国大将军。东汉建武三年(27),卢文台率领手下官兵 36 人隐居到金华南山辅苍(今沙畈乡停久村),垦荒种地,自食其力。当时白沙溪水流急、落差大,两岸农田晴则旱,雨则涝。卢文台眼看丰富的水资源白白流失,不能为民造福,于是仿战国时李冰兴建都江堰等水利工程之举,带领士兵和附近居民兴建白沙堰,利用水势落差,先后筑成三十六堰。三十六堰筑成后,造福于民,灌溉了金华、汤溪、兰溪等处土地,卢文台备受当地民众崇敬。

三国吴赤乌元年(238),遇旱灾,乡民开堰引水,喜获丰收。后人为纪念卢文台的功绩,在琅琊镇白沙卢村南塑佛建庙,称卢文台为“白沙老爷”。三十六堰是婺州境内建设最早且仍在使用的大规模水利设施。历经整治之后,上游第 1 至第 16 堰仍在(其中有 6 条废弃);中游第 17 至第 22 堰被金兰水库淹没;下游第 23 至第 36堰变为金兰水库下游灌渠系统的一部分(其中有 3 条废弃)。

三十六堰最早的时候是怎么开渠运作的,已经找不到史料记载。但是清光绪三十四年(1908)重修的《万坛堰帖——金华白龙桥三十六堰》刻本(现藏于金华市的浙江师范大学图书馆),不但清晰地绘制了三十六堰的布局地形图,还记录了康熙、雍正、光绪年间当地政府调解村民用水纠纷,合理分配三十六堰运作所留下的文书,向我们展示了灌溉用水权利的确认和维护、渠系管理、官民互动等丰富多彩的内容。

其中一份签订于雍正十年(1732)的协议书记载:“特授金华县正堂赵,为给帖以循旧例,以息讼端事……据士民叶茂桂等呈称,万坛堰创自先朝,各出己资,买田雇工,开渎筑堰,承水灌注田禾。照田出资分水,派定日期,分作十二甲,各立甲长,每年以五月初日为始,十二日一轮,周而复始,并无搀越争端等事。原始有押帖十二张,迨至甲寅兵灾之后,押帖被失,无序渐至,强者紊、刁者越,不循旧规,争端滋起。身等立议具呈分恳,前来据此合行给帖,仰各甲长勿得持强搀越争竞,永远遵照。”其后的具体协议中,详细列出了每堰起始的位置和引水灌溉的范围,每一甲、

每一堰具体用水的起止时间,每项条款陈述得非常清楚明白。这份现存的有关金华水利工程的资料,说明三十六堰在清代仍与当地民生息息相关,当地村民仍然依赖三十六堰确保农事丰顺。白沙溪三十六堰历经千年,默默为当地的农业发展贡献着自己的力量。

天宝陂在福建省福清市西宏路镇观音埔村。始建于唐玄宗天宝间,因而得名。它是闽中地区现存古代大型水利设施。布局合理,施工精细,灌溉农田数千顷。北宋大中祥符年间重修,故也称祥符陂。北宋元符元年(1098)知县庄柔正再次重修,熔铜液以固基,改名元符陂。水渠长 2 300 米,灌溉音西霞楼村至海口梧屿村的"十洋之田"。千年来,天宝陂经受风雨、洪潮考验,发挥了巨大的水利效益。新中国成立后,多次整治维修,现存坝长 289 米,水渠尚可蓄水 60 万立方米,灌溉面积 1.9 万亩。陂内波光激滟,渠水潺潺,是福清市名胜景点之一,也是 2020 年入选最新一批世界灌溉遗产的项目。

广西历史上曾有两条运河,一条是灵渠,另一条就是古桂柳运河。古桂柳运河又叫相思埭、桂柳运河、桂柳古运河,开凿于唐代长寿元年(692),河水源于会仙镇狮子岩,汇入分水塘,东流至相思江,入漓江;西流折入鲤鱼陡至永福洛清江汇柳江,全长 30 余里。《临桂县志》载:"临桂陡河与兴安陡河(灵渠)并称为桂林府东西二陡河。兴安陡河居桂林之东,又称东渠;临桂陡河位于桂林府西南,称西渠,亦称南渠。"为调节水位、减少落差、便于通航,设泥湖陡、磨盘陡等 22 处陡门。运河穿过桂林市临桂区的会仙湿地,宋代以前会仙湿地渺无人烟,湖泽遍地,水草丰盛,树木参天,由于水量充足,运河航行正常。明代,本地水文条件变化。万历四十年(1612),运河中新建了 6 座陡闸,用于节水和控制水位。到了清代,由于湿地人口增加,人类对湿地大量的开发使湿地面积缩小、水量减少,桂柳运河航行受阻,疏浚活动比前代更多。调动工役较大的时间,为雍正七年(1729)和十三年(1735)、乾隆二十年(1755)共三次。

## 第六节　隋唐大运河的修凿

隋以前,中国各地的运河已经能够有效沟通黄河、淮河、济水、泗水、长江,形成辗转可达的交通运输网络。但是这个交通运输网络,人力开凿的部分占比较少,主要还是利用和整理天然河道。东汉末年,豪强并立,中央政权对各地的有效管理开始让位于州郡门阀自理其事。从三国时代起,经过西晋短暂的统一,又回到了五胡十六国的分裂状态。南北朝在实现了局部统一之外,还是以长江或淮河形成对峙分裂局面。这样一来,黄河中下游地区原来比较发达的河运系统长期疏于管理,又遭到战争破坏,多数淤废乃至于湮灭无闻。隋建立后,要解决东都洛阳至首都长安之间的漕运问题,遂于开皇四年(584)开凿长约 300 里的广通渠,其里程起于大兴城郊渭河,向东延伸至潼关。开皇七年(587),为灭陈,隋文帝又开山阳渎(见前文)。江淮一带财赋转运至关中的通道得以初具规模。杨广即位后,因避讳,改"广通"渠名为"永通"。虽如此,潼关之险仍属难以避免,船只和物资损失时有发生。且自秦以来至隋,大兴城(今西安)多次成为首都,关中作为近畿地区,人口众多,经济开发、战争活动等对自然环境形成的破坏持续时间长、强度高。到隋炀帝时期,关中破败的农业生产条件已经不能保证对首都的稳定供应。国都偏居关中,也在政治上造成了不利局面。一方面,施政容易受到关陇本地军功贵族的影响;另一方面,也不利于抑制东南门阀世家,整合刚刚并入版图的东南半壁。杨广于是又以洛阳为东都。

同一时期,位于我国东北地区的少数民族地方政权高句丽力量较强,对辽东形成了较大的威胁。为安定边疆地区,同时也为了实现在战争中削弱关陇集团和江东士族集团力量的目的,杨广始兴"三征辽东"之事。为了满足战争后勤运输需求,大业元年至六年(605—610),通济渠、邗沟西道、永济渠、江南河相继修凿完成。以洛阳为中心点,以涿郡(今北京)和余杭(今杭州)为两端的"人"字形运河系统终于形成。唐代受其遗泽甚多。

"疏""浚"两字早在西汉时期,就已经出现在司马迁的《史记》之中。但那时候往往被作为单字词,单独使用。两字连用,而形成具有固定指代意涵和相应外延的河工专用词汇,明确可见的文本记载,是在中唐时期。中唐时期,陆贽任同平章事(即宰相)。在其所编写的私人文集《陆宣公翰苑集》(宋刊本)中,"疏浚"一词已经出现。[①]

晚唐著名文学家、诗人皮日休在《汴河怀古二首》中曾感叹:"万艘龙舸绿丝间,载到扬州尽不还。应是天教开汴水,一千余里地无山。尽道隋亡为此河,至今千里赖通波。若无水殿龙舟事,共禹论功不较多。"[②]这个评价比唐代其他认为"隋

---

① 陆贽:《陆宣公翰苑集》,商务印书馆,1936,第40页。
② 皮日休:《汴河怀古》,载中国社会科学院文学研究所编:《唐诗选(下)》,北京出版社,1982,第330页。

实亡于开运河"的人要进步一些。但是他设想"若无水殿龙舟事"的愿望恐怕终究不能实现。毕竟杨广以巨大的楼船、水军南下江都,目的在于使得东南豪族"知中国(即中原)之威仪"。假如没有水殿龙舟和庞大的扈从队伍,便无从使人产生这些印象了。隋炀帝在削弱门阀问题上操之过急,手段又远不如其父杨坚,终于在贫民《无向辽东浪死歌》的声浪和豪族世家的密谋反叛活动中落得身死国灭。

## 一、 襟带黄淮的通济渠工程

　　隋大业元年三月(605 年 4 月)杨广营建东都洛阳,并"发河南郡男女百余万,开通济渠,自西苑引谷、洛水达于河,自板渚引河通于淮……渠广四十步,渠旁皆筑御道,树以柳"。[①] 因此,以洛阳为中心的隋唐大运河,一般不包括前文所述之广通渠,而以通济渠为最早兴修的一段。通济渠起于洛阳皇家西苑,经过洛阳东、巩县北,在偃师汇入洛河;洛河入黄河后,人工渠道再次出现,是在荥阳板渚(今河南荥阳牛口山谷地)。板渚以东以南方向至开封一小段,利用汴水故道;开封以下,另起炉灶,经杞县、睢县、宁陵、商丘后,进入蕲水故道,过夏邑、永城、宿州、灵璧、泗县、泗洪至今江苏盱眙,入淮。这支撇开徐州间的汴、泗运河径直入淮的河道,就是唐、宋时期的新汴河,亦称南汴河。唐代,通济渠曾改名广济渠,但此名行用不广,唐诗中常见咏史怀古题材诗歌论及此渠,多称汴河,以部分指代整体。值得注意的是,隋唐时期的通济渠因为黄河还未改道夺淮,所以不需要经过泗水上的徐州洪、吕梁洪等瀑布险滩,河道条件总体而言还是相当优越的。

## 二、 南朝梦断山阳渎

　　如前文所述,邗沟东道即开皇七年(587)所修浚的山阳渎。这是隋将贺若弼的军事战略欺骗。清乾隆江都地方志记载的名称已经变为山洋河。[②] 在它的军事目的达到以后,山阳渎不再受到重视。隋炀帝大业元年(605),一边修凿通济渠,一边又征发淮南地方民众十余万人"开邗沟,自山阳至扬子入江"。[③] 这个"山阳"指的是山阳县,即今天的江苏楚州。隋炀帝所开的不是山阳渎,而是春秋至汉历经沿用和局部改造的邗沟故道(即邗沟西道)。通济渠和邗沟联合起来,就成了隋炀帝乘

---

① 房玄龄:《隋书》,卷 3,《炀帝本纪(上)》,中华书局,1973,第 63 页。
② 五格、黄湘:《乾隆江都县志》,卷 4,《山洋河》,乾隆八年刻本,1743。
③ 司马光:《资治通鉴》,卷 180,《隋纪四》。

坐楼船御舟巡幸江都的路线。这条路线也是隋朝廷从江淮财赋重地进行财政汲取的重要通道。

## 三、 屯氏古渎永济渠

隋炀帝三征高句丽,事在大业八年至十年(612—614)。其动议,事在大业六年(610)。但是,其后勤准备工作,远早于这两个时间点。大业四年正月(608年2月),隋炀帝"诏发河北诸郡男女百余万开永济渠,引沁水南达于河,北通涿郡"。[①]这是预先筹谋后勤运输线。当时的太行山东侧山前坡地、燕山余脉和华北平原一带,水资源条件比现代的情况好。有魏晋以来的一些运河旧迹可供修复、连缀,又有大量天然河道可用。所以,曲折断续是永济渠的重要特征。

永济渠所谓"南达于河",即疏浚今天沁水注入黄河的中下游河段,使其可以通行漕船、兵船。其向北延伸的路径,自河南武陟县沁水东岸起,利用沁水支流孟姜女河,至于卫县(即今河南卫辉南);接续淇水、清水、屯氏河之后,继续北上,经黎阳、内黄、洹水、贵乡、馆陶、永济、临清、清河、武城、历亭、长河、安陵、东光、乾宁军、会昌、固安,至涿郡蓟城。永济渠中段又可分为两部分,以武城为界。武城以南部分,在今天的卫河以西;武城以北部分,在今卫河以东。在今天津至北京段,永济渠利用了沽水河道,并将涿郡附近运河渠道与古永定河西支(桑干水)联通,以稳定水位。

## 四、 代代相继的江南河增修

镇江有人工运河,实始于春秋。秦代,始皇帝发赭衣囚徒在今镇江丹徒一带凿陵、岗,对原有运河裁弯取直,有改善航运条件的意图,也有听信方术之士建议凿陵以泄江东王气的因素。秦汉时期,古人在江南东部丘陵、平原地区借助天然河道修凿的区域水网仍可使用,但通过能力较差,主要适应吃水浅、船型窄的南方船只。船身短粗且甲板上有一层或多层木构建筑的北方船只(主要是"楼船"军舰,也有为皇帝出巡制作的御舟)很难利用这些河道。大业六年冬十二月(611年1月),杨广"敕穿江南河,自京口至余杭八百里,广十余丈,使可通龙舟,并置驿宫草顿,欲东巡会稽"。其具体路线为:起京口(今江苏镇江),过毗陵(今常州),环太湖东侧沿岸南下至吴郡(今苏州吴江区),在平望进入浙江境内,过嘉兴后,向西南内陆方向通

---

① 　房玄龄:《隋书》,卷3,《炀帝本纪(上)》,中华书局,1973,第70页。

石门(今浙江桐乡石门镇)、临平,借上塘河河道至杭州。

## 五、 唐对隋大运河各段的修浚

　　唐号称以有道伐无道,解天下黎民倒悬之急。然而,唐太宗在天下初定之后,立即再起征辽东之役。其后方基地仍设在幽州(隋之涿郡)。所以,唐朝廷进行军事准备所循之路线,也是永济渠。但是,由于永济渠最南端引沁水一段的水源沁河已经断流(演变为夏秋有水的季节性河流),唐代的永济渠最南部分改为大力引用清、淇两条小河。为此,唐朝廷于贞观十七年(643),在淇水与永济渠十字平交处修成石筑堰体,抬高淇水水位。这与东汉建安年间,曹操于淇口作堰,遏使东北流,注入白沟的办法是一致的。但是唐代水工比东汉末年进步之处在于,考虑到了淇河上游(太行山东缘坡地)暴发山洪的可能,而于唐高宗永徽二年(651)和唐玄宗开元十六年(728)两次较大规模地修建和增建了永济渠北堤。

　　永济渠之利在于它沟通了黄河与海河水系。但是它也使得两大水系及其各个支流互相之间产生了新的联动。如果说郑国渠"横绝"了渭河台地上多条自北向南流淌的天然河流,那么永济渠就是"纵绝"了华北平原上诸多自西向东的河流。在此,试举一例以为说明。海河在远古时代是多路分流入海的。但汉末曹操开平虏渠之后,这些天然泄水通道就开始因来水不足而淤塞。隋大运河在华北平原北部纵绝了海河水系的诸多河流。众水汇桑干河,而后东出南下,始成格局。这样一来,水灾的频率和危害性都提高了。现代治理海河,除多修水库、大堤和节制闸以外,实际上还是部分恢复海河水系下游多路入海的原始格局而已。而这种认识,不唯现代人有之,唐时古人亦然。

　　作为唐代多引清、淇并修永济渠北堤的配套工程,魏州(今河北邯郸市大名县)地方官员"开永济渠入于新市,以控引商旅,百姓利之"。[①] 唐中宗神龙三年(707),朝廷重新疏浚了平虏渠。唐玄宗开元二十五年(737),又疏浚了滹沱河并将其于淇水接通。开元二十八年(740),魏郡刺史卢晖"徙永济渠,自石灰窠引流至(大名)城西,注魏桥,以通江淮之货"。[②] 这些做法一方面是发展商贸,另一方面也是为因永济渠纵绝诸水而出水不畅的河流来水寻求出路。

　　通济渠隋唐间的变迁要复杂一些。隋至唐前期,为通济渠,盛唐至中唐更名广

----

① 宋祁:《新唐书》,卷79,《高祖诸子传》,中华书局,1975,第3548页。
② 张建华、左金涛:《邯郸历史大事编年》,中国档案出版社,1999,第173页。

济渠,至晚唐其俗称汴河终于取代了正名。这时候的汴河之名与古汴水、鸿沟及刘裕南归所经之汴渠略有区别,容易混淆。本节所称"汴河"即指隋之通济渠(南汴河),特此说明。此时成为汴河故道的旧汴、泗运河并未完全中断,因为鲁、徐、淮、海一带"水陆肥沃",是漕粮主要筹集地,仍有舟楫通行要求。唐高宗于武德七年(624)令尉迟敬德导汶、泗至任城(今济宁)分水,建会源闸,治徐州、吕梁二洪,以通饷道,就是明证。唐玄宗开元二年(715),时任河南尹李杰征发本地居民疏浚了引用黄河的汴口堰,但工期很短,史载极为简略。13年后,此处再次淤塞,地方官于是又"发河南府怀、郑、汴、滑三万人疏决开旧河口,旬日而毕"①。由此可见,此处疏浚工程量确实不大。其进步之处在于制定了每年正月岁首(冬季枯水期)例行发周遭民夫浚治的办法。

同一时期,汴州刺史齐浣将汴河入淮末段18里从盱眙向西平移至徐城(实际离盱眙不远,在其县西北郊)。这主要是为了躲避淮河下游激流急弯。开元二十七年(739),因虹县到泗洪临淮镇一段借淮行运危险,齐浣又主持在虹县以下开运道30里,接入清河,借清河行运至淮阴附近,凿通清河通淮新河。这就是所谓的"广济新渠"。但是此地地质坚硬,河底为料礓石。况且其地势差异与淮河干流相比不大,并不能因为走新开河道而得到降低行船速度保证安全的预期收益。于是,其后渐渐止于无闻。"安史之乱"期间,黄淮一带受到波及,汴河维护中断了。

重新疏浚汴河使其恢复航运功能的,是东都、河南、江淮转运、租庸、盐铁、常平使刘晏。史载:"('安史之乱'后)京师米斗千钱,禁膳不兼,时甸农授穗以输。晏乃自按行,浮淮、泗,达于汴,入于河。右循底柱、硖石,观三门遗迹;至河阴、巩、洛,见宇文恺梁公堰,斯河为通济渠,视李杰新堤,尽得其病利。然畏为人牵制,乃移书于宰相元载,以为:'大抵运之利与害各有四:京师三辅,苦税入之重,淮、湖粟至,可减徭赋半,为一利;东都雕破,百户无一存,若漕路流通,则聚落邑廛渐可还定,为二利;诸将有不廷,戎房有侵盗,闻我贡输错入,军食丰衍,可以震耀夷夏,为三利;若舟车既通,百货杂集,航海梯峤,可追贞观、永徽之盛,为四利。起宜阳、熊耳、虎牢、成皋五百里,见户才千余,居无尺椽,爨无盛烟,兽游鬼哭,而使转车挽漕,功且难就,为一病;河、汴自寇难以来,不复穿治,崩岸灭木,所在廞淤,涉泗千里,如冈水行舟,为二病;东垣、底柱、渑池、北河之间六百里,戌逻久绝,夺攘奸宄,夹河为薮,为三病;淮阴去蒲坂,亘三千里,屯壁相望,中军皆鼎司元侯,每言衣无纩,食半菽,

<hr/>

① 刘昫:《旧唐书》,卷49,《食货(下)》,中华书局,1975,第2114页。

挽漕所至,辄留以馈军,非单车使者折简书所能制,为四病。'载方内擅朝权,既得书,即尽以漕事委晏,故晏得尽其才。岁输始至,天子大悦,遣卫士以鼓吹迓东渭桥,驰使劳曰:'卿,朕鄮侯也'。凡岁致四十万斛,自是关中虽水旱,物不翔贵矣。"①这一记载清晰地表明,重新疏浚汴河并整理从河南陕州(今三门峡市陕州区)到关中的漕运通道,使得唐朝廷的供应情况大为改善,关中物价得以平抑。

中唐和晚唐时期,藩镇割据之祸越来越严重。这些战祸对汴河造成了严重的破坏。但是在唐德宗、唐宪宗短暂振作之后,汴河所流经地区又复归于藩镇割据的状态。连年战争的后果是使汴河下游于乾宁四年(897)最终溃决,漕运浅滞不通。直到五代十国中的后唐同光二年(924),才由当时的蔡州刺史朱勍以本州之力勉强疏浚了汴河的一条小支流索河。这并不是整治汴河,而是希望汴河来水可以增加,稍微便利行船而已。汴河干流得到全面修治、江淮地区的船只重新北上中原腹地,是 31 年后,即后周显德二年至五年(955—958)期间的事了。疏浚埇桥(今安徽宿州埇桥区)以东以南汴河的,是宁武军辖境内征调的民夫;在修治好汴河下游通淮水道之后,后周朝廷才开始回过头去进行上游渠首部分"浚汴口"的疏浚工作。

邗沟在入唐后,习惯称之为"官河""漕河"。唐武德三年(620)夏,李世民等出关中,攻打王世充。潞州总管李袭誉负责调度后勤供应。后来,李袭誉因功累擢至扬州大都督府长史、江南巡察大使。扬州是江淮之间商业繁盛的大城市,本地民风习惯经商而不喜欢务农。史载:"袭誉为引雷陂水,筑句城塘,溉田八百顷,以尽地利,民多归本。"②实际上,这个疏浚工程除了劝课农桑之外,也稳定和提高了邗沟的水位。到了贞元四年(788),"扬州官河垫淤,漕輓湮塞,又侨寄衣冠及工商等多侵衢造宅,行旅拥弊"。③这表明扬州的人口和工商业有所发展,但穿城而过的运河通行能力降低了。扬州长史、兼御史大夫、淮南节度观察史杜亚"开拓疏启,公私悦赖"。至宝历二年(826),"扬州城内官河水浅,遇旱即滞漕船"。时任盐铁转运使王播"乃奏自城南阊门西七里港开河向东,屈曲取禅智寺桥通旧官河,开凿稍深,舟航易济;所开长一十九里,其工役料度,不破省钱,当使方圆自备,而漕运不阻,后政赖之"。④从中可知,王播这次对官河在扬州城近郊及城内一段,进行了小规模的部分改道工程,而且此次疏浚改线工程并没有要求朝廷拨款,是由淮南道地方自己

① 宋祁:《新唐书》,卷 149,《列传第七十四》,中华书局,1975,第 4794-4795 页。
② 宋祁:《新唐书》,卷 91,《列传第十六》,中华书局,1975,第 3790-3791 页。
③ 刘昫:《旧唐书》,卷 146,《列传第九十六》,中华书局,1975,第 3963 页。
④ 刘昫:《旧唐书》,卷 164,《列传第一百一十四》,中华书局,1975,第 4277 页。

筹资兴办的。

邗沟南段通江一截,在唐代经历的最大变化,是废除了东晋永和年间(348—353)修成的欧阳埭运口。从"欧阳埭"之名可知,这是一处可以通过船舶的拦河坝。埭与普通拦河坝的主要区别在于,在坝体两侧,建有一定比例的土质或石质斜坡,两斜坡和坝体本身共同构成了馒头状弧面。建埭的目的在于防止邗沟所蓄之水快速下泄入江。在壅塞蓄水的同时,还要能够通过船只,解决办法是以人力或畜力直接拖拽或使用绞盘,升船过坝。20世纪80年代末期,在苏北里下河一带,还能看见人力绞船过坝(见图2-4)的情形。后来则屡有改进,首先是在埭上安装钢槽、钢制轨道,以减小摩擦和撞击对船只的损害;后来逐渐改建为现代化的船闸和升船机。

图 2-4　人力绞船过坝

资料来源:中国国际电视总公司音像资料 ISRC/CN-A03-97-337-00/V.K。

长江巨大的泥沙搬运能力使长江口不断向东海中延展。由晋至唐,扬州逐渐从可以感受到海洋潮汐运动的感潮河段,变成了无法感到潮水变化的内陆河段。在扬州与润州(今镇江)之间的长江干流中,泥沙也淤积下来。长江干流有向南摆动的趋势。东晋欧阳埭的兴修,本来就是为了解决江都一带不再有水的问题。到了唐朝,欧阳埭一线的水情又变得不适于航运了。到开元初(713年前后),形如瓜子的江中沙洲瓜洲已与长江北岸连为一体。江南漕船运送钱粮货物北上,此时有两种办法。其一是在润州横渡长江至对岸瓜洲,改陆运至扬州,再改船运入邗沟;其二则是在瓜洲临江一侧绕行,在长江干流中向西上溯约60里,至欧阳埭,入邗沟。江中行船,损失很大。水陆联运,起驳、重装成本又多。时任润州刺史齐浣请求朝廷允许他在瓜洲至扬子之间新开一条河道。开元二十五年(737),此段新河修成,计长 25 里。[①]

江南河一直以来是京杭大运河全线水量最为充沛且地理条件较好的部分。但是在润州到丹阳间(即徒阳运河段),沿江丘陵、土岗较多,且有砂质软基河段。这就造成此段运河为维系运输势必引江潮(高水位)入河济运,但江潮泥沙比平时江水要多,且容易引发岸崩灾害的局面。每年冬春之际长江枯水期,引江无效之时,又需要切换水源为练湖。江南河中间一段,行经太湖之滨,主要的问题不是淤积之害,而是太湖风浪。至于江南河接近杭州的最南端部分,其淤积问题成因有与北段相似之处,也有不同之处。具体而言,即其引钱塘江水济运,江泥入河,造成河淤,此与北段同;而杭州城中之西湖济运,所淤者非河,实乃西湖自身,只不过西湖蓄水不足之后,连累运河,这同江南河最北端的情况是不同的。

江南河最北端在唐代情况尚且稳定,京口埭主要是为了防止运河水下泄江中。其改建为石闸、另开新的港池等事,在宋而不在唐。江南河中段绕太湖之东,水源不缺,但是却经常遭到太湖风浪的侵扰。唐元和五年(810),苏州刺史王仲舒在江南河吴江段修筑了"塘路",实际兼具分隔河、湖的堤坝和纤道的作用。3 年后,常州刺史孟简在武进县城西郊向南开挖河槽 41 里,引江济运,这是今天孟渎河的前身。江南河在太湖以东部分全线有堤,是北宋庆历二年(1042)的事。该年,苏州通判李禹卿修筑了吴江段运河东堤。今日苏南界内起苏州讫平望的太湖沿线运河旧迹,出于其手。江南河自平望入浙江境以后,补给水源主要有二,其一是西湖水;其二是钱塘江潮水。由于浙西是山地,而浙江东北部是宁绍杭平原,此段运河西南高,东北低。其流向是向远离杭州城的北方而去,这与人们印象中,运河水在此应就近汇入钱塘江的感觉并不一致。由于钱塘江潮水含沙量大,引江潮入河再以闸坝控制水位,所遇到的问题是"一汛一淤"。解决之道在于将西湖作为主要的运河补给水源,而使江潮仅为救急之用。这种转换经历了一段较长的时间才得以完成。

唐大历年间(766—779),李泌主政杭州凿六井(小方井、白龟池、方井、西井、相国井、金牛池,均分布于今杭州市延安路左右),目的在于解决杭州城内居民用水问题。而且,他令人打的井并没有穿透隔水层而达到地下水所在深度,所引者为西湖水而非地下水。这六口井在西湖东岸,井底有横向暗窦通往西湖,整个水井的剖面

①　王克胜:《扬州地名掌故》,南京师范大学出版社,2014,第 241 页。

结构是一反 L 形。其开凿过程为：首先，在西湖东岸沿线疏浚湖底，挖掘水口，水口以砖石发券起拱支护，外围插木桩起到阻拦大块污染物的作用；其次，向预定开凿井池的位置开挖深沟，沟内砌石槽，再在槽中安放竹管(后改套接筒瓦)后填埋恢复原状；最后，对蓄水井池做清洁和防渗处理，加护井栏。长庆二年(822)，白居易到任杭州。他不仅疏浚了已经淤塞的六井，还在疏浚后的西湖周围加筑捍湖堤，又疏浚临平湖，以两湖之水济运并灌溉河道两岸田亩。此前在钱塘县本地，耕种湖田者有私自泄水使田地出露的，又有私蓄湖水以利茭白、菱角种植和渔业而不肯放水济运的。白居易在西湖疏浚改造完毕后，写了《钱塘湖石记》，定明灌溉、济运、抗旱临时请放湖水等事的管理规定，顺便向后世来杭州为官者介绍情况。该文原刻于长庆四年(824)，立在西湖北端出水口石函闸(已不存，遗址位于今望湖楼东、保俶路口一带)。现代所立的新刻旧文，在圣塘闸附近。

唐代在江南道设有都水监、营田司等管理河道、农田事务的专职机构。不过，这不是全国范围内的建制，而仅为地方性的机构。五代十国时期，两浙地方为钱氏父子所据，为吴越。前述两机构被合并为都水营田司。天宝八年(915)，吴越设置了都水营田使。其水利施工队伍的设置要更早一些，事在唐末天祐元年(904)，称"撩浅"和"江营"。招募进营的士卒，按一定人数编制为各个"都"(每"都"约 500 人左右)，多个都又编为一路。"江营""撩浅"全体分四路("开江营"一，"撩浅"三)，全军 1 万余人，简称为"撩浅军"。这实际上是军事化编制的工程兵部队，主要职责为修筑堤坝、疏浚河道。撩浅军施工时，不是按工程类型分配任务，而是按不同部队驻防地域差别负责各自地域内多种多样的工程。其中，驻扎吴淞江区域的一路，主要负责吴淞江及其支流的罱泥撩浅；驻扎淀泖、急水港、小官浦一带的另一路，主要负责开掘和维护疏导洪水入海的泄洪通道；在越州鉴湖至杭州西湖一带的一路，则管理鉴湖及其周边水系清淤、除草、疏通泉眼等事；其最后一路，称"开江营"，负责常熟、昆山一带"东北三十六浦"的疏浚和堰闸维护。

撩浅军全军除了进行这些与疏浚相关工程之外，还要利用疏浚土筑堤、修桥、植树造林等。都水营田司负责开荒营田的那部分，主业是管理堤坝、口门、水闸、围堰，但也兼有某些监察和管理圩田系统中高田与低田水事关系的职责。在五代至宋初的乱世中，吴越这套军事色彩明显的地方性治水疏浚体制取得了较好的效果。在"富豪上户，美言不能乱其法，财货不能动其心""(吴越)境内并无弃田"的同时，吴越又注意保持河湖的蓄水、行洪功能，以开江撩浅制度及其执行实体保证"可围则围,不可围则不能乱围"。① 这样一来,吴越的开江撩浅,就在某种程度上具备了早期环保疏浚的属性。

## 第七节 它山堰中的疏浚工作

它(tuō)山堰位于今宁波市鄞州区鄞江镇西南,始建于唐大和七年(833)。它山堰在鄞江上游出山之处,鄞江源出于四明山,是甬江上源奉化江的最大支流,为鄞江平原与宁波市区的主要水源。它山堰未建之前,鄞江上游诸溪尽注于江中,江潮上涨时,咸潮循河流上行,"清甘之流酾泄出海,泻卤之水冲接入溪,来则沟浍皆盈,去则河港俱涸,田不可稼,人渴于饮"。它山堰的兴建成功解决了此问题,它是东南沿海典型的御咸蓄淡工程。与此同时,它山堰"引四明之水,灌七乡之田",是重要的灌溉工程,于2015年入选世界灌溉工程遗产名录。此外,它山堰还具有城市供水、排水泄洪等功能,具有持续的综合效益。② 而从疏浚史的角度来看,它山堰亦与疏浚密切相关,其工程设计与构成及兴建过程中多体现了疏浚理念。其得以运转千年不废,同样也离不开疏浚维护。

### 一、 它山堰的兴建及其疏浚内涵

唐开元二十六年(738),置明州,州治鄮县(今浙江鄞县)。大历六年(771),在三江口筑子城(内城),唐末筑明州罗城。明州城三水环绕,近海枕江,颇受咸潮之苦。太和七年(833),鄮县县令王元暐在县西南50里鄞江上筑它山堰,"以捍江潮,于是溪流灌注城邑,而鄞西七乡之田皆蒙其利"。其后一度废坏,南宋嘉定年间(1208—1224)重修,淳祐二年(1242)扩建。倡议并监督其事的魏岘将它山堰工程的布局构成和修浚措施等情况编成《四明它山水利备览》一书,以为后来者参考。从此书可知,它山堰在鄞江上游出山处,四明山和它山之间,拦河筑坝,开渠(塘河),引水东南流,下游入城后通于城内日湖、月湖,水道出日、月湖流经城东门的水门,尾水排入甬江(见图2-5)。③

① 缪启愉:《太湖塘浦圩田史研究》,农业出版社,1985,第26页。
② 《中国水利史稿》编写组:《中国水利史稿(中册)》,水利电力出版社,1987,第34页;缪复元等编著:《鄞县水利志》,河海大学出版社,1992,第324-325页。
③ 周魁一:《中国科学技术史·水利卷》,科学出版社,2002,第216页;《中国水利史典》编委会编:《中国水利史典·太湖及东南卷2》,中国水利水电出版社,2015,第203-204页。

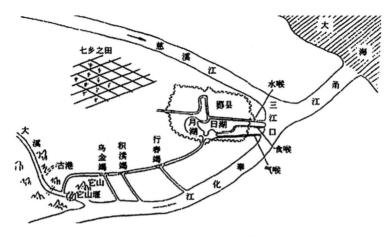

图 2-5　它山堰水利区示意图

资料来源：周魁一：《中国科学技术史·水利卷》，科学出版社，2002，第 217 页。

王元暐为筑它山堰，曾亲身实地考察，其堰址选择极为科学。从今天的地形来看，鄞江发源于四明山，蜿蜒于崇山峻岭之中，流经樟村，河谷渐宽，至鄞江桥出山峡后，河谷宽度为 1 000 米左右。当时，主流趋近南岸，溪中有小山，高 10 余米，两山相距约 150 米，山岩裸露，形如锁钥，是优越的建坝地址。[①]

它山堰的置堰施工和堰体设计，都与疏浚密不可分。筑堰施工时，先疏浚北山古港（原水道）导引溪流，后在上游的北山古港入口处（今钟家潭附近），筑竹笼卵石围堰，将上游来水导入北山古港，经光溪向下游排泄，使它山堰施工处断水，易于施工操作[②]。王元暐筑堰之时，巧妙地设定堰顶高程，"规其高下之宜，涝则七分水入于江，三分入溪，以泄暴流。旱则七分入溪，三分入江，以供灌溉"。三七分水，无论水旱皆不成灾。更为巧妙的是，堰体还有蓄沙清淤的功能。"堰身中空，擎以巨木，形如屋宇。每遇溪涨湍急，则有沙随实其中，俗谓护堤沙。水平沙去，其空如初。"[③]洪水暴涨之时，泥沙落于堰身中空部分，洪水退去，泥沙也随之而去。可谓是利用洪水涨落来实现河道的自然疏浚。

它山堰渠首中的回沙闸，是用于帮助疏浚淤沙的设施。唐时，它山堰上游环境

---

① 《中国水利史稿》编写组：《中国水利史稿（中册）》，水利电力出版社，1987，第 35 页。

② 缪复元：《它山堰与它山堰灌区——浅谈它山堰与都江堰、郑国渠、灵渠的异同》，载宁波市水文化研究会、绍兴市鉴湖研究会编：《浙东水利史论》，宁波出版社，2016，第 31-43 页。

③ 魏岘：《四明它山水利备览》，载《中国水利史典》编委会编：《中国水利史典·太湖及东南卷 2》，中国水利水电出版社，2015，第 206-207 页。

良好,树木繁茂,虽遇暴雨山洪,沙土有木根固定,流失不多,淤积亦少,淘疏容易。南宋以来,由于四明山区日益开发,沿溪树木被大量砍伐,"致使浮沙随流奔下,淤塞溪流","两岸积沙侵占,溪港皆成陆地"。淳祐元年(1241),泥沙淤积尤为严重,"自堰港口至新安庙前凡五百余丈,舟楫不通",魏岘主持浚治,成功清淤排水。但次年七月,接连暴雨,泥沙再次淤积,"溪流几断,于是井皆汲卤,苦竭泽"。知府陈恺先使人疏浚,并亲自视察,提出:"岸之防固未易图,而浚治之繁,其可无简要之策,与其浚于既积,不若遏于未至。水轻清居上,沙重浊居下,宜闸以止水,水平则启,通道如故。沙聚于外则去多易。"于是,他勘察地形,确定选址,并委任魏岘建回沙闸。回沙闸在堰坝上游的引水渠上,乃三孔闸。平时闸闭,使上游形成回水区,将泥沙沉积。洪水时开闸,将沙排出堰外。此后,清淤时只需在闸外淤积处淘浚,无须在长达数里的内港清淤。[①]

它山堰工程还开凿和疏浚了配套的输水渠道,将鄞江上游的清流引入鄞西平原,一方面用于灌溉农田,另一方面为明州城提供通行水道和生活用水。它山堰的引水干渠,今称南塘河,布局于鄞江北岸,与鄞江平行。引入南塘河的水由南北向支河流入鄞西平原。这些支流自上而下,主要为小溪港、里龙港(惠明港)、野猫洞港、王子汇江、照天港、西洋港、风棚碶河、车河舂港、段塘河等,"其间支分派别,流贯诸港,灌溉七乡田数千顷"。另一路经南塘河输水,疏通城南一带河流,由南城甬水门入明州城,浚日月二湖,用于蓄水,再通过城内支渠流向各处,供应居民。所谓"湖之支渠,缭绕城市,往往家映修渠,人酌清沁"。[②]

与渠系配套,王元暐还修筑有三塌,即乌金塌、积渎塌、春行塌,用于泄洪与蓄淡,"涝则酾暴流以出江,旱则取淡潮以入河,平时则为河港之表"。它山堰干渠的尾水最后在明州城由水喉、食喉和气喉三塌排泄入江。[③]

---

①　缪复元:《它山堰与它山堰灌区——浅谈它山堰与都江堰、郑国渠、灵渠的异同》,载宁波市水文化研究会、绍兴市鉴湖研究会编:《浙东水利史论》,宁波出版社,2016,第31-43页;《中国水利史典》编委会编:《中国水利史典·太湖及东南卷2》,中国水利水电出版社,2015,第208-209页;《中国水利史稿》编写组:《中国水利史稿(中册)》,水利电力出版社,1987,第38页。

②　缪复元:《它山堰与它山堰灌区——浅谈它山堰与都江堰、郑国渠、灵渠的异同》,载宁波市水文化研究会、绍兴市鉴湖研究会编:《浙东水利史论》,宁波出版社,2016,第31-43页;《中国水利史典》编委会编:《中国水利史典·太湖及东南卷2》,中国水利水电出版社,2015,第206-207页。

③　魏岘:《四明它山水利备览》,载《中国水利史典》编委会编:《中国水利史典·太湖及东南卷2》,中国水利水电出版社,2015,第207、212页。

## 二、 它山堰的维护性疏浚

它山堰之所以能运转千年不废,离不开后世历代的持续修浚。魏岘在《四明它山水利备览》中以较大篇幅记录和讨论淘沙和防沙之事,足见古人对它山堰维护性疏浚的重视。它山堰自唐时建成,人们便坚持常规化的疏浚维护,"古来四季一浚"。到南宋,由于"木值价高,斧斤相寻,靡山不童",它山堰上游四明山区植被破坏严重,又"它山一境,其地皆沙",一遇暴雨,泥沙俱下,河道淤塞严重。期间失于疏浚,一度废坏。嘉定年间(1208—1224),旱势严重,庄稼几乎枯死,魏岘建议重修它山堰,并主持其事,"随宜为浚流障水之策",水道复通,沿途农田稼禾俱获霑溉。嘉定七年(1214),权府提刑程覃捐钱1 200贯,置田40亩,收租谷114石,用作它山堰每年疏淘淤沙的费用,并设掘沙疏浚机构,对堰上堰下之河道,常年疏浚。嘉熙三年(1239),再次增加供应它山堰每年疏浚之费的田亩面积,"前政都承赵公以夫,给到刘泳没官田二十九亩三角二十五步,每年收租米二十一石二斗"。淳祐元年(1241),魏岘再度主持浚治它山堰,发动通远、光同、句章三乡人户及轮差柴船户,给予钱米,划分区域,由各甲管领,兴工淘沙疏浚。历时一月有余,"及放水口,奔湍而入,势如江潮"。①

由于多次主持疏浚它山堰,魏岘积累了丰富的经验。魏岘强调疏浚淤沙的重要性,"浚之一寸,则田获寸水之利;浚之一尺,则田获尺水之利。浚之愈深,所灌愈远,为利愈远"。对于淘浚的时间和疏浚土的处理,他也提出了自己的见解,认为"淘沙当于未旱之先,又当弃之空闲无用之地"。干旱时淘沙,只能救一时之急;未旱之时,农闲之余,劳力和时间充足,疏浚深广,效果更持久。淘浚之沙,如果堆在岸边,大雨冲刷,仍旧进入河道形成淤塞,只有运到远处,才可持久。另外,魏岘还总结了一些防止泥沙淤积的方案。对于平地之沙,以粗石修筑防护堤,并在外侧种植榉、柳之类的树木,"令其根盘错据,岁久沙积,林木茂盛,其堤愈固"。对于洪水冲刷带入的泥沙,在水港狭窄处,置石闸,"中顿闸版五六片","水从版上,不妨自流,沙遇闸版,碍住不行",由此泥沙只在闸门前淤积,便于淘浚。对于两岸之沙,可在两岸钉木桩,用碎石砌岸,再盖上石板,避免水流冲击使河岸坍损。②

---

① 魏岘:《四明它山水利备览》,载《中国水利史典》编委会编:《中国水利史典·太湖及东南卷2》,中国水利水电出版社,2015,第208-209页。

② 同上书,第208-210页。

明嘉靖十五年(1536),县令沈继美用石板置立堰口,即现存堰上游面的竖立挡水石板,用作加固堰体,防渗制漏。为保护堰面石板,外面用方石柱加固,并加高堰顶一尺,疏浚回沙闸,使沙不复壅,水入河稍增,民更称便。

民国 3 年(1914),当地乡绅张传保在堰上清理淤沙,以通水道。

新中国成立后,多次疏浚堰上溪流。1965 年冬至 1966 年春,整溪导流,疏拓溪床,砌石护岸,重建分水龙舌。1986 年冬至 1987 年春,重拓它山堰上游行洪河道,平均挖深 1 米。两岸砌石固岸,清除过水路面,兴建行洪大桥。修筑光溪两岸防洪堤,整修堰上护堰防渗石板,堰下防冲护坦,提高引流排洪能力。[①]

## 三、它山堰的持续效益

它山堰具有御咸蓄淡、灌溉、供水和排水泄洪等综合功效。王元暐筑它山堰,"由是溪江中分,咸卤不至,清甘之流,输贯诸港,入城市,饶村落,七乡之田皆赖灌溉"。溪即干渠南塘河。干渠分出众多支渠,向农田和城市供水。干渠水量过多,则从堰上自行泄洪入江。渠道入明州城后,水流于日月二湖蓄积,通过城内沟渠供应居民,水道末端再通过泄水闸堰汇入甬江。咸潮通过甬江水道上行时,沿江各闸关闭闸门,咸潮不得入渠。[②]

它山堰的效益持续至今。它山堰建成之初与广德湖一起灌溉面积为 400 顷,宋时溉田 2 000 顷,约占鄞县耕田面积的一半。北宋政和七年(1117),广德湖废后,灌溉面积达 2 800 顷。此后,鄞西平原独赖它山堰引水灌溉。其后它山堰的灌溉面积继续扩大,至中华人民共和国成立前夕,已近 30 万亩。新中国成立之后,下游沿奉化江一带相继新建一座五孔碶、一座三孔碶,改建了行春、风棚、塘堰、兰浦、章家等碶闸,提高排泄和引淡能力。沿江修建了 30 多公里江堤,多次疏浚主要河道。1974 年,在它山堰上游建成总库容 1.198 亿立方米的皎口大型水库。这些工程与它山堰配套,确保灌区 22.4 万亩农田的引流灌溉和排洪治涝,且是宁波市区供水的主要水源之一。由于工业快速发展,城镇化水平提高,农业产业结构调整,目前工业及城市用水已占 80%,灌区面貌发生根本性变化。[③]

---

① 缪复元等编著:《鄞县水利志》,河海大学出版社,1992,第 326 页。

② 周魁一:《中国科学技术史·水利卷》,科学出版社,2002,第 218 页。

③ 缪复元:《它山堰与它山堰灌区——浅谈它山堰与都江堰、郑国渠、灵渠的异同》,载宁波市水文化研究会、绍兴市鉴湖研究会编:《浙东水利史论》,宁波出版社,2016,第 31-43 页;缪复元等编著:《鄞县水利志》,河海大学出版社,1992,第 330 页。

　　它山堰造福鄞西平原,鄞西百姓感念王元暐的恩德,于堰侧它山之上建庙,专门祭祀供奉,并形成了相应的庙会节日。它山庙初建为王元暐生祠,旧称"善政侯祠"。北宋咸平四年(1001),在生祠原址上扩建"它山庙"。南宋乾道四年(1168),赐额"它山遗德庙"。它山庙有"三月三""六月六""十月十"庙会,统称"鄞江桥庙会"。觐江桥庙会的会名与日期结合得极其巧妙,三个日期都是治水要日。十月初十为它山堰奠基之期,又是王县令寿诞之日;三月初三为县令夫人程氏生日,适及堰体竣工之期。三月三、十月十庙会以祭祀为主,兼及演戏敬神;六月六以群众性活动为主,与原"淘沙会"相对应。①

---

　　① 陈科峰:《鄞江的堰、庙、会:因堰立庙,缘庙兴会》,载徐剑飞编:《鄞州地名故事大观》,宁波出版社,2016,第733-735页。

# 第三章
# 宋元时期的疏浚

## 第一节 王安石主持治河

王安石(1021—1086),北宋时期政治家、文学家、思想家、改革家。他曾任鄞县知县,在其任上疏浚水道,此后在其为官生涯中又多次与疏浚工作打交道,主持黄河河道的疏浚在官任宰相,主持变法,所推行的新法中"农田水利法"亦是与疏浚相关。

### 一、 鄞县治水

庆历二年(1042),二十出头的王安石考中进士,先后在扬州、常州、江宁、鄞县等地做官。庆历七年(1047),王安石任鄞县知县,历时 3 年(1047—1049),期间主持河渠治理,疏浚、整治河渠,兴修水利。鄞县土地贫瘠,也缺乏水利设施,百姓生活困难,这也是为何王安石要重视整治河渠的原因,整治好湖泊、河渠,兴修水利,有利于农业的发展,人民的安居乐业。

东钱湖系天然泻湖,于唐代天宝年间进行人工开凿、疏浚整治后,成为一淡水湖泊。庆历七年,王安石到任后,进行实地调查,之后决定主持疏浚东钱湖。疏浚工作是在冬天进行的,因为是枯水期,又是农闲期。他组织率领 10 万人,清除湖中葑草,加以疏浚,率人订建湖界,设置矸石,整修七堰九塘,限湖水之处,阻挡海潮侵入,从此使东钱湖稳固,农田得以灌溉,老百姓受益。

### 二、 疏浚黄河

熙宁二年(1069),王安石入朝为参知政事,第二年拜相。他主持制定《农田利害条约》(通常称为农田水利法),重视督修水利,任命农田水利官。从熙宁三年到元封元年,全国兴修、修复水利工程,"凡一万七百九十三处,为田三十六万一千一百七十八顷有奇"。黄河、汴河等引黄河水放淤,两岸引浑水淤地,土壤得到改良。

北宋时期,黄河在使用"东汉王景故道"很长一段时间之后,实际已经高于地表数尺到数丈不等。其在宋朝建立后仅仅80多年中,就发生了50多次破口、溃坝、决堤等,最终结果是商胡改道。关于是否应该强制黄河回到东汉故道,继续向东在山东入海,从仁宗朝后期到神宗朝前期共40余年间,有恢复东流在山东入海的意见,也有让其北流经过河北在今天天津静海一带入海的意见。"回河"问题是朝廷之中,要求变法的新党和反对新法的旧党角力的话柄之一。王安石主政时期,要强力推动新法实施,这就让黄河东流还是北流的回河之争再度激烈起来。以司马光、欧阳修等为首的旧党主张北流,不可"回河"。王安石等新党主张东流"回河"。其理由是把北流堵住之后,不仅可以减轻洪灾,也可以得到大量淤积了黄河泥沙的淤地,能改为良田。但是,堵北流规复故道的结果是不久以后黄河再度东决,甚至波及北宋的"北京"大名府。宋神宗一度丧失信心,想要听之任之,但王安石坚持要堵口"回河",并积极倡导使用器械来疏浚黄河泥沙。《宋史·河渠志》记载:"有选人李公义者,献铁龙爪扬泥车法以浚河。"据称不仅可用,而且比人力挖泥挑运能节约财政支出。王安石让黄怀信及李公义加以改造,另制浚川耙进行疏浚,大力推行,奏称效果非常好。神宗同意采纳王安石方案。熙宁六年(1073)四月,北宋政府设置了治理黄河的机构——疏浚黄河司,负责治理黄河工作,计划从卫州(今河南新乡)疏浚到渤海黄河口,但终因效果不佳作罢。

## 三、 王安石理汴

汴河在北宋为漕运重地,虽然屡有疏浚,又有都水监及漕运官员专门刻意加以监察,仍不免由于要引用黄河水接济运输而日渐淤塞。熙宁四年(1071),为解决汴河水量不足不能漕运的问题,朝廷动工开挖了訾家口。当时"日役夫四万余,一月而成",但完工后仅仅3个月,就又因泥沙沉淀而不能使用,不得不又开启了旧汴口。为解决流速缓慢的浑水淤汴的问题,应顺臣向王安石提议,在孤柏岭下正当黄河冲击的地方开新口引水,如果水大就以斗门排泄,如果水量不够则在下游开辅助沟渠。此议得到王安石赞同。

熙宁六年(1073)夏天,都水监丞侯叔献请求朝廷批准他在开封府界内引汴渠水放淤农田。此举固然得到了农业方面的利益,却也使得汴渠几乎断流。载重大的公私船舶有搁浅后断为两截的。宋神宗对此颇为不满,令都水监自陈其事,又派三司使、开封府界提点官等人一同去查看情况。本年十一月,范子渊等建议,在冬天黄河枯水的时候不再关闭汴口,用外河使得漕运纲船直接进入汴渠,王安石也同意了。本年底,王氏高丽小朝廷来汴京朝贡,就是这样入京的。

　　熙宁八年(1075)春,王安石第二次拜相。侯叔献称以前疏浚汴河,从南京(今河南商丘)到泗州,大概深度挖到了三尺或五尺之间,只有虹县以东有礓石 30 余里不能挖除,此次可召集民夫开修。朝廷下诏请他概算用工数量和用粮多少后再报。本年夏七月,侯叔献又说每年开启汴口进行疏浚工作会侵占民田、劳动民夫。现在只用訾家口而不再用汴口的话,就可以极大地减少民夫、疏浚所用物料的耗费,也就可以顺势裁撤相应的厢军指挥。朝廷答复同意。但不久之后,汴河涨水至深度一丈二尺,为降低堤坝风险,不得不又开启汴口。次年十月,朝廷下诏都水监测量疏浚汴河的深浅。

　　熙宁十年(1077),范子渊请求朝廷允许他使用浚川耙,原计划本年夏至冬季,用半年时间施工完毕,再检测疏浚是否有效、本来淤积的泥沙去向如何等。待到第二年春天,借桃花汛之机接续疏导。但不久王安石就罢职回金陵去了,疏浚汴河之事由其他朝臣接续办理,恢复了此前每年冬天关闭、春天开启汴口,夏秋趁机疏浚的惯例。[①]

## 第二节　苏轼疏浚西湖

　　苏东坡是千古风流人物,他的诗词、书法绘画作品流传后世,为人称颂,他为官从政遭受被贬谪的经历也为大众所熟知。大家都听过苏东坡与红烧肉的故事,号称杭州第一名菜的"东坡肉"的一个传说就是与疏浚有关的,说是苏东坡主持西湖疏浚的过程中,特地烧"红烧肉"犒劳湖工,今天杭帮菜里将之称为"疏浚宴"。当然了,传说毕竟是传说,不过,苏东坡疏浚西湖的事迹却是历史事实,而且他不光疏浚过杭州西湖,在颍州也疏浚过颍州的西湖。

---

① 王云五:《万有文库第一集一千种:王安石》,商务印书馆,1930,第 208-210 页。

## 一、 治理杭州西湖

西湖位于杭州市区偏西位置,长久以来是我国重要的自然景点,也是历代重要人文遗迹聚集地。孤山、白堤、苏堤、杨公堤等将西湖分为内外、南北、岳湖各区。西湖湖心亭、小瀛洲、阮公墩与夕照山保俶塔、雷峰塔共同组成了著名的湖山塔影、雷峰夕照景色。2011 年,杭州西湖文化景观正式列入世界遗产名录。

宋哲宗元祐四年(1089),苏轼第二次任官杭州为知州,距离他上次在杭州已有 15 年。其时,西湖淤塞严重,周边滩涂和浅水地带被侵占为房屋、耕地、渔业生产用地等,使得湖面萎缩。苏轼称:"熙宁中,臣通判本州,湖之葑合者盖十二三耳;而今者十六七年之间,遂堙塞其半……更二十年,无西湖矣。"西湖本来不是淡水湖,而是沿海潮间带潟湖,随着海岸线因河流搬运泥沙造陆,向大海深处推移,才逐渐同大海隔绝,变成淡水湖。假如水少湖淤,不久之后就又有使人"复饮咸苦"的可能。于是苏轼向朝廷提交了《杭州乞度牒开西湖状》,指出杭州因得到朝廷减价籴米、特赐度牒等赈灾,用其与正常价格之间的差价结余,已经做了 10 万余个工的疏浚工作。他请求朝廷再给 100 道度牒,用变价钱粮继续完成疏浚西湖的工作,使之能够恢复唐朝白居易在任时候的旧貌。[①]

苏轼以此共计 20 万个工疏浚西湖,拆除私自圈占的葑田、令造屋挤占河道者出钱等,再进行除草、挖深。其所得淤泥,如果运到岸上堆放,要占民田。宋代因治水工程占田,是要付给田主地价补偿的。前文陈州至颍州八丈沟工程动议中,就有挖坏民田、堆土占田的赔偿预算。为节约成本和不扰民,苏轼决定用疏浚土在西湖中部偏西处,立一条连接南北两岸的土堤。这就是苏堤的由来。而为了保证在可见的将来,西湖周边居民不再过度种植菱角、莲藕等,苏轼令人在全湖最深处竖起石雕塔三座。这是起水位尺的作用,有水文实用功能。后来,此处演变为名胜"三潭映月"。白堤、苏堤、阮公墩等等人工构造物,都是历代古人利用疏浚土、改善自然环境使之适于人类需求并创建人文环境景观的成功实践。

在疏浚西湖的同时,苏轼还疏浚了杭州附近的运河,又引西湖水济运。这种做法,也是仿效白居易之举。他为此事"别具状申三省"的文书也作于元祐五年(1090)。并且,他这份比请求朝廷给度牒事稍晚一点的文书,更为具体地记载了除疏浚西湖工程技术以外的具体管理规定。

---

① 　钟惺:《东坡文选》,华中科技大学出版社,2011,第 126-128 页。

苏轼疏浚运河之事本身规模很小，只用捍江兵士、厢军千余人，疏浚长度为茅山河、盐桥河各 20 余里。其重要之处在于，其事与疏浚西湖等事一道，共同对湖荡经济权益予以确认和管理，又立下关于税务征收、收存何处、支出去向的规定，对侵占河岸和湖面的举报和罚款制度等，也进行了完善。其中"新旧菱荡课利钱，尽送钱塘县尉司收管，谓之开湖司公使库"是使西湖疏浚成果能够有持续性财源进行长久维护的重要创制，见于其给朝廷写的《申三省起请开湖六条状》文书中。

由于东南之地逐渐成为中国经济的重心所在，本地人口日渐繁盛，人类活动对自然环境的影响也逐渐剧烈起来。人类主动改造环境、排干沼泽和湖泊争取生存空间或利用湖泊进行经济活动的现象，唐宋以来逐渐多见。自然环境改变之后，水旱灾害也日渐频繁，其危害程度也比汉、晋之时要大。古人对此已有认识。苏轼关于保持西湖水位、禁止分隔湖面和侵占河岸乃至河道的强制性规定，就是这种朴素环境保护观念的反映。但是，人口压力和社会经济发展对环境容量提出新的要求，也是不争的事实。

因此，此类禁占湖、禁围垦的诏令、律条，往往效果限于一时。历朝历代的占湖问题，呈现"屡占屡禁、屡禁屡占"的反复斗争局面。下至清代，朝廷同样不得不承认西湖水多用于灌溉而非济运用途的现实。对于百姓私自占湖垦殖造成的既成事实，清廷也只好承认，只不过不许阻隔水道并且要酌情收税供疏浚之用而已。

"西湖之水，海宁一带田亩借以灌溉，今闻沿湖多有占垦，若将垦熟之田挖废归湖，小民未免失业，如任其占垦，将来日渐拥塞，海邑田亩有涸竭之虞，于水利民田均有未便。除已经开垦成熟者免其清出外，嗣后不许再行侵占。……凡现在小民栽荷蓄鱼之荡，止许用竹箔拦隔，以通水道，禁其私筑土埂，仍责地方官于每岁水落，按图勘丈，具结申报。其现已垦熟田亩，虽蒙恩免其清出，但究系私占官湖，俟丈出占垦确数，如果无碍水源，当另请旨酌量征输，归入西湖岁修项下，为挑浚之用。"[①]但宋至清的历代朝廷对西湖等处田产、湖产收税，实际上就是承认百姓对此处田产、湖产的合法产权，这是不争的事实。其记载历历在目。

## 二、 疏浚颍州西湖

颍州即今天的安徽阜阳。苏东坡在颍州，只有元祐六年（1091）秋八月至次年春三月这半年多。他到颍州时，该地夏季大水刚过，正在经历旱灾，入冬则转为雪

---

① 陈振汉等编：《〈清实录〉经济史资料（农业编）》，北京大学出版社，2012，第 178 页。

灾。于是苏东坡写诗《到颍未几公帑已竭斋厨索然戏作》，记述了本地知州衙门公帑耗尽，后厨无物的情况。当时庐州、濠州、寿春等地都有饥荒，淮河以南的淮南西路提刑司又禁止本地粮食出境到淮北。于是苏东坡除了上奏请朝廷赈济灾荒以外，采取的主要办法是一面阻止空耗人力物力的八丈沟工程，一面在颍州境内另开新的沟渠，并疏浚颍州西湖。这主要是为了能够稳住预计将要从周边经过颍州，向他处逃亡的灾民；其次，也可以发展生产来减灾救灾。

八丈沟工程的缘起，系本年夏，开封府到陈州的惠民河泛滥成灾，以开封府界提刑罗适、陈州知州李承之等为首，在都水监胡宗愈等配合下，提议从陈州挖新沟一条，共计354里，夺颍水，入淮河泄洪。虽名为新沟，其实是三国时期魏国邓艾在此地屯田遗迹。苏轼到任颍州时，该工程已经动工。他在本年九月，会同京西北路转运判官朱逊之，考察了淮河和设计中八丈沟的地理形势，发现当淮河涨水时，八丈沟入淮口水位要高于陈州八丈沟源头水位8尺5寸。也就是说从梅雨季节起，直至夏秋汛期结束，淮河涨水时，预计中的八丈沟必然要被淮河倒灌。这次考察中，苏轼组织了详细的水文测量工作。其办法是每25步立一标杆，再用水平测量每杆高程。他又作诗《泛颍》，记述了自己考察颍河的事迹。经过他向朝廷上条陈《奏论八丈沟不可开状》和《申省论八丈沟利害状》的努力，该工程被阻止了。[①]

八丈沟工程被制止后，苏轼开始在颍州疏浚州城西南的清河。清河上游是颍州西湖，下游经过焦陂，入淮河。因年久失修，下游壅塞不通。苏轼主持疏浚，使之重新通航，又在清河上游开凿清沟，沟通了汝河（即今泉河）为清河补水。为调节水位和便利灌溉，再修蓄泄其水的清波塘。清河、颍州西湖共设有水闸3处。这样，二者周边农田得到灌溉。在本年秋季大旱中几乎干涸的颍州西湖在此次工程中也得到初步修治。但颍州西湖疏浚的工作，在苏轼任上未能全部完成。其后续工作是由赵德麟完成的。其具体经过，史料无载，而只能从苏轼写的四首诗中窥见一斑。在苏轼描写颍州西湖熙宁四年（1071）情况的《陪欧阳公宴西湖》中，还可见波光粼粼的良辰美景。但过了20年，就只剩下《西湖秋涸东池鱼窘甚因会客呼网师迁之西池为一笑之乐夜归被酒不能寐戏作放鱼一首》中描绘的那种湖水分为东西两部分，东半部湖底鱼虾将死的窘况了。等到次年三月十六日，赵德麟修完颍州西湖，才有了《与赵德麟同治西湖未成》和《再次韵德麟新开西湖》诗二首。其中后者描绘了"千夫余力起三闸，焦陂下与长淮通"的新面貌。诗后苏轼仅用一句话，自注

① 苏轼：《苏轼全集（四）》，燕山出版社，2009，第2088页。

了他上奏请求宋哲宗留下修治黄河河夫万人修颍州沟洫的事迹。

## 第三节 绅民共筑木兰陂

木兰陂位于福建省莆田市郊区木兰溪上。木兰溪是莆田市境内最大的一条河流,发源于福建德化县戴云山脉,流经永春县、仙游县的九座山,又穿越高山狭谷,汇聚360多条大小溪流之水,入莆田后,与境内的濑溪合流,最后蜿蜒东下注入兴化湾。流经莆田境内的木兰溪河段,水流量大,河水时常泛滥。同时,兴化湾的海潮常溯溪而上,与溪水相混,兴化平原(又称莆田平原)因此深受其害。[①]

北宋初年,随着福建沿海地区的进一步开发,水利工程建设相应兴起。宋英宗治平年间(1064—1067),先后有长乐人钱四娘、林从世前来莆田,在木兰溪上修筑陂坝,挡截水流,试图治理洪涝、海潮等自然灾害,皆未成功。熙宁年间,王安石主持变法,于熙宁二年(1069)颁布《农田水利法》,鼓励民间修建水利工程。在此背景下,熙宁八年(1075),侯官人李宏前来莆田,在木兰山下选址筑陂。历经数年终于筑成木兰陂陂首枢纽工程,此后当地大户14家又捐献田产,开凿了百余条大小沟渠,引木兰溪水灌南洋平原[②]数十万亩民田。木兰陂至今仍在发挥水利效用,于2014年入选世界灌溉工程遗产名录。

### 一、 陂首枢纽及其疏浚功能

木兰陂陂首枢纽是其主体工程,主要包括拦河坝、冲沙闸、进水闸、导流堤,这是基于木兰溪水的水流形势特征,结合拦堵与疏通,以顺应水势、降低水流对工程的冲刷力度而兴建的工程。

李宏在义僧冯智日的协助下,充分汲取前人失败的教训,选定木兰山下水流较缓的流段为坝址。首先,将溪水引向他道入海,再在原先溪水与海水相接的地方,掘地一丈,垒叠石块,定立基址。然后,根据基址竖立石柱,再根据石柱建造木枋闸门。闸门共有32个,每个长35丈,高2丈5尺。继而,在大坝上游和下游分别排布长石以接水和送水。遇到溪水暴涨时,则开启木枋门放水泄洪。最后,待大坝建

---

① 有关木兰陂工程的叙述系采用叶淑晶的研究,见叶淑晶:《国家与地方的互动——宋代莆田木兰陂水利工程研究》,硕士学位论文,宁波大学,2018。

② 兴化平原因木兰溪穿过,又分为南洋平原和北洋平原。

成,又在南北两岸修筑 300 余里的海堤,以防水位高涨时,两岸洪水泛滥。纵观整个大坝结构,溪流主道的北段为重力坝型,以抵挡水流冲刷;南段流速较缓,采用堰闸坝型,并设有冲沙闸。这样,在洪峰时期,北段可消杀激流,南段则利于冲排泥沙,结构非常合理。可见,木兰陂陂首的修筑,不仅运用了疏浚作业导木兰溪水向他道入海,而且巧妙地通过回沙闸的疏浚功能来保护坝体。

陂首枢纽建成后,木兰溪下游段一改此前泛滥游移的状态,有了明显的入海径路。两岸沼泽低地得以将水排尽,海岸线也向外延伸,伴随着人们的改造开垦,莆田平原的面积大大增加,荒地渐成良田。

## 二、 以疏浚工程为主的配套工程

木兰陂配套工程,主要包括南北洋渠系①、泄洪陂门和海堤,它们配合陂首枢纽进一步发挥了木兰陂灌溉、防洪、挡潮的功能。其中渠系工程是最主要的配套工程,也是典型的疏浚工程。这些配套工程的修建得到了莆田 14 家大姓的积极协助,14 家为当地势要,其中不乏士绅。

### 1. 渠系工程

在拦河大坝几近完工时,李宏开始考虑如何最大限度地发挥木兰陂的作用。于是,他召集莆田 14 家大姓共同商议。14 家主动提议开挖沟渠将水引入南洋平原,并表示愿意献出自家的私田用来开凿沟渠。这便是南洋渠系。

首先,在木兰陂大坝南岸兴建回澜桥。回澜桥桥长 2 丈 2 尺,宽 8 尺。桥下设有两门,将溪水由东向引入南洋平原。其后顺水势开挖沟渠,渠道从 14 家田地之上穿过。整条沟渠绵延 30 余里,共引出大沟 7 条,皆宽二十余丈、深三丈五尺;小沟 105 条,宽八丈多。

从结构上看,南洋渠系分为上、中、下三段。上段:自回澜桥引水为大沟 1 条,通小沟 2 条;沙沟洋大沟 1 条,通向何厝桥沟、后黄沟、溪船头沟、新沟。中段:上、下渠桥大沟 1 条,通漏头、东沟等处小沟 6 条;罗外大沟 1 条,通后亭、樟桥等处小沟 7 条;洋埕陂门前大沟 1 条,通小横塘等小沟 4 条;横塘、新塘等处小沟 3 条。下段:清江、化龙桥等处小沟 17 条;林墩陂门大沟 1 条,通小沟 9 条;后洋大沟 1 条,通小沟 38 条;五龙桥等处小沟 9 条;南田、笏石等处小沟 4 条;东山陂门等处小沟 6

---

① 北洋渠系的开凿在元代,此处不述。

条。这些水系沟渠,将溪水引入南洋,不仅缓解了水流对陂首枢纽工程的压力,提高了汛期的排泄能力,而且为南洋平原带来丰富的水资源。渠系中 7 条大沟皆利用旧时的海港,地势低,易开挖。而小沟皆结合实际灌溉需求,为人力所开凿。南洋平原多为低地,易涝易旱,渠系工程建成后改善了这种情况,使土地的面积扩大,产量大为提高。

### 2. 泄洪陡门

南洋渠系浚通之后,仍时有溪水暴涨、田地受灾的情况。李宏与 14 家大姓商议后,召集乡里,筹集资金 7 万余缗,建立林墩陡门 1 所、洋城陡门和东山水泄 2 所、东山石涵 1 所。这 4 处排涝闸皆用大石为基柱,木板为门闸,遇溪水暴涨时即开门闸泄水。此外,又于东南建立通海涵洞 29 口,“以杀其势”,减缓水流的冲击力度。

### 3. 海堤

莆田平原堤岸工程的兴建始于唐代。木兰陂建成后,海岸线大幅向外延伸,旧有海堤已无法起到抵御海潮的作用。李宏又与 14 家大姓商议,沿海筑堤。海堤的兴建,有效地抵抗了海潮的入侵,人们也开始在堤内垦田,“后人塓海而耕,皆仰余波”,称之为“塓田”。

## 第四节　圩田与太湖水系浚治

在地下水位高的平原和河流入海口的三角洲地区,排水和灌溉二者对于农业同样重要[1]。随着中国经济重心逐渐由北向南转移,江南地区得到全面开发,太湖流域开展大规模的排水造田活动,由此形成圩(围)田。圩田是在沿江、滨湖的淤滩和低洼地区修筑堤岸,以外挡洪水,内捍农田,又于圩内外开挖灌排沟渠、设置闸涵而形成的水利田。疏浚是圩田系统中的重要工程内容,浚河与筑堤、建闸,同为修筑圩田所必需的三项技术措施[2]。然而,圩田无序发展,又不免侵占自然河道,影响太湖下游出海通道,引发洪涝灾害。自宋代以来,江南地区成为国家粮食和赋税的主要供给地,因此政府不得不重视太湖的治理,而在太湖浚治过程中,往往需要

---

① 周魁一:《中国科学技术史·水利卷》,科学出版社,2002,第 219 页。
② 张芳:《中国古代灌溉工程技术史》,山西教育出版社,2009,第 200、204 页。

处理好与圩田的关系[①]。此外,历史上的商业重镇青龙镇,其兴盛亦与太湖水系的疏浚有重要关联。

# 一、浚沟达川:太湖圩田形制的演变

## 1. 唐五代:塘浦圩田

我国在低洼平原开挖河道,筑堤围田的历史悠久。春秋战国时期,太湖平原已有开发浅沼、筑堤围田的迹象,汉代开始局部修筑太湖湖堤,六朝时期开挖了众多的通江塘浦。唐代中期以后,太湖平原开始大规模修筑圩田,至五代吴越时期,形成了塘浦圩田系统。[②]

太湖地区的整体地形是一个以太湖为中心的碟形洼地,四周高、中部低,东南临大海,东北枕长江,西北以茅山为界,西南屏天目山脉。东部沿江滨海的碟缘地带为高平原,地势较高;腹里为水网湖荡平原,地势较低。低平原与高平原,古人又分别称为低乡和高乡;其分界线,乃是古海岸线长期停驻所形成的贝壳沙堤地带,古人称之为冈身[③]。高乡海拔比太湖平均水位高,而低乡海拔与太湖水位相近,甚至低于太湖水位[④]。太湖水由东部出海,需先从低乡流经高乡,即从低处流向高处,然后从高处流往低处,最终入海[⑤]。因此,低乡常有积涝之患,高乡则易干旱。低乡地区,土地低洼,河道密布,田低于水,需筑堤作围,阻挡洪水,并开挖排灌沟渠,以时疏浚,从而解决洪涝问题;高乡地区,土地较高,河道较浅,需开浚河道,引水灌溉,以解决干旱带来的问题[⑥]。塘浦圩田正是在如此自然地理环境下,为满足农业生产需要,创造出来的优良水利系统。

塘浦圩田的开发需要对土地进行通盘规范,大范围动员和组织劳力,持续性劳作,以完成浚河、筑围、建闸等一系列工程。因而,塘浦圩田系统最初应是通过官方的屯田制度得以营造形成[⑦]。中唐以后,为恢复和发展农业生产,解决军需供应问

---

① 具体的疏浚思想,将在第八章"重要疏浚思想"一节进行叙述。

② 张芳:《中国古代灌溉工程技术史》,山西教育出版社,2009,第187页。

③ 谢湜:《高乡与低乡:11—16世纪江南区域历史地理研究》,生活·读书·新知三联书店,2015,第44页。

④ 张芳:《中国古代灌溉工程技术史》,山西教育出版社,2009,第190页。

⑤ 王建革:《水乡生态与江南社会(9—20世纪)》,北京大学出版社,2013,第3页。

⑥ 谢湜:《高乡与低乡:11—16世纪江南区域历史地理研究》,生活·读书·新知三联书店,2015,第47-48页。

⑦ 缪启愉:《太湖塘浦圩田史研究》,农业出版社,1985,第14页。

题,唐广德年间(763—764),宰相元载令各地方军政官员"择封内闲田荒壤,人所不耕者为其屯"。太湖东岸大规模屯田亦始于此。"屯有都知,群士为之。都知有治,即邑为之官府。官府既建,吏胥备设,田有官,官有徒,野有夫,夫有任,上下相维如郡县,吉凶相恤如乡党。有诛赏之政驭其众,有教令之法颁于时。"①由此,建立起一套行政和律法系统,屯垦人员在这套制度框架下被组织起来,有序开垦。浙西观察史兼苏州刺史李栖筠在其治下开辟三个屯垦区,其中最大的是嘉禾屯区。嘉禾,即嘉兴,"大田二十七屯,广轮曲折千有余里",自太湖之滨至东南沿海,环绕着东太湖的广大区域都在嘉兴屯区的范围之内。李栖筠委托大理评事朱自勉主管屯区事务。朱自勉根据太湖地区的自然地理特征,"画为封疆属于海,浚其畎浍达于川。求遂氏治野之法,修稻人稼穑之政"。首先规划区域,然后开浚沟渠,修整水道,建成畅通的灌排网络,田土以沟渠为界,由屯户按区域负责开垦耕种。嘉兴屯区由此形成了"畎矩于沟,沟达于川""浩浩其流,乃与湖连""旱则溉之,水则泄焉"的塘浦沟洫系统。②

塘浦圩田系统的形成还与海塘、湖堤的修筑密切相关。太湖下游三面被江海包围,内部受湖水浸溢,在这一湖海环抱的地区开发农田,受到海潮和湖水的影响很大。在沿江沿海江堤海塘和沿太湖湖堤没有修筑以前,大量发展围垦受到很大的限制。海塘的修筑,给大量围海创造了条件;沿湖堤岸的兴建给大量发展围湖垦殖创造了条件。太湖下游海塘的修筑始于何时,已不可考。但至唐代,南北海塘系统已初步形成。开元元年(713),重筑盐官县捍海塘堤。此段海塘堤长214里,西起盐官,北抵吴淞江,为广德年间嘉兴屯田提供了条件。③唐代还大力修筑太湖湖堤。贞元年间(785—805),湖州刺史于頔大力修筑荻塘,加厚增高,改名为頔塘。④元和五年(810),苏州刺史王仲舒筑松江堤,建宝带桥,初步沟通苏州至吴江的塘路。至宋仁宗庆历八年(1048),吴江垂虹桥建成,吴江塘路终于全线贯通。吴江塘路与頔塘相连,组成太湖东南岸的环湖堤。吴江塘路限制了太湖洪水向东漫溢,极大地促进了太湖东岸低洼地带圩田的开发。⑤

此外,唐代在开发屯田的同时,亦持续开挖河道,开有元和塘、孟河、盐铁塘等

① 李翰:《苏州嘉兴屯田纪绩碑颂》,载(宋)姚铉:《唐文粹》,吉林人民出版社,1998,第253-254页。
② 张学锋、王亮功主编:《江苏通史·隋唐五代卷》,凤凰出版社,2012,第194-195页。
③ 缪启愉:《太湖塘浦圩田史研究》,农业出版社,1985,第17-18页。
④ 张芳:《中国古代灌溉工程技术史》,山西教育出版社,2009,第192页。
⑤ 毛振培、宁应城:《水清河畅——长江流域的河道治理》,长江出版社,2014,第90页。

骨干河道。元和三年(808),开常熟塘,也称元和塘,自苏州齐门北抵常熟,长90里,将澄锡虞高平原与阳澄低区分隔开来,导引塘西高地之水入运河,减轻塘东低区的排水负担。元和八年(813),孟简为常州刺史,开古孟渎。孟渎位于常州城西40里,南通江南运河,北入长江,长41里,灌溉农田4 000余顷,还能增引江水济运。太和中(827—835),又疏浚盐铁塘,西起杨舍镇,经常熟、太仓,在黄渡入吴淞江,全长190里,从而将太湖平原东北碟缘高地和腹里洼地分隔开来。以上这些骨干河道,既起高低分片治理的作用,还起引水、输水、排水、灌水、运输的作用,对太湖东北地区塘浦圩田的形成,具有重要的意义。总之,唐代海塘、湖堤的全线建成,以及太湖南部、东部、东北部众多塘浦泾河的开挖,使太湖下游平原得以从初级形式的分散围垦向高级形式的塘浦圩田系统发展。[①]

　　五代吴越政权,割据两浙地区,于水利尤为着意。设"都水营田使",统一规划水利工作,兼顾治水与治田,并置"撩浅军",由都水营田使领导,专事疏浚港浦和管理堰闸的工作。[②]撩浅军计1万余人,分四路执行任务:一路分布在吴淞江地区,着重于吴淞江及其支流的罱泥撩浅工作;一路分布在急水港、淀泖、小官浦地区,着重于开浚东南入海通路;一路分布在杭州西湖地区,着重于清淤、除草、浚泉以及运河航道的维护等工作;又一路称为"开江营",分布在常熟、昆山地区,主要负责东北三十六浦的开浚和浦闸的护理工作。撩浅军有严明的制度规范其行为,终吴越之世维系不懈,对维护塘浦圩田系统的良好运转起着重要作用。除创设都水营田使和撩浅军外,尚有"开江营将""水寨将军",其所辖部队,专司开江通漕等工事和防海屯守的责任,也承担了对塘浦湖港的大量疏浚工作。[③]

　　据传,吴越时塘浦圩田布置得很整齐,形成完整的系统。北宋郏亶称,太湖东部平原的苏州、秀州和沿江沿海一带能记其名称的塘浦共265条,分别分布于腹里低田区(低乡)和沿江沿海高田区(高乡),大约各占一半,构成高田区的塘浦网络和低田区的水网圩田的格局。沿吴淞江两岸,其塘浦圩田的布置分腹里低地和周缘高地两种情况。

　　(1) 腹里低田区

　　"环湖卑下之地,则于江之南北为纵浦,以通于江;又于浦之东西为横塘,以分

---

①②　张芳:《中国古代灌溉工程技术史》,山西教育出版社,2009,第192页。
③　缪启愉:《太湖塘浦圩田史研究》,农业出版社,1985,第25-27页。

其势,而棋布之,有圩田之象焉。"在吴淞江南北每五里、七里开一纵浦,以通水于江;又在浦的东西,每七里、十里开一横塘,以分水势。利用开挖塘浦取出之土,修筑堤岸成圩,构成圩圩相承,棋盘式的圩田系统。塘浦深阔,水流通畅;圩堤高厚,大水不能入于民田。当时每一方塘浦圩田的面积颇大,达 1.3~2.6 万亩之间。郏亶称之为大圩古制。

（2）周缘高田区

"沿海之地及江之南北,或五里、七里而为一纵浦,又五里、七里而为一横塘。港之阔狭与低田同,而其深往往过之。"纵浦横塘的布置同低田区,为了引江海潮水灌溉,要将塘浦开深,并在高田区与低田区分界处设置堰闸,以蓄雨泽灌溉。[①] 吴越在太湖东南面也大力发展塘浦圩田。据《捍海塘志》记载,在桐乡地区,"五代钱王沿塘以置泾,由泾以通港,使塘以行水,泾以均水,滕以御水,脉络贯通,纵横分布,旱潦有备,仿佛井田遗象。复募卒撩浅,通南北河,河底铺石,今犹有存者。桐邑为永赖焉"。"河底铺石"应是作为撩浅标准的标志,并易于保持河床深度,其作用类似于都江堰所置"卧铁",被采用于太湖塘浦系统中。[②]

### 2. 宋以后: 泾浜圩田

五代时期,大圩与圩间的河道组成塘浦圩田体系。在修筑大圩的过程中,为培高圩岸,人们对原来河道进行挖掘,由此形成大圩外的塘浦河道。五里一横塘,七里一纵浦。而泾浜则是为排水和灌溉而挖掘的圩内水道,原不属于水道体系。宋代以后,大圩与塘浦圩田格局逐步崩溃,泾浜开始成为水系的一部分,原有的大圩被泾浜分割成小圩。从宋到明,圩的发展方向是越来越小,河道也越来越细,演化成泾浜圩田的格局。

塘浦圩田系统的破坏,从吴越末期便已出现,到北宋愈演愈烈。这与北宋以漕运为中心,废弃撩浅制度有关。唐代的营田使、吴越的都水营田使,到宋代为转运使、发运使所代替,一切以粮盐运输为纲,而治水与治田分割,营田之事置之度外,撩浅之制亦随之松懈。吴越降宋后十一年(宋端拱二年,989),转运使乔维岳,"不究堤岸堰闸之制,与夫沟洫畎浍之利,姑务便于转漕舟楫",将部分堰闸毁去,豪强地主更乘机肆意破坏。在乔维岳毁去堤堰后十三年(1012),始置开江营兵,但系

---

①　张芳:《中国古代灌溉工程技术史》,山西教育出版社,2009,第 192-193 页。

②　缪启愉:《太湖塘浦圩田史研究》,农业出版社,1985,第 24 页。

"专修吴江塘路,南至嘉兴一百余里"①,还是为了运输。南宋偏安江南,曾一度恢复吴越的撩浅制度,招募"流移农民,立魏江、江湾、福山水军三部,三四千人,专一修浚江湖河塘";后承包给地方州县,"收没官米,责之州县,自行支用,雇募百姓修浚"。最终撩浅制度并未能发挥持续的实质性作用,元代再次放弃。

官方撩浅制度废弃,乡村社会的圩岸维护制度也同样废坏,出现"或因边圩之人,不肯出田与众做岸,或因一圩虽完,傍圩无力,而连延隳坏"的现象。吴越时的塘浦圩田格局,依靠撩浅军不断疏浚塘浦,修高圩岸,得以维持不堕。撩浅军制度对广大的地域可以统一规划,统一疏浚,统一进行大闸的维护;乡村也在政府的动员下进行水利统一规划。这二者都需要强力的政治维持与服务。宋一统后,没有了战争环境,地方政府不愿付出像吴越政府那样大的代价维系水利,塘浦圩田因而得不到有效的维护。

管理与修浚制度的废坏,使得塘浦圩田系统难以维系。水流环境的变化,则促使人们最终放弃大圩,主动分大圩为小圩,从而形成泾浜圩田体系。太湖以其东部的吴淞江为出水口,水流先从低到高,散流漫涨到冈身,再由冈身由高向低出海。吴淞江河道在感潮淤积的条件下逐步提高,治水者修大圩抬高周边地区的塘浦水位,水从周边的塘浦与湖泊地带汇入吴淞江,形成太湖清流,然后进入冈身出海。这种水流状态在吴越的塘浦圩田系统中,由于大圩、浚河、置闸三者互相配合,运转良好。但到宋元时期,塘浦圩田系统崩溃,有效率的大闸与大圩都难以维持。为了漕运,北宋政府又在吴淞江口修长桥,吴江长桥的阻水作用使太湖清流减弱,清不抵浑,吴淞江主干道形成淤塞。南宋时期,随着农业发展,吴淞江两岸湖泊被围垦,并建起各种截水坝,汇入吴淞江的清流进一步减少,吴淞江的淤塞愈加严重。吴淞江淤塞导致周边地区产生了重大的环境变化。在嘉定,宋以前吴淞江"建瓴东注,自安亭港至李家浜,萦纡境内百有余里,塘浦左右股引,足于清水,而亦无壅溢之患,五季以前,江乡号称乐土。自吴江石堤既筑,清水之出于湖口者日微,不足以荡涤潮沙,松江屡浚屡湮"。"自淞江既湮,清水罕至,舟楫灌溉,咸资潮水。"由于清水不足,灌溉和河道通航都只能直接用潮水。以致于到明代,"宋人引清障浊之法,已不可施于今,每岁所开塘浦,还为潮汐之所填淤,三岁而浅,四岁而湮,五岁又须重浚,亦无一劳永逸之术"。

① 缪启愉:《太湖塘浦圩田史研究》,农业出版社,1985,第28-29页。

　　明永乐初年(1403—1405),夏元吉受命治理浙西水患,对太湖水流格局做出了重大调整,从而导致大圩格局向小圩格局的彻底转变。夏元吉将吴淞江一江出水的格局改变为多路治水,疏通浏河和白茆河,分流吴淞江水势,并促成黄浦江逐渐成为替代吴淞江的太湖出水主干道。黄浦江成为主要出海通道后,太湖东部水流大部分直接从南部冈身地区行洪至吴淞江下游故道,东西向河道在三泖低地行洪,无须大圩抬高水位,外水可自然汇入河道。黄浦江主流在冈身转北后,河道刷深,冈身上更没有建大圩岸的必要。由于主体水流在冈身地区拐了个大弯道,低地地区不再感受到强烈的感潮,也就没有必要修大圩注黄浦江。吴淞江尽管仍然保留,地位几等同于塘浦。一方面,两岸长期淤积的高地因纵浦不再注水吴淞江而失灌,出现旱象;另一方面,低乡圩田一遇水患,仍成涝灾。人们于是寻求新的排水之法,发现分圩更便于排水。分圩使圩内河与外河水系成为一体,加强了末端水系的结构。明中期以后的分圩实际上进一步分枝化了原有的水网体系。原有的塘浦和泾浜体系进一步分化,泾浜进一步变短。最早提出分圩的人是姚文源,他在弘治七年(1494)提出分圩之法:"低乡有等大圩,一遇雨水,茫然无收。该管人员,务要督率圩户,于其中多作径塍,分为小圩。大约频淹去处,一圩不过三百亩,间淹去处,一圩不过五百亩,如此则人力易齐,水潦易去。"

　　分圩有一些指导规则。"其圩大难涝者,多添径塍,或分作三、四、五圩。田低易淹者,中开十字港或廿字,十字形内外俱洼,四面开沟,所取之土,就便筑岸,废田之税,摊派本圩。"分出小河,也形成小圩岸。"其无径塍者,遇潦难于车戽,是以常年无收,宜谕令田户:凡大围有田三四百亩者,须筑径塍一条;五六百亩者,须筑径塍二条;七八百亩者,如数增筑。"高田也是这样:"高田去河辽远,无水可救者,须于田内计亩开塘,如田一亩开塘一分,有田二亩开塘二分,其三亩四亩以上各宜依数开之,庶可防旱。"由于圩田过小,在低洼地区,圩田会因渗水的作用而直接处于积水受淹状态,可通过深挖圩外泾浜来解决。

　　自以泾浜体系为主的结构形成以来,尽管整体的网络经常发生变化,但明代以后泾浜体系稳定,河网结构基本上没有发生变化。枝河水系分分合合,变化无常,干枝结构的比例却相对稳定,一直保持到民国时期。[①]

---

　　①　此处关于宋以后泾浜圩田发展演变情况的叙述,除另有标注外,皆系援引王建革的著作。王建革:《水乡生态与江南社会(9—20世纪)》,北京大学出版社,2013,第61—64、74—80、193—221页。

## 二、 开江浚浦治太湖

宋元时期,尽管治水者们提出的太湖治理方略各有不同,但都主张"开江浚浦",以解决下游洪水出路。[①] 因此,实际的治理工作,也多为疏浚工程。

### 1. 两宋的治理

北宋对太湖的治理,首先以吴淞江的浚治为主。针对吴淞江的疏浚工程,主要有 3 次成功的裁弯取直,以及一次海口段的淘浚。吴淞江源出太湖,古代正源在今吴江县城外的太湖口,起初吴江南北数十里间是宽广的水域。随着塘浦圩田系统管理和疏浚制度的失效,以及吴江塘路、吴江长桥建成后,汇入吴淞江的清流被阻挡,吴淞江日渐淤塞。[②] 北宋景祐元年(1034),范仲淹首次提出对吴淞江裁弯取直的设想:"松江一曲,号曰盘龙港,父老传云,出水尤利,如纵数道而开之,灾必大减。"4 年后,宝元元年(1038),叶清臣任两浙转运副使,对吴淞江盘龙汇实施了裁弯取直。嘉祐三年(1058),两浙转运使沈立之裁弯取直了昆山顾浦汇。嘉祐六年(1061),两浙转运使李复圭又裁弯取直了白鹤汇。3 次裁弯取直,改善了吴淞江的排水能力。[③] 崇宁二年(1103),"议浚吴淞江,自大通浦入海",淘浚吴淞江入海段。但到次年三月,提刑司报:"开浚吴淞、青龙江,役夫五万,死者千一百六十二人,费钱米十六万九千三百四十一贯石,积水至今未退。"这次开浚吴淞江海口段失利。[④]

其次是太湖东北面港浦的疏浚。宋代太湖东北方面的主要港浦有 36 条,对这些港浦的疏导工程共进行了 20 多次。天禧二年(1018),江淮发运副使张纶疏浚昆山、常熟诸港浦,"复岁租六十万斛"。景祐二年(1035),范仲淹主持疏浚福山、许浦、白茆、七丫、茜泾、下张诸浦。这些疏浚工程都是较为成功的。[⑤] 而功绩最为突出的,当属赵霖。政和六年(1116)八月,因平江三十六浦"岁久湮塞,致积水为患","诏户曹赵霖相度役兴"。时因"两浙扰甚",七年(1117)四月,不得不"诏权罢其役,赵霖别与差遣"。重和元年(1118)六月,又诏:"两浙霖雨,积水多浸民田,平江尤甚,由未浚港浦故也。其复以赵霖为提举常平,措置救护民田,振恤人户,毋令流移失所。"政和六年至宣和元年(1116—1119),赵霖先后开浚华亭县青龙江,江阴县黄

---

① 毛振培、谭徐明:《中国古代防洪工程技术史》,山西教育出版社,2017,第 165 页。
② 张芳:《中国古代灌溉工程技术史》,山西教育出版社,2009,第 209 页。
③ 毛振培、宁应城:《水清河畅——长江流域的河道治理》,长江出版社,2014,第 117 页。
④ 同上书,第 165 页。
⑤ 张芳:《中国古代灌溉工程技术史》,山西教育出版社,2009,第 210 页。

田港，昆山县茜泾浦、掘浦，常熟县崔浦、黄泗浦，宜兴县百渎；筑常熟县塘岸界岸、长洲县界岸，俱随岸开塘；又围裹常熟县常湖、秀州、华亭卯为田；并开浚各泾浦各小河。①

南宋前期，对太湖的治理较为频繁，高宗和孝宗在位期间开展了大量的港浦疏浚工程。高宗绍兴十五年（1145），"命浙西常平司措置钱谷，劝谕人户，于农隙拼力开浚华亭等处沿海三十六浦堙塞，决泄水势，为永久利"。绍兴二十四年（1154），大理寺丞周环称："临安、平江、湖、秀四州下田，多为积水所浸。缘溪山诸水并归太湖，自太湖分二派：东南一派由松江入于海，东北一派由诸浦注之江。其松江泄水，唯白茅一浦最大。今泥沙淤塞。"他建议："决（白茅）浦故道，俾水势分派流畅。"绍兴二十九年（1159），"浚平江三十六浦以泄水"。同年，两浙转运副使赵子潇"浚常熟东栅至雉浦入于泾谷；又疏凿福山塘，至尚市桥北注大江"。②

孝宗乾道初年（1165），平江守臣沈度、两浙漕臣陈弥作提出，"疏浚昆山、常熟县界白茆等十浦，约用三百万余工。其所开港浦，并通彻大海。遇潮，则海内细沙，随泛以入；潮退，则沙泥沉坠，渐致淤塞。今依旧招置阙额开江兵卒，次第开浚，不数月，诸浦可以渐次通彻。又用兵卒驾船，遇潮退，摇荡随之，常使沙泥随潮退落，不致停积，实为久利"，得到批准。淳熙元年（1174），诏平江守臣"开浚许浦港，三旬讫工"。淳熙十三年（1186），提举常平罗点奏开淀山湖。此后，太湖治理工程逐渐减少。③

### 2. 元代的治理

由于豪强争相围垦，到元代，太湖下游河港淤塞越发严重，洪水频发。"河港闭塞不能通流，湖水稍遇大雨，便致泛溢，淹没田禾，为害不轻……因沿江水面并左右淀山湖、横卯等处权豪种植芦苇，围裹为田，边近江湖河港，溢口沙滩滋生茭芦，阻节上源太湖水势，以致湖水无力，不能决涤潮沙，遂将东大江沙泥塞满江边。"元代采取的治水方针大体沿袭宋代，重点疏浚吴淞江和淀铆湖群及其通入吴淞江的诸大浦，疏导苏松嘉地区积水。④

---

①②　毛振培、谭徐明：《中国古代防洪工程技术史》，山西教育出版社 2017，第 166 页。
③　同上书，第 167 页。
④　武汉水电电力学院《中国水利史稿》编写组：《中国水利史稿（中册）》，水利电力出版社，1989，第 320-321 页；缪启愉：《太湖塘浦圩田史研究》，农业出版社，1985，第 36 页。

大德八年(1304)和泰定元年(1324),任仁发两次主持疏浚吴淞江及其支流。早在至元二十一年(1284),任仁发便曾奏请浚治太湖、练湖、淀山湖和通海河港,但未被重视。大德八年(1304),任仁发再度上书陈疏导之法。同年十一月,设行都水监董其役,由浙江平章政事彻里负责,任仁发主持,役夫 15 000 人,大浚吴淞江入海故道,西自上海县吴淞旧江、东抵嘉定石桥洪,长 38 里,深 1 丈 5 尺,阔 25 丈,用工 165 万,次年二月工毕。由此使吴淞江一度得以疏通。至治三年(1323),吴淞江再次淤塞。据地方呈报,须疏浚通海故道及新生沙涨碍水河道 78 处,其中常熟州 9 处、昆山州 11 处、嘉定州 35 处、松江府 23 处。该方案施工过大,耗费庞大,未能实施。次年,即泰定元年(1324)十月,重新设立都水营田使司,右丞相旭迈杰提出:"吴松江等处河道壅塞,宜为疏涤,仍立闸以节水势。"得到批准。"江浙省下各路发夫人役,至二年(1325)闰正月四日工毕。"任仁发再度被委任主持疏浚工作,开浚吴淞旧江,在嘉定州之赵浦、嘉兴、上海县之潘家港、乌泥泾等处安置石闸。[①]

淀山湖在太湖东南,宋时因太湖东南入海港浦大部分阻断,淀山湖因地势最低,变成苏、湖、秀三州之水总归的处所。元初为防盗乱,将吴江长桥及桥洞筑塞不少,水流不疾,以致淀山湖东泥沙壅积数十里之广。至元二十八年(1291),诏开淀山湖。至元三十一年(1294),役夫 20 余万,疏浚太湖和淀山湖。考虑到因潮水涨落而易淤塞,平章铁哥奏请在淀山湖"募民夫四千,调军士四千与同屯守,立都水防田使司,职掌收捕海贼,修治河渠围田"。泰定元年(1324),为排泄淀山湖涨水,又疏浚大盈浦、乌泥泾等。乌泥泾是与黄浦相通的,这时已开始疏导黄浦水系,黄浦江已见端倪。[②]

此外,刘家港在自然演变中出现,与人工浚治结合,一跃成为太湖东北面的干河。刘家港由一般河浜变成大港,因所处地势低,水流顺直,所以在江冲浪刷的作用下逐渐深阔。至元二十四年(1287),宣尉使朱清疏导刘家港,把至和塘与刘家港连接起来,循娄江故道,导太湖水入海。因其位置与右娄江接近,故人们把它看做娄江。元代吴淞江下游淤塞严重,"太湖之水纡回宛转多由新泾及刘家港流注于海"。[③]

---

① 毛振培、谭徐明:《中国古代防洪工程技术史》,山西教育出版社,2017,第 167 页。
② 张芳:《中国古代灌溉工程技术史》,山西教育出版社,2009,第 211 页;毛振培、谭徐明:《中国古代防洪工程技术史》,山西教育出版社,2017,第 167 页。
③ 张芳:《中国古代灌溉工程技术史》,山西教育出版社,2009,第 211 页。

### 三、 吴淞江疏浚与青龙镇兴起

青龙镇位于吴淞江的南岸,是唐宋时期上海地区一个十分重要的商埠。青龙镇隶属于华亭县,是上海地区最早的对外贸易港和著名市镇。青龙镇存在了约600余年,作为商业贸易港大约有130余年。其最兴盛的时期是北宋熙宁(1068—1077)至南宋绍兴(1131—1162)的近100年,宋代对吴淞江的浚治,是促成青龙镇成为繁荣的贸易港口的重要因素。[①]

#### 1. 吴淞江裁弯开汇

吴淞江在过千灯浦之后,即将进入冈身地带之前,流经一段因感潮而形成的高地。因感潮强烈,淤积加强,如此不断地淤积和改道,吴淞江河流发育出许多分支和汇。汇的概念有时指河水的汇集,有时指河道的弯曲,有时指集水汇水之区。在大多数时候,汇是指吴淞江或其分支河道在感潮下的弯曲状态。吴淞江正泓感潮,沙洲发育,久而引起河流分叉,也称汇,但更多的汇是指弯曲状态的汇。[②] 吴淞江"江流自湖至海,凡二百六十里,岸各有浦,凡百数,其间环曲而为汇者甚多,赖疏瀹而后免于水患"。宋代有所谓四十二湾五汇。五汇指白鹤汇、顾浦汇、安亭汇、盘龙汇、河沙汇。[③]

盘龙汇是吴淞江中游最大的汇,位于青龙镇东(今青浦区徐泾镇盘龙村一带)。"松江一曲,号曰盘龙","介于华亭、昆山之间,步其径绕十里许,洄穴迂缓逾四十里",委蛇曲折"如龙之盘"。盘龙汇形成后,"江流为之阻遏,盛夏大雨则泛滥,沧稼穑,坏屋庐,殆无宁岁"。自乾兴(1022)以后,屡经疏决,未得其要。景祐年间(1034—1037),范仲淹意欲治理,未克兴工。至宝元年(1038),两浙转运副使叶清臣在盘龙汇开凿新渠,裁弯取直,使水流直接进入吴淞江下游河道入海。[④]

白鹤汇在青龙镇西(今白鹤镇一带),白鹤汇至盘龙汇之间湾曲很多。所谓"委蛇曲折,自白鹤汇极于盘龙浦,环曲而为汇,不知其几",严重影响江流出海。嘉祐六年(1061),转运使李复圭"如盘龙之法",将白鹤汇以下到盘龙浦的一段全行改

① 张剑光:《宋元之际青龙镇衰落原因探析——兼论宋时期上海对外贸易的变迁》,《社会科学》2019年第3期,第136-148页;邹逸麟:《青龙镇兴衰考辨》,《历史地理》2007年第22辑,第331-334页。
② 王建革:《水乡生态与江南社会(9-20世纪)》,北京大学出版社,2013,第31-32、50页。
③ 缪启愉:《太湖塘浦圩田史研究》,农业出版社,1985,第92页。
④ 王辉:《青龙镇:上海最早的贸易港》,上海人民出版社,2015,第46页;缪启愉:《太湖塘浦圩田史研究》,农业出版社,1985,第92-93页。

直。原来这一段吴松江旧道则变成可以避风的叉道,形成以青龙镇命名的青龙江。熙宁年间(1068—1077),郏亶又将新线加以浚治,"今所开松江,自白鹤汇之北直泻震泽之水,东注入海,略无迁滞处"。后"青龙江浦堙塞,少有蕃商舶船前来",宣和元年(1119),两浙提举常平赵霖对白鹤汇进行第二次裁弯取直,又疏浚了青龙江,航道畅通,"蕃商舶船辐辏往泊"。①

青龙江上下游白鹤和盘龙两汇裁弯后,"道直流速,其患遂弭""江浦通快",极大地改善了青龙镇的航运条件,对青龙镇商贸的兴盛产生了积极的影响。②

### 2. 青龙镇的兴盛

青龙镇的设置年代并无确凿的记载,邹逸麟推测,可能吴越钱缪据有华亭后,为军事防守需要置青龙镇,为华亭县沿海一军镇,以武臣为镇将任守御之职。至北宋景祐(1034—1038)中,改文臣理镇事,标志着青龙镇由军事镇向商业镇转化的开始。在盘龙汇和白鹤汇裁弯取直后,青龙镇商贸顿然兴起。③

元丰五年(1082),陈林在《隆平寺经藏记》中云:"青龙镇瞰松江上,据沪渎之口,岛夷、闽、粤、交广之途所自出,风樯浪舶,朝夕上下,富商巨贾,豪宗右姓之所会。"据《宋会要辑稿》食货十六之九记载,熙宁年间秀州(治嘉兴)辖区内有在城(秀州城内)、华亭、海盐、崇德、青龙、魏塘、广陈、澉浦 9 个税场。熙宁十年(1077),一年商税总额为 65 426 贯 934 文,在城税场为 27 542 贯 640 文,青龙税场为 15 879 贯 403 文,超过华亭县税场 10 618 贯 671 文,占第二位。其余 6 个税场均在万贯以下。由此可见,青龙镇是秀州地区商业最繁荣的一个市镇。

政和三年(1113),在青龙镇所属的秀州华亭县设置管理对外贸易的市舶务,并置专任监官,为设置在杭州的两浙市舶司属下的分支机构。④ 青龙镇曾一度因青龙江淤塞而少有外族商船前来,遂罢去专任监官,由华亭知县兼任监官事。宣和元年(1119),赵霖对白鹤汇进行第二次裁弯取直,并疏浚青龙江,航道畅通,重新吸引了大量番商前来,贸易事务繁忙,又恢复了专任监官。

---

① 缪启愉:《太湖塘浦圩田史研究》,农业出版社,1985,第 93 页;邹逸麟:《青龙镇兴衰考辨》,《历史地理》2007 年第 22 辑,第 331-334 页。

② 王辉:《青龙镇:上海最早的贸易港》,上海人民出版社,2015,第 47 页。

③ 此处关于青龙镇兴盛情况的记述,系引用邹逸麟的成果。邹逸麟:《青龙镇兴衰考辨》,《历史地理》2007 年第 22 辑,第 331-334 页。

④ 市舶务主要职责有二:一为抽解,即对外商舶船货物抽实物税;二为博买,即政府对番商舶船货物中禁榷之物全部收购,再由政府将其中部分商品卖给商人(专卖)。前者执行机构称抽解务,后者称榷货场(务)。两者以抽解为主,故时以抽解务为市舶务的代称。

至南宋初年,青龙镇的贸易进一步繁荣。市镇规模十分可观,镇上有三十六坊,有镇学,有酒坊,茶、盐、酒等务在镇上均设有税场。并置有水陆巡检司。镇治堂宇以及市坊中坊巷、街衢、桥梁,规模颇似一县城。人口杂处,百货交集,"市廛杂夷夏之人,宝货当东南之物",市容繁华,时人誉为"小杭州"。青龙镇海外贸易在南宋达到鼎盛时期,华亭县市舶务甚至于绍兴二年(1132),曾一度移至青龙镇。

## 第五节　宋代城市建设中的疏浚

两宋的城市化进程,达到中国传统社会的高点。宋代城市的营造水平,也已达到相当的高度。无论是大都市还是中小城市,都具备较为完善的供排水系统;城市水利不但为城市提供水源和防洪保障,而且在城市交通、消防和城市环境中的作用也十分显著[①]。除此之外,作为军事防卫工事的护城河,在宋代也达到相当的发展高度。本节选取北宋都城汴京、沿海港口城市广州、内陆中小城市赣州为代表,叙述其城市渠道网络的开浚和构建事迹,然后简略记述宋代护城河的兴建和修浚等相关情况,以呈现北宋城市营造中人工河渠的运用水平,展现疏浚活动在中国传统城市建设中所发挥的重要作用。

### 一、汴京:通四水贯都城

汴京在宋之前曾是战国魏,五代时后梁、后晋、后汉、后周的都城。五代后期,后周在推进统一政策的同时,开始建立以汴京为中心的运河网,通四方之渠。北宋政府在其基础上继续大力疏治汴河,并且继续开浚蔡河、五丈河和金水河,使之与汴渠一同在汴京交汇,构成著名的"汴京四渠"(见图3-1)。汴京四渠是北宋时期运输能力最大,从而也是最重要的水路运输动脉。[②] 同时,汴京四渠还负担着汴京百万人口的生活用水。因此,北宋自太祖在位起,便将四渠的修浚视为要务,京城每逢春初农隙,调动役夫,治理开浚。[③]

#### 1. 汴河与束水攻沙

汴河,亦称汴水,又名汳水、汴渠。其源出荥阳大周山,合京、索、须、郑四水,东

① 周魁一、谭徐明:《水利与交通志》,上海人民出版社,2010,第112页。
② 孟昭华、王涵:《中国民政通史(上卷)》,中国社会出版社,2006,第602页。
③ 沙旭升:《北宋"四水贯都"写梦华》,《开封日报》2019年12月4日。

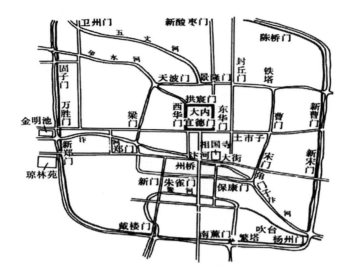

图 3-1　北宋汴京（开封）的城市水利

资料来源：周魁一、谭徐明：《水利与交通志》，上海人民出版社，2010，第 114 页。

流至开封城内。汴河开封以西一段为古鸿沟，自隋大业初（605），凿通济渠，引黄河通淮，至唐改称广济渠，习称汴河。唐末毁于战乱，后周显德二年（955）冬，世宗准备进攻南唐，依古河堤进行疏导，东至泗州（今江苏盱眙），流入淮河。显德五年（958）三月，又疏浚汴口（在今河南荥阳北黄河南岸），引黄河水入汴河，"由是江淮舟楫果达于京师"，这是唐末以来首次疏通汴河。①

北宋时，汴河成为漕运的主渠道。由于唐末五代战乱频繁，黄河以北的农业地区受到严重摧残，人口大量南移，江南地区的经济得到迅猛发展。北宋王朝几乎全赖江南租税财赋调运至汴京，以维持其庞大的军政开支和奢侈用度。汴河"首承大河，漕引江、湖，半天下财赋并山泽百货，悉由此路而进"，成为漕运的主要通道。但汴河引用黄河水，浑浊易淤积，为保障漕运畅通，北宋一直对汴河的疏浚极其重视。②

汴河疏浚方法之一，是直接进行人工清淘。大中祥符八年（1015），确定"自今汴河淤淀，可三五年一浚"。天圣九年（1031），调集 5 万人夫，对汴河进行一次大规模淘浚。皇祐三年（1051），设立河渠司，负责汴渠的浚治工作。同年八月，"命河渠

① 沙旭升：《北宋"四水贯都"写梦华》，《开封日报》2019 年 12 月 4 日；陈振主编：《中国通史·中古时代·五代辽宋夏金时期（上）》，上海人民出版社，2015，第 578 页。

② 陈振主编：《中国通史·中古时代·五代辽宋夏金时期（上）》，上海人民出版社，2015，第 578-579 页；孟昭华、王涵：《中国民政通史（上卷）》，中国社会出版社，2006，第 602 页。

司自口浚治,岁以为常",制定每年疏浚的制度。据说,汴河河底埋放石板石人,作为疏浚深度的标识,每年疏浚直至见石板石人为止。熙宁八年(1075),王安石再相之后,侯叔献又主持一次大规模的汴河疏浚工程,自南京(今河南商丘)至泗州,大概疏深三尺至五尺。这次清浚后不久,恰遇汴水大涨,水深至一丈二尺,很快又告淤浅,于是侯叔献只得复请暂闭汴口。熙宁十年(1077),范子渊请求将在疏浚黄河过程中使用的"浚川耙"用于汴河浚淤。北宋后期,汴渠每岁疏浚的制度未能坚持,以致淤淀日益加重。[①]

宋代还修建狭河木岸,束狭河身,以提高水流速度,既利于行舟,又可增加水流的挟沙能力,降低淤积速度,也是疏浚汴河的重要措施。关于木岸的构造,史书中缺乏记载,有人认为木岸是用木桩、木板做成的河岸,这不过是望文生义罢了。嘉祐六年(1061),都水监所上木岸狭河的奏疏中只提到"梢"这种物料,说"梢,伐岸木可足也"。"梢"就是树梢,是制作埽的主要材料。《玉海》中提到制作木岸时大量使用"木楗、竹索",堵塞河道决口所用竹木土石均称"楗",木楗、竹索是制作埽的主要材料(见图3-2)。由此可知,木岸狭河时先要做"埽"。"埽之制,密布芟索(用芦苇拧成的绳索),铺梢,梢芟相重,压之以土,杂以碎石,以巨竹索横贯其中,谓之心索。卷而束之,复以大芟索系其两端,别以竹索自内旁出……置于卑薄之处,谓之埽岸。既下,以橛桌阁之,复以长木贯之,其竹索皆埋巨木于岸以维之。"[②]将埽置于筑堤处,然后用木桩层层固定,便做成了埽岸,宋代史书所说的木岸,实际上就是这种埽岸。当然,从中可以看出,堤岸上的长木桩还是要打的,不过其被作为固定锚索使用。至于木板之说,则未必。

大中祥符八年(1015),太常少卿马元方请浚汴河中流,使臣巡视后回奏称:"泗州西至开封府界,岸阔底平,水势薄,不假开浚。……请于沿河作头踏道擗岸,其浅处为锯牙,以束水势。""头踏道擗岸"即在河岸筑马道,供河岸上下交通,又束窄河床。嘉祐元年(1056),宋仁宗诏"三司自京至泗州置狭河木岸,仍以入内供俸官史,昭锡都大提举修汴河木岸事"。到嘉祐六年(1061),因汴水浅涩,常阻滞漕运,都水监奏:"惟应天府(今河南商丘)上至汴口,或岸阔浅漫,宜限以六十步,阔于此则为木岸狭河,扼束水势令深驶。"治平三年(1066)完工,"旧曲滩漫流,多稽留覆溺处,悉为驶直平夷,操舟往来便之",成效显著。元丰三年(1080),"洛水入汴至

① 《中国水利史稿》编写组:《中国水利史稿(中册)》,水利电力出版社,1987,第242页。
② 脱脱:《宋史》卷91,《河渠志一》,中华书局,1977,第2265-2266页。

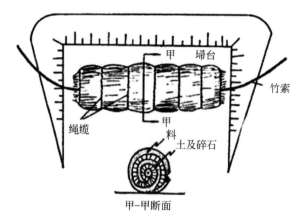

图 3-2 卷埽

资料来源：水利部黄河水利委员会《黄河水利史述要》编写组编：《黄河水利史述要》，

水利电力出版社，1984，第 183 页。

淮，河道漫阔，多浅涩"，再次"狭河六十里"，将木岸一直延伸到泗州的汴河入淮河口处。狭河木岸可以看作明代万恭用木、石混合结构创制"活闸"，约束特定地段河岸以加快此处流速，也是潘季驯"束水攻沙"理论之雏形。[1]

不论是宋代的"狭河"还是明前期使用的活闸，乃至于后来潘季驯更进一步提出"束水攻沙"的理论，这些史实都表明，中国古人对水沙运动关系、河流流速与携沙下行能力关系早有认识，并且一直有传承和继续深化。近代天津海关税务司德璀琳（Gustav Detring）、丹麦工程师林德（A de Linde）所谓的中国人在治河时一般倾向于将河身展宽、水力疏浚的理念，最早起源于荷兰的说法值得商榷。[2]

为从源头上解决汴河易淤的问题，宋代还实施了导洛通汴工程，即开凿新渠将洛水引入汴河，以洛水替代黄河水作为汴河水源，减少泥沙含量。元丰二年（1079），改引洛河水，六月完工，"自任村沙谷（今巩义东北）至河阴（今郑州西北）瓦亭子，并汜水关（今荥阳西北）北通黄河接运河，长五十一里"，"引洛河水入新口斗门通流入汴"。沿途设 36 陂为"水匮"（蓄水池），可适时放水以助航行，旱季则从汜水关运河引黄河水补充水量。新汴河因洛水含沙量少而水清，故称"清汴"。但元

---

① 《中国水利史稿》编写组：《中国水利史稿（中册）》，水利电力出版社，1987，第 243-243 页；毛振培、谭徐明：《中国古代防洪工程技术史》，山西教育出版社，2017，第 188 页。

② 洋总工程师相关疏浚事迹详见近代卷。

祐五年（1090），又因原先直接引黄河水入汴河，可分流黄河流量的十分之三，黄河可以安流不决，改引洛水后，取黄河的水只是黄河流量的十分之一，导致黄河时常决口，故而废"清汴"，重又改引黄河水入汴河，恢复旧汴河的航运。哲宗绍圣四年（1097），再次恢复"清汴"通航，直至北宋亡。[①]

### 2. 蔡河通漕

蔡河又名蔡水，为北宋京城著名河道。北宋时期，自京城戴楼门东广利水门入城缭绕城内，从陈州门普济水门出城，分为东、西两支。东支故道位于城东南，南经今通许县东、太康县西，至淮阳县东折而东南，复经鹿邑县南，下循今安徽省芡河经涡阳县、蒙城县西，至怀远县西入淮河。蔡河西支源头为古鸿沟，汉称蒗荡渠，又名沙水。沙本音蔡，故名蔡河。[②]

蔡河自古以来就是开封周边地区的重要河流。据《三国志·魏志》记载，黄初五年（224），魏文帝曾率水军循蔡河及颍水入淮河抵达寿春。隋唐以后，淮阳下段被淤，改道淮阳东南循古蒗荡渠故道入颍水。唐代建中年间，叛藩绝汴河水漕运，转由蔡河西上转输东南。五代后周显德元年（959），后周世宗柴荣复浚汴河，导汴河水自开封城东入蔡河，畅通陈、颍之漕运。北宋建隆年间（960—963），疏导城西闵水入京城合于蔡河，自此蔡河、闵水连为一河，漕运大畅。开宝六年（973），因蔡、闵二水相通，改蔡闵河为惠民河，蔡河于是又称惠民河。[③]

"蔡河贯京师，为都人所仰"，北宋朝廷对蔡河的维护非常重视，多次进行疏浚治理。建隆元年（960），北宋王朝建立伊始，皇帝便"命中使浚蔡河，设斗门节水，自京距通许镇"。次年，又下诏征发数万役夫疏浚蔡河，使其南流汇入颍川。乾德二年（964），命陈承昭率民夫数千开凿渠道，从长社引溱水到汴京，汇入闵水。溱水出密县大隗山，过许田，春夏霖雨，泛滥淹没民田。该渠贯通后，水患不再，闵河漕运也更为通畅。淳化二年（991），自长葛开河 20 余里，打通洧水南接溱水，补给蔡河水源，水量大增，"舟楫相继，商贾毕至，都下利之"。大中祥符九年（1016），"于大流堰穿渠，置二斗门引沙河水以漕京师"。天圣二年（1024），"重修许州合流镇大河堰斗门，创开减水河通漕"。途经颍河的漕运船只可直接驶入蔡河，直达京师，极为

---

① 陈振主编：《中国通史·中古时代·五代辽宋夏金时期（上）》，上海人民出版社，2015，第 579 页。
② 沙旭升：《北宋"四水贯都"写梦华》，《开封日报》2019 年 12 月 4 日。
③ 沙旭升：《北宋"四水贯都"写梦华》，《开封日报》2019 年 12 月 4 日。

便利。①

　　蔡河在北宋时,经过长期治理和开发利用,对都城开封的城市繁荣发挥着不可替代的作用。直到靖康元年(1126)金人南下后,中原一带漕运受阻,蔡河航运才逐渐衰落。至元朝至元二十七年(1290),黄河在祥符(开封)义塘湾决口,蔡河西支被泥沙淤废,开封以东汴河亦被洪水淹废,汴河向东不达淮水、泗水,于是从城内引汴河水入蔡河东支,并设闸提升水位,自里城东南置小木闸,便于船只通航。明洪武三十二年(1399),黄河泛滥,蔡河闸遭洪水破坏,河道被毁,从此航运中断。②

### 3. 金水河与金明池开浚

　　金水河为汴京城四河之一,其功能与汴河、蔡河、五丈河不同。金水河虽不承担漕运运输,但流经外城、里城、皇城,水质清澈,是京城城市生活用水、环境绿化、园林湖泊的重要水源。金水河是一条汇集山区迳流的小河,"一名天源,本京水,导自荥阳黄堆山,其源曰祝龙泉"。北宋建隆二年(961),左领军卫上将军陈承昭率领水工开凿渠道,"引水过中牟,名曰金水河"。渠长百余里,到汴京城西架槽跨越汴河,并设斗门,开浚沟渠,引入城濠,最后在城东汇入五丈河。③

　　乾德三年(965),引金水河贯穿皇城,为皇家园林供水。开宝九年(976),皇帝令水工引金水河水,由承天门凿渠,用筒车提水,注入晋王宅第。大中祥符二年(1009),诏令供备库使谢德权引金水河水,自城西北天波门和皇城流过乾元门,过天街东转,缭太庙,作方井,供官民汲用,又东流至城墙脚下水洞汇入城濠。④ 通过开浚城内沟渠,金水河由此从皇家流向民家,成为汴京日用之水。

　　金水河得名"天源",与其疏浚改道有关。元丰五年(1082),金水河透出跨越汴河的水槽,阻碍汴河行船。宋用臣勘查后,提请从板桥另外开凿一条河道,引水向北入汴河,而后没有实施,乃从副堤凿河汇入蔡河。因其"源流深远,与永安青龙河相合,故赐名曰天源"。⑤

　　金明池是以金水河为水源的最为著名的皇家园林之一,也是由人工开凿而成,

---

　　① 周魁一等(注释):《二十五史河渠志注释》,中国书店,1990,第125-126页;沙旭升:《北宋"四水贯都"写梦华》,《开封日报》2019年12月4日。

　　② 沙旭升:《北宋"四水贯都"写梦华》,《开封日报》2019年12月4日。

　　③ 沙旭升:《北宋"四水贯都"写梦华》,《开封日报》2019年12月4日;周魁一等注释:《二十五史河渠志注释》,中国书店,1990,第130页。

　　④⑤ 周魁一等注释:《二十五史河渠志注释》,中国书店,1990,第131页。

与汴京城市文化生活息息相关。金明池位于汴京城西顺天门外,"太平兴国元年(976),诏以卒三万五千凿池","以引金水河注之",遂名金明池。据《东京梦华录》记载,金明池自每年农历三月初一开池,到四月初八闭池,正式开放一个月零八天。期间各种游艺和娱乐活动、小吃美食等应有尽有,极尽热闹之能事。三月二十日,皇帝亲临金明池,登上宝津楼观看水戏,与民同乐,更是盛况空前。北宋画家张择端有《金明池争标图》传世,便是描绘金明池水戏活动。[1]

### 4. 五丈河

五丈河位于汴京里城封丘门外。据李濂《汴京遗迹志》记述,"唐武后时,引汴水入白沟,接注湛渠,以通曹、兖之赋,因其阔五丈,名五丈河,即白沟河之下流也"。五丈河在唐末湮塞,后周显德四年(957),"疏汴水北入五丈河,由是齐、鲁舟楫皆达于大梁"。显德六年(959),又"浚五丈渠,东通曹、济、梁山泊,以通青、郓之漕"。[2]

但是,五丈河水量较小,"常苦淤浅",而此河又是京东诸州租赋钱粮漕运的主要通道,宋政府对此河的修浚颇为在意。每年春初开浚,皇帝还要亲自驾临督课。为了保持漕运畅通,还制定了春夫日给米二升的办法,以调动役夫的积极性。北宋建隆二年(961)正月,宋廷第一次疏浚五丈河,太祖令给事中刘载往定陶督曹、单丁夫3万人,"自都城北历曹、济及郓,以通东方之漕"。同年三月,又诏令自荥阳(今属河南)开渠百余里,引京水、索水到首都汴京,再架流水槽于汴河之上,注入五丈河(此渠即金水河),增加水量以便于航运,每年承担京东地区漕运上供米62万石,成为汴京以东地区漕运的主要通道。[3]

开宝六年(973)三月,五丈河改名广济河。此后,广济河设置专门的催纲朝臣,并设京北排岸司,专一修浚河道。仁宗即位之初,由于黄河泛滥,使济州合蔡镇而下,漫散不通舟,广济河通梁山泺也有困难,乃计划修浚广济河入夹黄河。熙宁七年(1074),为解决广济河"河浅废运"的问题,宋廷根据都提举汴河堤岸司的建议,在京城通津门里汴河北岸,沿城30步内开一新河,引汴水入广济渠,以便行运。虽

---

① 沙旭升:《北宋"四水贯都"写梦华》,《开封日报》2019年12月4日。

② 周宝珠:《宋代东京研究》,河南大学出版社,1992,第177页;陈振主编:《中国通史·中古时代·五代辽宋夏金时期(上)》,上海人民出版社,2015,第577页。

③ 周宝珠:《宋代东京研究》,河南大学出版社,1992,第178-179页;陈振主编:《中国通史·中古时代·五代辽宋夏金时期(上)》,上海人民出版社,2015,第578页。

然不断疏浚,并采取其他措施,但五丈河缺水易淤的问题始终没能解决。①

## 二、 广州:六脉通海

广州位于珠江水系的西、北、东三江汇合处,是一座"河道如巷、水系成网"的水城。早在先秦时期,广州城已初步形成。秦始皇统一岭南后,不断向岭南地区移民,促进了岭南地区的发展,使得广州港在秦汉之际开创和形成,而广州也成为我国沿海城市中最早形成的港市。到唐代,广州港成为世界著名大港,中外商人云集。宋代是古广州城市建设与发展的重要时期,形成了子城、东城、西城的广州三城格局和完善的六脉渠城市水系网络,呈现"六脉皆通海,青山半入城"的山水格局。《羊城古钞》记载:"古渠有六,贯串内城,可通舟楫。使渠通于濠,濠达江海,城中可无水患,实会垣之水利。"②可见,六脉渠既是广州城内的航运通道,又是排水防洪设施,与古代广州城的运转息息相关。

六脉渠始于五代十国时期,形成于宋代。六脉渠是依地势地形修筑而成的 6 条南北走向的渠道,乃在原天然河道和干谷的基础上人工开凿而成,用砖石砌筑上盖石板的大方渠。宋末元初,学者陈大震于元大德八年(1304)编成《南海志》,其中记载:"古渠有六脉。草行头至大市,通大古渠水,出南濠为一脉……"文中用的是当时的地名,记述的则是宋代六脉渠的方位走向,却称之为"古渠",故六脉渠可能在宋以前便已存在。六脉渠在南汉时可能已具雏形,宋时随着城区的扩大、人口的增加和商贸经济的繁荣,原依地势自然形成的排水系统已不能适应实际需要,故在自然地势基础上,利用干谷地、小河溪,在潴池淤塞后加以疏浚砌筑,而修成六条大渠道,称为六脉渠。"大抵以地面之有沟渠,犹人身之有脉络,必须流通乃少疾病,渠有六,故谓之六脉渠耳。"③

宋代修凿六脉渠,是在北宋熙宁四年(1071)筑西城之后,即宋三城全部筑成之后。渠之六脉并非同时开凿和修筑。北宋时,先修凿位于西城西部的第一、第二、第三脉,利用原来的西澳(南濠)通海(珠江);第四脉主要是利用原来的文溪西支流

---

①　周宝珠:《宋代东京研究》,河南大学出版社,1992,第 179-180 页。

②　黄巧好:《河道如巷,水系成网——古代广州的城市排水系统》,《大众考古》2016 年第 8 期,第 65-67 页;林春大:《水环境与广州城市史》,《岭南文史》2013 年第 4 期,第 60-64 页。

③　广州市越秀区档案局编:《水润花城》,广东人民出版社,2012,第 48 页;广州市越秀区人民政府地方志办公室、广州市越秀区政协学习和文史委员会主编:《越秀史稿·第 2 卷·宋元明》,广东经济出版社,2015,第 167 页。

和西湖水道,故属本已有之,但自今西湖路与教育路相交处一带折向西南通盐仓街、盐步门之渠当为后来人工开浚;第六脉当开凿于南宋时。[1]

元代六脉渠沿袭宋代,明、清两代都对六脉渠进行了修浚和改建,尤其是清代,六脉渠因此多有演变。在明、清两代,渠脉之数量并非必定为六,而且干渠之外又必有小渠,小渠之外又必有小沟,大小沟渠纵横交错,方构成排水系统。至于哪道排水渠归入六脉渠,哪道排水渠不归入,也有歧义,官府亦无明确的规定,故渠脉之数不一;而形成明、清两代的六脉渠系统,大概是在明初三城合一及扩筑城区并建成较完整的老城区之后。[2] 清初,六脉渠淤塞严重,康熙十二年(1673),《广州府志》载:"六脉通而城中无水患。年来包塞壅阏,春夏雨集,则满城巨浸,官民不便,亟宜疏浚之。"雍正三年(1725),两广总督孔毓珣下令疏浚六脉渠,至十一年(1733)竣工。[3] 清嘉庆年间,重新疏理,把五渠分成十渠。后因战乱,渠道基本淤塞。同治时,重浚整治,又继续形成6条大渠。同治九年(1870),布政使王凯泰主持了清代最大规模的修浚六脉渠工程,事后撰写记录工程的《重浚六脉渠记》。光绪十四年(1888),布政使龚易图和知府陈坤负责疏浚六脉渠,完工后还制作了详细的六脉渠图。这是清代最后一次疏浚六脉渠工程。民国时期,广州政府曾对六脉渠做过多次清浚和整理。[4]

此外,城内其他河道的疏通维护也为广州城以及广州港的发展和繁荣提供了基础。这其中就包括对文溪、流花水及西关冲等河流湖泊的治理与疏浚。如唐会昌间(841—846),节度使卢钧疏导了文溪,"筑堤百余丈,潴水给田",既方便了通航,又灌溉了农田。时至宋代,亦常疏浚。又如下西关冲的大观河,原是河滩,其河道于明嘉靖五年(1526)由人工开浚而成。为保证航行安全,当时开浚了太平桥至西濠一段,使西濠、南濠都能由西关冲出珠江,接官窑、佛山水道。而广州从第一津至十八甫的商业区,就是在开浚大观河这个时代逐渐形成的。

## 三、 赣州:福寿沟

赣州位于江西省南部,地处赣江上游章江和贡江汇合处。在历史上,由于大庾

---

① 广州市越秀区人民政府地方志办公室、广州市越秀区政协学习和文史委员会主编:《越秀史稿·第2卷·宋元明》,广东经济出版社,2015,第167-171页。

② 同上书,第281页。

③ 广州市越秀区人民政府地方志办公室、广州市越秀区政协学习和文史委员会主编:《越秀史稿·第3卷·清代(上)》,广东经济出版社,2015,第48页。

④ 广州市越秀区档案局编:《水润花城》,广东人民出版社,2012,第50页。

岭道的开通,赣州城自宋代以来,就成为我国东南地区的交通枢纽城市和商贸重镇。赣州城的城市发展、文化昌盛和经济繁荣,都出现在两宋时期,并一直持续到晚清五口通商时。[①]

据考,福寿沟始建于北宋熙宁年间(1069—1077)。是时,著名水利专家刘彝知虔州(今赣州)。虔州城三面环水,水患不断,尤其是贡江洪水暴发时,洪水每每倒灌入城。刘彝便根据赣州城的地形地貌,规划开凿了福寿二沟,用以疏导城区的地表水,"寿沟受城北之水,东南之水由福沟而出"。因走向迂回曲折,形似篆体的"福""寿"二字,故名福寿沟(见图3-3)。[②]

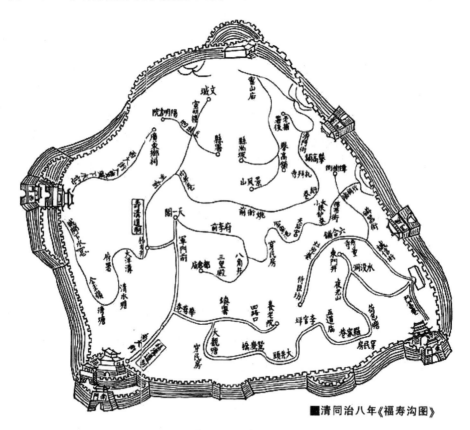

■清同治八年《福寿沟图》

图3-3　福寿沟图

资料来源:韩振飞:《宋代排水工程"福寿沟"的营造》,《中国社会科学报》2011年12月1日。

福寿二沟的形制与功能是"阔二三尺,深五六尺,砌以砖,覆以石,纵横纤曲,条

---

①　韩振飞:《宋代排水工程"福寿沟"的营造》,《中国社会科学报》2011年12月1日。
②　同上;陈晓东、胡秀君:《排涝水》,浙江工商大学出版社,2014,第81页。

贯井然",并在城墙下方修建了 12 座水窗,使城区积水能迅速穿过城墙排入章、贡两江,从而消除内涝;关闭水窗后,则可抵御章、贡两江的洪水倒灌。[1] 两沟大致以文清路为界。其中,福沟自南门开始经建国路中段、均井巷、攀高铺至八境路,在这条线以东的沟道属福沟系统,集水面积约 2.3 平方公里,主沟长约 11.6 公里,通过水窗口、刑祠庙、八境公园 3 个出口流入贡江和八境路(北门)出水口注入章江。寿沟自新赣南路、大小新开路、西津路至西门。在这条线以西、以北的属寿沟系统,集水面积约 0.4 平方公里,主沟长约 1 公里,通过西门口、城脚下 2 个出水口经过护城壕排入章江。[2]

福寿沟根据赣州城的地势,采用明沟和暗渠相结合的方式,并与城区的池塘相串通。赣州城内的大气降水和生活废水所形成的地表水,可以通过福、寿二沟的明渠与城区众多池塘相联通,然后流入暗渠穿过城墙注入章、贡两江。这样一来,强降水时池塘可以起到调蓄作用,避免暴雨时溢流;池塘在平时又可利用生活污水中的有机质(古代的生活污水仅有有机物)在池塘中养鱼种菜,成为生态型的综合水利工程。[3]

到明代,福寿沟由于管理和修浚不善,"居民架屋其上,水道浸失其故",每遇大雨,积水无法排泄,内涝严重。清朝历任地方官也曾"屡议修而不果",或曾"下令挑浚,但因民间贫富不齐,未必人人尽力,此通彼塞"。也有人建议"督以专官,资以公帑,用民之力而不用其财,穷源见委,务令逐处开通,必见沟底而止",施工采用"分地量工,宽假时日,以考其成",对占用沟道的要进行处罚,"贷其占塞之罪"。这些意见均未实施。

直至同治八年(1869),福寿沟才得到一次有效修浚。同治六年(1867),文翼任分巡吉南赣宁道巡道,创议重浚福、寿二沟,但每次讨论时,都因"工大费繁,非万金不可,以无人筹款而止"。最后,他采取分段自修的办法,即"各家自修其界内之沟,官但予以期限而责其成;其无屋及公产之地,则官发公项修之",并"先将官所修之地,以弓量之,仿土方之法计丈度工,核其大略",计算出工程量和经费概算,核准后由知县黄德溥主持,委派刘峄等负责施工。于同治八年十一月动工,"自北城灵山庙(现八境路)始,穷源竟委、清其淤积,补其残缺,使寿沟受北城之水,东南之水则

---

①　韩振飞:《宋代排水工程"福寿沟"的营造》,《中国社会科学报》2011 年 12 月 1 日。
②　陈晓东、胡秀君:《排涝水》,浙江工商大学出版社,2014,第 81 页。
③　韩振飞:《宋代排水工程"福寿沟"的营造》,《中国社会科学报》2011 年 12 月 1 日。

由福沟而出。其旁支横络,亦皆为疏通"。至次年七月竣工,历时 9 个月。

中华人民共和国成立后,于 1953 年开始对福寿沟进行逐段修浚和改建,至 1957 年完成,重新恢复了排水功能。古老的福寿沟至今仍在发挥着排水除涝的功能。①

## 四、 护城河的修浚和管理

自古以来,人们就有以水防御的传统。宋代由于面临辽、西夏、金、蒙(元)等北方游牧族群政权的军事威胁,又坚持消极防御的国防战略布局,"以水防御"的理念更是受到宋人前所未有的重视。无论是在北宋河北地区以城寨、堡铺等为点,以禁军、乡兵等为线,以塘泊、方田等为面的"三位一体"国防体系,还是在南宋"以城为点,以水为线"的国防战略布局中,人工开浚的护城河,都是不可或缺的重要组成部分。护城河常与城墙一起合称"城池"。由于攻城技术和武器的发展,在北宋仍是辅助城墙的防御工事的护城河,到南宋已经成为与城墙并列的城池防御两大主体防御工事,并为明清城池防御布局所延续。

鉴于护城河在国家防御中的重要地位,宋廷对护城河的兴凿和修浚尤加注重,建立起一套职责清晰、运行高效的行政机构专司其事。宋元丰(1078—1085)改制前,三司修造案是掌管全国城池修建事务的最高机构。元丰改制后,"尚书工部掌天下城池、宫室、舟车、器械、符印、钱宝之事",修缮城池事务由工部六案之一的营造案负责。

由于都城的重要性和特殊性,其城池修缮频率和规模远超地方州县,因此宋廷专设东西八作司"掌京城内外缮修之事,勾当官各三人,以京朝官、诸司使副充"。东西八作司通常与开封府相关机构共同负责修浚京师护城河,如庆历五年(1045),提举在京诸司库务宋祁等言:"近差东西八作司监官及开封府士曹参军张谷等同相度城濠沟河通流积水,看详擘画事理,稍得利便。缘京畿阔远,藉沟渠发泄水势流通,方免积聚。乞特下开封府施行。"另外,由于北宋都城开封地处中原,周围并无可以凭借的山川地理优势,其城池修建的军事防御工事规模超过前代。开封城护城河已经超过了一般意义上的城壕规制,因此宋廷将其纳入了整个都城水系之中,有时也将其日常管理事宜划归到河道管理部门,即由河渠案下的都水监全权

---

① 此处有关福寿沟的修浚情况,系援引《中国古代建筑文献集要》。程国政编注:《中国古代建筑文献集要·清代(下)》,同济大学出版社,2016,第157-158页。

负责。

随着开封城池规模的不断扩大,修城浚壕的工程日益浩大,以往由事务繁杂的东西八作司专领都城修造之事,已不能适应现实需要。后设立提举京城所,负责开封城池各项修缮事宜,与京师护城河开浚的相关事务自然也由提举京城所负责。不过和东西八作司、都水监一样,提举京城所也是与开封府合作,共同完成都城修缮事宜。如元丰六年(1083)九月,提举京城所言:"先准朝旨,发夫开新城外壕,候兴役,令开封府界提点司与提举京城所官同提举。勘会本所见检计分放工料,难更同提举。缘今夫役近在辇毂之下,全藉镇抚,欲望差管军臣僚都大提举。"

对于数量庞大的州县护城河,实施的是"朝廷机构—各路监司—地方州县"三级管理模式。具体运作是三司修造案与工部营造案,分别在元丰改制前后负责全国城市护城河修浚事务;各路监司负责监造和验收工作;州县长官直接负责治所城市的护城河修浚事宜。为了能够引起地方各级官员对城池工程修缮的重视,宋廷将城池修建是否完备直接与这些州县长官的政绩挂钩。

城池修缮完毕后,为防止民众对护城河肆意侵占,造成淤堵,朝廷也会颁布相关律令,对护城河采取一些防护举措。景祐三年(1036),"浚河北城濠,禁植蒲莲,犯者计所入以赃论"。城壕土也不允许私人掘用,绍圣四年(1097),右武卫大将军、兴州(陕西略阳县)团练使叔纴"坐取城濠土及修宅侵街,诏追三官勒停,展五期叙"。即使城池防御工事在日常维修时需要用土,也仅允许在护城河浅处掘取,各级地方官员如若违反,会受到相应处罚。

宋代城市人工护城河修浚频率从城市级别来看,由高到低依次是都城、军事重镇、区域中心城市、一般州县城市。都城是历代王朝最重要的城市,其城池防御工事是其他城市无法比拟的。开封城护城河前后至少进行过 14 次修浚,特别是在宋神宗元丰年间,开凿"新城外四壁城壕开阔五十步,下收四十步,深一丈五尺,地脉不及者至泉止";宋哲宗元祐年间(1086—1094)修缮开封城时,再次计划"开濠深一丈五尺、阔二百五十一尺,广于汴河三倍,自古未闻有此城池也"。军事重镇是国防区内最重要的军事据点,也是国防体系构建的中心。由于其重要的军事战略位置而往往成为交战双方争夺的焦点,其护城河修建规格和修浚频率仅次于都城。如北宋河北地区的大名府城(河宽不详,4 次修浚),河东路地区的并州(太原府)城(河宽不详,2 次修浚)。南宋两淮地区的扬州城(大观年间河宽 13~18 丈、嘉定年间 16 丈,7 次修浚)、楚州城(河宽 2.7 丈,3 次修浚)、庐州城(河宽不详,6 次修浚),

等等。区域中心城市指的是一个地区政治、经济和文化中心,其城池规格要略低于前面两类。但区域中心城市护城河的规制(主要是宽度)和频率仍然明显高于一般城市。如北宋陕西地区的渭州城(河宽不详,3次修浚),河东路地区的代州城(河宽2.5丈,2次修浚),等等。对于数量众多的一般城市,其护城河的修建规制和频率远低于前面几类重要的城市。这类城市辐射半径有限,在宋朝整个国家武备建设中处于从属地位。[①]

# 第六节　京杭大运河的浚通

元以游牧部落之政而入主中原,经历了生产、生活方式和国家治理体系逐步汉化的过程,其政治中心也从蒙古高原草甸逐渐迁移到了中原汉地。蒙古攻取金中都,是在公元1215年。燕京路的设置,稍晚于此。但此时蒙古的统治中心是哈尔和林(今蒙古国境内)和开平城(在今内蒙古自治区锡林郭勒盟正蓝旗)。约半个世纪后的中统五年(1264),燕京才被改为中都,取得副都的地位。至于中都改为大都,那是至元九年(1272)的事。在蒙元政权统治中心搬迁到大都(今北京)前后共约20年的时间中,出于军事、税务、漕运目的,陆续修凿或疏浚修复过双塔漕渠、金口河、坝河等一系列北京本地河流。这些河流连同通惠河一道,构成了元代大运河的最北端。会通河本指元代开凿的安山至临清间一小段运河,后来扩大到将济州河等其他河段也包括进来,统称会通河。在会通河修成之前,元朝廷对北运河、南运河即已有修浚之举。大运河在江淮之间及江南的部分,得益于较好的自然条件和发达的社会经济因素,始终有水且处于使用状态,虽有维修,但工程量不多。所以,通惠河、会通河及其附属水系陆续修浚完工后,元代大运河即告贯通。由于宋末元初事较为繁杂,特列于此处。关于元明清历代递修大运河,使其终于形成今日所见之由"人"字改"一"字的面貌,由于前后内容联系紧密且较为连贯,置于后文第六章中予以专门研究。需要注意的是,会通河之修凿,早于通惠河。然为便于梳理水系形势和大运河在元代的形制,本节之叙述,从内容方面来看,以记叙通惠河、会通河为主,兼叙淮河以北其他相关疏浚事。至于顺序安排,则主要以河之南北走势安排,而不完全凭某段河道开凿或疏浚的时间先后顺序排定。

---

① 此处关于宋代护城河修浚和管理情况的叙述,系援引吴红兵的研究。吴红兵:《宋代护城河研究》,博士学位论文,西北大学,2018年。

## 一、　郭守敬主持双塔漕渠、金口河和坝河的浚治

中统三年(1262)，郭守敬在开平向忽必烈陈奏六事，提议开玉泉以通漕运，以便节省经过陆路转运粮食的费用每岁 6 万缗。其遂任提举诸路河渠。在今北京市昌平区南部，有一段北沙河。其即为至元元年(1264)修浚的一小段人工运河，元时称"双塔漕渠"，起点在昌平孟村一亩泉，止于丰善村温榆河口。其下，由温榆河至通州，接北运河。元初，金中都城至通州的漕渠仍可正常使用，但其后逐渐因为卢沟河的含沙量大、水流急而放弃从金代漕渠引水口"金口"借卢沟河水行运，而改用京西玉泉山水。至元二年(1265)，都水监丞郭守敬提议重开金口。这本是为了船运西山石料、木料出山修建大都宫殿建筑的临时举措。郭守敬通过把金口河引水口上移到今天的麻峪村来减少引水量，又在金口之前预先挖了退水渠，以便将来暴发山洪时可以溢流退回卢沟河。金口河中游又设有玉渊潭调节水量。因此，该工程在至元三年(1266)顺利完工。但金代金口渠首以下受卢沟河水冲击，容易决口和淤塞的问题并没有解决。大德二年(1298)，还是由郭守敬自己提议将金口封闭了(完工于 1301 年)。至正二年(1342)，元朝廷再开金口河，不过因为水急沙多，并不能行船。相反，因为此次将金口河选线向大都城西南移动，又没有像郭守敬那样设计好溢洪退水措施，其马上决口，造成的损失比金代严重许多。此次事故在造成孛罗帖木儿、傅佐等人被杀之外，更造成了明清两代无人敢从卢沟桥引水的长远影响。至正年间的金口河新线路，与通惠河并无交叉。两河只是都在张家湾附近与潞河汇流而已。至元十六年(1279)，元朝终于彻底灭亡南宋，大都成为全国唯一的政治中心。为解决漕粮自直沽等处入通州运粮河后继续北上大都东直门外官仓附近就近就便卸货的问题，元朝廷于该年开凿了坝河，即至今仍存于北京东北郊的坝河。因其水源为玉泉山水和北京本地降雨，水位较难保持，河上设置了阜通七坝，故名坝河。

郭守敬曾对坝河运道进行了大规模整治。因为玉泉水一部分引入新修建的金水河，使流入积水潭的水量减少，因此，在原来可以直接行船的运河上修建 7 座土坝，改造成"倒载制"的坝河。使通州的漕粮可以通过坝河船运到积水潭。清代为了适应水源减少的现象，废弃了过去的大量闸坝，在漕运季节闸门不再开启，实行倒载制，漕粮由民夫从下游船只人力搬运到闸上游停泊的船只中，这种"倒载"的情况，在该图中有清晰、准确的反映(见图 3-4)。

图 3-4　清沈喻绘《通惠漕运图》(局部)

资料来源：国家博物馆"大运河文化·舟楫千里"特展。

## 二、 金元时期通惠河的疏浚与航运

金天德三年(1153)，海陵王完颜亮迁都燕京，号中都。随着城市政治地位提升，城市功能和规模大大扩展，在今北京地区，人口大量集聚，由此产生巨大的粮食需求。为此，金朝政府开始实行漕运制度，将粮食从中原地区运至中都城。金朝漕运利用了京东的潞水，将漕粮从中原运至通州。通州位于北京城的正东，由于地势关系，北京地区的河流皆为东南走向，少有东西向河流，中都至通州之间没有大河通过，漕粮运至通州之后，再通过陆路车运入中都城。元代定都大都，同样面临着漕粮自通州陆运至京城这一问题。为了将漕粮运入京城，金元两朝先后开辟京西水源，开凿连接北京和通州之间的运河以便水运漕粮入都城。1172 年，金朝开金口河引水至通州济运，但因卢沟河水文条件难以济运而失败。1205 年，金朝另取水源开通闸河。侯仁之认为，当时开闸河，利用了古高梁河河道，但高梁河发源于紫竹院一带，水源不足，难以济运，开通闸河应当是利用了北京西北郊外瓮山泊的水源。为通漕济运，金政府就开始利用瓮山泊水源，开凿河渠，将瓮山泊水沿沟渠引向东南，直接与高梁河上源相接，这就是今天的长河。元代郭守敬开凿通惠河，从北京西北诸山前引用水源，自昌平白浮泉引水西流，沿西山山麓导河西折南转，截引西山之水至瓮山泊，然后沿着金朝所开故道，接古高梁河，入大都城。金代开凿的引水渠道为元代通惠河所利用，成为通惠河的一段。《元史·河渠志》中有对通惠河上游河段的记载,书中记载为"白浮瓮山(河)"。"白浮瓮山,即通惠河上源之所出也。白浮泉水在昌平县界,西折而南,经瓮山泊,自西水门入都城焉。"海淀区的巴沟村和昌平区的八口村均位于元代通惠河上游河道附近。

在瓮山泊之南和北京城之间的海淀所在地区有一条地势稍高的高地,侯仁之指出,海淀镇平均海拔 50 米,东南高而西北低。这条等高线在海淀地区有着重要意义,大体来说,50 米以上高地在北京西直门外长河左岸向北伸出,状如手掌,其东、西、北三面之地都在 50 米以下,只有正南偏西一隅,地势高仰,隔长河与西郊 50 米以上的平原连成一片。这块状如手掌的高地,侯仁之将其命名为海淀台地。巴沟低地位于海淀台地西侧,其西侧以昆明湖和长河东堤为界,其东侧以陡峭的斜坡与海淀台地相连。巴沟村在长河东岸,海拔 49 米,由此向北地势逐步下降,至海淀镇西,平均海拔降至 47.5 米。这一带低地正位于巴沟村周围,因此命名为巴沟低地。瓮山泊位于巴沟低地附近,海拔低于海淀台地,开凿长河,需要穿过地势较高的海淀台地,才能引水南流入都城。

通惠河上游沿山麓大致沿 50 米等高线西折南转,通过修筑堤堰截引河流所经各泉水和各条山溪之水至瓮山泊,再从瓮山泊向南引入都城,东至通州济运。根据《元史·河渠志》记载,至元三十年(1293)九月,漕司言:"通州运粮河全仰白、榆、浑三河之水,合流名曰潞河,舟楫之行有年矣。今岁新开闸河,分引浑、榆二河上源之水,故自李二寺至通州三十余里,河道浅涩。今春夏天旱,有止深二尺处,粮船不通,改用小料船搬载,淹延岁月,致亏粮数。先是,都水监相视白河,自东岸吴家庄前,就大河西南,斜开小河二里许,引榆河合流至深沟坝下,以通漕舟。今丈量,自深沟、榆河上湾,至吴家庄龙王庙前白河,西南至坝河八百步。及巡视,知榆河上源筑闭,其水尽趋通惠河,止有白佛、灵沟、一子母三小河水入榆河,泉脉微,不能胜舟。拟自吴家庄就龙王庙前闭白河,于西南开小渠,引水自坝河上湾入榆河,庶可漕运。"本段引文说明至元三十年通惠河开凿成功,引用浑河和温榆河上源之水,按照通惠河截引温榆河上游支流河水后,只剩下"白佛、灵沟、一子母三小河水入榆河","白佛"当是指白浮,即白浮河,引白浮泉水西流,但白浮河却入榆河,按今有东沙河流经白浮村东,又在龙山之东,当为《元史》所记之"白佛河",说明当时龙山以西之河流、泉水皆被截引入通惠河。

由于通惠河上游环山而行,与山前各河流垂直相交,白浮堰工程在平时河流水小时节截引河水没有问题,但夏季山水盛涨,河流水势迅猛,洪水往往冲垮白浮堰堤岸。按《元史》记载,元朝多次修筑被山水冲坍的白浮堰。元成宗大德七年(1303)六月,瓮山等处看闸提领曾奏:"自闰五月二十九日始,昼夜雨不止,六月九日夜半,山水暴涨,漫流堤上,冲决水口。"这次修筑工程由都水监委官督军夫,从九月二十一日至九月终约10天的时间,修筑水口完毕,共使用军夫993人。另据仁宗皇庆元年正月,都水监言:"白浮瓮山堤,多低薄崩陷处,宜修治。"本次修筑河堤,自次年二月开始,至八月修完,总修长37里250步,计73 773工。这说明白浮瓮山河堤本身并不坚固,故容易崩塌,难以抵御山水。

为了保护河堤免受山水冲毁,元政府在河堤上修筑了水口,就是在引水河与山溪交汇处用于泄水的减水坝。蔡蕃在《北京古运河与城市供水研究》一书中,对当时的水口工程进行了推测。为了保护白浮瓮山河堤堰,当时发明了一种编荆笆为水口以泄河道内洪水的技术,(大德)十一年(1307)三月,都水监言:"巡视白浮瓮山,河堤崩三十余里,宜编荆笆为水口,以泄水势。"蔡蕃认为,编荆笆可能就是改用"荆笆编笼装石"砌成溢流堰形式,既能增加抗冲刷能力,堰顶又可以溢流"以泄水势"。实际上,这是一种自溃坝,在非常洪水时期,可以通过垮坝来增大泄洪能力,减轻洪水对河堤产生的压力。这种用荆笆编成的泄水工程被称作"笆口"。按照《元史》的记载,大德十一年(1307)总共在通惠河上游修筑了11处笆口。虽然笆口可以泄水,但仍然被山洪冲垮,泰定四年(1327)八月,都水监言:"八月三日至六日,霖雨不止,山水泛溢,冲坏瓮山诸处笆口,浸没民田。计料工物,移交工部关支修治。自八月二十六日兴工,九月十二日工毕,役军夫二千名,实役九万工,四十五日。"巴沟长河对面有旱河,入长河,在入水口,正对洪水顶冲面应修筑泄水坝。今通惠河上游河段,保留有两个由笆口形成的地名,即海淀区的巴沟村和昌平区的八口村。昌平区八口村在隆庆《昌平州志》中记载为"八沟村",康熙《昌平州志》和光绪《昌平州志》也均记载为"八沟村",可能均与通惠河上建造的笆口有关。①

通惠河选取昌平白浮泉和西山诸水为源头,这与隋大运河最北端以桑干水(永定河)为源头有很大的区别,实际上是截流、分流的部分温榆河水系的水源。温榆河本来也只是一条水量不大的短流程河流,有限水资源一分为二之后,两河水量均不足的问题立刻就显现出来。自昌平白浮村至西山脚下的瓮山泊一段,俗名"白浮瓮山河"。水出瓮山泊后,经和义门(今西直门)北水关入大都至积水潭,走丽正门

---

① 陈喜波:《试论北京海淀巴沟地名与元代通惠河上游河段堤防工程的关系》,《中国地名》2019年第11期,第14-15页。

东南水门出城后,东南流至文明门(今东单),借修复后的金代漕渠,出东便门后,循正东方向至通州西水门,接入元代新开运道后,自通州南水门出城至高丽庄(今通州区张家湾西),与白河汇合,同注北运河。自白浮泉至高丽庄,全长 164 里。因通惠河开凿时,由郭守敬重开的金口还没有封闭(朝议此事,在数年后的公元 1298 年),在今北京东便门外原来还有一股"浑水"并入通惠河。但此后不久,因运送京西石料、木材修建大都的工程基本完结,即由郭守敬于大德五年(1301)自己将金口堵住,"浑水"遂绝。

通惠河的修凿始于至元二十九年八月(1292 年 9 月),由都水监郭守敬、高源负总责。实际施工由知枢密院事月赤察儿及其麾下之怯薛军分 14 段进行。平章政事范文虎、大都留守段贞也参与其间。次年七月,通惠河修成,共计用军卒19 129 人、工匠 542 人、水手 319 人、发遣效力囚犯 172 人,总折合工日 285 万个,费楮钞 150 万锭、粮 38 700 石、木材 163 800 根、铜铁 20 万斤并其他杂物(石灰、桐油、柴薪等)若干。[1] 都水监下,设有大都河道提举司通惠河道所。延祐元年(1314),以役军千人疏浚白浮泉以下至广源闸水道。至治元年十二月(1322 年 1月),诏疏浚玉泉河,泰定元年八月(1324 年 9 月)再修。瓮山以下河段,至元三十一年(1294)、大德二年(1298)、天历二年(1329)、至正九年(1349)等年份有过规模较大的疏浚,但记载均较为简略。[2]

## 三、 浚通相会在津门:北运河与南运河

通惠河至张家湾后,注入北运河(白河);白河至直沽镇(在今天津境内)汇合了永定河、大清河、卫河。卫河即隋之永济渠。元时,天津三岔河口向南至山东临清一段称为南运河。因北运河可通渤海并且又可接续南运河,其中有海运漕船,也有内河漕船。南运河则只有内河漕船。北运河因上承永定河、潮白河水系,长期以来存在着秋季暴雨决口和冬春水停沙垫的问题。至元十三年七月(1276 年 8 月),元朝廷因为杨村(今天津市武清区杨村街道)向北至浮鸡泊弯道迂回,在孙家务进行了裁弯取直工程。但是因为浮鸡泊具体位置不明,目前并不知道孙家务新河的上游起点具体在哪里。次月,元朝廷又在蒙村进行了另一处裁弯取直工程。其地大约在今天的天津市武清区河西务以北 10 公里处。至元十六年六月(1279 年 7 月),

---

① 北辰区文史委员会编:《北辰文史资料(9)北运河》,天津古籍出版社,2003,第 14 页。

② 本段部分参考了倪玉平 2020 年 2 月在中国人民大学清史研究所的讲座"明清大运河与北京"内容。

枢密院签发文书,令军卒 5 000 人并"食禄诸官"自行雇用的民夫千人一同疏浚通州水路。这里比较特别的一点在于,元朝皇帝似乎认为领取朝廷俸禄的高级官员有义务花钱雇用民夫,然后以自己附庸的身份去工地效力。这是元朝游牧特性的一种表现。蒙古政权时期,出征各地的蒙古军事贵族确实是自费维持身边从属人员群体(厮从)一同为"国"效力的。散见于《元史·世祖本纪》(卷十至卷十五)、《元史·河渠志一》(卷六十四)的元前期疏浚北运河记录,还有很多。举其大者,有至元十七年二月(1280 年 3 月),元朝廷派遣侍卫军 3 000 人,再浚通州运道;至元二十二年二月(1285 年 3 月),以五卫军疏浚蒙村新河并穿河西务;至元二十三年正月(1286 年 2 月),调五卫军、新附军再次疏浚蒙村漕渠;两年后,再以南军 3 000 人疏浚河西务漕渠;至元二十六年夏五月(1289 年 6 月),以直属武卫亲军约 1 000人,疏浚通州至河西务段运河等。

前面已经说过,通惠河上游其实是分温榆河源头水源而成,其后果是坝河、温榆河受水减少,冬、春、初夏时节往往水浅不能行船。至元三十年(1293),通惠河修成后,这个问题立即就出现了。元朝人的解决办法是挖小渠沟通白河与温榆河,然而无效。后来,他们又填塞了这条引水道,改从坝河引水接济温榆河。至于坝河缺水,解决办法是加强闸坝管理的同时,在通惠河通州城北一段,挖通至深沟村西乐岁仓处。这实际是把通惠河从温榆河夺得的水源在通惠河下游又还回坝河去了。约在大德六年或七年(1302 或 1303)左右,时任都水监罗璧有开渠下泄大都路夏秋洪水并疏浚阜通河等事,但记载极为简略。[①] 延祐二年(1315)到至治元年(1321)期间,由于夏秋洪水经常毁坏昌平、河北香河、直沽镇宝坻一线军民房屋、田地,历年均有征发民众疏浚小直沽通海水道。其后,元朝廷对小直沽通海水道的修浚,还有两次。其事分别在天历二年春四月(1329 年 5 月)和至正十一年六月(1351 年 7 月)。[②]

南运河为卫河下游部分。其起于直沽镇,接卢沟河、拒马河、滱水等,过靖海县(今天津静海),由西转南折向清州(今河北沧州青县),与滹沱河、漳河等汇合后,向南至于山东临清。临清以南至徐州黄河故道运口,则泛称为会通河。在开凿安山至临清间运河(即狭义的会通河)之前,元朝廷首先修复的是在宋、金、蒙、伪齐等多方势力连年混战中遭到严重破坏的卫河下游(今河北段)。金贞佑二年(1214),金宣宗迁都汴梁(今河南开封)。到了窝阔台汗五年(1233),已收缩到河南的金政权

---

①　宋濂:《元史》,卷 166,《罗璧传》,中华书局,1976,第 3895 页。

②　宋濂:《元史》,卷 184,《崔敬传》,中华书局,1976,第 4242-4243 页。

灭亡在即。窝阔台汗发军卒 4 000 人,修治了清州至景州(今河北青县至景县)之间淤塞不通的卫河共 15 里,河岸堤防缺口也随之得到修复。但自此之后,南运河又陷入长期无人问津的状态。至元三年(1266),元朝廷令南运河沿线各州官员兼管并自办河事。至元七年三月(1270 年 4 月),元朝廷修浚了今天津武清区境内南运河最北端。这主要是为了排除至元六年冬十二月(1270 年 1 月)河北北部水灾(波及献县、雄安、沧州等地)的积水。至元二十五年、二十六年(1288 和 1289),南运河沧州段得到了一定程度的修浚,但夏秋河溢淹没田亩、冬春来水不足与民(农业生产灌溉需求)发生矛盾的问题一直没有解决。后文中提到了元泰定元年(1324)开狼儿口减河并疏浚滹沱河排水入海一事。后至元五年(1339),①屯军又堵狼儿口,不久再开。此事即反映了军屯与民间田亩围绕"水害抑或水利应该归谁承受"这个问题发生的争夺,这一争夺向后一直绵延至清末。

狼儿口在今河北省沧州市沧县张官屯乡狼儿口村。此地原为起自南皮县并向东北延伸至长芦(沧州)的浮水大堤中断处。浮水大堤是金、元两朝抵御南运河向东决口的重要屏障。狼儿口缺口原为天然溢洪道,有季节性的河道(盘河)向东北方汇入滹沱河入海。但是,金人入主中原后,在盘河两岸兴办军屯。屯驻军士为保证屯田田亩安全,自然希望狼儿口长期处于封闭状态。而这样一来,浮水大堤以西反复季节性积水的问题就不能解决。华北平原夏秋暴雨带来的短暂洪水往往发生在夏收至秋收之间。两边一夹,浮水大堤以西的沧州人民经常遭遇辛苦劳作一年,而大水一来全部归于徒劳的情形。为生计考虑,他们经常要求掘开狼儿口,放水东去。由于窝阔台汗以后,沧州段的南运河渐渐演变为地上河,堵塞狼儿口造成的人为水浸灾害也就越发严重。沧州地面的次生盐碱化问题继之而起。沧州地方经历了从农业尚可维持温饱向盐卤不毛之地的滑落过程。经常因水害而落得劳而无所获之后,沧州本地社会结构、价值取向和风俗习惯也发生了相应的改变。贫困化的社会中,大多数人逐渐以习武走镖、赶车卖艺为生,需要稳定投入和较长时间周期的农业经济活动被认为是并不值得从事的。不过,祸兮福之所倚。这些半是天灾半是人祸的灾害后来倒也给沧州带来了另外一项财富,即由明朝廷设在沧县(后转移至天津)的河间长芦都转运盐使司(长芦盐场)所主持的盐业。然而盐业与官府权力、富商的紧密结合,又带来了新的"丛弊",此乃后话。

①　元世祖忽必烈使用至元年号在先,元顺帝妥懽帖睦尔又重复使用了这个年号,史学界一般在元顺帝的至元年号前加一"后"字,以示区别。

## 四、 济州河与会通河的疏浚与漕运

济州河之开,早于会通河数百年。山东兖州金口堰、薛公丰兖渠始建于隋初。金迁都汴梁(1214)后,百夫长严实因守长清县城有功,授长清县尉。4年后,他积功升至长清令。南宋嘉定十二年(1219),宋红袄军李全攻山东,严实为求自保,投益都宋将张林,得封济南治中。次年,蒙古太师木华黎攻山东,严实率众以地归蒙古,升为金紫光禄大夫、行尚书省事。金灭,蒙宋交兵,严实在金灭六年后亦死,其子严忠济袭父职为东平路行军万户。严忠济屯兵安徽宿州。但其势力范围在山东。因此,他于元宪宗七年(1257)用属官毕辅国开洸河,又在堽城西北汶河上修建分水斗门,配合堰坝拦截汶河入洸,以通泗水故道。汶、泗、洸水道系统既通,便利了对宋战争后勤。这是后来郭守敬能够考察汶、泗、洸、济、卫是否可通的基础。

至元十三年(1276),元朝廷议开济州河,实际勘察时间为至元十八年冬十二月(1282年1月),动工时间为次年冬十二月(1283年1月),完工于二十年八月(1283年9月);十七年(1280),又议开汶、泗以通卫河(御河)并达大都,二十六年(1289)初开工,至本年六月完工。除济州河外的后者,即会通河。

为管理济州河,设泗汶都漕运使司,驻地为济宁。其下有临时征发的沿河各州百姓,也有大名、卫州、山东各地的汉军、新附军。汶、济、洸、泗、安山湖等处各河均归其开修和疏浚维护。实际负责济州河开浚工程者,为时任兵部尚书李处巽,马之贞为协理。其起点在山东东平,南达济宁,共长150里。其水源承接自毕辅国所修的引汶工程等。济州河通航的意义在于,可以部分停止在淮河以北的起剥(现代一般写作"驳")陆运。归内河运输的漕粮,新的运输路线是由江入淮,由淮入泗,在济宁入济州河后,在东平县转入大清河天然河道,向东北航行入渤海,渡海至天津,由白河、惠通河抵达大都。不过,河南漕粮北上大都,仍有一部分是由黄河到中滦起驳,陆运至淇门后,再换船入卫河,水运至大都。江南还有许多漕粮是走江苏太仓刘家港入黑水洋,经胶莱运河,入渤海后,转河运抵大都的。

大清河利津入海口有拦门沙,又有海潮带来的泥沙淤积问题。济州河使得漕船不需要从徐州黄河水路向西北至洛阳,自洛阳经沁水、卫河至山东临清的"人"字形迂回路线,缩短了运输里程和时间,但是它不能解决海运的风险问题。于是,在会通河未开之前,有部分漕船并不在东平入大清河,而是又改陆运(东阿至临清

250 里），然后改水运。陆运所需的人力、畜力很多，250 里陆路需设置 8 个递运所，每所有民工定额 3 000 人，牛车 200 辆。[1] 这样巨大且持续性的成本支出迫使元朝廷考虑继续新开东平安山向北至临清的会通河。会通河是在元代完全新开的漕运通道。漕运副使马之贞、太史院令边源报请修安山至临清间运河，朝廷征发东平等处郡县夫役 30 000 人、钞 150 万缗、米 40 000 石、盐 50 000 斤，共用折合工日 2 510 748 个。[2] 监督工役者，为中书断事官忙速儿、礼部尚书张孔礼、兵部尚书李处巽。[3]

会通河修成第二年，就有暴雨招致水灾，需要疏浚的情况出现。至大元年（1308）夏秋时节，洪灾灌济宁城。水退后，时人即议清淤。至大三年二月（1310 年 3 月），始浚会通河。至延祐六年闰八月（1319 年 9 月），重浚之。至治元年三月初一（1321 年 3 月 29 日），趁着改进会源闸之机，朝廷再浚会通河，其完工时间应当与该闸改建完毕的时间一致，即本年六月初六（1321 年 7 月 1 日）。泰定四年正月（1327 年 2 月），又有疏浚。然长期以来，势要强权皆不按规定行舟，往往强开闸门；粮船因会通河闸多且容易浅滞，又多在河道内滥修临时草坝、土埂蓄水。会通河淤垫情况总体而言，比较严重。

这个问题得到缓解，则往往是趁着灾后重建或运河闸门改建的机会，顺势而为进行疏浚的结果。譬如，元惠宗后至元四年（1338），大水冲毁了堽城闸，汶河全部灌入洸河，造成洸河淤塞。疏浚洸河的契机，就出现在朝廷重建堽城东大闸之后的第二年，即公元 1340 年。至正二年（1342），在前次施工基础上继续向南疏浚洸河 56 里，则是趁着此前一年加建黄栋林新闸的机会才得以实行的。至正四年五月（1344 年 6 月），"河决白茅"（在今河南兰考）。黄河向北决口，水入安山湖，灌会通河。这意味着黄河下游的淤积情况已经再一次严重到了旧有河槽难以维持的地步。这是更大灾难的前兆。次月，黄河"又北决金堤……济宁、单州、虞城、砀山、金乡、鱼台、丰、沛、定陶、楚丘、武城（疑为成武）以至曹州、东明、巨野、郓城、嘉祥、汶上、任城等处，皆罹水患"。[4] 5 年后（1349），朝廷才设置了山东、河南等处都水监，以治理河患。漕运使贾鲁于本年稍晚一些时候，建言漕运宜行二十余事，惠宗仅从其八事，其中之一乃疏浚运河。"开河变钞祸根源"，在元末钞法崩坏纸币毫无信用

---

① 朱承山、刘玉平：《济宁古代史》，中国社会出版社，2012，第 250 页。
② 宋濂：《元史》，卷 64，《河渠志一》，中华书局，1976，第 1608 页。
③ 朱承山、刘玉平：《济宁古代史》，中国社会出版社，2012，第 251 页。
④ 宋濂：《元史》，卷 66，《河渠志三》，中华书局，1976，第 1645 页。

的情况下，强征劳役大修运河与黄河，让有心人韩山童、刘福通等于至正十一年(1351)所造"莫道石人一只眼，挑动黄河天下反"的谶言终于得以自我实现。

## 五、 海陆联运：开修胶莱河

元朝廷开济州河的同时，对海路运粮的路线也做了一定程度的改进，即在胶东半岛上修凿运河，向北接入胶河，向南接入沽河。这样，从江苏太仓出海的漕粮可以靠近苏北近岸航行，在浮山前所(今青岛市汇泉角、太平角附近)附近进入麻湾(今胶州湾)。由胶州湾即可循沽河、运河、胶河进入渤海，并继续海运漕粮至直沽镇(今天津)。

此议始于至元十七年七月(1280 年 8 月)，首倡者为涟海等州(相当于今天江苏连云港至涟水县一带)总管府总管姚演。至元十七年秋，胶莱河工程动工兴修。姚演于次年九月上奏，要求朝廷免除益都、淄莱、宁海州等处租、赋一年，以便充抵开凿运河所需支出。至该年底(1282 年 1 月)，元世祖忽必烈又在免租、赋以外，拨钞、米，作为从事河工的人员工资。至元十九年夏八月(1282 年 9 月)，朝廷命阿八赤试行运漕。此时胶河上的工程还没有完工。由北方汉人新附军组成的施工大军万余人尚在镇国上将军、炮水手元帅张君佐的带领下，修整胶河上的各处闸、坝。[①]至元二十年(1283)，忽必烈采信户部尚书王积翁的意见，让阿八赤从新开完成的神山河运送一部分江南漕粮。从明代的相关记录中反推得知，神山河应该是位于平度州(今山东平度)亭口(今亭口村)至前河(今前小河子村)这段胶、沽分水岭上的人工河道。此为胶莱运河最为难通的一段。漕舻多因水浅而载重多，造成搁浅损坏。宣慰使乐实等人又以必得有人承担责任并赔偿损失为借口，勒索承担漕运任务的漕卒，漕卒多有自杀者。山东东西道按察使何祖荣在奏章中为漕卒求情免赔。本年夏七月，阿八赤、姚演借工程之机侵占官钞 2 400 锭、朝廷为工程拨付的减价粮食(折阅粮米)73 万石事发，坐赃议罪。次月，阿八赤所领船只被征用去组成远征日本的船团。在遭到台风损失之后，于十月间利用剩余船只及一些小船，略分海运，首次成功由苏北近海穿过胶莱河，过渤海之后，抵达直沽镇。

至元二十一年二月(1284 年 3 月)，因开胶莱河以及河运粮食的成本太大，暂时停工，而以原来用于河运的船只、人手归于张君佐管辖，改行海运。[②] 但是，到了

---

① 宋濂：《元史》，卷 151，《张荣传附张君佐》，中华书局，1976，第 3582-3583 页。
② 宋濂：《元史》，卷 129，《来阿巴赤传》，中华书局，1976，第 3142 页。

该年冬十二月(1285 年 1 月),元朝廷又令,另外重新召集丁壮万余人再开神山河。但右丞相麦术丁与众官合议,认为胶莱河并不能达到节约费用和减少船损的目的,又不如海路便捷,于是决定废止该河工程及相关的漕运设置。[①]

## 六、 元以后大运河修治技术的进步

相比前代,元代对大运河进行改线以后,在河道修治方面取得的技术进步较为显著。这主要是说,古人并不一味追求通过缩短航程来节省航运时间,而是在总体上对大运河进行取直之外,也综合考虑部分缺水河段的实际情况,有意识地通过延展河道(做弯),修建闸、坝设施等,来蓄积洪水为己所用。这样的做法,当然也收到了降低河流比降的效果,使得河道流速减小,水体趋于稳定。譬如,南运河德州段直线距离约为 50 里,但经过人工展线之后,实际的渠道长度为 90余里。

当然,在人类活动的中心区域,即城市附近,情况又有不同。这时人们在进行疏浚和河道建设时主要考虑的是让城市得到运河所带来的各种便利,同时又少受水害。基于这种考虑,大运河在以旱地为主的长江以北,主要采取近城而不临城、穿城的选线策略(即所谓"挑直")。在江南地区,则主要是采用主干穿城而过,但多分岔道的办法。

"挑直"的典型案例是南运河德州城区段,此段紧邻德州古城西垣,蜿蜒的河道妨碍了德州城市向西的扩展,有时洪水还会危及德州城的安全,尤其是靠近城池的河湾,流水日久,有浸泡淘刷城址之虞,于城居不利,而且邻近运河的城西南部有仓廒重地,水浸妨害国储,故河湾不宜近城。为保障城市安全,前人在德州城区段河道共进行过 5 次挑直。[②] 其结果是使得运河河道不断西移。

---

① 《元史·河渠志二》济州河条目中,附记胶莱河事,其中记载此事在至元三十一年二月,但元世祖驾崩于该年一月,且麦术丁为右丞相是二十一年事;元廷仍以海运漕粮事见《元史·食货志》关于海运的记载。疑此处系雕版印刷时错刻多一横而已。

② 明洪武三十年(1397)截运河河道建"靴子城";明万历四十年(1612)进行第二次挑直;清雍正十二年(1734)进行第三次挑直;清乾隆二十八年(1763)进行第四次挑直;1951 年春,德州市人民政府又组织力量进行了第五次挑直。

# 第七节　贾鲁疏塞并举治黄河

## 一、碎片化治河酿恶果

黄河在经历"长期安流"的局面后,自宋元以来又进入了河道大幅变迁、水患频发的历史阶段。根据邹逸麟的统计,元代中后期平均一两年黄河就爆发一次水患,至正元年(1341)以来,更是几乎年年决溢,[①]这无疑给黄河流域百姓的生产生活秩序造成了极大的危害。决溢次数多之外,元代的黄河决溢时间也从夏秋逐渐扩展到冬春,这在至元二十三年黄河改道之后体现得较为明显,[②]如至正四年,"春正月,庚寅,河决曹州……是月,河又决汴梁",[③]至正八年"正月辛亥,河决,陷济宁"。[④] 除此之外,元代黄河的水患决溢地点相对较多,并且影响范围较广,大的水患往往跨越黄河下游数省,形成系统性灾情,如除至正四年五月黄河在"大雨二十余日"后造成白茅堤决口外,还在六月北决金堤,"并河郡邑济宁、单州、虞城、砀山、金乡、鱼台、丰、沛、定陶、楚丘、武城,以至曹州、东明、巨野、郓城、嘉祥、汶上、任城等处皆罹水患"。[⑤]根据上述分析可知,元代的黄河水患是系统性的自然灾害,至元代后期几乎年年发作,灾情严重时期往往对黄河下游数省产生联动性影响,容易造成大规模的社会秩序混乱。因此,对黄河水患的治理,就成了时人所关注的重要对象。

黄河灾情频发,元代对黄河的治理却相对不足,在贾鲁治河之前几乎不见对黄河的系统性治理与疏浚。这其中一个重要的原因是,元代黄河水患往往跨越数省,在缺少中央整体协调的情况下,单纯依靠各省的力量难以单独完成治理黄河的系统性工程。至大三年(1310)十一月,河北河南道廉访司就曾指出:"黄河决溢,千里蒙害。浸城郭,漂室庐,坏禾稼,百姓已罹其毒。然后访求修治之方,而且众议纷纷,互陈利害,当事者疑惑不决,必须上请朝省,比至议定,其害兹大。"[⑥]但,即使是"上奏朝省",也难以对瞬息万变的灾情及时做出反应,进而造成更严重的损失。同时,地方利益的存在也威胁到了黄河流域生态的总体稳定,《元史·河渠志》中就曾

---

① 邹逸麟:《元代河患与贾鲁治河》,载谭其骧主编:《黄河史论丛》,复旦大学出版社,1986,第150-173页。
② 武汉水利电力学院《中国水利史稿》编写组:《中国水利史稿(中)》,水利电力出版社,1987,第295页。
③ 宋濂:《元史》,卷41,《顺帝纪四》,中华书局,1976,第861页。
④ 宋濂:《元史》,卷51,《五行志二》,中华书局,1976,第1093页。
⑤ 周魁一等注释:《二十五史河渠志注释》,中国书店,1990,第299页。
⑥ 同上书,第272页。

指出："黄河涸露旧水泊汗池,多为势家所据,忽遇泛溢,水无所归,遂至为害。"①因此,要系统性治理黄河,就需要站在全局的高度,系统性地协调地方利益,这对中央的政策,主事官员的治水水平,都提出了较高的要求。

　　元代长期缺乏具有实际治水经验的地方官员,也是黄河长期泛滥的重要原因之一。至大三年(1310),河北河南道廉访司曾明确表示:"今之所谓治水者,徒尔议论纷纭,咸无良策。水监之官,既非精选,知河之利害者,百无一二。虽每年累驿而至,名为巡河,徒应故事。问地形之高下,则不知身访水势之利病,则非所习。既无实才,又不经练。乃或妄兴事端,劳民动众,阻逆水性,翻为后患。"②实际上,在贾鲁治河之前,"堵口"是元代官员应对水患的最常见策略,单纯采取"堵"的措施,而不配合相应的疏浚工程,无法从根源上解决黄河泛滥的问题。③ 治河官员"不通水性",也体现在治理黄河中所采用的技术手段相对单一,对黄河治理缺乏系统性认识的层面上。

　　由此,可明确地认识贾鲁治河在元代黄河治理中的重要意义。贾鲁对黄河治理的关注,始于其至正八年(1348)被任命为山东道奉使宣抚首领官,兼任行都水监。这一阶段贾鲁通过对黄河进行详细的实地考察,提出了两种治理方案:"验状为图,以二策进献。一议修筑北堤以制横溃,其用功省;一议疏塞并举,挽河使东行以复故道,其功费甚大。"④时任丞相脱脱意识到"疏塞并举"的方案有利于从根本上解决黄河水患的问题,因此力主采取"疏塞并举"的方案。因此,在脱脱的支持下,至正十一年(1351)四月初四日,元顺帝下诏"命鲁以工部尚书为总治河防使,进秩二品,授以银印。发汴梁、大名十有三路民十五万人,庐州等戍十有八翼军二万人供役"。贾鲁从四月二十二日召集工匠开展工程,至七月已完成"疏凿"的工作,"八月决水故河,九月舟楫通行,十一月水土工毕,诸埽诸堤成"。贾鲁协调近 20 万工人,用 7 个月的时间完成了使黄河恢复故道,"南汇于淮,又东入于海"的治河工程。

## 二、"疏塞并举"的救时宰相

　　贾鲁在治河的过程中,灵活采用多种方法,以实现"挽河东行以复故道"的最终目的。贾鲁策中所谓"疏塞并举",实际上包括"疏、浚、塞"三个层面,"治河一也,有

---

① 周魁一等注释:《二十五史河渠志注释》,中国书店,1990,第 275 页。
② 同上书,第 273 页。
③ 武汉水利电力学院《中国水利史稿》编写组:《中国水利史稿(中)》,水利电力出版社,1987,第 298 页。
④ 周魁一等注释:《二十五史河渠志注释》,中国书店,1990,第 299 页。

疏、有浚、有塞,三者异焉。醴河之流,因而导之,谓之疏。去河之淤,因而深之,谓之浚。抑河之暴,因而扼之,谓之塞"①。其中,"疏"专指分流河水;"浚"则指清理河中淤泥以加深河道、扩大河流容量;"塞"则指堵住缺口控制流向。由此可见,贾鲁治河过程中疏浚方法所起到的重要作用。

贾鲁在具体实施疏浚工程时,特别重视因地制宜,针对不同的地形采取不同的策略。根据《至正河防记》中所载,贾鲁针对四种不同的情况分别制定疏浚方案,"疏浚之别有四:曰生地,曰故道,曰河身,曰减水河"。对于此前没有开挖河道的"生地",可顺应其本身的地形与"故道"相连接;对于已经开挖的"故道",其本身高低不一,重点在于平整故道,使得"高卑相就,则高不壅,卑不潴";对于已有水流流经的"河身",往往存在宽窄不一的问题,河道宽窄不一往往导致水流不均,河道较窄的地方河水容易溢出,因此需要对狭窄处进行扩宽,对宽阔处加以限制,从整体上控制河流宽度;修建"减水河"则是为了在洪峰密集处将河水分流,以减少洪峰处河水对正河的压力,贾鲁实际上并没有新开减水河,而是将白茅口决口附近的旧减水河疏浚,从而起到在上游杨青村处减水的作用。② 据相关记载,贾鲁所疏浚的黄河故道,总长度达 280 里 154 步,③根据邹逸麟的考证,贾鲁所疏浚的河道主要集中在"仪封、曹县之间黄陵岗、白茅堤以下至徐州的河段",④没有涉及开封以上向北的岔流。对于已有堤坝中的缺口,贾鲁主要通过修筑堤坝与补筑堤坝以堵塞缺口,这方面涉及的堤坝总长度为 20 里 317 步。新修筑的堤坝有 3 座,周围均配合埽工以加强坚固度,所修第三重东后堤与旧堤相连,使之纳入整体堤坝的结构中。"塞"的策略还被贾鲁运用于黄陵河全河的治理中。

除了采取疏浚与塞口的措施外,修建相应的堤坝工程亦是治河中的重要环节。贾鲁基于对黄河中下游水文情况与已有堤坝设施的充分了解,或是新建河堤,或是对已有的河堤进行修补。不同的河堤对应着不同的功能。据《河防记》所载,贾鲁所主持修建的河堤包括"有刺水堤,有截河堤,有护岸堤,有缕水堤,有石船堤"等多种。刺水堤即当今"挑水坝",往往建于决口"口门"上游,⑤起到将主流水流引开,

---

① 周魁一等注释:《二十五史河渠志注释》,中国书店,1990,第 300 页。
② 张振旭,朱景平,王玮:《浅析贾鲁在治河中运用的方法与技术》,《中国水运》2015 年第 3 期,第 161-163 页。
③ 周魁一等注释:《二十五史河渠志注释》,中国书店,1990,第 301 页。
④ 邹逸麟:《元代河患与贾鲁治河》,载谭其骧主编:《黄河史论丛》,复旦大学出版社,1986,第 150-173 页。
⑤ 张振旭,朱景平,王玮:《浅析贾鲁在治河中运用的方法与技术》,《中国水运》2015 年第 3 期,第 161-163 页。

减少主流对决口处的冲击的作用。截河堤为堵塞正河的拦河坝,贾鲁所建截河大堤,长 19 里 177 步,黄陵北岸的截河大堤长 10 里 41 步。为了配合截河大堤的修建,贾鲁亦在截河大堤旁修筑埽工,"施土牛,小埽梢草杂土,多寡厚薄随宜修垒"。下文将对埽工的修建与"堤埽并行"的修建方法进行详述。

除截河堤外,贾鲁治河还涉及多种堤坝。护岸堤顾名思义,即保护河岸所修建之堤坝;缕水堤即位于河滨的束水河堤。石船堤实为贾鲁所创,是应对秋季水流较大,不便施工时的灵活策略。贾鲁从四月开始,先行组织修建的"北岸西中刺水及截河三堤犹短,约水尚少,力未足恃",到了八九月间水势增大,"南北广四百余步,中流深三丈余,益以秋涨,水多故河十之八",此时难以通过建埽的方式控制水流,稍有不慎便会前功尽弃。因此,贾鲁针对这种情况,"以九月七日癸丑,逆流排大船二十七艘",每艘船之间用大桅或者长椿连接,再用大麻绳和竹絙缠绕所有船身上下,使船身尤为坚硬、牢不可破。27 艘大船装满石子,用合子板钉好后再往上铺上埽,在石船上形成了"堤埽并用"的结构。大船入水时先由绳索连于岸上,再由水工统一凿沉,"然后选水工便捷者,每船二人,执斧凿,立船首尾,岸上捶鼓为号,鼓鸣,一时齐凿,须臾舟穴,水入,舟沉,遏决河"[1]。石船下沉后,还存在水流暴增的情况,此时贾鲁"重树水帘",在石船堤的基础上不断填充小埽、土牛、白兰长梢等物,再混上草土杂物,由此可以使石船所在河底地基愈发坚实,"出水基址渐高",并且可以通过不断填充来加固石船堤,从而起到良好的效果。

石船大堤的修建并不是简单的沉船入水,而是配合了大量"埽"的修筑,埽作为传统水工中用于保护黄河堤岸的建筑物,具有多种类型并且对应多种用途,"治埽一也,有岸埽、水埽,有龙尾、栏头、马头等埽"。埽的结构相比于坚硬的堤坝相对疏松,能够起到降低水流冲击压力、保护堤坝的作用,其取材亦相对灵活,"有用土、用石、用铁、用草、用木、用杙、用絙之方",埽工的技术在宋代已十分成熟。石船大堤能有效地发挥作用,离不开埽工的配合,"船堤之后,草埽三道并举,中置竹络盛石,并埽置椿,系缆四埽及络,一如修北截水堤之法",由此可见,与石船大堤配合的草埽采用了多种材质以增加牢固度。"第以中流水深数丈,用物之多,施功之大,数倍他堤",这为施工造成了很大的难度,尤其是"船堤距北岸才四五十步,势迫东河,流峻若自天降,深浅叵测",极为考验决策者的技术水平与胆识。贾鲁在这样的情况下,随机应变,连续动用十万官吏工徒,至十一月十一日丁巳,"龙口遂合,决河绝

---

① 周魁一等注释:《二十五史河渠志注释》,中国书店,1990,第 307 页。

流,故道复通",历时两个余月,完成了石船大堤的修建与合龙。

"堤埽并行"的修建方案,并不只局限于前述石船大堤与截河大堤的修建,贾鲁实际上在治河的过程中广泛地采用了"堤埽并行"的技术。值得注意的是,修埽所用的水工来自不同区域,"作西埽者夏人,水工征自灵武,作东埽者汉人,水工征自近畿"。治河所用之埽,以"竹络实以小石"为基础,再以直径寸许长的"蒲苇绵腰"纵向相连,然后用绳索将蒲苇绵腰相连的埽草横向铺开,形成可容纳数千乃至数万草的大型结构。由此,丁夫在将其压实后卷成埽,推往河滨下水。埽入水之后,还需在其附近开挖沟渠,将管心索放入渠中,再在其上盖上散草,"筑之以土,其上复以土牛,杂草。小埽梢土,多寡厚薄,先后随宜",形成埽台。这样使得埽的结构尤为稳固,"务使牵制上下,缜密坚壮,互为犄角,埽不动摇"。埽的灵活性还体现在可以同时修筑两埽甚至多埽上,"量水深浅,制埽厚薄,叠之多至四埽而止"。两埽之间亦可用竹络、小石、土牛等设施连接,"两埽之间置竹络,高二丈或三丈,围四丈五尺,实以小石土牛"。由此可见,埽工与堤坝的配合,能有效地加强堤坝的稳定性。事实上,埽工在贾鲁治河的过程中起到了关键的作用,尤其是在应对中流与决河口等险要地段,他对此亦心有戚戚,"水工之功,视土工之功为难;中流之功,视河滨之功为难,决河口视中流又难;北岸之功视南岸为难"。在这样的情况下,一味地修建堤坝往往难以达到理想中的效果,而"草虽至柔,柔能狎水,水渍之生泥,泥与草并,力重如碇",以草为主体的埽工能够固定水土、防止其流失。

贾鲁治河始于至正十一年(1351)四月,于当年十一月石船大堤顺利合龙而胜利告终,贾鲁也因此被拜以荣禄大夫、集贤大学士的官职,鼎力支持贾鲁治河的丞相脱脱也被赐于世袭答剌罕的称号。贾鲁此次治河,可谓工程浩大,据载,此次河工使用了大根椿木 2.7 万根、榆柳杂树 66.6 万根,带梢连根的整株树木 3 600 棵,蒿秸蒲苇等杂草 733.5 万束,竹竿 62.5 万根,苇席 17.2 万片,小石 2 000 艘(以船计),绳索 5.7 万根,上述材料主要是埽工的材料。由此可见,贾鲁治河中埽工实际上具有相当大的数量。另外,《河防记》中还载,贾鲁所沉大船共有 120 艘,由前文可知,建石船大堤中仅使用 27 艘,由此可以推断贾鲁还在其他堤坝修建的过程中广泛采用沉船法。总计包括原材料、官吏俸禄、军民工匠工费、因治河所需购买两岸民地等等各项开支,治河所需费用达中统钞 184 万贯 5 636 锭。

贾鲁治河在当时与后世均产生了大量的影响。其所主要疏浚的黄河河段,在明代前中期仍为黄河的重要分流。潘季驯曾指出,"鲁之治河,亦是修复故道,黄河自此不复北徙,盖天假此人为我国家开创运道、完固凤泗二陵风气"。[①] 直至嘉靖三十七年(1558),"曹县新集淤。新集地接梁靖口,历夏邑、丁家道口、马牧集、韩家道口、司家道口至萧县蓟门出小浮桥,此贾鲁河故道也",[②]由此可见,直至嘉靖年间,贾鲁所修河道仍有所维持。此年的河患,使得"趋东北段家口,析而为六,曰大溜沟、小溜沟、秦沟、浊河、胭脂沟、飞云桥,俱由运河至徐洪",另外亦有一分支由砀山坚城集下郭贯楼,这一分支分为 5 股,也从小浮桥处汇入徐洪,此时,新集至小浮桥长达 250 余里的贾鲁河故道才"淤不可复"。即使如此,在此后潘季驯治河时,仍主张恢复贾鲁河故道,他的主张亦得到了较大的响应,尽管因为疏浚故道开支过大未能实现,潘季驯曾说"新集故道,故老言'铜帮铁底',当开,但岁俭费繁,未能遽行",[③]由此可见,贾鲁治河所采取的技术措施与疏浚方案,为后世的黄河疏浚提供了宝贵的经验,引发了后世学者的持续关注。清代治河名臣靳辅曾对贾鲁修建石船大堤时采用"堤埽并行"所花费不小提出疑虑,此后才意识到贾鲁沉舟的目的是"盖以代坝而逼水,非以塞决而合龙也",这是贾鲁为了应对"决河势大""秋涨洄旋湍急"的局面所采取的抢救措施,此时由于水势过大,不能直接下埽,但是若不采取抢救措施,则已经修建的逼水三堤则很快将被淹没,因此前功尽弃。贾鲁在沉船之后采用三道草埽,是为了"加筑前短弱之三堤也"。[④]

关于贾鲁疏浚南河、限制北河的措施,亦引发了后世的争议。后世有一种观点,就是应使黄河恢复北流,朱泽沄认为贾鲁疏浚南河是其失策,"元末河决,贾鲁充河防使,发兵民十七万,自黄陵冈达白茅,又自黄陵西至杨青村,疏南河故道,兴工五阅月,此元末导河南行之失也"。[⑤] 胡渭则在《禹贡锥指》中肯定了贾鲁治河的成效,亦对贾鲁未能疏通北河表示遗憾,"贾鲁巧慧绝伦,奏功神速,前古所未有。惜为会通所窘,河必不可北,其所复者仍是东南入淮之故道耳。使鲁生汉武之世,则导河入宿胥故渎,当无所难"。[⑥] 胡渭一向认为,对黄河的治理应该顺应南高北低的地形,使黄河北流,"向使河北而无害于漕,则听其直冲张秋东北入海,数百年可以无患,奚必岁岁劳费防其北决耶"? 实际上,贾鲁疏通南河的策略与保护元代

---

① 潘季驯:《贾鲁河记》,《河防一览(上)》,广文书局,1970,第 136 页。
② 周魁一等注释:《二十五史河渠志注释》,中国书店,1990,第 349 页。
③ 周魁一等注释:《二十五史河渠志注释》,中国书店,1990,第 365 页。
④ 靳辅:《论贾鲁治河》,《皇朝经世文编》,卷 96,载魏源全集编辑委员会编校:《魏源全集(第 18 册)》,岳麓书社,2004,第 212 页。
⑤ 朱泽沄:《治河策上》,《皇朝经世文编》,卷 97,载魏源全集编辑委员会编校:《魏源全集(第 18 册)》,岳麓书社,2004,第 253 页。
⑥ 胡渭:《禹贡锥指论河》,《皇朝经世文编》,卷 96,载魏源全集编辑委员会编校:《魏源全集(第 18 册)》,岳麓书社,2004,第 226 页。

漕运与两淮司盐场密切相关,这一层现实因素无法被剥离。关于黄河与漕运的关系,本书亦将在后续章节中详述。因此,为了保护元代漕运畅通,贾鲁只能采取限制北河、疏浚南河的策略。值得注意的是,魏源亦意识到了这一点,"主河北流,书生考古之恒习",这也暗示"主河北流"并不一定可行。[①]

最后,需要说明的是,明清以来,很多人将贾鲁治河与元朝灭亡直接联系起来,认为正是因贾鲁治河才导致了元末的大规模农民起义,并由此对贾鲁治河的整体工程作出负面评价。对于这个问题,首先要意识到,元代的覆灭有其根本原因,明人在修撰元史时亦对此有清醒的认识:"殊不知元之所以亡者,实基于上下因循,狃于宴安之习,纪纲废弛,风俗偷薄,其致乱之阶,非一朝一夕之故,所由来久矣。不此之察,乃独归咎于是役,是徒以成败论事,非通论也。设使贾鲁不兴是役,天下之乱,讵无从而起乎?"元代末期的政治腐败与社会矛盾激化,是系统性的结构问题,将元亡之责归咎于贾鲁一人,并且由此忽视其治河工程对黄河的重大影响,实际上是很片面的看法。《元史》所载:"先是岁庚寅,河南北童谣云:'石人一只眼,挑动黄河天下反。'及鲁治河,果于黄陵岗得石人一眼,而汝颍之妖寇乘时而起。"但仅凭此也无法直接将"掘得石人一眼"与刘福通等人的起义直接联系,而是需要更多史料的支持,秦松龄通过梳理史料,指出"参加治河的民夫在治河期间,没有大规模起义、暴动和逃亡,起义军最初几年的主要活动地区不在黄泛区内"。[②]

尽管如此,在政治相对腐败的元代末期,进行如此大规模的河工不免给元朝政府与社会增加了很大的压力,当时亦有人指出"朝廷所降食钱,官吏多不尽支放,河夫多怨"。[③] 大型工程的修建与人员的聚集不可避免地带来了一定程度的混乱。托克维尔在其名著《旧制度与大革命》中敏锐地指出,对旧制度的改革措施加速了法国大革命的到来。尽管情况不尽相同,但是仍然可从此处得到一定启发:治理黄河、保护周边百姓的生命财产安全是百姓所盼望的,但是规模较大的工程往往十分考验政府的组织能力与维持社会稳定秩序的能力,稍有不慎便会引发祸端。元末政府实际上处于进退两难的局面:如果不加以治河,元代的漕运亦将受到很大的威胁,元代仍不免短期内覆灭的下场。对于当代读者而言,客观地看待贾鲁治河的技术成就与后世影响,就尤为重要。

---

①　胡渭:《禹贡锥指论河》,《皇朝经世文编》,卷 96,载魏源全集编辑委员会编校:《魏源全集(第 18 册)》,岳麓书社,2004,第 228 页。

②　秦松龄:《贾鲁治河与元末农民起义》,《晋阳学刊》1983 年第 3 期,第 71-76 页。

③　章采烈:《也论贾鲁治河与元末农民起义的关系》,《江汉论坛》1988 年第 1 期,第 55-57 页。

# 第四章
# 明清时期的疏浚[①]

## 第一节　潘季驯和靳辅兼理黄、运

明景泰二年(1451)，始有"总漕"之职位。成化七年(1471)，将漕粮运输和河道管理、维护的职责分离，另设总督河道衙门("总河")。万历五年(1577)，"总河"遭到取消，但短短 11 年之后，就因为黄河、运河交相为害，不得不恢复设立"总河"。潘季驯被任命为督察院右都御史总督河道兼理军务。从此，他和他的继任者开始了力图限制黄河为害，逐步实现黄河、运河分离的长期而艰巨的工作。"河道总督"也成为定制。明代以来，黄河的决溢不断发生。黄河的治理往往与漕运、治淮、护陵等种种因素相互交织，呈现出复杂的态势，尤其是在明成祖迁都北京后，运河漕运就成了维系朝廷统治的重要之事，若黄河向北入海，则会携带大量泥沙，造成运河的淤堵。[②] 因此，明清以来的黄河治理，"保漕"就成了首要的方针，由此亦极大地影响了黄河疏浚的方略与成效。本书将在后续章节详细讨论黄河、淮河治理与漕运的关系。本段将集中讨论以潘季驯和靳辅治河为代表的系统治理工程。

明清以来，黄河治理方略最为显著的转变，则是从"分流治黄"转向"束水攻沙"。明代中后期黄河的水患，一个重要的特点就是在下游分流出多股支流，正德末年曾出现"涡河等河，日就淤浅，黄河大股南趋之势，无所杀，既乃从兰阳、考

---

　　① 本章对明清时期重要的疏浚工程和代表性人物进行事件史略叙述和辨析，也对以大运河为代表的日常性质的维护性疏浚工程兼有择要综述。关于元代改建大运河、明清递修并进行新的黄运分离工程实践事宜，以及黄河"岁修"成为定制并有专款专用事，则在下篇专题研究集中叙述。

　　② 水利电力部黄河水利委员会编：《人民黄河》，水利电力出版社，1959，第 99 页。

成、曹、濮奔赴沛县飞云桥及徐州之溜沟,悉入漕河,泛滥弥漫"[①],此时黄河分为四五股入漕。嘉靖初年,时任兵部尚书李承勋亦表示:"黄河入运支流有六。自涡河源塞,则北出小黄河、溜沟等处,不数年诸处皆塞,北并出飞云桥,于是丰、沛受患,而金沟运道遂淤。"[②]嘉靖三十七年(1558),黄河在曹县新集淤堵,分为大溜沟、小溜沟、秦沟、浊河、胭脂沟、飞云桥 6 段,另外一分支从砀山坚城集下郭贯楼,分为龙沟、母河、梁楼、杨氏沟、胡店沟 5 段,此前元末贾鲁所修之河段彻底溃散。嘉靖四十四年(1565),黄河在沛县决口,黄河在此又分流为南、北二支,北流一支黄河"绕丰县华山东北由三教堂出飞云桥,又分而为十三支,或横绝、或逆流入漕河,至湖陵城口、散漫湖坡,达于徐州,浩渺无际,而河变极矣"[③]。上述种种都体现了明代中后期黄河中下游大幅溃散、原有河道无法发挥作用的事实。

# 一、"三任总河"与"四度治水"

在这样的情况下,由于下游泥沙过多,原有"分流治黄"的方针就失去了作用。嘉靖初年,胡世宁、李承勋等仍提议采用分流疏浚的方法治河,他们认为,"合流则水势既大,河身亦狭不能容",因此要"因故道而分其势"。嘉靖七年,明政府采用胡世宁的方针于孙家渡疏浚治理黄河。事实上,分流疏浚的措施并没有起到缓解黄河年年决口的效果,只能在局部地区控制黄河水患。黄河分流溃散的态势,直至潘季驯提出"束水攻沙"的策略并主持治河后,才得到根本性的改善。潘季驯(1521—1595)于嘉靖四十四年(1565)首次总理河道,与朱衡共治新河水,后又于隆庆四年(1570)、万历四年(1576)、万历十六年(1588)共 4 次治理黄河,前后持续近 30 年。"习知地形险易",积累了有关黄河治理丰富的经验,其关于水利治理的著述《河防一览》则是其治理黄河的心得体现,对今人了解明代的黄河治理具有重要的参考价值。

## 1. 束水攻沙

潘季驯治理黄河的措施,以"束水攻沙"为代表。潘季驯正确地指出了黄河容易淤积堵塞的原因,为治理黄河提供了较充分的理论依据。他认为,黄河水流泥沙含量较大,分流之后由于水势降低,水流速度变慢,泥沙也更容易淤积,由此较容易

---

① 周魁一等(注释):《二十五史河渠志注释》,中国书店,1990,第 337 页。
② 同上书,第 340 页。
③ 同上书,第 349 页。

堵塞河道，"黄流最浊，以斗计之，则沙居其六，若至伏秋，则水居其二矣，以二升之水载八升之沙，非极汛溜，必至停滞。若水分则势缓，势缓则沙停，沙停则河塞"。[①]因此，简单地采取分流的措施，并不利于减少决口，反而更容易使得河道淤堵。同时，直接对黄河河道的泥沙采取人工疏浚清理的方法，也因河水含泥沙量巨大、耗费人工过多而在实践上不可行，"河底深者六七丈，浅者三四丈，阔者一二里，隘者一百七八十丈，沙饱其中，不知其几千几万斛，即以十里计之，不知用夫若干万名工，为工若干月日；所挑之沙，不知安顿何处"。相反地，采用高筑堤坝集中水流，则可以加速水流，使水流自动带走泥沙，使河流恢复畅通，"水合则势猛，势猛则沙刷，沙刷则河深，寻丈之水皆由河底，止见其卑，筑堤束水、以水攻沙，水不奔溢于两旁，则必直刷乎河底"。

这样一来，在河两岸修建堤坝以"束水"就成了"束水攻沙"的重要环节，潘季驯亦对此提出了一套修建相应堤坝的方案：最为临近河滨的"缕堤"，直接起到束水的作用，也较为容易受到水势的影响，从而较容易破损，尽管如此，"缕堤"仍是控制黄河水势最重要的关卡，不能轻易放弃；离岸远至 1 里至二三里的"遥堤"，则用于应对"伏秋暴涨之时"水流溢出的情况。缕堤和遥堤之间，采用"格堤"作为中间防线，以应对特殊情况，在缕堤内弯曲角度较大处加修"月堤"，以维护缕堤较为脆弱的部分。在遥堤之外，还需修建"减水坝"以应对暴雨之时短时间积水过多的情况，起到临时减水、保护两堤的作用，"所谓减水坝者，减其盈溢之水也"。这一套堤坝系统有效地固定了河槽，"堤固，则水不泛滥而自然归槽"，[②]能够有效应对水势的大幅变化，起到了较好"束水"的作用。

潘季驯的治河实践，正是围绕上述"束水攻沙"的理论展开。隆庆四年（1570）秋，黄河大水，茶城被淤，"山东沙、薛、汶、泗诸水骤溢，决钟家浅运道，由梁山出戚家港，合于黄河"，潘季驯以都御史的身份担任总理河道，第二次主持治河事宜。隆庆五年（1569）四月，黄河于灵璧双沟再次决口，"北决三口，南决八口，支流散溢"，邳州匙头湾附近 80 里正河全部被淤。潘季驯率领 5 万丁夫，尽数堵塞 11 处决口，并且疏浚了匙头湾被淤的 80 里故道，同时为保护故道，修筑了缕堤 3 万余丈，通过堤坝的修建集中水流，有效维护了黄河河道。

---

①　潘季驯：《河议辨惑》，《河防一览（上）》，广文书局，1970，第 60 页。

②　潘季驯：《申明修守事宜疏》，《总理河漕奏疏》，载水利水电科学研究院《中国水利史稿》编写组：《中国水利史稿（下）》，水利电力出版社，1989，第 120 页。

潘季驯担任河道总理之时,朝臣对治河方略展开了激烈的争论,翁大立认为,"权宜之计,在弃故道而就新冲;经久之计,在开泇河以避洪水",部议则主张采取"堵塞决口"的方案,翁大立以"开泇口、就新冲、复故道"三方案上奏,并且分别对每条方案的利害做出说明。潘季驯在其中主张"复故道",即对被黄河淤没的河道重新疏浚,他所疏浚的匙头湾河段即该策略的体现。这也成了潘季驯在朝廷引发争议,在隆庆五年(1569)十二月便因"漕船行新溜中,多漂没[①]"被罢官的主要因素。

### 2. 导河归海

万历六年(1578),潘季驯第三次担任总理河道。彼时黄河几乎年年决口,万历四年督漕侍郎吴桂芳认为,"淮、扬洪潦奔冲,尽缘海滨汊港久埋,入海只云梯一径……国家转运,惟知急漕,而不暇及民,故朝廷设官,亦主治河,而不知治海",主张通过疏浚黄河入海口,分流黄河入海所造成的压力。给事中李涞也主张疏浚海口,"以导众水之归"。潘季驯在考察实际情况之后则认为,疏浚海口所需要的工程相对复杂,需要花费较多工力,并且入海之处潮汐冲刷,往往难以施工,直接疏浚海口并非上策,通过"导河归海",利用河水之势能冲击海口,方能起到"以水治水"的效果。而要实现"以水治水"的目标,则需要修建堤坝控制水势,使河水顺流而下,不再四处决口。因此,潘季驯提出"固堤即以导河,导河所以浚海"的系统性方针。对于万历三年(1575)所决口的高家堰,潘季驯亦敏锐地意识到高家堰所具有的重要意义,如果放弃高家堰的修复,仅依赖开挖新河进行疏浚的话,新河实际上因容量较小,难以承担全河的水量,更加容易造成淤堵。因此为了从根本上解决问题,潘季驯主张"修复陈瑄故道,高筑南北两堤",恢复旧河段应有的容量,同时"塞黄浦口,筑宝应堤,浚东关等浅",积极地修复淮南运道,从而实现"全河可归故道"的目标。通过稳定的河道"以水冲沙",则可以实现"沙随水刷,海口自复"的效果。因此,潘季驯总结上述思路,将其整理为"塞决口以挽正河,筑堤防以杜溃决,复闸坝以防外河,创滚水坝以固堤岸,止浚海工程以省靡费,寝开老黄河之议以仍利涉"等"六议"并上奏万历皇帝,得到皇帝的许可。[②]

此次治河,从万历六年(1578)夏潘季驯任总理河道始,至七年十月完成。万历

---

①　周魁一等注释:《二十五史河渠志注释》,中国书店,1990,第353页。

②　周魁一等注释:《二十五史河渠志注释》,中国书店,1990,第362页。

八年(1580)春,潘季驯晋升为太子太保、工部尚书,相关人员亦得到嘉奖升迁。此次河工共堵塞崔镇等决口 130 处;修筑高家堰堤 60 余里、归仁集堤 40 余里、柳浦湾堤东西 70 余里,同时在徐、睢、邳、宿、桃、清两岸共修筑遥堤 5.6 万余丈,徐、沛、丰、砀四地缕堤共计 140 余里,修堤之数量不可谓不大。潘季驯在修堤之外还紧密配合各类水坝,计有砀山、丰县各修筑大坝 1 道,崔镇、徐升、季泰、三义减水石坝 4 座,同时通济闸迁建于甘罗城南,几乎在"淮、扬之间"构建了严密的堤坝网络。总计花费"帑金五六十万两有奇"。此次治河以后,在几年内黄河都不再面临大的水患。

潘季驯于万历十六年(1588)第四次总理河道,此前黄河于万历十五年于封丘、偃师、东明、长垣决口,处于河南、山东、江苏几省交界处,形势较为复杂。潘季驯实地考察治河,认为此次决口的河段正是元代贾鲁所疏浚的河段,有"铜帮铁底"之称,恢复故道固然是较好的选择,但是因为成本过高难以施行。他主张通过修建类似清江浦三闸的方法调解黄河水势,"黄涨则闭闸以遏浊流,黄退则启闸以纵泉水",他的建议得到了采纳。此次河工从万历十六年延续至万历十八年,潘季驯共在徐州、灵璧等十州县修筑遥堤、缕堤等堤 12.6 万丈,在河南荥泽、原武等 16 州县修建堤坝 14 万丈,在山东曹县、单县修建并加固新旧堤坝 2.6 万丈,挑改过梁靖口河渠 180 丈,所修堤坝宽阔结实,"实非昔日杂沙虚松可比",[1]有效地维护了黄河河道的安全。潘季驯在万历二十年(1592)致仕时,总结了他一生的治河疏浚经验。他主张通过修筑堤坝控制水势,使水流冲刷带走黄河的泥沙,实现自然疏浚,从而避免人工疏浚所带来的较高成本,所谓"筑堤障河,束水归漕,筑堰障淮,逼淮注黄,以清刷浊,沙随水去"。[2]潘季驯在充分了解黄河的基础上,科学地提出通过"筑堤""束水"疏浚黄河的方法,对后世产生了很大的影响。清代的胡渭十分赞赏潘季驯所提出的"束水冲沙":"堰闸以时修固,则淮不南分,助河冲刷黄沙,使海口无壅……观其所言,若无赫赫之功,然百余年来治河之善,卒未有如潘公者。"[3]朱泽沄亦认为:"用潘季驯之策以治淮、黄下流,固百余年兼而行之者,何以积久不

① 潘季驯:《恭报三省直堤防告成疏》,《河防一览(下)》,广文书局,1970,第 373 页。
② 周魁一等注释:《二十五史河渠志注释》,中国书店,1990,第 366 页。
③ 胡渭:《禹贡锥指·论河》,《皇朝经世文编》,卷96,载《魏源全集》编辑委员会编校:《魏源全集(第18册)》,岳麓书社,2004,第 228 页。

效?"①较为遗憾的是,潘季驯对黄河泥沙的疏浚主要集中在黄河下游,没有认识到黄河泥沙的真正来源,也正因如此"束水攻沙"并不能带走所有的泥沙。潘季驯治河阶段,仍然不时有决口发生,"水势横溃,徐、泗、淮、扬间无岁不受患,祖陵被水",这严重影响了潘季驯治河疏浚方略在当时的实践,"于是季驯言诎,而分黄导淮之议由此起矣"。尽管如此,潘季驯的治河方略仍因其科学性,被清代的治河名臣靳辅及其幕友陈潢所采纳,并得以发展,从而深刻地影响了明清黄河治理的面向。

## 二、"受命于危难之际"的靳辅:寓浚于筑

靳辅(1633—1692)于康熙十六年(1677)临危受命,担任河道总督。康熙十五年大雨,黄河倒灌入洪泽湖,高家堰无法支持,导致大小决口三四十处。黄河的决口还严重影响了漕运,"漕堤崩溃,高邮之清水潭,陆漫沟之大泽湾,共决三百余丈,扬属皆被水,漂溺无算"。② 在此危机时刻,靳辅提出了"合河道、运道为一体",综合治理黄河、漕运的治河方略。他指出,前人治河往往仅关注与漕运有关的河段,对于其他决口则以为与漕运无关而轻视,黄河作为整体,局部的堵塞淤积若不加以控制,往往会造成整体性的崩溃,"以致河道日坏,运道因之日梗"。靳辅站在全局的高度,正确认识到了黄河泥沙的西北来源。他指出,泥沙的淤积造成了黄河下游严重的"悬河"现象,这在清江浦至海口的下游300里河段表现得尤为突出,"河身既垫高若此,而黄流裹沙之水自西北来,昼夜不息,一至徐、邳、宿、桃,即缓弱散漫……若不大修治,不特洪泽湖渐成陆地,将南而运河、东而清江浦以下,淤沙日甚,行见三面壅遏,而河无去路,势必冲突内溃,河南、山东俱有沦胥沉溺之忧"。要解决下游的泥沙淤积问题,就需要进行系统性的治理。

鉴于以上,靳辅从全局角度设计了黄河的疏浚、治理方案。他认为:"治水者必先从下流治起,下流疏通,则上流自不饱涨。"尽管云梯关至海口的百里河段不涉及漕运,但是若不加以疏浚,黄、淮合流之时,旧河河身必然无法承受,还是会造成漫溢的状况。因此,靳辅设计了通过开挖引水河疏浚河道的方法,首先对"清江浦以下历云梯关至海口"河段进行疏浚清理。靳辅区分了"新淤"与"旧淤"的区别:

---

① 朱泽沄:《治河策上》,《皇朝经世文编》,卷97,载《魏源全集》编辑委员会编校:《魏源全集(第18册)》,岳麓书社,2004,第255页。

② 周魁一等注释:《二十五史河渠志注释》,中国书店,1990,第501页。

"盖筑堤堵绝,用水刷沙,虽为治河不易之策,然河身淤土,有新旧之不同。三年以内之新淤,外虽版土,而其中淤泥未干,冲刷最易。五年以前之久淤,其间淤泥已干,与版沙结成一块,冲刷甚难,故必须设法疏浚也。"[①]清江浦以下的河段淤积日久,仅仅依赖"束水攻沙"自然疏浚并不能起到良好的效果,将人工疏浚与修筑堤坝相结合,"寓浚于筑而为一举两得之计"。靳辅计划在旧河河身两旁三丈之处分别疏浚引水河,"以待黄、淮之下注",通过黄淮的水流冲刷使旧河和引水河合二为一,"从此日洗日刷,日深日宽,自可免意外之变,而渐复当日之旧矣"。

而对于黄、淮汇合之处的高家堰河段,靳辅则考虑到了此地的实际情况,灵活调整了疏浚策略。高家堰以西至清口长约 20 里的河段,淤泥于版土层叠交错,"浮面一层,版土深有二尺,下则系淤泥尺许;淤泥之下,又属版土;版土之下,又属淤泥。掘深六尺有奇,而尚不能到当日之湖底"。离河较远的淤泥相对较为容易冲刷,因此靳辅将所开引水河的距离控制在了离旧河河身 20 丈。事实上,靳辅在清口"挑引河四道,淮水仍出清口",疏浚裴家场、帅家庄、烂泥浅、新庄闸河段,又将新庄闸、永济河头等河引自烂泥浅,形成"两渠并行,互为月河"的格局。以引水河疏浚河道的策略在皂河河段的治理中亦有所体现,靳辅在皂河口至温家沟河段"取水中之土,筑水中之堤",两岸建堤长达 4 800 丈。同时,靳辅还注意对黄河近海河段进行疏浚,通过将铁埽系于船尾,在船行的过程中自然带动河中淤泥,可以将淤泥送入海中,起到疏浚的效果。

引河的作用不仅限于疏浚,还能起到分流的作用,这在靳辅对皂河的治理中亦有所体现。皂河至张家庄河段,长度近 20 里,张家庄由于地势较低,导致该河段水面落差较大。因此靳辅在此河段"复挑支河一道",从而形成"人"字形出口,黄河与张家庄之水可以并列而行,起到"泄暴涨之水于坝外的效果"。

靳辅、陈潢亦延续了潘季驯修堤以"束水攻沙"的思路,通过堵口与修堤使水流归槽。引水河的疏浚与河堤的修建密切相关,前文已经有所提及。以疏浚河道之土修建河堤,能够较好地节省修筑堤坝的成本,为大规模修建堤坝提供了良好的条件。靳辅甫一受命,便在清口至云梯关河道修筑束水堤 1.8 万余丈,在兰阳、中牟、仪封、商丘等地修筑月堤,并且堵于家岗、武家墩大决口 16 处。康熙十七年(1678),在周桥、翟坝堤 25 里处同时加固了高家堰长堤。在堵口的过程中,靳辅配

---

① 靳辅:《防河事宜疏》,《皇朝经世文编》,卷 98,载《魏源全集》编辑委员会编校:《魏源全集(第 18 册)》,岳麓书社,2004,第 317 页。

合多种手段,这在清水潭工程中体现得尤为明显。清水潭此前经杨茂勋、罗多、王光裕等多名河臣经营堵塞,已长达 10 余年之久,但是因高家堰崩溃后水势极凶,清水潭地势卑洼,人力难以有效施工,所以"随筑随圮,终难底绩"。靳辅治理清水潭河段,首先堵高家堰 34 处决口,由于决口较深,靳辅在决口之外修建偃月形河堤并配合埽工以修复决口,共修建西堤 921.5 丈、东堤 605 丈,再通过修建引河西越河以泄水势,由此取得了良好的效果,"运艘民船,永绝漂溺之苦"。① 康熙二十年(1681),亦在徐州长樊大坝外修建月堤 1 689 丈。② 康熙二十四年(1685),在考城、仪封修堤 7 989 丈,封丘荆隆口大月堤 330 丈,荥阳埽工 310 丈。

在清口至云梯关 300 里河道施工中,靳辅贯彻"疏浚筑堤并举"的策略,在黄、淮并流故道内,挖掘 3 道平行新引河,这就是所谓的"川字河"(见图 4-1)。这是一种将人力疏浚和水力疏浚相结合、主要借助自然力的办法。即在河流左右两侧新挖引河,与原河中心一二十丈旧河道平行,故名"川字河"。三河中间的二道沙梗,经河水左右夹攻,即顺流而去,三河逐渐合为一河,迅速刷宽冲深。

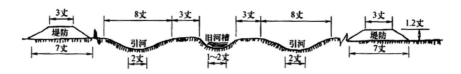

图 4-1 "川字河"的挑挖技术

靳辅还设计了保护堤坝的"岁修"制度,提出招募帮丁并在黄河两岸屯田的计划以长期保护河堤。靳辅还注意在河堤周围修建坦坡以加固堤坝,高家堰河段河堤附近的坦坡按照"每堤高一尺,填坦坡八尺……以填出水面为准,务令迤斜以渐高,俾来不拒而去不留"。③

修堤"束水攻沙"还需修建闸坝配合。靳辅认为,"夫束水莫如堤,然堤有常,水之消长无常也。故堤以束之,又为闸坝涵洞以减之,而后堤可保也"④。通过闸坝

---

① 靳辅:《治河要论》,《皇朝经世文编》,卷 98,载《魏源全集》编辑委员会编校:《魏源全集(第 18 册)》,岳麓书社,2004,第 322-324 页。

② 周魁一等(注释):《二十五史河渠志注释》,中国书店,1990,第 505 页。

③ 靳辅:《治河要论》,《皇朝经世文编》,卷 98,载《魏源全集》编辑委员会编校:《魏源全集(第 18 册)》,岳麓书社,2004,第 321 页。

④ 靳辅:《治河馀论·闸坝涵洞》,《皇朝经世文编》,卷 98,载《魏源全集》编辑委员会编校:《魏源全集(第 18 册)》,岳麓书社,2004,第 339 页。

涵洞的修建应对临时暴涨的水势,"原以泄异涨,非所以泄平槽之水",能够有效地保护河堤,只要河水能够顺着河道正常运行,河道便能自然加深,起到自然疏浚的效果。因此,靳辅在砀山毛城铺、大谷山、高邮、睢宁、高家堰等处修建减水坝 10 余座,修建减水坝的策略亦得到了康熙皇帝的支持。在修坝之外,靳辅还敏锐地利用涵洞调节水势、保护闸坝。闸坝本身应对的是夏秋暴涨的水势,"澎湃之势,既足以撼闸之基;倾跌之力,又足以陷闸之底",通过在堤内修建涵洞能够起到"减水、淤洼、溉田"的综合性效果,有效地保护堤坝系统正常运行。靳辅甚至还构想了以涵洞闸坝为核心的农田水利系统,他曾计划在中河以北开通重河,从重河沿着河堤每20 里建涵洞一座,直至连通沭河。再于洞口开通河一道,构成"纵横贯注,宣泄有路"的疏浚灌溉系统,将黄河的治理与农业水利的兴建融为一体。尽管该建议只见于靳辅奏疏,未见实施,但亦可见靳辅试图将民间水利与黄河疏浚相整合的努力。

靳辅、陈潢等开展的治河疏浚工程,有效地改变了清初黄河泛滥的局面,使黄河的流动趋于安稳,在一定时期内维系了黄河中下游地区的稳定。黄河中下游经过靳辅的治理,原本被河水淹没的土地逐渐浮出,宿迁、沭阳、海阳等地涸出土地3 000 余顷,白鹿湖、盛湖等湖泊面积缩小,至康熙二十七年(1688),增屯垦熟地1 000 余顷,[1]黄河的治理与疏浚为黄河下游农业生产与经济发展的恢复奠定了良好的基础。

无论是潘季驯还是靳辅,对黄河的疏浚、治理工程除了技术要求以外,都受到政治因素,尤其是维护"漕运"的影响。为了维护漕运,潘季驯与靳辅都重视修筑高家堰,试图通过高家堰阻挡淮水流入,以起到泄水的作用。但是由于高家堰处于淮河中游,地势平坦,筑堰蓄水淹没的面积相当之大,泗州城遂于康熙十九年(1680)被淹没于湖底。"蓄清刷黄"的策略亦由于黄河所含泥沙量过大,难以全部将其冲走。清口作为淮河入黄唯一的门户,使得淮河的流向受阻,甚至需承受黄河倒灌的威胁。直至清末,淮河已经变成"驼峰状的河流",[2]水患频发,淮北地区社会生态受到了严重的影响,这与明清两朝保护漕运的方针密切相关。关于黄河疏浚与淮河、漕运的关系,及其带来的社会生态影响,本书将在后文专章讨论。

---

① 任重:《康熙治理黄、淮、运对农业发展的影响》,《中国农史》1997 年第 1 期,第 28-34 页。
② 马俊亚:《被牺牲的"局部":淮北社会生态变迁研究(1680—1949)》,北京大学出版社,2011,第 34、90 页。

## 第二节 太湖水系疏浚、刘家港的兴衰与郑和下西洋

刘家港作为元明时期的大海港,是郑和七下西洋船队的起锚点。但刘家港并非完全天然形成的海港。在元代以前,只是太湖下游水系中的一条普通港浦,由于水流自然演变,在元初成为一条大河。元明两代,疏导太湖出水通道,刘家港逐渐成为水深港阔的优良港口,又有富庶的江南为其腹地,一跃成为繁华的商业大港。而刘家港逐渐淤塞,至明末衰落,亦与太湖水系疏浚方案有关。

### 一、太湖水系疏浚与刘家港兴起

#### 1. 刘家港的出现

刘家港的出现,始于元代。从宋代开始,由于吴淞江的持续淤塞,太湖东北港浦承担了大致从昆山至和塘以北地区泄水的任务,此向港浦出海较捷近,水势亦颇敌浑潮,泄水较为稳定。且宋代官方亦重视太湖东北水系的疏浚,太湖东北港浦由此持续壮大,到宋末元初,刘家港便从东北港浦中脱颖而出,成为一条大河。但刘家港一跃成为通海大浦,则是由于元代官方对太仓一带河道的开浚和疏导。[①]

元代由于浙西漕粮海运的需要,尤为重视江南的水利和航运,对吴淞江及其通海大浦加以规划整治。刘家港所在的太仓,是江南漕运出海的起点,而之所以选择太仓作为出海大港,正是由于东北水系发展中太仓一带河道的壮大之势。明弘治年间(1488—1505)《太仓州志》记:"太仓塘从昆山县东三十六里,由城南而下,直至刘家港入海。自苏之娄门七十里至昆山者,名昆山塘,其塘松江之支流与之相接。[按,旧志宋时潮汐不通,至元时,娄江不浚自深,潮汐两汛可容万斛之舟,朱(清)张(瑄)由是开创海运,每岁粮船必由此入海。]"古娄江在宋时已湮灭,而与之位置相近的昆山塘逐渐发育,便被视为娄江。太仓塘上游与昆山塘支流相连接,遂被当作娄江下段。娄江在元代"不浚自深,潮汐两汛可容万斛之舟",朱清、张瑄创设海运时,便以此作为粮船入海通道。至元二十四年(1287),宣慰使朱清"自娄江导水以入于海","通海运,循娄江故道导由刘家港入海"。

---

① 谢湜:《高乡与低乡:11—16世纪江南区域历史地理研究》,生活・读书・新知三联书店,2015,第127页。

总之,宋元时期昆山以东太仓境内这条干河的发展,就是刘家港出现的前提。元代建立海漕后,利用了这条干河,为方便通航,对其下游出海河道加以拓宽,刘家港成为最大的一条出海通道。明人归有光说:"刘家港,元时海运千艘所聚。"元后期刘家港渐形淤浅,元末张士诚大浚刘家港、白茆塘,"由是水势峻下",至此又见深广,刘家港的主干地位于是延续至明前期。①

### 2."掣淞入浏"与刘家港的崛起

明初,吴淞江下游严重淤塞,水旱灾害频发。夏原吉在三江导水理念的指导下,采取改由夏驾浦等导吴淞江的水北出刘家港的办法,以代替吴淞江下游的浚治,即所谓的"掣淞入浏"。刘家港因"掣淞入浏"水量显著增加,在明代进一步繁荣,达到鼎盛时期。②

三江导水的理念,与古人对太湖三江概念的理解有关。《尚书·禹贡》有"三江既入,震泽底定"(见图4-2)之言。震泽即太湖。长期以来,人们都认为《禹贡》所言"三江"指的是太湖东部有三条出水通道,即吴淞江居中,北有娄江,南有东江。其实,在《禹贡》之前便已有"三江口"的说法。吴淞江在过千灯浦之后,即将进入冈身地带之前,流经一段因感潮而形成的高地。吴淞江出太湖后,在此处因遭遇东来浑潮,形成一个汇水区,这一汇水区有三个分流方向,一是通过吴淞江高地地区成为吴淞江正泓,南、北两个方向分流进入南北湖泊沼泽地带。这就是真正的太湖"三江口"。太湖水在三江口一分为三,但最终入海的河道只有吴淞江一江,南北两个方向的分流被冈身阻挡后仍沿各塘浦回流到吴淞江下游河道。到六朝末,产生了娄江与东江的概念。结合早期的三江口概念,由此形成太湖三江学说。唐代张守节在《史记正义》中,考定《禹贡》太湖三江说,此后便沿袭为成说。③宋代太湖治水者,普遍受此说影响,以为娄江、东江在宋代以前淤塞,需要重点疏浚。这种根深蒂固的三江导水观念制约了宋代以后太湖流域东部的治水过程。④

宋代的治水者,如郏亶、郏侨父子,虽然接受太湖三江说,但他们并没有试图以

---

① 谢湜:《高乡与低乡:11—16世纪江南区域历史地理研究》,生活·读书·新知三联书店,2015,第128-130页;缪启愉:《太湖塘浦圩田史研究》,农业出版社,1985,第70-71页。
② 缪启愉:《太湖塘浦圩田史研究》,农业出版社,1985,第71-72页;梁志平:《明代江南水系的变迁、刘家港的兴衰及郑和下西洋》,载苏智良:《海洋文明研究.第一辑》,中西书局,2016,第169-183页。
③ 王建革:《水乡生态与江南社会(9-20世纪)》,北京大学出版社,2013,第32,41-42页。
④ 梁志平:《明代江南水系的变迁、刘家港的兴衰及郑和下西洋》,载苏智良:《海洋文明研究·第一辑》,中西书局,2016,第169-183页。

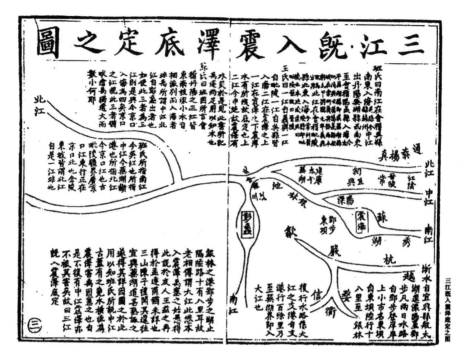

图 4-2　三江既入震泽底定之图

资料来源：盛博编：《宋元古地图集成》，星球地图出版社，2008，第 32-33 页。

三江导水的方式来治理太湖下游的淤塞。到元代，随着吴淞江的淤塞日益严重，许多治水者开始在吴淞江南北两个方向寻找另外两个出水通道，任仁发的治水方略便在某些程度上践行了三江导水的理念。[①] 他认为太湖排水格局类似于古代三江："今东南有上海浦泄放淀山湖、三泖之水，东北有刘家港、耿泾，疏通昆城等湖之水。吴淞江置闸十座以居其中，潮平则闭闸而拒之，潮退则开闸而放之，滔滔不息，势若建瓴，直趋于海，实疏导潴水之上策也。与古之三江，其势相埒。"遵循此方案，元代官方集力量开浚吴淞江并在江中置闸，同时力图整治淀泖水系。但元廷增强吴淞江干流泄水功能的努力，终不能奏效，一到汛期，吴淞江下游难以排出积涝，不得不依靠两翼导水。东南、东北方向的支流逐渐发育壮大，出现浏河、黄埔这样的大河。[②]

　　任仁发之后，周文英则放弃恢复三江的空想，主张放弃东南而专浚东北，通过

---

[①]　王建革：《水乡生态与江南社会（9—20 世纪）》，北京大学出版社，2013，第 43-45 页。

[②]　谢湜：《高乡与低乡：11—16 世纪江南区域历史地理研究》，生活·读书·新知三联书店，2015，第 125-127 页。

夏驾浦导太湖之水由三江之一的"娄江"（刘家港）入海："刘家港南有一港,名南石桥港,近年天然深阔,直通刘家港,西南通横塘,以至夏驾浦入吴淞江,其中间有迂回窄狭处,若使疏浚深阔,则太湖泄水一大路也。某今弃吴淞江东南涂涨之地姑置勿论,而专意于江之东北刘家港、白茅浦等处,追寻水脉,开浚入海者,盖刘家港即古娄江,三江之一也,水深港阔,此三吴东北泄水之尾闾间。斯所谓顺天之时,随地之宜也。"①

明永乐元年（1403）,户部尚书夏元吉受命治理浙西水患。夏元吉经过实地考察之后,认为疏通吴淞江太过困难,"自吴江长桥至夏驾浦,约百二十余里,虽云通流,多有浅狭之处,自夏驾浦抵上海县南跄浦口,可百三十余里,潮沙涨塞,已成平陆,欲即开浚,工费浩大,滟沙泥淤,浮泛动荡,尚难施工"。于是转向东北和东南寻求太湖出水通道。东北方向,"嘉定之刘家港,即古娄江,径通大海,常熟之白茆港,径入大江,皆系大川,水流迅急,宜浚吴淞南北两岸安亭等浦,引太湖诸水入刘家、白茆二港,使直注江海"。这其实是周文英的想法,夏元吉在朝廷的支持下将其付诸实践,成功实施了"掣淞入浏"工程。② 永乐元年至二年（1403—1404）,夏元吉"凿吴淞江浦,疏昆山下界浦,掣吴淞江水北达娄江,又挑嘉定西顾浦,南引吴淞江水,北贯吴塘亦由娄江入海"。这项工程包括开浚昆山夏驾浦,掣吴淞江水北入刘家港;挑浚顾浦、安亭、千墩等浦,南引吴淞江水,北由刘家港入海;疏浚白茆河、福山塘和耿泾,导昆乘湖、阳澄湖水入长江,以分太湖水势。③"掣淞入浏"使得浏河水量显著增大,成为太湖的主要出海通道,"三吴东北入海之尾闾"。刘家港日渐深阔,"浸润而流,迅不受淤",娄江航道"由刘家河泊州之张泾关,过昆山,抵郡之娄门",亦为优良航道。④ 刘家港因此成为郑和船队由长江入海的起锚点。

## 二、 刘家港的兴盛与郑和下西洋

由于漕粮海运的需要,刘家港在元代已经成为江南地区重要的港口。夏元吉治理江南水系,拓宽浏河河道后,刘家港航道条件更为优良,兼以其腹地太湖平原

① 梁志平:《明代江南水系的变迁、刘家港的兴衰及郑和下西洋》,载苏智良:《海洋文明研究·第一辑》,中西书局,2016,第169-183页。
② 谢湜:《高乡与低乡:11—16世纪江南区域历史地理研究》,生活·读书·新知三联书店,2015,第139-140页。
③ 周杰灵、惠富平:《夏元吉苏松治水得失评析》,《农业考古》2014年第6期,第167-172页。
④ 林承坤:《古代刘家港崛起与衰落的探讨》,《地理研究》1996年第2期,第61-66页。

提供的雄厚物质基础,被选作郑和船队的起锚点和基地。而在郑和下西洋的促进下,刘家港进一步繁荣,达到其鼎盛阶段。①

刘家港位于太湖平原的东北部,通过娄江与太湖平原的塘浦水网相连,富庶的太湖平原因而成为其经济腹地。作为刘家港腹地的太湖平原,是明王朝的重要粮食产地。明洪武年间(1368—1398),曾于今太仓市南郊娄江北岸,大规模修建仓库,用于储藏江南地区上交的粮食,容量达百万石,故又称为"百万仓"。如此大宗的粮食,将先运至港口边的仓场,而后从刘家港转运。此外,苏州船场是明代早期的重要造船厂,其所制造的船只,为刘家港海运所需。洪武十三年(1380),苏州船场造海船 166 艘,供太仓、镇海、苏州三卫使用,以转运漕粮。永乐初年(1403—1409),又多次为江南地区各府卫制造大量海船。太湖平原为国库贡献的粮食,通过刘家港转运出海,为刘家港提供大宗货物,而苏州船场制造的海船,是海运必不可少的工具,为刘家港在明代早期的繁荣奠定了物质基础。②

在郑和下西洋的带动下,外国朝贡使团络绎来华,朝贡贸易空前繁荣,刘家港成为国际贸易港。明朝早期,政府允许外国使团夹带商品来华贸易,并给予优惠,丝绸、瓷器、布匹等免征商税,还有额外赏赐。朝贡使团纷纷来华,在郑和船队打通西洋航线后,来华贡使更是络绎不绝。刘家港是当时的主要港口,且距离南京不远,"外国贡使络绎而来,而番商洋贾慕浏河口之名,帆樯林立",汇聚各国商船,天下货物,甚至被称为"天下第一码头"。③

刘家港的港口市镇建设,也因此加快。郑和船队七下西洋,每次都对天妃宫进行修缮。宣德五年(1430),郑和船队百余艘船停泊于刘家港天妃宫之前的港口,万余名官军及其他人员,在天妃宫举行祭祀仪式,对天妃宫进行装饰和扩建。天妃宫两侧分布着各色码头,这些码头分工明确,各有其职能,有海船码头、看仓码头、南货码头,等等,满足郑和船队以及港口贸易之需。④

郑和船队以刘家港为基地和始发港,围绕航海活动,产生了大量的物质和服务需求,从而促进了刘家港和太仓,乃至整个江南地区的经济发展。郑和船队在出航

① 梁志平:《明代江南水系的变迁、刘家港的兴衰及郑和下西洋》,载苏智良:《海洋文明研究·第一辑》,中西书局,2016,第 169-183 页。

② 林承坤:《古代刘家港崛起与衰落的探讨》,《地理研究》1996 年第 2 期,第 61-66 页。

③ 沈鲁民:《郑和下西洋与太仓的繁荣》,载郑和下西洋 600 周年纪念活动筹备领导小组编:《郑和下西洋研究文选(1905—2005)》,海洋出版社,2005,第 439-442 页。

④ 梁志平:《明代江南水系的变迁、刘家港的兴衰及郑和下西洋》,载苏智良:《海洋文明研究·第一辑》,中西书局,2016,第 169-183 页。

前和返航后,于刘家港集结,需要雇佣众多的民夫驳运和装卸物资与货物,此外很多船员也是从当地招募的水师官兵,为当地人民提供了不少就业机会。郑和船队所需的大宗贸易商品和补给物资,都是就近采买,加之外国使团和商人的贸易及生活需求,刘家港的商业迅速繁荣,太仓和江南地区的农业商品化程度得到发展,手工业也快速发展。[①]

## 三、"掣淞入浦"与刘家港的衰落

夏元吉的治水方案以三江导水理念为指导,在寻找太湖东北方面的古娄江为出水通道,实施"掣淞入浏"工程的同时,亦尝试开浚东南方面的古东江河道,以恢复《禹贡》三江入海之旧迹。华亭人叶宗行主张,治吴淞江之淤塞,须引流直接黄埔,畅通其入海通道。夏元吉采纳其建言,认定范家浜或上海县东的万家河为古东江,表示"又松江大黄浦,乃吴淞要道,今下流壅遏难疏。傍有范家浜,至南跄浦口,可径达海。宜浚令深阔,上接大黄浦,以达泖湖之水"。永乐二年(1404),夏元吉开凿范家浜,使黄浦江截过吴淞江下游之水,从现今上海附近入海。这便是"掣淞入浦"工程。

"掣淞入浦"进一步改变了太湖下游出水通道的基本格局。黄浦江上接淀泖湖群,淀山湖、泖湖一带地势较低,是太湖下游水流汇聚之地。北宋时期,太湖东南出水不畅,诸浦相继捺断,淀泖湖群的出海通道渐失。自南宋初年后,杭州湾北岸太湖出海口先后被封堵,泖水出黄桥便向东直冲黄浦塘;而由于太湖泥沙的作用,淀泖逐渐淤积,淀山湖等塘浦水流改道北流、东流,注入吴淞江,与原上海浦相并。黄浦江因而逐渐形成。至明初,因吴淞旧江淤塞,黄浦之水亦不能畅流。夏元吉采纳叶宗行的建议,放弃黄浦下游与吴淞江交汇处淤塞严重难以疏浚的一段,转而开凿范家浜,使黄浦水截过吴淞江,直达南跄浦,北流吴淞口直接入海。范家浜上游与上海浦和黄浦相接,再经瓜泾塘接纳淀泖水源,下游直入长江出海口。范家浜一经开浚,黄浦江在汇聚嘉杭、淀泖诸多水流的同时,下游畅通入海,从而得以自然扩大,最终取代浏河成为太湖泄水的主干河道。[②]

---

① 沈鲁民:《郑和下西洋与太仓的繁荣》,载郑和下西洋 600 周年纪念活动筹备领导小组编:《郑和下西洋研究文选(1905—2005)》,海洋出版社,2005,第 439-442 页。

② 周杰灵、惠富平:《夏元吉苏松治水得失评析》,《农业考古》2014 年第 6 期,第 167-172 页;梁志平:《明代江南水系的变迁、刘家港的兴衰及郑和下西洋》,载苏智良:《海洋文明研究.第一辑》,中西书局,2016,第 169-183 页。

"掣淞入浦"一方面促成黄浦江的壮大,另一方面又导致刘家港的衰落。太湖流域东北部属于感潮区域,滨江沿海水域同时受潮流和太湖泄水的影响。海水和河水互相冲击混合,海潮卷起水底泥沙,形成浑潮,涌入内河,易引起河道淤塞。吴淞口以上,由于长江河口宽阔,进潮量丰富,潮汐沿江而上,太仓境内河道首当其冲。浏河即属此列。"掣淞入浦"后,进入娄江(浏河)的水量越来越少,清水不敌浑潮,娄江因此日渐淤塞,趋向萎缩。据康熙年间《崇明县志》记载,永乐二十二年(1424),明廷"诏下西洋诸船悉停止",郑和船队照旧驶向刘家港停泊,但只有较小的船只可以驶入,而大船则无法进入浏河,只得掉头转而驶向长江出口崇明停靠。万历以后,刘家港被潮沙淤塞,仅存一线。[①] 曾经的"天下第一码头",终告落幕。

## 第三节　两淮盐政与淮扬水道修浚

两淮(淮南、淮北)地区自古就是我国重要的食盐产地,生产海盐,所谓"煮海之利,重于东南,而两淮为最"。明代中后期至清中期,两淮盐场是全国最大的盐产区,所产食盐行销于苏、皖、赣、湘、鄂、豫6省;两淮盐税亦是全国最多,"居天下之半"。两淮盐区自明万历四十五年(1617)实行盐政纲法,采取官督商销的商专卖制,由政府授权的专卖商进行食盐的运销,清承明制,延续至19世纪。[②] 由此,造就了一批极其富有的盐商,他们聚集于两淮盐务衙门所在地扬州。由于食盐的运销需借助水道交通,故而政府对淮扬水患的治理,也以保障食盐贸易为先,由盐政部门主持,盐商则被迫或主动地参与到河道修浚活动当中。此外,盐商还在扬州兴建众多园林,这些园林亦与疏浚活动颇有关联,或是用疏浚河道后的疏浚土堆筑造景,或是将河道疏浚融入其造园过程。

### 一、两淮盐政与淮扬水利

（一）两淮盐政与盐商崛起

明洪武三年(1370),为降低边防粮草供应的成本,朝廷在宋代盐政折中法的基础上,率先于两淮盐区实行"开中法"。由于食盐贸易利润甚为丰厚,"开中法"一经

① 梁志平:《明代江南水系的变迁、刘家港的兴衰及郑和下西洋》,载苏智良:《海洋文明研究·第一辑》,中西书局,2016,第169-183页。
② 《中国海洋文化》编委会编:《中国海洋文化·江苏卷》,海洋出版社,2016,第31-33页。

实施,商人便趋之若鹜。其中,山陕商人和徽商成为纳粮中盐的盐商主体,以贩卖淮盐为主。[①] 为保证开中制的顺利进行,须将每年仓钞所列记的盐引总数控制在各盐场每年产量的总额以内。然而仓钞所载的盐引总数,经常超过各盐场每年产盐总量。至明朝中后期,由于滥发盐引,两淮盐政陷入困局。[②]

万历四十五年(1617),户部山东司郎中袁世振就两淮盐政提出《盐法十议》,受到户部尚书李汝华赏识,被擢升为疏理两淮盐法道、山东按察司副使,派往两淮,创立纲法。他将在 1617 年之前持淮南盐引的内商组成 10 纲;持淮北盐引的内商,组成 14 纲。参与纲法的盐商名字被登记在纲册上,他们享有永久专卖权,"永永百年,据为窝本",成为纲商。在纲册无名者要参与盐业,也必须寄在纲册有名者的名下。[③]自此,纲商成为世袭的专卖商人,垄断两淮食盐的运销。他们借此积累了巨额资本,成为最具实力的商人群体。

清承明制,继续实行纲法,也即官督商销法。政府掌控食盐专卖权,但不直接参与食盐产运销各环节,而通过盐引分配、引岸划分、专卖商资格认定,以及对商人税课缴纳和食盐运销情况稽查管理等方式实现控制。[④]

两淮盐区以淮河为界,分为淮南、淮北两大场区。[⑤] 两淮巡盐御史是户部派至两淮盐区的最高盐务官,驻衙扬州,下辖盐运使等一系列盐政官员。两淮盐区的盐商组织叫"盐商公所",其主事者为"总商"。两淮总商设置于顺治年间,康熙十六年(1677),两淮盐区定为 24 名总商,后增为 30 名。总商之上,另设"大总"。两淮总商除承担"纳课杜私""承办报效""摊派杂费""参弹疲商"等职责外,还有参与制定盐策之权,总商有时候甚至凌驾于盐政官员之上。[⑥]

---

① 其法为:先由中央户部出榜示招募商人,商人向指定的沿边府州卫所输纳粮米上仓。商人纳米后,该处官府将商人输纳粮米数和应支盐数,填写在勘合和底簿上,勘合发给商人,底簿由沿边官府径送各处盐运司或盐课提举司。商人在出示勘合后,盐运司或盐课提举司将堪合与底簿对照,无误,付给商人盐引(贩卖食盐许可证)。商人凭此盐引到指定盐场取盐,然后到指定的行盐地(引岸)贩卖,并在规定的期限内,将已用过的盐引缴还官府。见朱宗宙:《明清时期盐业政策的演变与扬州盐商的兴衰》,《扬州大学学报·人文社会科学版》1997 年第 5 期,第 30-34 页。
②③ 卜永坚:《商业里甲制——探讨 1617 年两淮盐政之"纲法"》,《中国社会经济史研究》2002 年第 2 期,第 14-21 页。
④ 陈锋:《清代食盐的运销体制》,《盐业史研究》2014 年第 3 期,第 61-71 页。
⑤ 潘群、周志斌主编:《江苏通史·明清卷》,凤凰出版社,2012,第 405 页。
⑥ 陈锋:《清代的盐业管理》,载《中国经济与社会史评论》,2010,第 120-156 页;安东篱:《说扬州:1550—1850 年的一座中国城市》,中华书局,2007,第 120 页。

## （二）盐政与淮扬水利

### 1. 淮扬水利

明清两朝,由于黄、淮、运三河在清口(今江苏淮安市淮阴区西南)交汇,淮扬地区亦颇受其患。淮河自古以来是一条独立入海的大河,并不为患。南宋建炎二年(1128),杜充在滑州决黄河,决水在豫东、鲁西地区漫流,大部分仍向东北流入渤海,少量由泗入淮。金人占领中原后,无暇治河,河势逐渐南移。金明昌五年(即南宋绍熙五年,1194),"河决阳武(今原阳)故堤,灌封丘而东。见水势趋南,不预经画"。淮河由此开始了600多年夺淮入海的过程。[1] 明代前期,黄河在淮河流域广大地区南北漫流,河道紊乱,迁徙不定。黄河主流在颍、涡、濉、泗河间大范围摆动,决溢频繁,黄河所挟带的大量泥沙在洪泛区沿途沉积落淤,进入清口的含沙量相对较小,淮阴以下河床尚未淤高,黄、淮还能循淮河尾闾故道勉强安流入海。随着黄河夺淮日久,黄河下游河道逐渐淤积,淮河中游开始行水不畅。黄河河道尚不稳定,在淮河以北的广大地区有多支分流。其中一支自开封东流,沿贾鲁故道,经徐州由泗水至清河入淮,再东经安东至云梯关入海。而京杭运河(会通河)在徐州茶城以下至清口,借用了被黄河夺占的泗水河道。淮水到清口后,大部分黄淮合流归海,小部分南流济运。明后期,黄河泥沙不断淤积在淮河入海故道,抬高了淮河下游水位,洪泽湖区水面不断扩大,淮河会黄之前,已与洪泽湖汇为一体。由于黄河水位的顶托,清口淮河出水日渐不畅,汛期常决开洪泽湖东西堤防,夺路东去。运河与黄河交汇处不断被泥沙淤塞,黄水倒灌。至隆庆(1567—1572)、万历(1573—1619)时,清口及清口以下至云梯关的黄淮入海尾闾淤积已十分严重,不仅威胁到漕运的安全,而且给淮扬地区造成极大危害。[2]

黄河、淮河、运河交汇于清口,黄河有决口之患,清口有淤塞之患,淮扬诸邑有淮水东溃淹没之患,运道有淤堵冲决之患,治黄、治淮、治运交织在一起,形势复杂。万历六年(1578),潘季驯三任总河,提出了"筑堤束水,以水攻沙""逼淮入黄,蓄清刷黄"的治理主张。潘季驯把高家堰作为治淮、治河之首务。他指出:"高堰,淮、扬之门户,而黄、淮之关键也。欲导河以入海,必藉淮以刷沙。淮水南决,则浊流停

① 王均:《淮河下游水系变迁及黄淮运关系变迁的初步研究》,载张义丰、李良义、钮仲勋:《淮河地理研究》,测绘出版社,1993,第150-169页。
② 毛振培、谭徐明:《中国古代防洪工程技术史》,山西教育出版社,2017,第256、228页。

滞,清口亦堙。河必决溢,上流水行平地,而邳、徐、凤、泗皆为巨浸。是淮病而黄病,黄病而漕亦病,相因之势也。"由于黄水的顶托和高家堰堤的拦蓄,洪泽湖逐渐扩大,清口成为洪泽湖的主要出口。只有加高加固高家堰堤,洪泽湖才能积蓄足够的清水,刷黄济运。若高家堰堤决,则淮水南泛,不仅湖水不足以刷黄,反而黄水会倒灌入湖,淤塞清口;湖水东泄,首冲淮扬运河,阻碍运道,且为害淮扬诸邑。而下游淤高,上流行水不畅,又致黄河决溢,为害淮北诸邑。经过潘季驯前后 3 年大规模的综合整治,黄河既筑缕堤、遥堤,水无所分,则以全河夺淮、泗;淮河又以高家堰为障,以全淮敌黄出清口,黄、淮合流,出云梯关入海。清口航运相对稳定了一个时期,黄淮也自此安流了五六年。[1]

但由于黄河在清口会淮后,黄、淮合流由淮河尾闾入海,黄河大量的泥沙也因此集中淤积到清口以下的淮河下游河道和入海口。黄河大量泥沙沉积到被大堤约束的河道中,下游河段淤高,形成对洪泽湖的倒灌。淮河不能畅出清口,洪水期间从洪泽湖东溃,涌入高邮、宝应诸湖,再横穿运河进入淮扬地区。万历二十三年(1595),"黄、淮涨溢,淮、扬皆垫",时任总河杨一魁力主"分黄导淮",工程实施后,淮扬运河成为导淮入海入江的通道,进一步加剧了淮扬河区的洪涝灾害。[2] 到清代,情况亦无改观。黄河在清口及运口的淤积和决口日益严重,靳辅及以后的治水者都注意了黄、淮、运分治,在"蓄清刷黄"的大前提下注意分淮入海或入运。在高家堰、淮扬运河西边诸湖堤、运河河堤上都逐步建立了减水闸和减水坝,调节运西诸湖水量和运河水量,维持运河上正常的漕运和盐运。而运河以东的淮扬诸邑多被作为泄洪之地,颇受洪涝灾害之苦。[3]

## 2. 盐政与水利疏浚的关系

在淮扬地区,水利的重要性仅次于盐务,且水利与盐务密切相关。淮盐在其产运销过程中,皆需借助水道运输,淮扬水道的状况于是直接关系到食盐产业的利益,盐务部门为此极其注重淮扬水道的疏浚治理。并且,由于该地区多遭洪涝灾害,农业极其脆弱,盐业成为当地的主要财富来源,又关系到国库收入,治水活动也以保证食盐产业和漕运需求为先。[4]

---

① 毛振培、谭徐明:《中国古代防洪工程技术史》,山西教育出版社,2017,第 230、258-260 页。

② 同上书,第 267 页。

③ 王均:《淮河下游水系变迁及黄淮运关系变迁的初步研究》,载张义丰,李良义,钮仲勋《淮河地理研究》,测绘出版社,1993,第 150-169 页。

④ 安东篱:《说扬州:1550—1850 年的一座中国城市》,中华书局,2007,第 140 页。

为保障淮盐的生产,需要疏浚各灶场以及灶场到公垣的河道。两淮海盐是"南煎北晒",煎盐用的是草荡里斫下来的柴薪。草荡距煎盐的灶场有的达二三十里之遥,需要经水道将柴运至灶场。此外,灶场之间草荡亩数与锅撇数的比例又不一致,各灶场的荡草或有不足,或却有余,不足与有余之间的调剂也须依赖水运。煎出的盐发卖给垣商,运到集中存放的地方(便仓)也涉及运输,为方便"灶盐归垣"也须疏浚水道。清代,开凿、疏浚各灶场的河道次数较多。康熙五年(1666)至乾隆五年(1740),疏浚泰州分司各盐河(泰州盐河达富安、安丰、梁垛、东台、何垛、丁溪、草堰、刘庄、伍佑、新兴、庙湾,所历凡 11 场)较大的工程就有 11 次之多。如康熙十七年(1678),开凿何垛场新河;二十八年(1689),疏浚丁溪场至白驹场的串场河。[①]

为畅通淮盐的运销,盐政部门尤其注重运盐河、串场河、三汊河等河道的疏浚。各盐场生产的盐通过这些河道运往泰州、扬州、仪征,在那里经盐政部门掣验后,进入长江航道,运往湖南、湖北、江西等引岸分销。运盐河从扬州向东流过泰州,南北走向的串场河与之平行。运盐河的水来自大运河,串场河的水来自从大运河向东流入大海的许多沟渠,二者都与大运河排水系统相连。三汊河从扬州流向仪征,那里是食盐运往长江沿岸的出口。乾隆二十年(1756)十二月,两淮巡盐御史普福曾奏请疏浚三汊河一带河道:"江都县之三汊河口门起至仪征江口止一带运河,为江广漕盐要津。自乾隆十八年大挑之后,历经三载,流沙复积。……惟仪征境内乌塔沟迤上起至徐家窑止,河长二千五百丈,甚属淤浅,应乘此冬令筑坝挑浚,一律深通,以利盐漕重运。"[②]

## 二、 盐商在淮扬水道修浚中的角色

与其他地区不同,盐务官员和盐商在淮扬地区的水利事务中扮演了突出角色,地方士绅的作用则相对微弱。[③] 两淮盐商凭借政府授予的淮盐世袭专卖权,获取了巨额财富,政府反过来也要求他们报效朝廷,为灾荒、洪涝、战事等捐款。而淮扬水道的畅通,关系到淮盐的生产和运销,影响盐课收入,政府不得不重视;又与盐商的收益挂钩,盐商也不敢忽视。于是,盐商或被迫或自愿地承担淮扬水道的修浚费用(见表 4-1)。

---

① 曹爱生:《古代两淮盐政中的"河工"》,《盐城工学院学报(社会科学版)》2013 年第 2 期,第 5-9 页。

② 安东篱:《说扬州:1550—1850 年的一座中国城市》,中华书局,2007,第 148 页;曹爱生:《古代两淮盐政中的"河工"》,《盐城工学院学报(社会科学版)》2013 年第 2 期,第 5-9 页。

③ 安东篱:《说扬州:1550—1850 年的一座中国城市》,中华书局,2007,第 143 页。

表 4-1　1727—1806 年淮扬盐商承担修浚工程支出节录

| 年　份 | 项　目 | 费用/银两 | 资金来源 |
| --- | --- | --- | --- |
| 1727—1728 | 淮扬水系全面修浚 | 270 850 | 商人捐助,通过运库 |
| 1738 | 淮扬水系全面修浚 | 300 000 | 5 年内商人捐助;运库 |
| 1739 | 新兴和庙湾场运河疏浚 | 27 830 | 来自 1738 年的捐助;运库 |
| 1741 | 三汊河部分疏浚 | 600 | 运库;商人在 8 年内还清 |
| 1745 | 江北大范围的疏浚 | 487 861 | 运库 |
| 1753 | 三汊河疏浚,修筑一道水坝 | 28 270 | 运库 |
| 1755 | 盐场运河疏浚 | 122 000 | 运库;商人在两年内还清 |
| 1755 | 三汊河疏浚,修筑一道水坝 | 11 712 | 运库 |
| 1761 | 沿海运河疏浚开挖 | 87 241 | 运库 |
| 1765 年提出;1766 年核准 | 安丰和其他盐场运河及小沟渠 | 2 000 | 从商人违法利润中扣 |
|  | 疏浚 | 16 160 |  |
| 1767 | 三汊河疏浚 | 22 618 | 运库 |
| 1776 | 运盐河疏浚 | 65 853 | 盐税;商人在两年内还清 |
|  | 建 1 座闸门 | 1 684 |  |
| 1776 | 三汊河部分疏浚 | 9 862 | 运库 |
| 1790 | 运盐河及串场河疏浚 | 290 000 | 运库;商人在 5 年内还清 |
| 1806 | 运河疏浚,建 1 座泄洪闸 | 60 000 | 个别盐商 |
|  |  | 30 000 | 个人盐商 |
|  |  | 45 000 | 商人首领捐助 |

注：本表在安东篱(2007)所整理的表格基础上删减编辑而成。

资料来源：安东篱：《说扬州：1550—1850 年的一座中国城市》,中华书局,2007,第 292-293 页。

清初,盐商仅偶尔承担淮扬水道及相关水利设施的修浚费用;但到 18 世纪,两淮盐商的财富达到了新的高峰,淮盐专卖的利润日益成为水利工程的主要经费来源,盐商更大程度地参与到淮扬水道的治理中。从 18 世纪 20 年代起,盐商开始为淮扬地区水利系统的维护提供实质性的支持,金额从上千两至 10 万两不等,赞助了从闸门修理到沟渠疏浚等工程。经费一般先由盐库支出,再由盐商分期归还。如乾隆十年(1745),江南总督尹继善等的公文云："下河各工应将原奏议挑之高邮官河并蚌蜒、梓辛、车路、白涂、海沟、兴盐界河、东西官河、南北串场河、范堤添建闸座、金门及闸下归海引河,俱拟为急修。其运盐河、通州城河、丁堰河以至任家港等处拟为缓修。而急修之中如海沟、车路等河及闸下归海引河攸关泄水要道,尤为吃紧,今勒限于四月内首先挑浚。至串场河亦应急修……兴修之后,与商人有益。所有估需银两,应先于盐库内动支,照例责令商人分八年还项。"可见,盐商承担淮扬水道大规模修浚的费用已是定例。另外,盐商有时也主动请求疏浚相关河道,并自愿捐款。如道光十四年(1834),运司俞德渊上报,根据东台、何垛、丁溪、草堰、刘庄、伍佑、新兴7场商人要求,请求兴挑泰属运盐河,"自道光十五年正月起。凡商等七场运盐,于请发皮票时,情愿每引扣银三分,缴存运库,以备相时领项兴办。俟大工告竣,捐项即行停止"。甚至,盐商直接承担特定水道和设施的全部或部分维护责任,比如,三汉河、范公堤。[①]

## 三、 疏浚与扬州园林

扬州是两淮盐运枢纽与盐政中心,盐商会聚于此。他们为日常游冶和商务交际的需要,不惜财力,营宅造园。而园林之作又最能体现主人的财富与智慧,各家于是争奇斗艳,极尽奢华之能事。明清两代,整个扬州城内外,巨室、亭馆鳞次栉比,其中盐商更是借此炫耀,相互攀比,致使扬州成为园林极盛之地。[②]

### 1. 运河疏浚与叠山

扬州地处平原,除城外西北郊的蜀岗外,并无自然山地。但运河及其水系,需以时疏浚,其中几次大规模疏浚开挖出来的泥土堆积成山,日久形成扬州城内珍贵的景观,也成为各类园林聚集借景之地。新旧"梅花岭""康山",均是运河疏浚的产物。这使得扬州园林的叠山尺度较大,多用"土山戴石"法,哪怕叠石为山,也追求整体效果与大气势。故此,《扬州画舫录》中有"扬州以名园胜,名园以垒石胜"之语。

梅花岭,是明万历二十年(1592)扬州太守吴秀开浚城濠,在新城广储门外积土为岭,树以梅,因而得名。吴秀又沿梅花岭筑楼台池榭,取名"平山别墅",东西为州县会馆,名"偕乐园"。其后梅花岭一处为衙署园林的聚集之地。1734年,盐商马曰琯建"梅花书院",1778年,朱孝存重修书院,又以浚河之土培之,复梅花岭旧观。

康山,乃由明永乐年间(1403—1424)平江伯陈瑄睿开浚运河,委土于新城东

---

① 安东篱:《说扬州:1550—1850年的一座中国城市》,中华书局,2007,第148-149页;曹爱生:《古代两淮盐政中的"河工"》,《盐城工学院学报(社会科学版)》2013年第2期,第5-9页。

② 阮仪三:《扬州盐商与扬州园林》,《扬州大学学报(人文社会科学版)》2015年第5期,第67-69页。

南,隆然成山。明嘉靖(1522—1566)中因倭寇之乱增筑新城,将其纳入城中,其后成为园林聚集之地。明代姚思孝于康山修有山馆,另康海被贬后也于此建园游乐,董其昌题名"康山草堂"。清代盐商江春重修园林,同一时期尚有观音堂、徐本增园、万石园、易园等多个园林聚集于此。

这些运河疏浚造成的名胜景观,多为土山,没有特别的形态与细部,其尺度小于自然山峦,但又远远大于普通园林中的造山。明代起,扬州园林开始大规模发展。作为各类园林的聚集地,运河疏浚造山的这些形态与尺度特征也开始影响扬州园林的叠山理水。扬州园林中的山水造景,往往追求整体气势,尺度大于苏南园林,便是来源于此。[①]

### 2. 浚河理水与造园

中国古典园林的营造讲究顺应自然,叠山理水是其基本造景要素,处理好山水的关系,使山水和谐交融,是造园者必须处理的关键问题。所谓"山因水活,水随山转",有水,园中的山林景色才更有生气。造园的起始阶段就要"立基先究源头,疏源之去由,察水之来历",疏通水源,使园中之水与自然水系沟通。[②] 因此,造园多与浚河联系在一起。

扬州保障河的疏浚在一定程度上为扬州园林的兴起奠定了地理基础。保障河,或称炮山河、保障湖,康熙年间已有瘦西湖之称。原是护城河,唐宋以后,扬州城日益缩小,保障河逐步成为蜀冈上诸水汇聚流入运河的水道。但直至明末,保障河边仍罕见园林。

清乾隆年间以前,保障河曾有过局部的疏浚。明代,法海寺东法海桥旧为石桥,年久渐圮。嘉靖四年(1525),扬州卫指挥火晟致仕重造,曾浚深桥址一带的河道。清康熙年间,程梦星于湖上筑筱园后,湖上有一次范围较广的疏浚。据《扬州画舫录》:"是时红桥至保障湖,绿杨两岸,芙渠十里。久之湖泥淤淀,荷田渐变而种芹。迨雍正壬子(十年)浚市河,翰林倡众捐金,益浚保障湖,以为市河之蓄泄,……。于是,昔之大小画舫至法海寺而止者,今则可以抵是园而止矣。"这是乾隆以前保障湖上较大的一次理水疏浚工作,使得画舫可行至筱园,比先前只能驶抵法海寺,又向西、向北延伸了一段水路。

---

① 有关运河疏浚与扬州园林叠山之法情况的叙述,系援引都铭的成果。都铭:《扬州园林变迁研究:人群与风景》,同济大学出版社,2014,第8、206页。

② 陈从周:《中国园林鉴赏辞典》,华东师范大学出版社,2001,第993页。

雍正十年(1732),郡守尹会一疏浚保障河。乾隆十年(1745)、二十年(1755),两淮巡盐御史也相继对保障河进行疏理。这些疏浚工作虽有利于画舫行驶,但都没有真正全面打通湖上通道。舟行至平山堂,必须绕法海寺南小河,而后西北行驶,且大型画舫不能通行。

直到乾隆二十二年(1757),巡盐御史高恒开凿莲性寺北莲花埂新河,拓宽浚深了河道,以通东西,并筑莲花桥,横跨南北,形成水陆立交模式。这才打通了从城北御马头而虹桥,过小金山至平山堂下大型画舫的直通水道,又解决了湖上中心地带南北岸陆行的阻隔。莲花桥非楼非阁,似楼似阁,五亭聚于一桥的优美,及其独特的造型,也兼顾了游赏需要,成为瞻眺的中心。这在保障湖的理水史和建筑史上,都是一件很有意义的大事。此前湖上疏浚理水的努力,以及这次开埂、浚河、筑桥等方面理水的政绩,为湖上园林的兴起,创造了极为有利的地理环境。这次浚河之后,湖上两岸迅速建起了一系列园林,至乾隆三十年(1765),北郊湖上已有二十四景。至此,唐宋至明清的一条曲折的废城濠,已经演变为集锦式的园林群落。①

## 第四节 铜政与金沙江开浚

### 一、"专取滇铜"造成的水运基建需求

清代云南为中国重要的产铜地。该省所产之铜,部分用于在本省各铸钱局就地铸钱,绝大部分为专供京师铸钱所用的"京铜"、供各省铸钱局买入并在各省分别铸钱的"采买铜"。这两项铜斤,均需外运。其运输线路,大体是将滇铜在东川府、寻甸县两地集中,经四川省永宁至泸州,再经长江船运至江苏仪征;"采买铜"在沿江各省散发转运,"京铜"则由江苏仪征转大运河漕运,北上至京师。国家"岁发铜本银百万两,四五年间,岁出六七百万斤或八九百万斤,最多乃至千二三百万。户、工两局,暨江南、江西、浙江、福建、陕西、湖北、广东、广西、贵州九路,岁需九百余万(斤),悉取给焉"。② 乾隆初年,云南蓄养的全部牛马合计"不过六七万"并且"分隶八十七郡邑"。为陆路运铜可雇用到的牛马只有二三万头,"尚须马、牛七八万,而

---

① 关于保障河疏浚之事的叙述,系援引自许少飞的著作。许少飞:《扬州园林小史》,广陵书社,2018,第140-142页。

② 赵尔巽:《清史稿》,124卷,《食货志五·矿法》,中华书局,1997,第3666页。

滇固已穷矣"。① 每年运输滇铜出省又需要动用大量人工。他们在途运输,需要解决吃饭问题。而云南东北部的昭通、东川等地"俱系岩疆,产米稀少","人众食繁,陆路无从接济,欲筹水利,非开金江,别无善策"(为节省篇幅并考虑版面美观,如无特别注明,本节中所引用的基本史料均出自《云南史料丛刊》)②。

## 二、 请修金沙江通川河道

庆复是实际开始金沙江勘探工作的首任云南地方官员,乾隆四年(1739)冬,他遴选并委派昭通镇游击将军韩杰第一次实地勘察金沙江通川河道。韩杰初步勘测的结果是,金沙江疏浚工程应修河道 1 300 余里、险滩 72 处。到乾隆五年十一月初十(1740 年 12 月 28 日),庆复在给乾隆的新奏折中,又称应予修整的有"大小八十五滩"。③

乾隆六年八月初六(1741 年 9 月 15 日),张允随奉旨接续办理疏浚工程,把疏浚工程分为上、下游两段。其中,上游工段自小江口至金沙厂共计 673 里;下游工段自金沙厂起至新开滩共计 646 里。在该日发出的这份奏折中,他明确了"各按工程难易,分段分滩,次第修凿"的施工原则。约 200 年后,1938—1939 年,荷兰工程师蒲德利等人进行水利勘察。他们希望按照现代航道标准再通金沙江。他们综合现代水利工程施工技术和考察所得的基础条件,给出的建议仍然是分段疏浚、分段通航。④

乾隆六年十月十六日(1741 年 11 月 23 日)至乾隆七年正月十五日(1742 年 2月 19 日),张允随委派曲靖知府董廷扬、昭通知府来谦鸣勘察了自四川省叙州府新开滩至昭通府大雾基滩的金沙江下游河道。这大约占全部下游应修工程长度的一半左右。乾隆七年二月十七日(1742 年 3 月 23 日),张允随在核查了金沙江上游江图之后,决定变更原始施工方案,在碎琼滩到石圣滩之间将原有山路修凿平整,设马站两处。运铜船只在碎琼滩卸货改陆运,至石圣滩重新将铜装载上船。这样可以撇开蜈蚣岭至双佛滩一共 15 处最难以施工的滩涂,节约工费和强行通航可能带

① 吴其濬著、马晓粉校注:《〈滇南矿厂图略〉校注》,西南交通大学出版社,2017,第 286 页。
② 张允随:《为恭报微臣遵旨启程前赴金沙江会同相度机宜事》,载方国瑜编:《云南史料丛刊》第 8卷,云南大学出版社,2001,第 570 页。
③ 庆复:《为陈开修金沙江通川河道工程八事奏折》,载刘若芳、孔未名:《乾隆年间疏浚金沙江史料(上)》,《历史档案》2001 年第 1 期,47-61 页。
④ 张振利:《蒲德利与金沙江查勘试航》,《云南档案》2012 年第 9 期,第 17-19 页。

来的拉纤、盘载费用。到乾隆七年五月二十四日(1742 年 6 月 26 日),金沙江下游工程勘察完毕,由张允随"恭折奏报"。但为解决张、尹矛盾,经已调任天津镇总兵的黄廷桂建议,乾隆此前于该年五月十五日(1742 年 6 月 17 日)曾朱批要张、尹并和新柱 3 人见面共商。乾隆七年七月十五日(1742 年 8 月 15 日),张允随动身前往四川叙州府。乾隆在张允随的这道报告动身奏折上写了批语,称张可以把奏折上"必有一定之论,断无两可之谋"的朱批出示给众人一同观看。新柱、尹继善、张允随分别于该年八月十五、十九、二十一日(1742 年 9 月 13 日、17 日、19 日)抵达叙州。[①] 在该年十月初一(1742 年 10 月 28 日)(3 人联名上奏)和十月初二(1742 年 10 月 29 日)(由张允随一人单独上奏)的两道奏折中,3 人已经完成水文勘察,并议定了金沙江疏浚工程的具体方案。这个方案,基本上是按张允随的意见起草的。

在乾隆七年十月初一(1742 年 10 月 28 日)的 3 人联名奏折中,记载有"至金江图说,臣张允随现在详细绘造,尚未完竣,容俟另行恭呈御鉴"[②]的内容。而在乾隆对张允随于该年十一月十七日(1742 年 12 月 13 日)所上另一奏折的朱批中,可见"图并发"三字。这就证明,最终定案的工程图,完成于乾隆七年十月初一至十一月十七日之间。该图名为《金沙江上下两游图》(见图 4-3),现藏于中国第一历史档案馆特藏库。考察该图,共绘制了金沙江上、下游 134 处滩涂。其中,上游 52 滩,下游 82 滩。

统计乾隆五年至乾隆十三年各种奏报,庆复、张允随报称的上游应修滩涂数为 35 处。内含实际未修 1 处。乾隆八年三月(1743 年 4 月)之前,修完主体工程 19 处。乾隆十年十月二十一日(1745 年 11 月 14 日)至乾隆十三年四月(1748 年 5 月),作为后续收尾工程,又补充修完 15 处。下游应修滩涂数则为 64 处。乾隆七年(1742)春,试修 1 处,乾隆八年十一月(1743 年 12 月)至次年四月(1744 年 5 月),修完 61 处。[③]乾隆九年三月初五(1744 年 4 月 17 日),张允随奏请开修下游剩余工程。至该年十一月十六日(1744 年 12 月 19 日),疏浚完工。乾隆十年五月二十七日(1745 年 6 月 26 日),增修星罗渡段工程完工。

---

① 尹继善、新柱、张允随:《为遵旨会勘酌议具奏事》,载刘若芳、孔未名:《乾隆年间疏浚金沙江史料(上)》,《历史档案》2001 年第 1 期,第 47-61 页。

② 尹继善、新柱、张允随:《为遵旨会勘酌议具奏事》(乾隆七年十月初一),转引自刘若芳、孔未名:《乾隆年间疏浚金沙江史料(上)》,《历史档案》2001 年第 1 期,第 47-61 页。

③ 王瑰、陈艳丽、马晓粉:《〈清实录〉中铜业铜政资料汇编》,西南交通大学出版社,2016,第 57 页。

图 4-3　金沙江上下两游图（总览）

资料来源：曹婉如等编：《中国古代地图集：清代》，文物出版社，1997，第 74 页。

## 三、工程技术传承与创新

　　金沙江疏浚工程的基本施工方法是在每年东南亚季风气候的旱季（即每年公历 11 月至次年 5 月期间），趁着江水因干旱而较少，水位较低并且水势平缓时，因便施工。至于所修工程，既有在江岸临水山脚处开辟用于拉纤的纤道，也有直接在露出的礁石和石质河底上进行疏凿作业的，还有废弃天然河槽不用，人力开挖水量稳定、水流平缓新河道。即所谓"或从水中筑坝，凿去拦水巨石，或从山根岭角开成石槽子河，或从绝壁悬崖凿出钩梯磴级"等。"凡最险之滩，中洪汹涌，不能行舟者，于历来架厢拉杆之处，筑坝逼水，将滩石烧煅椎凿，开出船路，以避中流之险；其次险各滩，亦先筑坝逼水，将水面、水底碍船巨石凿去，令下水之船可以沿滩放下，又于两岸绝壁之上搭立鹰架，凿出高低纤路一万数百丈，并凿去碍纤石块，使舟楫上下牵挽有资。"这里借鉴的是江浙人工运河曾经使用过的"河道盘坝"技术。其中在乱石缝隙中插入的木质"鹰架"，是供工匠利用藤条缠在腰上，将自己垂挂下去，悬空铲凿山崖。这种办法，现代人为修建红旗渠而清除山崖松动石块、打炮眼时，一样使用过。小溜筒滩由疏浚工程总理宋寿图亲自督修，工程人员"于南岸百丈石洲中凿开石槽一道,长五十三丈,宽一丈二三尺不等,避过险浪,开通之日,舟楫可上下通行"。这是在江心洲上开凿新河道。滥田坝滩为上游最险,内有多级大瀑布,滩长5里,由陈克复督修。陈克复首创"圆坝法"。筑坝拦水,然后"将水中大石连根凿去,上水舡从北岸拉上,又将南岸巨石数十丈,亦用圆坝之法凿去,开成子河一道,上下舡只现可通行"。这是在金沙江南岸山脚处新开河道。统计这些开凿工作所使用的工具,则有钢钻、锲子、鋻锤、手锤、千斤等。对于坚硬难凿的地段,"先令伕匠砍伐木植堆积,用火烧煅,再用锤凿劈打"。这种利用热胀冷缩原理使石块加速剥裂的做法,在春秋时吴国修邗沟、战国时秦修都江堰宝瓶口的过程中,均已得到应用。总而言之,金沙江疏浚中使用的工程技术,既有继承历代河工经验的部分,又有因地制宜进行创新的部分,是一整套行之有效的系统方法。

## 四、 工程的经济效益及其核算

由于金沙江航道疏浚工程被分为上游和下游两段先后进行,工程对民间商贸活动和铜产运输的影响也分为前后两个阶段。

盐、米价格方面,乾隆八年三月(1943年4月),金沙江上游疏浚工程完工。"自上游开修以来,去冬今春,川省商船贩运米盐货物至金沙厂以上发卖者,较往年多至十数倍。"该年二月(1943年3月)大批商船抵达之前,每石大米在金沙厂售价原本约为白银4两2钱至4两3钱。商船抵达后,四川大米输入云南数量大增,供求关系发生变化。该地大米即"减价一两有余"。自此之后,各铜厂的米、盐价格伴随着疏浚工程的进展,也持续降低。乾隆九年九月二十八日(1744年11月2日),"采买川米……民间见有川米可买,又值春荞登场,米价旋即平减"。乾隆十年五月二十七日(1945年6月26日),"又厂地常年米价,每石需银四两有余,今止一两七八钱,亦属从来所未有……现在京铜船只御尾下行,川蜀米、盐连樯上泛,新疆民食,接济无虞"。乾隆十年十月二十一日(1745年11月14日),运到金沙厂的四川米"常年每石需银三四两者,近止二两上下"。乾隆十一年六月二十九日(1946年8月15日),"向苦米贵"的昭通府"自江工告竣以后,连年米价平减,新疆民食常充,夷情益臻宁谧"。乾隆十四年四月初三(1749年5月18日),金沙江疏浚凿通以来,"川省上传可抵上游支滥田坝等处,是以昭(通)、(池)东两府,米、盐价值渐平,铜运亦多节省"。同时,由于商船还配载了其他货物,航路沿岸夷人村寨"皆欢欣交易",商业活动得到了发展。在"免艰食之虞"的同时,由于从事长途贩运的商人大多是四川等社会经济发展水平较好的内地汉人,商贸交流活动也给金沙江沿岸少数民族带来了新的知识以及汉族习俗和文化。"使无知蛮猓渐被华风"即此之谓也。

滇铜外运方面,乾隆八年二月初一(1743 年 2 月 24 日),开始本年度的滇铜外运,至四月十五日(1743 年 5 月 8 日),因金沙江涨水暂停为止,共将云南各处所采炼的铜产共 260 600 余斤安全运抵永善县暂时积存。乾隆八年(1743)冬季至乾隆九年正月底(1744 年 3 月),共有 661 000 余斤滇铜自汤丹厂小江口水运抵达绿草滩;又有 10 万余斤滇铜自横木滩水运至河口滩。这些积存铜产,在等待向云南输入米、盐的官、私船舶(私船绝大多数为四川客商船只)回航空出舱位的机会,"即行运赴泸州"。承揽铜矿开采、冶炼工作的各铜厂商民认可这项疏浚工程,使"厂民得沾利益,情愿于每秤毛铜三百五十斤内捐出一斤,运省变价(即运到昆明发卖),以备岁修之用(即作为后续工程维修、维护费用)"。乾隆九年十一月十六日(1744 年12 月 19 日),金沙江疏浚工程下游段主体部分也告竣工。在各船只停泊点,远近各处商客百姓开始兴建房屋和集市交易场所。源自四川的货物日渐渗透至云南东北部各地,沿江"商旅往来,渐有内地景象"。在执行国家规定的铜政运输定额方面,由于航道条件显著改善,运量加大。除利用四川来滇贸易米、盐空回的商船舱位和大关县(今属昭通)驻军运粮船只之外,"尚需包雇空船一半凑用"来运出滇铜。云南东川、寻甸等地每年约有一半左右的"京铜"(约 100 万斤)由陆运改为利用金沙江航道船运,"(云南东川)每一百万斤可节省银三千三百两"的"陆运脚价"。乾隆十年九月二十日(1745 年 10 月 15 日),张允随又奏称:"每年以运铜一百万斤计算,较陆路可节省运脚银六千三百余两;又开罗星渡河道……每年分运威宁铜一百五十八万余斤,可节省运脚二千九百余两;又开修盐井渡河道……每年分运东川铜一百五十八万余斤,可节省运脚银五千二百余两;三(处)共节省银一万四千五百余两。"从他这时上奏起,至乾隆十四年六月二十四日(1749 年 8 月 6 日)舒赫德就工程实绩一事禀报乾隆帝为止,在去除冬季停运后剩下的约 3 年零 8 个月的时间内,因金沙江疏浚工程节省的运脚价银正好能与后文中"历年节省的五万二千余两"[①]的数目对应得上。

除了清中前期的这次规模较大的疏浚活动以外,在云南境内的其他疏浚工程,往往是一些小规模的局部性农业灌溉工程。这与当地少数民族"好治水田"(主要

① 王瑰、陈艳丽、马晓粉:《〈清实录〉中铜业铜政资料汇编》,西南交通大学出版社,2016,第 81-84 页。

种植糯米而不是粳米)的糯稻农业生产习惯有关。其起源远在中唐(南诏国)时期,一直绵延至晚清、民国。

其中,比较有特点的为大理国地方政权整修金汁河、盘龙江,并得到元朝的继承与发展;又有明洪武末年(1396)引阳宗海至宜良县城的 30 里汤池渠和后续扩建的文公渠,以及清雍正元年(1723)在弥勒州甸坝修中沟、上沟短途引水灌溉工程等。

此外,则有始于至元十年(1273)并得到明清两代继承,屡次拨付"官钱"整治的滇池海口河和滇池清淤疏浚工程,疏挖整治滇池海口河。明弘治十四年(1501),"霖雨连旬,滇池泛溢","水患滋甚"。巡抚陈金于次年主持疏挖治理海口河,先在海口筑坝堵水,再凿挖石质河床,以降水位。另在海口河两岸建防止水土流失的"旱坝"15 座。这次治理,"起借六卫军余"和"安宁、晋宁、昆阳三州,呈贡、易门、归化、昆明四县民夫四万有奇",是规模较大的海口河治理工程。陈金任云南巡抚期间,制定海口河大修、岁修条例。岁修每年一次,"每年三月,必挖海口",并将工程量分由环湖的晋宁、昆阳、安宁、呈贡、昆明等五州县承担。清康熙五十七年(1718),海口河由叶世芳再次主持疏浚,增加规定按周围田亩收益(免于水淹)的面积收费,以利后来修河;设民工 10 人、房屋 10 间,供其长居值守;以工程结余款项买田出息,置田租 10 余石,供岁修用(此租存续至 1949 年)。雍正年间,云贵总督鄂尔泰撰有《修浚海口六河疏》,亦有"明弘治时,巡抚陈金开渠,浚沙、筑坝、凿石,民困以苏,自此遂有岁修大修之例",制定岁修御患堤条规,御患堤即大理城西护河堤,军事水利设施。河"阔一丈五",因每年"暴流砂石",一年不疏挖,河床即淤高与堤平。大理府、卫决定每年农隙筑堤浚河,工程量由军队承担三分之二,县民承担三分之一。鄂尔泰还提出了"每年十一月二十五日开工"、每次岁修均将堤埂加高一尺的具体要求。

另外,对南盘江部分地点、洱海、大屯海等高原湖泊,清代还有一些零星的疏浚工程,主要是为了排除积水,以利耕种和进行地震后的救灾工作,规模更小。

## 第五节 导水与御潮结合的鱼鳞大石塘

海塘,又称海堤,系人工修建的抵御海潮侵袭、保护沿海地区安全和生产的堤防工程,有海上长城之称。我国的海塘按地域分,有江苏海塘、浙西海塘、浙东海塘和闽广海塘。海塘工程早期多是土塘,易于冲毁。宋代出现石塘,明代经多次改进形成五纵五横的鱼鳞石塘,清代定型为鱼鳞大石塘,至此,传统海塘工程技术达到巅峰。[1] 海塘并不只是筑堤,疏浚工程也是海塘兴建与维护当中必不可少的内容。兴建鱼鳞大石塘往往会开凿配套的备塘河,备塘河是排水河,作为鱼鳞大石塘的主要附属工程,发挥着护卫海塘的功能。此外,为维护海塘,还需经常对相关河道进行疏浚,政府亦建立了海塘管理与岁修制度。

## 一、 从土塘到鱼鳞大石塘

最早出现的海塘是土塘。就地取材堆筑的土塘,土料黏性较低,其断面从稳定性考虑主要为低宽的梯形断面。后逐渐采用其他措施加强土塘的稳定,如在迎水面用竹笼、木桩、抛石、砌石等工程结构护坡。护坡部分逐渐扩大成为塘工主体,衍生出其他形式的塘工。因土塘抗风浪能力低,后来多用作支持海塘稳定的堤背护塘,或称土备塘、子塘。

唐代,福州开始筑柴塘。柴塘用柴、土间层加压修筑而成,修筑柴塘的柴通常用灌木荆条,与黄河上的埽工相似。《新唐书·地理志》载,福建"连江东北十八里有柴塘,贞观元年筑"。福建至广东沿海的海塘古代多称为"海堤",工程规模较小。这一带波浪强度较弱的海滩上生长着茂密的红树林木,在滩地上筑的土堤与灌木林互为屏障,具有很好的消减波浪淘刷的作用。这是福建广东沿海地区特有的海堤工程形式。北宋以后,浙江海塘中柴塘使用渐多。明清时期多称为草塘。[2]

五代吴越时期(893—978),在杭州一带海岸开始修建竹笼石塘。公元910年,吴越王钱镠征集军民在杭州候潮门到通江门一带建筑海塘,以抵御海潮对杭州城的侵袭。初用版筑法,即两侧用木板夹峙,中间填土夯实,筑成土塘。由于这一带海岸土质为粉砂,抗冲刷力差,土塘屡筑屡溃。于是,以竹笼充填块石,层层叠置,堆成堤坝,筑成竹笼石塘,史称"捍海塘"。

元代开始,出现石囤木柜塘。石囤,是用木桩捆扎而成的矩形木框,内填以大石,也是层层叠砌,在结构形式上与竹笼工同。当时钱塘江口的潮流多次北冲海宁一带,造成大片陆地坍塌。泰定四年(1327),都水少监张仲仁主持,在30多里的海

---

[1]　蔡勤禹、王林、孔祥成主编:《中国灾害志·断代卷·民国卷》,中国社会出版社,2018,第457页;周魁一:《中国科学技术史·水利卷》,科学出版社,2002,第381页。

[2]　此处对土塘和柴塘的记述,系援引《中国古代防洪工程技术史》。毛振培、谭徐明:《中国古代防洪工程技术史》,山西教育出版社,2017,第105页。

岸线上,筑成一道石囤木柜塘,抗击狂潮冲击。①

　　石塘至晚出现于北宋景祐时(1034—1038)。由于钱塘江口竹笼海塘屡被冲毁,"工部郎中张夏出使,因置捍江兵士五指挥,专采石修塘,随损随治,众赖以安"。南宋时,钱塘江口石塘石工逐渐增多。乾道九年(1173)、淳熙元年(1174)屡兴大工,钱塘江海塘的砌石塘工已经具有一定规模。

　　明清时期,钱塘江海塘砌石塘工逐渐成为主流塘工形式,经过数百年的经营,诞生了以鱼鳞大石塘为主体的重力型海塘工程体系。嘉靖二十一年(1542),浙江水利佥事黄光升以五纵五横的砌石方法,在海盐修筑了高达 10 米,塘身由 18 层条石砌成的重力型海塘。这种纵横交错的骑缝叠砌法,使砌石互相牵制,在较大程度上增加塘体稳定和抗风浪抗冲刷的能力。清雍正(1723—1735)、乾隆(1736—1795)年间,在海宁境内大规模修筑海塘的过程中,这一工程形式的推广和完善,被称为鱼鳞大石塘。②

## 二、 备塘河与引河的开浚

### 1. 备塘河

　　鱼鳞大石塘有一系列配套的护岸工程,备塘河即其中一项主要工程。备塘河始现于南宋。南宋嘉定十五年(1222),浙西提举刘垕创造了一种在石塘之内另筑土塘来阻挡咸潮的方法。即在海塘内侧再挖一道内河叫"备塘河",以消纳海水。一旦海塘决堤,或特大潮汛袭来,咸潮侵入海塘,备塘河就可以蓄存咸水,随后再排泄出海。而挖河所取之土,又在河的内侧堆成一条土塘,称为"土备塘"。③

　　元代,海盐海塘已有备塘河,主要是筑塘取土留下的沟堑。明代,黄光升海盐大石塘建成后,在海宁却难以推广,没有开凿备塘河是其中一个原因。明人陈善分析指出:"余观海宁之塘与海盐异,盐塘有大患亦有大利,宁塘似无显患而实有隐忧。盖盐塘陂池相属,有内河可开,故潮势至此,既为分杀而引其流,更能使草荡悉为膏腴,是大患弭而大利兴也。若宁塘逼近城郭,无内河可开,幸潮水缓于盐耳。设一旦海啸直荡邑治,其为隐忧可胜道乎。"尽管海宁潮位高度低于海盐,但没有内

---

①　此处对竹笼石塘和石囤木柜塘的记述,系援引《水利与交通志》。周魁一、谭徐明:《水利与交通志》,上海人民出版社,2010,第81-82页。

②　此处对石塘的记述,系援引周魁一的著作。周魁一:《中国科学技术史·水利卷》,科学出版社,2002,第382-384页。

③　王育民:《中国地理历史概论(上册)》,人民教育出版社,1985,第341页。

河与钱塘江相通,潮浪袭来无河流可以蓄滞,导致塘背高水位不利于塘体稳定,更易坍塌。陈善之言点出了海宁建石塘的困难之一,也说明了备塘河对石塘安全运用的作用。

清代不少官员意识到备塘河的重要性,于筑石塘时,奏请同时开浚备塘河。康熙五十七年(1718),巡抚朱轼奏请修筑海宁石塘,并开浚备塘河。此处备塘河,原已存在,只是自明末以来,百姓私自筑坝,致使备塘河淤塞成陆地,仅留下河形。朱轼指出,备塘河可在潮汐漫过塘面时,容纳潮水,而不致于骤然泛滥,"应去坝、疏河,即以挑河之土培岸,则浚河以备塘,培岸以防河,是亦有备无患之一法也"。[①] 雍正十一年(1733),内大臣海望、总督李卫"以鱼鳞石塘难以速成,请于海宁龟山南至仁和李家村筑土备塘一道,离外塘或一里、半里,……又恐外有石塘,内有备塘,雨水无从泻泄,因于最低之处筑涵洞十七座以泄水,石闸四座,兼通舟楫,又于备塘河建木桥二十六座,以通行人"。[②]

乾隆年间,海宁修筑鱼鳞大石塘,备塘河成为主要的附属工程(海宁、仁和、海盐、平湖四县修备塘河等用银统计见表 4-2)。备塘河与海塘相距百米左右,与塘背堤平行,每间隔一段有闸门与钱塘江相通,堤岸多为夯土。随着鱼鳞石塘的规模日渐扩大,备塘河的工程设施更加配套,有涵洞、泄水闸与外河或海相通,具有完备的排水功能,并兼有交通效益。[③] 乾隆四年(1739),浙江巡抚卢焯上疏请求开浚备塘河,以方便修筑鱼鳞大石塘运输石料。海宁县"东、西土备塘内外,从前取土筑塘已挖成河形,自尖山以至天开河计长一万四千三百七十余丈,即达人河县之范家木桥;又自范家木桥至殊胜桥皆有旧河,计长六千五百六十丈即达省城"。此河疏通贯通后,不仅修筑海塘所用一切工料皆可直达工地,还可方便商贾贩运一应施工人员所需米粮日用物品,且沿途经过田陌,又可资灌溉。可见,备塘河不仅为鱼鳞大石塘所必需,还为民生提供长久之利。[④]

---

① 翟均廉:《海塘录》,载《中国水利史典》编委会编:《中国水利史典·太湖及东南卷 3》,中国水利水电出版社,2015,第 189-190 页。

② 同上书,第 43 页。

③ 此处对备塘河的记述,除另有标注外,皆系援引毛振培、谭徐明:《中国古代防洪工程技术史》,山西教育出版社,2017,第 442 页。

④ 翟均廉:《海塘录》,载《中国水利史典》编委会编:《中国水利史典·太湖及东南卷 3》,中国水利水电出版社,2015,第 222 页。

表 4-2　海宁、仁和、海盐、平湖四县修备塘河等用银统计

| 工员 | 工程内容 | 用银数额/两 |
|---|---|---|
| 徐崐 | 承筑备塘河闸座、涵洞、河溇、桥梁 | 12 228.6 |
| 胡启敏 | 承筑备塘河溇 | 24 400.9 |
| 许荩臣 | 承筑备塘河溇 | 10 278.8 |
| 罗秉礼 | 承筑备塘河溇 | 21 385.6 |
| 汪德馨 | 承筑备塘河溇 | 4 842.6 |
| 施上治 | 承筑备塘河溇、闸座、涵洞、桥梁 | 22 160.7 |

资料来源：《工科题本——水利工程》编号：486,乾隆三年(1738)七月二十六日,工部尚书来保等题。转引自：和卫国：《治水政治：清代国家与钱塘江海塘工程研究》,中国社会科学出版社,2015,第100页。

## 2. 引河

钱塘江入海口有3处,"在龛、赭两山之间者为南大亹;在禅机山之北、河庄山之南者为中小亹;河庄山之北、海宁海塘之南为北大亹"。明末清初,钱塘江发生了著名的"三亹(mén)变迁"事件,即江水和海潮从南大亹先后改道至中小亹和北大亹,并最终稳定行走北大亹。水势向南大亹,由于有诸山捍卫,危害较轻;水势向北大亹,则直逼仁和、海宁,剧烈冲击海塘。中小亹正当南北两岸之中,江水和海潮从此处出入,两岸不受冲击,可保稳固。因此,清代,康熙、雍正、乾隆三朝在修筑海塘御潮的同时,曾多次兴工在中小亹开浚引河,冀使江流复行中路,以降低海潮对海塘的冲击。①

首次开浚中小亹引河,是在康熙五十七年(1718),由浙江巡抚朱轼主持。但这次施工规模应该很小,仅费银900两,且不久便淤塞。真正大规模开挖中小亹引河工程是在康熙五十九年(1720)。是年四月十三日,闽浙总督满保上奏称,中小亹两山之间原江流故道已为沙土所填平,"此两月上紧挑挖为河,遇江水大时,仍以故道泄洪"。七月,满保与朱轼题请筑海宁县老盐仓及上虞县夏盖山等处大石塘,并开浚中小亹淤沙。两人在奏疏中指出,南大亹久已淤成平陆,江潮直冲北大亹,使海宁之老盐仓段海塘坍没入海。而赭山以北、河庄山以南之中小亹本是江海故道,因近年来淤塞,以致江水海潮尽归北岸。"今虽砌筑石塘,然中小亹淤塞不开,则回潮冲刷,一日两度,土石塘工终难稳固。"故他们将中小亹淤沙挑浚,前期已挑1 090

---

① 翟均廉：《海塘录》,载《中国水利史典》编委会编：《中国水利史典·太湖及东南卷3》,中国水利水电出版社,2015,第42页;王申：《清代钱塘江中小亹引河工程始末——兼及防潮方略之变迁》,《清史研究》2019年第4期,第98-109页。

丈,大汛时潮水亦可由此出入,使江海尽归故道,土石塘可免潮势北冲之患。工部回复表示支持,要求将已挑者再加深加宽,未挑者速行开浚。但开挖后旋又复淤。康熙六十一年(1722),浙江巡抚屠沂以"北岸塘脚现涨沙涂,塘身稳固,无容再为挑浚",奏请停止挑挖。

雍正朝,钱塘江北岸潮势又发生变化,钱塘江河口的整体趋势是南岸涨沙,逼迫潮溜北折激荡海宁城外海塘,塘外护沙冲刷殆尽,危及塘身。于是,开浚中小亹引河的方案再次被付诸实践。雍正十一年(1733),皇帝谕令于中小亹开挖引河,以分水势。十二年,总督程元章奏称中小亹难以开挖,雍正帝遂下旨命副都统隆昇总理海塘之事,开挖引河。隆昇还请求,将北大亹南岸的南港河一并挑浚。疏浚工程于四月初四日开工,先疏浚中小亹中段,二十日,南港河兴工,两处同时开挖,不到一月完工。隆昇考虑到引河后续的维护性疏浚事宜,奏请造混江龙、铁篦子等器具,并用夫捞浅,又请添设海防通判一员,驻扎河庄山,专门负责疏浚。[①] 雍正十三年(1735)五六月间,在海潮、风潮冲击之下,杭州、海宁、海盐等地海塘坍损严重。八月,雍正帝驾崩,乾隆帝继位,命大学士江南河道总督嵇曾筠总理海塘事,前往调查。嵇曾筠经过数月考察,认为应停止引河疏浚,理由是引河在淡水埠安设河头,所选位置不能吸引江流;中段黄山庙一带与禅机、河庄两山之间地势比河头还高,江水自然无法自低处流向高处;而河尾所在的茅草堰一带,每日海潮携带流沙漫入,潮退后都淤积在引河内。又南港河本在北大亹,挑挖此处反而使潮仍向海宁,有损无益。

自乾隆元年(1736)起,钱塘江河口水势日渐南趋,海宁北岸连年涨沙,塘工因壅沙保护而日益巩固。朝廷利用涨沙之机,开始大规模建筑鱼鳞石塘,以求一劳永逸。然而,当海宁以东鱼鳞石塘兴工之际,关于海宁城西老盐仓至杭州章家庵以东4 200丈柴塘是否改建石塘的问题,朝中出现争议,疏浚中小亹引河再次被提出来。乾隆九年(1744)五月,北岸全线涨沙,自章家庵至老盐仓段,柴塘外涨沙或几与塘平,或将作为柴塘护脚的竹篓石坦埋没。塘工因涨沙而稳固无虞。吏部尚书讷亲查勘后,奏请开浚中小亹,"若将中小亹故道开浚深通,俾潮水江流循轨出入,分减北大亹之溜势,则上下塘工悉可安堵,无庸多费工筑,实为经久之图",并提出柴塘

---

① 翟均廉:《海塘录》,载《中国水利史典》编委会编:《中国水利史典·太湖及东南卷3》,中国水利水电出版社,2015,第42页;王申:《清代钱塘江中小亹引河工程始末——兼及防潮方略之变迁》,《清史研究》2019年第4期,第64-65页。

段"不必改建石工,徒滋靡费",得到批准。工程由浙江巡抚常安主持。常安见蜀山之北有积沙宽四五百丈,横亘江中,将大溜逼趋北岸,便先在沙嘴处开挖沟坎 4 道,引潮水江流冲刷积沙。至次年冬时,沙已渐渐坍卸,遂乘势进取,加大力度挑挖疏浚中小亹。至十一年春,蜀山已落水中。十二年(1747)二月,蜀山之南的引河故道已经挑挖竣工,但河庄、严峰二山脚下积沙尚厚。经继续施工,海潮大溜已有渐归中亹之势。十一月初一日以后,江流直趋引河,冲刷河身,甚为深宽。此前隆昇浚后复淤工段,及常安疏浚挑切之处皆冲刷畅流,凡装载柴卤船只悉由中小亹往来。至此,开浚中小亹引河工程终获成效。

　　然而,成效并不持久。乾隆二十四年(1759)四月,江海形势突变,中小亹下口处雷山与蜀山之间出现积沙,近半江潮水重归北大亹,迅速冲刷北岸淤沙。至五月时,水势已全归北大亹,河庄山与禅机山之间"已涨沙连接,虽遇大汛,潮水漫沙不过二三尺,已非舟楫可通。又皆系新涨嫩沙,人力万难施设"。此后,引河虽一度有复开之势,但河势变化多端,人力开浚终究徒劳无益,乾隆帝决定放弃引河工程,而着力改建鱼鳞大石塘。[①]

## 三、 清代海塘的管理与修浚

　　至晚在北宋时,政府便开始对海塘进行管理。北宋景祐年间(1034—1038)工部侍郎张夏设"捍江五指挥",每一指挥统辖 400 兵士,共计 2 000 人,专门从事海塘的维修工程。明代浙江设有"水利佥事",统一管理,在海宁等重点塘工地段都设有维修海塘的塘夫,还将石塘编号,在每年春季进行岁修。[②]

　　清代对海塘的管理和修浚更为重视。此前未编号的海塘,"向遇坍塎,以某家东、西起至某家东、西止开报",易造成混乱。雍正十三年(1735),海塘监督汪漋、张坦麟等提议将各塘编立字号。乾隆二年(1737),大学士总理海塘兼总督巡抚事嵇曾筠,照《千字文》将仁、海、盐、平四县海塘编立字号,以 20 丈为一号,刻字立碑为标志。仁和县境内塘工长 1 423 丈 5 尺,编 72 号;海宁县塘工长 12 794 丈,编 640 号;海盐县塘工长 4 673 丈 5 尺,编 234 号;平湖县塘工长 2 009 丈 8 尺,编 100 号。[③]

---

① 对中小亹引河开浚工程的叙述,除另有标注外皆系援引王申的成果。王申:《清代钱塘江中小亹引河工程始末——兼及防潮方略之变迁》,《清史研究》2019 年第 4 期,第 98-109 页。

② 周魁一,谭徐明:《水利与交通志》,上海人民出版社,2010,第 90 页。

③ 方承观:《两浙海塘通志》,见《中国水利史典》编委会编:《中国水利史典·太湖及东南卷 3》,中国水利水电出版社,2015,第 448 页。

康熙五十九年(1720),闽浙总督觉罗满保、浙江巡抚朱轼题请设海防同知,专司两浙海塘岁修。钱塘江南岸绍兴府内上虞、余杭、山阴、会稽、萧山四县海塘由原绍兴府同知管理,职衔改为绍兴府海防同知;北岸杭州府内海宁、仁和、钱塘三县海塘由原金华府同知管理,改任杭州府海防同知,金华府同知裁去;嘉兴府内海盐、平湖二县海塘由嘉兴府同知专门管理,职衔内加"海防"二字。<sup>①</sup> 但除海宁以外,其余各县岁修经费并无固定可供支用的款项。康熙五十七年、五十九年,朱轼利用海塘捐纳在海宁修筑鱼鳞大石塘,工竣后把剩余银两留存藩库,作为岁修经费,且随捐随修。故而海宁海塘自此形成稳定的岁修。<sup>②</sup>

直到雍正五年(1727),浙江巡抚李卫题请将海宁一县岁修专项银两,作为浙江各县海塘岁修款项,两浙海塘的全面岁修制度才得以确立。其他各县海塘,由于此前没有固定的岁修款项,遇经费不足时,便懈怠其事。李卫指出,"江海各塘俱关紧要,且海盐石塘更系对面顶冲,尤属危险,此时若不陈明,将来各县之塘无项岁修,必致日渐圮损,酿成钜工"。<sup>③</sup> 李卫奏请将前任巡抚黄叔琳查抄浙江原籍淮徐道潘尚智家产案内当铺、田地、房屋和零星器皿等物价值10万两有奇,作为抵补各县雍正四、五两年岁修银,剩余的变价以备将来岁修。<sup>④</sup> 并题请"嗣后凡有江、海塘工,应行岁修者,照例一体于此项内动给",得到批准。<sup>⑤</sup>

此外,李卫还题请建立了海塘抢修制度。岁修属于日常性维修,抢修则属于应急性抢堵。自康熙五十九年朱轼题准岁修后,每年加修,都是将实修丈尺、实用工料银两,据实报销。雍正六年(1728)八月,潮势汹涌,海宁县沿塘护沙被冲刷殆尽,急需抢堵,故而先将丈尺情形题报,按每年加修之例办理。雍正七年(1729),风潮较大,海宁县塘工又有冲坍之虞。李卫饬令盐驿道将贮库公费暂拨1万两,解于县库,紧急购买工料,并加派人员昼夜防守,视潮势缓急随时抢堵。由于李卫及时备料,预防抢修,得以安然度过九月更为汹涌的潮汛。随后,李卫题奏"海塘现在冲卸

① 方承观:《两浙海塘通志》,见《中国水利史典》编委会编:《中国水利史典·太湖及东南卷3》,中国水利水电出版社,2015,第422-424页。
② 王大学:《古代大型公共水利工程日常维修制度形成中的环境与政治——以清代两浙海塘岁修、抢修制度为中心》,《社会科学》2014年第8期,第160-166页。
③ 方承观:《两浙海塘通志》,载《中国水利史典》编委会编:《中国水利史典·太湖及东南卷3》,中国水利水电出版社,2015,第427页。
④ 王大学:《古代大型公共水利工程日常维修制度形成中的环境与政治——以清代两浙海塘岁修、抢修制度为中心》,《社会科学》2014年第8期,第160-166页。
⑤ 方承观:《两浙海塘通志》,载《中国水利史典》编委会编:《中国水利史典·太湖及东南卷3》,中国水利水电出版社,2015,第427页。

不可缓待者,应随时抢堵",奉旨允行。①

海塘维护,不仅涉及筑堤修补塘身,还包含疏浚工程。上文已述及,隆昇于雍正十二年(1734)开浚中小亹引河后,奏请造混江龙、铁篦子等器具,并用夫捞浅,又请添设海防通判一员,驻扎河庄山,专门负责疏浚。雍正十三年(1734)八月,大学士江南河道总督嵇曾筠受命总理海塘事务,创切沙法疏浚钱塘江南岸淤沙,以引导江水主溜向南,从而使泥沙在北岸堆积,缓解潮水对沿岸海塘的冲击。据嵇曾筠分析,海宁县海塘的隐患在北岸,但致患之由在南岸,南岸泥沙淤积形成百余里的沙滩,又有沙嘴挑溜,致使水流趋向北岸,危及海塘。因此,他采用借水攻沙之法,在南岸沙洲用铁器随势挑挖,或顺溜截根,或迎潮挑沟,使沙岸根脚空虚,江水、海潮自相冲刷,沙滩顺势瓦解。江溜于是日渐趋向南岸,北岸淤沙日涨,北岸海塘得以免于危祸。乾隆九年(1744),巡抚常安奉旨再次开浚中小亹引河,在蜀山一带使用切沙法,内则疏浚,外则挑切。十一年春,潮汐渐向南趋;十二年,中小亹引河贯通。切沙法在其中发挥了积极作用。②

## 第六节　促淤与疏浚:珠江三角洲的沙田垦殖

沙田是指由河海冲积土发展并开垦而成的田土。明清时期,沙田成为江南和华南地区的一种常见田土;尤其是在珠江三角洲,沙田是最重要的土地。③ 沙田垦殖既与疏浚对立,又包含疏浚。沙田围垦是人工促淤的过程,但沙田区的基塘农业发展中,排涝、灌溉、筑塘等都涉及疏浚活动。沙田开发与宗族组织发展有着密切关系,在一定程度上塑造了华南地区的社会结构。

### 一、沙田围垦

#### 1. 促淤造沙田

沙田的发育形成一般要经过鱼游、橹迫、鹤立、草坯、围田等几个阶段。① 鱼游

---

① 和卫国:《治水政治:清代国家与钱塘江海塘工程研究》,中国社会科学出版社,2015,第90-91页;方承观:《两浙海塘通志》,载《中国水利史典》编委会编:《中国水利史典·太湖及东南卷3》,中国水利水电出版社,2015,第430页。

② 方承观:《两浙海塘通志》,载《中国水利史典》编委会编:《中国水利史典·太湖及东南卷3》,中国水利水电出版社,2015,第54、88页。

③ 黄永豪:《土地开发与地方社会——晚清珠江三角洲沙田研究》,文化创造出版社,2005,第2-3页。

阶段：由于江流泥沙沉积，在水下逐渐堆成沙滩，或形成泥堤，这种水下浅滩便是成坦的前提。由于水深二三米，极宜于鱼群活动，故亦云鱼游阶段。②橹迫阶段：泥沙进一步沉积，低潮时水深仅一二米左右，俗谓之水坦。由于小船摇橹已感困难，故亦谓橹迫阶段。③鹤立阶段：在低潮时，已见成坦露出水面，涨潮时仍被淹没，泥土如浆，可蹬板滑行，俗称白坦。由于鹤可以在上觅食，故云鹤立阶段。④草埠阶段：沙坦逐渐露出水面，野生的秋茄、老鼠簕可生长其上，或人工种植芦荻、咸水草，故谓草簕。亦称斥卤。⑤围田阶段：坦面日高，泥益坚实，可以试种耐咸的虾稻（又称出水莲），进行人工拍围，即成沙田。

这五个阶段中，前三者是江河泥沙淤积的过程，是沙坦形成的先决条件。只有具备淤积的前提，才可以用人工加速淤积变成良田，后二者是人工加速其成坦的过程。因此，并不是任何地方都可以围垦沙田。一般来说，海湾回流处、河岸、岛屿台地周边、河流的两主流之间等具备泥沙淤积条件的地方，围垦沙田较为合适。

经历过漫长的实践，人们才探索出人工促淤围垦沙田的方法。宋元时期，沙田更多的是自然淤积形成。到明清时期，尤其是清代，人工围垦沙田已成普遍现象。人们视水势的缓急，察看到可以围垦的地方，便运石沉入海底，加速沙坦的形成。抛石有挡风浪削弱水势、稳定河槽、加速坦面淤积的作用。抛石比自然淤积快 1～2 倍。抛石一般在坦面高程负 1 米或负 1.5 米时（橹迫阶段）进行。办法一般是从临海及临河的顺流方向，沿浅滩抛下石块，此时坦面上还有 1～1.5 米水深，所以易于用船运石。抛石的结果，便在浅滩上形成周围数百丈或千丈不等的石基，利用石基的阻力，加速泥沙的淤积。待泥沙与基平，然后运石再垒，直至潮退而坦形可见，又再加工筑，最后使坦露出水面，形成白坦。这时坦面有跳鱼（俗称白鸽鱼）活动。由于白坦如浆，人践其上可以灭顶，所以人们在其上种植芦荻、咸水草。种草时间，一般在农历三月至四月，或八月、十月间进行。种草的作用是使泥沙停积、泥土坚实。只有泥土坚实，后来的筑堤拍围才能顺利进行，才能垦辟成沙田，种植稻米。①

### 2. 堤围修筑与沙田扩张

珠江三角洲沙田的迅速扩张，与堤围的修筑有密切不可分的关系，堤围修筑在

---

① 此处对沙田围垦过程的叙述，系援引谭棣华的著作。谭棣华：《清代珠江三角洲的沙田》，广东人民出版社 1993，第 6-8 页。

沙田成田的最后阶段。堤与围都是垒土石而成,但两者仍有区别。堤是单向的防堤,围是四周修筑成闭合式的防堤。两者发展往往互相联系着,所以日常生活中,人们把它们互相混用,以堤作围,称堤为基围或基。一般来说,在已开垦的冲积平原上以堤为主;在未垦荒坦或未成之坦,大多采用筑围的方法将水排掉,加速田地形成。①

珠江三角洲的堤围修筑最早是在宋代,至今已有 1 000 多年的历史。修筑堤围开垦沙田,有两种情况:一种是先垦后围,由"潮田"(不筑围便利用的沙田)发展为围田;另一种是先围后垦,在荒坦或即将浮露的沙坦上,先以抛石种草等方式促淤,然后拍围垦殖。两宋 300 多年间,沿着珠江的 3 条主要支流西江、东江、北江皆陆续筑有堤围,史志所记有 28 条,其中规模最大的有桑园围②和东江堤。其时筑堤修围,是为护既成之沙,先垦后围,用泥修筑,较为矮小。因有堤围保护,潮田无恶岁,产量大为提高。而沿河筑堤,使河床固定,水流加速,泥沙在下游沉积,促进沙坦形成,又为人工筑造沙田提供了条件。③

明代,珠江三角洲堤围修筑和沙田围垦进入兴盛时期。筑堤 181 条,总长达 22 万多丈,比宋元两代的总数多出近 1 倍。西、北江干道及其支流沿岸都基本上筑上了捍水的堤围,捍护耕地面积达万顷以上,并创造了"载石沉船"的堵口方法。在围垦沙田方面,发明了"种芦积泥成田"的方法以加速围垦。至此,珠江三角州堤围的修筑目的已从捍卫两岸耕地,不与水争地,转变为"聚新成之沙",与水争地的阶段。④ 在顺德平原上,嘉靖年间有"种芦渍土成田也,数千亩可跃而待也",以及"筑堰堤,种草朗,辄成沃壤"的记载,即在仅见坦形的沙坦上修筑堤围,以及种植"芦"一类耐咸、耐浸的植物,加速沙坦成田速度。可见明代大规模的人工促淤工程已出现于珠江口门地区。⑤

到清代,则在"新成之沙"外,又将重点转到"未成之沙",堤围修筑和沙田开发进入全盛时期。"昔筑坝以护既成之沙,今筑堤以聚未成之沙;昔开河以灌田,今填海以为陆。"在清代 200 多年间,据不完全统计,修筑堤围总数已经达 272 条,比明

---

① 此处对沙田围垦过程的叙述,系援引谭棣华的著作。谭棣华:《清代珠江三角洲的沙田》,广东人民出版社 1993,第 19-20 页。

② 桑园围的相关内容,将在第二卷集中叙述。

③ 赵绍祺,杨智维编:《珠江三角洲堤围水利与农业发展史》,广东人民出版社,2011,第 89、92-94 页。

④ 颜泽贤,黄世瑞:《岭南科学技术史》,广东人民出版社,2008,第 321 页。

⑤ 吴建新,张文方:《清代珠江三角洲三种类型的农业工程》,《古今农业》2004 年第 2 期,第 36-45 页。

代筑堤数增加50％以上。① 清代大规模的围垦工程普遍出现于珠江口门的出海水道及滨海地带,使珠江三角洲主要大沙田的基本轮廓在清代已经具备。人工围垦大大加快了珠江三角洲的冲积与成田速度,清代沙田扩展面积比明代增加1倍以上。②

沙田过度围垦,造成洪涝灾害频发。为防御水灾,清中期以后堤围修筑越加增多。但是,堤围既有御灾的作用,同时也造成水道壅塞。因此,珠江三角洲的沙田围垦愈多,水灾也愈加严重。为减少围垦的负面影响,从雍正(1723—1735)时起,当局曾数次推行禁垦令,但触及地方利益,效果有限。③

## 二、 基塘农业与疏浚

沙田区人民为了排涝、灌溉,因地制宜地在堤围中修筑窦、涵,掌握水源的主动权,将低洼地深挖为塘,蓄水养鱼,并把泥土覆于四周成基,种果植桑,栽种甘蔗、葵树等经济作物,从事果基鱼塘、桑基鱼塘、蔗基鱼塘的耕作。④ 桑基鱼塘是清代基塘工程技术中最成熟的类型。清末,桑基鱼塘区还在种桑、养蚕、养鱼之外养猪,养鱼、种桑、饲蚕、养猪的种群结构与食物链更趋合理,标志着清代基塘工程技术的进一步发展,这使桑基鱼塘成为最具经济效益的基塘类型。桑基鱼塘的收益"十倍禾稼",在变田为塘之后,"租入自倍"。⑤

基塘农业系统中,最基础的基塘是通过疏浚建造的。在基围上设置闸窦"以时蓄泄",可用于退潮时排涝。但当内涝长期不退时,挖塘以蓄水减涝,降低水位就是唯一方法。为此,人们在沙田围垦过程中,将不可耕种的低洼地,挑挖为塘,挖出的泥土则覆于四周成基。这样,首先通过疏浚挖泥成塘,然后将疏浚土堆筑成基。池塘蓄水,既可减涝,又可养鱼。明代及清前期,还采取稻鱼共作的方式,池塘较浅,蓄水量很少。嘉庆初年,桑园围内"池塘深者七八尺,浅者五六尺"。清末,罗振玉在西樵山调查,南海县令报告说当地鱼塘"水之深浅略同""自基而至塘底,深约九尺"。池塘普遍深度已达9尺。这样的深度使池塘的防涝作用大大加强,同时也不利

① 颜泽贤、黄世瑞:《岭南科学技术史》,广东人民出版社,2008,第321页。
② 吴建新、张文方:《清代珠江三角洲三种类型的农业工程》,《古今农业》2004年第2期,第36-45页。
③ 吴建新:《清代垦殖政策的两难选择——以珠江三角洲沙田的放垦与禁垦为例》,《古今农业》2010年第1期,第89-97页。
④ 谭棣华:《清代珠江三角洲的沙田》,广东人民出版社,1993,第229页。
⑤ 吴建新、张文方:《清代珠江三角洲三种类型的农业工程》,《古今农业》2004年第2期,第36-45页。

于种稻,于是基塘作业中的鱼稻轮作的环节被淘汰了,池塘淡水养殖效益因此提高。①

池塘与基面的比例,有一定的讲究。塘基比例不同,系统大循环的投入不同,产出就会产生差异。历史上先后有八水二基,七水三基、四水六基、五水五基,甚至有水面宽、基面窄的瓦筒塘。到清代后期,经过南海农民的总结,普遍认为四水六基的比例最适度。这一比例保持池塘适当深度、基面适当高度,可免水浸作物。为保持塘基比例,还有诸多措施。如"培泥之法",鱼塘每年有两三次的"戽泥"作业,年末还排尽塘内之水捉尽杂鱼后,"挖泥上基面培桑",此时可以重新规划池塘深度与基面高度,使基塘保持合适比例。如"镶勘之法",即用塘泥培护基脚,以防泥土倾卸入池塘,影响池塘的深度,这是保持基与塘之间比例的措施之一。还有"盘基之法",过高的基,"必须用锄盘低,可使之平挫如旧"。盘出之泥"就近倒于基内勘边",以"镶阔基面"。②而培泥、镶勘等法,实质上也是疏浚之法,疏浚鱼塘底泥,置于基面。

明代基塘已相当普遍,但还没有出现连成片的基塘区;清代由于过度围垦,水患频发,影响水稻栽培,为减少内涝,乃挖田为塘,规划大面积的基塘区。③基塘区通过闸窦勾连成一个整体的水利系统。建设在堤坝上的闸,形制比窦大,可以作为改变一个区域水文生态的关键设施。窦主要是指基塘区内的池塘之间,或者池塘与河涌之间的小型排灌设施。池塘的作用之一就是容纳内涝的积水,而池塘用于养鱼,需要活水,一般有在池塘中间的上窦和池塘底部的下窦。上窦用于放走池面的浮萍之类杂质,下窦用于放水干塘捉鱼和清塘泥,水窦都通涌滘。这样塘与塘之间、池塘与涌滘之间,涌滘和大河之间有了水窦,整个基塘区就形成了一个有排灌作用的庞大水利系统。而基塘区内的农作制度就在这个水利系统的基础上进行。④

## 三、 沙田围垦中的宗族

沙田的围垦,需要持续地投入大量的人力和财力,这并非单个家庭所能为之,而需要组织化的群体力量。宗族是以祭祀为纽带将拥有共同祖先的男性及其家庭集合起来的组织,明代中后期在华南地区逐渐普遍化。大规模的沙田围垦,多是宗

① 吴建新:《明清珠三角桑基鱼塘对生态文明的贡献》,见黄伟宗、王元林主编:《养生文明与生态文明》,广东旅游出版社,2018,第148-159页。
②③ 吴建新:《明清珠三角桑基鱼塘对生态文明的贡献》,见黄伟宗、王元林主编:《养生文明与生态文明》,广东旅游出版社,2018,第148-159页。
④ 吴建新:《闸窦:明清广东农田水利的技术史和社会史探研》,《古今农业》2007年第4期,第53-63页。

族以置办族田的名义组织实施的。

清人龙廷槐说:"粤中上腴之产,亩值三十金;中腴二十。(沙田)成熟后可比中腴。计其围筑之费与年岁之久,其值亦与买置中腴之田相埒。独经营之苦,争讼之累,视中腴劳数倍焉。"陈在廉则说:"有沙田十亩者,其家必有百亩之资,而始能致之也。有百亩者,必有千亩之资而始能致之也。"这是指沙田围垦需要大量资金。然而,仅有资金仍是不够的。①

围垦沙田需先向政府申报承垦,政府准许后,颁发确定产权的执照。一遇有大片新生沙田浮起时,便有各方争相报垦。而能够得到执照的,多是官僚缙绅和有势力的强宗大族。他们一方面通过商业活动积累财富,有足够的资本用于沙田围垦;另一方面凭借族中士绅的政治社会地位,与官府勾连,甚至可倚势夺取他人产业。普通商人,即便资本雄厚,没有政治势力做后盾,因唯恐被势家大族所争夺而不敢出首报承,只好当出资工筑的包佃人(或称大耕家、二路地主)。甚至"有香山某商,拟筑沙田,乞(许应镰)为言之大府,愿以半相酬"。②

因此,清代珠江三角洲地区的沙田,大多为宗族占有,族田一类的土地特别多。包括书田、蒸尝田、祭田、祠田等。族田是使"祖珑可保,祠宇可守,远居宗人所由会聚,一脉联固,气魄壮雄,未许外人轻生窥俺"的物质条件,而族产的厚薄,又"关乎族运的盛衰",从而备受各宗族的重视。族田增殖有多种途径,人工围筑沙田是最重要的方法。已成沙田的周边沙坦更易淤积,在一定条件下,又形成新的沙田,"子母相生"。不少拥有沙田的宗族,一旦在其附近浮起沙田便动工拍围、扩大沙田面积。经过这样的持续围筑,甚至可得田万余顷。③

沙田作为族田,成为维系宗族组织的物质基础。明清以来,珠江三角洲的大规模沙田围垦,进一步促进了宗族势力的强大。沙田垦殖为宗族带来丰厚的经济利益,这些收益被用于兴建祠堂,撰修族谱,开展祭祀活动。族田收益中的一部分也用于赡族,抚恤和赈济鳏寡孤独及贫穷族人。有的宗族还设立义仓,贮蓄一定数量的族田租谷,以备凶荒急需。族田收益还用于兴办"义学",供族中子弟学习。有的宗族特别拨出一定数量的沙田作为书田(学田),或拿出一定数量租谷专门用于办学,资助贫寒子弟入学之笔墨膏火及应试路费。族中子弟一旦通过科举,获得功

①②　叶显恩,林燊禄:《明清珠江三角洲沙田开发与宗族制》,《中国经济史研究》1998年第4期,第53-65页。

③　谭棣华:《清代珠江三角洲的沙田》,广东人民出版社,1993,第70-71、81-82页。

名,凭借其政治地位,又可提高宗族势力。因此,作为族田的沙田,起到了增强宗族观念,提高宗族凝聚力,维持宗族势力等作用。[1]

## 第七节 林则徐主持的疏浚工程

农田水利关系到百姓衣食之源、国家财赋之本,向来是地方官员政绩考察的重要内容。林则徐在其数十年的宦海生涯中,长时间担任地方要职,对水利事务始终保持着高度的重视。江南、中原、东南、西北等地都有林则徐的治水足迹,他在水利方面做出了重要的贡献。疏浚是水利活动中的重要内容,林则徐的治水事迹中亦不乏可圈可点的疏浚工程。本节将叙述林则徐在江苏疏浚太湖下游的浏(刘)河、白茆河,以及在福建疏浚福州西湖的事迹。

### 一、 江南浚河御灾

自宋代以来,由于太湖流域的全面开发,以及水文条件的改变,作为太湖主要入海通道的吴淞江日益淤塞,危害江南地区。江南向为国家财赋的重要来源地,故而历朝政府对太湖的治理颇为重视。本书在此前相关章节中业已述及,宋元两朝为治理太湖流域水患,开展过诸多开江浚浦的工程;明初,夏原吉为治理江南水患,以三江入海理念为指导,实施"掣淞入浏""掣淞入浦"工程。

明后期国力日衰,政治腐败,政府对太湖水系的治理也相应懈怠,仅有3次大规模的疏浚:即正德十六年(1521),工部尚书李充嗣开浚白茆河、吴淞江;隆庆三年(1569),应天巡抚海瑞疏浚吴淞江;万历五年(1577),巡江御史林应训浚治吴淞江、白茆河。清代前期,重新恢复对太湖流域的经常性治理,平均每隔16.3年即有一次大规模的浚治。但到清后期,同样出现数十年未尝一浚的情况。道光十四年(1834),江苏巡抚林则徐疏浚浏河、白茆河时,距离上一次大规模治理浏河已有32年、治理白茆河已有64年。

道光三年(1823)夏秋,江苏大雨,江河并涨。太湖下游河道淤塞,积水成灾,上游天目山苕溪诸水难以排泄,江浙两省众多府县受灾,百姓生计维艰。两江总督孙玉庭、江苏巡抚韩文绮、浙江巡抚帅承瀛会商后一致认为,太湖上下游必须一并治理,遂共荐时任江苏按察使的林则徐综办江浙七府水利,上谕允准。然而,尚未动

---

① 谭棣华:《清代珠江三角洲的沙田》,广东人民出版社,1993,第232-238页。

工之际,林则徐却因母亲逝世,丁忧离职,工程搁置。

道光十三年(1833),林则徐出任江苏巡抚,又遇水灾,将成荒年。而江苏此前已连年灾歉、钱粮缓征,严重影响国库收入,朝廷对此颇为不满。林则徐在赈济和缓征的同时,提出由官府兴修水利,以工代赈,"且民间望沾水利,与目前望赈,同一急切之情,尤须乘此兴工,乃为一举两得"。在此背景下,林则徐开始了疏浚刘河、白茆河的工程。

林则徐原本计划效仿夏原吉,开浚浏河,挑挖内河直达海口,使海船能够再次驶入太仓刘家港。而后考虑到经费不足,以及工程成效的问题,便放弃通海的设计,只挖清水河。夏原吉开浚浏河通海,虽然短期内能够通行海船,商业繁荣,但是江南地势北高于南,海口高于内地,涨潮时泥沙倒灌入内河,天长日久河道必定淤塞,前功尽弃。凿通浏河、白茆河入海,还会分减吴淞江的水势,造成顾此失彼的后果。且嘉庆二十三年(1818)江苏巡抚陈桂生、道光七年 (1827)江苏巡抚陶澍两次疏浚吴淞江已有一定成效,吴淞江成为太湖下游的主干河道,"今正溜专趋吴淞,则不宜多杀其势"。故此,林则徐采取了挖清水河的方案,并在两河入海口附近建滚水石坝,拦截浑潮,以使"河水有清无浑,即永远有利无害"。

施工过程中,林则徐根据实地调查的情况,对方案做出相应调整。浏河原计工长约 10 516 丈。林则徐经过调查,发现老虎湾到红桥湾、陶家嘴、钱家嘴几处旧河道向南迁回,可以裁弯取直,节省工费,"由吴家坟港,取直挑至小刘河口,汇归原河,计可省工一千八百余丈。又陶家嘴、钱家嘴旧有河形,亦俱向南绕越,若再取直开挑,可省工五百余丈"。浏河附近七浦河等支河也急需挑浚,林则徐便将裁弯取直节省的经费改作支河工程之用,"今因逢湾取直,极力省出,留作挑浚支河之用,实属以公济公"。白茆河支河徐六泾、东西河疏浚工程也用节省经费之法办理。

工程自道光十四年(1834)三月动工,四月完工。林则徐在施工阶段亲往现场勘查巡视,竣工后逐一检察验收,工程得以保质保量地完成,且成效显著。当年七月,两河工程完工后不久,太湖便发大水,而靠了新挖通的河道迅速排水,周边大部分农田免遭水淹,"即如本年七月间,太湖陡发蛟水,幸赖新河通畅,宣泄极灵。惟形如釜底之田,未能及时消涸,其余连岁被淹处所,皆幸得免沈灾"。十五年(1835)夏季,江南又发生旱灾,赖两河引水灌溉,秋季仍获丰收。两河水利发挥作用,旱涝有恃,当地田价因此比浚河前增长了好几倍,"如甲午秋之大雨、乙未夏之亢旱,皆几几为害。赖水利既治,以时蓄泄,岁仍报稔。数年前田价亩二三缗,至是乃倍莲"。此外,两河工程的效益还起到了较好的示范作用,带动江南各地开展了一系列河道疏浚工程。在林则徐的支持下,上海的蒲汇塘,常熟与昭文的福山塘,川沙的白莲泾,太仓及镇洋的杨林河等支河,相继挑浚完工,江南的农田景象由此大为改观。[①]

## 二、 福州疏浚西湖

福州西湖历史悠久,是西晋时开凿的人工湖。太康三年(282),晋安(今福州)郡守严高组织夫役在城西 3 里处凿湖,用来潴蓄西北诸山之水,灌溉农田,而把挖出的土用于扩筑城池。因该湖在晋安子城之西,故名"西湖",历史上称之为"小西湖",它与城内河浦相通,潮汐可达。其周长 20 余里,为闽会第一水利,每年可灌溉农田数千顷。五代时,闽王王审知扩建城池,将西湖与南湖相接,周长扩大到 40 余里。王审知卒后,其子王延钧又在湖滨筑水晶宫及亭台楼阁等,为歌舞游客之所。

后世历代都曾疏浚西湖,文献可考的便有二十几次。如宋皇祐四年(1052),郡守曹颖叔疏浚小西湖;嘉祐二年(1057),蔡襄任福州知州时,拟修浚西湖未果,便改疏浚河、渠、浦。又如,明万历五年(1577),按察使徐中行令下属疏浚西湖,并捐自己的薪俸修阁筑堤;万历十六年(1588),知府江铎引西湖水入城,以通河道;崇祯八年(1635),郡绅孙昌裔呈请重浚西湖,巡抚沈犹龙、水利道章自炳主其议,在籍工部右侍郎董应举、广西副使曹学栓相与开浚。再如,清康熙元年(1667),乡绅陈丹赤、郑开极、高宫等呈请清复西湖;康熙四十二年(1703),总督金世荣等力排恶势力,重浚西湖,筑堤修阁;乾隆十三年(1748),总督喀尔吉善、巡抚潘思榘命下属重浚西湖;乾隆五十三年(1788)冬,总督福康安、巡抚徐嗣曾重浚西湖,挖去积泥 3～5 尺。而道光八年(1828)十一月,林则徐利用在福州为父守制期间,主持的西湖疏浚工程是较为彻底又最有实效的一次。

清代乾隆(1736—1795)、嘉庆(1796—1820)时期以后,福州西湖长达 40 余年未得整修,山水冲激,加上豪强势要填湖造田,致使湖身逐渐埋塞,仅存 7 里左右,丧失了调蓄洪水的功能。春夏雨季,湖水四溢,淹没良田;秋冬旱季,湖水干涸,不足灌溉。百姓颇受其害,怨声四起。

道光八年(1828)正月,升任江宁布政使不久的林则徐,因父丧返回福州原籍,开始了 3 年守制的生活。林则徐见到西湖日渐埋塞的现状,尤为痛心。他不忍"纵

---

① 有关林则徐疏浚浏河、白茆河事迹的叙述,系援用张晖与范金民的文章。张晖、范金民:《林则徐治理刘河、白茆河述论》,载林强主编:《林则徐水利思想研究》,海峡文艺出版社,2015,第 131-141 页。

豪右之并兼,而致良农之坐困",便向闽浙总督孙尔准、福建巡抚韩克钧提出修浚福州西湖的倡议。孙、韩二人欣然采纳了林则徐的意见,并请林则徐与海防同知陆我嵩、闽县知县陈铣共同制订计划,分任其事。

动工之前,林则徐代总督与巡抚拟《清厘福州小西湖界址告示》,指出西湖周边围湖作田的行为,使湖身缩小,旱季无水灌溉,洪涝时无处排泄,警告"此次清厘官界,挑挖湖工,速宜将所占之地缴出归官,免于究治"。又代福州知府拟《重浚福州小西湖禁把持侵扣告示》,告知百姓浚湖工钱优厚,"较之前次方价,几及三倍",应征的方式为"每五十名推一夫头,于城内觅一妥实铺户,出具保结,赴西湖工局报告,听候派工挑浚"。

八年十一月,浚湖工程开工。林则徐做了精细的概算:"估工土工九万二千二百十六万,每工二百十文算,应费钱二万二千一百三十一千八百四十文……仍围砌石岸,以杜占垦,估工每石岸长一丈,工料钱三千文。"工程分期进行。第一期到道光九年(1829)二月底,"先将西北湖至四炮台下土坝暨梅柳桥之方塘,三角塘上段,挑深七尺至二尺不等,计出土一万五千余方,砌石岸七百八十余丈,经院司验收。嗣又于西湖闸口及开化寺左边挑挖数段,并湖岸四周砌石,续出土二千五百六十五方,两次出土一万七千五百六十五方,费钱四千二百十五千六百文"。

第二期浚湖工程,至八月完工:"除湖心之开化寺、褒忠祠两处尚要砌石外,其湖边四围石堤,至八月初十日止,悉已砌筑完竣。量长一千二百三十六丈五尺,费钱三千七百零九千五百文。比原估省一百二十余丈,为有旧石可以补砌也。"

浚湖扫尾工程在林则徐离开福州后还在延续。闽浙总督孙尔准于道光十年(1830)五月,"奏续修小西湖工程,奉旨允许……十一月委员开浚城内湖河渠,俾西湖清水穿城而过,以流秽恶,三月而竣"。

重竣后的西湖,重新恢复了其调节水量的功能。夏秋雨季,西北诸山之水汇于西湖,得以存蓄。水量过多,就开闸放水,通过西河等流入闽江,化解洪涝;如遇旱季,可引湖水灌溉,周边上千顷农田皆受其惠。此外,修浚后的西湖,水清如碧,风景秀丽,是福州重要的休闲娱乐之处。林则徐诗句"新潮拍岸添瓜蔓,小艇穿桥宿藕花",就是写西湖新景。[1]

---

[1] 关于林则徐疏浚福州西湖事迹的叙述,系援用萧忠生与萧钦,官桂铨的文章。萧忠生、萧钦:《林则徐与福州西湖》,载林强主编:《林则徐水利思想研究》,海峡文艺出版社,2015,第236-241页;官桂铨:《林则徐疏浚福州西湖始末》,载林强主编:《林则徐水利思想研究》,海峡文艺出版社,2015,第242-247页。

下 篇
专 题 研 究

# 第五章
# 都江堰灌区的疏浚及其影响

自战国末期李冰始创都江堰,至今已逾 2 200 年。都江堰在秦汉时名为"湔堰",亦称"北江堋""湔堋",三国时又称"都安大堰","都江堰"之名始见于北宋①。都江堰创建时是一项重大的疏浚工程,其 2 000 多年的存续和发展史亦是一部持续的疏浚史。2 000 多年来,都江堰被不断扩建和更新,开浚活动层出叠现,逐渐形成由以鱼嘴、飞沙堰、宝瓶口三大件为主的渠首工程和以内江四干渠、外江两干渠为主的渠道网络辐射的灌区共同构成的统一体;灌区流域有专门的管理机构和岁修制度,实施维护性疏浚,使其井然有序地运转;从而润泽成都平原,造就天府之国。

## 第一节　都江堰灌区的持续开浚

李冰创建都江堰时,既以航运为目的开浚二江(郫江和检江),又以灌溉为目的疏凿羊摩江。此后各朝代对都江堰的持续开浚,亦是或为运输之利,或为灌溉之需。当然,李冰与后世开凿的这些沟渠和水道,虽然施工目的各有侧重,但往往具备多重功能,都江堰的干渠系统在航运、灌溉、防洪等方面皆发挥作用。历朝历代持续的开浚活动,造就了都江堰繁密的渠道网络②。

### 一、 灌溉渠堰的开凿和兴建

#### 1. 文翁穿湔江口

西汉蜀守文翁在湔江口开凿渠道以引水灌溉农田,是史料记载中最早的一次

---

① 冯广宏:《引言》,见《都江堰创建史》,巴蜀书社,2014,第 1 页。
② 新中国成立之初,便对都江堰渠系进行了大规模的扩建和改造。相关内容在第三卷记述。

都江堰灌区扩建工程。此事始见于晋代常璩的《华阳国志·蜀志》:"孝文帝末年,以庐江文翁为蜀守。翁穿湔江口,溉灌郫繁田千七百顷。"北魏郦道元在《水经注·江水》中也对此有记载:"江北,则左对繁田。文翁穿湔漹,以溉灌繁田一千七百顷。"但是,据《汉书·循吏传》记载,文翁是在景帝末年担任蜀守,《汉书·地理志》又记述景帝、武帝年间文翁为蜀守。文翁此次开凿的渠道,可使汉代繁县(今成都市新都区、彭州市等区域)境内农田 1 700 顷得到灌溉,大约相当于现今的 12 万亩。①

文翁穿湔江口而开凿的这条水渠,与都江堰干渠连通。湔江是沱江的西源。沱江与岷江大致并列,同为长江的一级支流,二者的冲击沉积物发育成为成都平原。湔江发源于九顶山(茶坪山)南麓,从今彭州市九陇镇(关口)出山,流经彭州市、新都区、广汉、金堂县部分地区。这片地区在汉代属于繁县,在成都平原地势相对较高。文翁在湔江自关口流出山区进入平原之处,向东开凿一条沿北部高地行进的渠道,分引湔水,使郫江北面繁县境内那些难以自流灌溉的农田得受渠水灌溉。这条渠道与李冰所开郫江中途分出的一条干渠(现今的蒲阳河)相连,后世也称之为"江沱",意指从大江引出的沱水,是现清白江的前身。②

另有一类观点认为,湔江是今蒲阳河,因而对文翁所凿渠道的线路提出不同说法。一说穿湔江口就是开凿蒲阳河,即自今都江堰市东门分引柏条河水向东北,过蒲阳镇,而后折向东南流入彭州,与由关口而出的湔水(清白江)汇合③。一说穿湔江口是在柏条河分水口开凿一条渠道把都江堰水引入蒲阳河,蒲阳河接纳都江堰水后成为都江堰的输水干渠之一④。

## 2. 通济堰的创建与修复

通济堰是都江堰灌区内一座十分重要的渠堰工程。其渠首位于四川新津县城南河、西河与岷江汇合处,干渠沿岷江右岸山前平原边缘台地南下,经新津、彭山、眉山三县至眉山县城向南流入松江⑤。

---

① "文翁穿湔江口",载四川省水利厅,四川省都江堰管理局:《都江堰水利词典》,科学出版社,2004,第29页。

② 成都市地方志编纂委员会编:《成都市志·大事记》,方志出版社,2010,第585页;"文翁穿湔江口",载四川省水利厅、四川省都江堰管理局:《都江堰水利词典》,科学出版社,2004,第29页。

③ 贾大泉、陈世松主编:《四川通史·卷2·秦汉三国》,四川人民出版社,2010,第385-386页。

④ 刘星辉:《都江堰工程工程现状和历史问题》,四川科学技术出版社,2014,第69-70页。

⑤ 谭徐明:《四川通济堰》,载水利水电科学研究院:《水利水电科学研究院科学研究论文集.第31集水资源、灌溉与排水、水利史》,水利水电出版社,1990,第164-173页。

通济堰的前身是《华阳国志》中所记述的蒲江大堰六水门工程。《华阳国志·蜀志》:"武阳县,郡治。有王乔、彭祖祠。蒲江大堰灌郡下,六水门。有朱遵祠。"蒲江是新津南河的旧称,西汉时有人于天社山嘴凿石为渠,引蒲江水灌溉武阳县岷江右岸平原的农田,由于所凿渠道是由 6 处水门引出的 6 条支渠,故称为"六水门"①。西汉末年,公孙述据蜀称帝,犍为郡不愿依附,公孙述于是发兵攻打犍为,功曹朱遵率众抵抗,与之战于六水门,可知六水门于此之前业已存在,应兴建于西汉。②

唐开元二十八年(740),益州长史章仇兼琼重建汉代六水门,为通济堰。《新唐书·地理志》记载新津县:"西南二里有远(通)济堰,分四筒穿渠,溉眉州通义、彭山之田。"彭山县:"有通济堰一,小堰十。自新津邛江口引渠南下百二十里,至(眉)州西南入江,溉田千六百顷。"邛江是新津南河另一旧称,邛江口即南河汇入岷江处,章仇兼琼于此取水,开凿引水干渠,干渠在新津境内分成 4 条支渠,在彭山境内又分成 10 条支渠,抵达眉州,尾水复入岷江。③

北宋末年,通济堰因失于管理多有淤塞,南宋绍兴(1131—1162)年间几次修复。绍兴初,四川安抚制置史李璆率同都刺史合力修复通济堰④。但不久后,又废坏不能用,致使大面积的农田荒芜。绍兴十五年(1145),句龙庭实向官府贷钱 6 万缗,再次大修通济堰⑤。这两次大修,都得到眉州百姓的感念,分别为李璆、句龙庭实立祠、立庙。可见,疏浚和修复眉州境内的引水渠道,使境内农田重新得到灌溉,是这两次大修工程的重要内容。通济堰在南宋时的引水口位于浦江(南河)、文井江(西江)与岷江汇合的三江口,与今渠首位置相近,通济堰已经成为都江堰外江灌区的一部分⑥。

元明两代,对通济堰也有数次大修。元天历初年(1328),彭山知县雍熙修复通

① 常璩:《华阳国志校补图志》,任乃强校注,上海古籍出版社,1987,第 176 页。

② 贾大泉、陈世松主编:《四川通史·卷 2·秦汉三国》,四川人民出版社,2010,第 387 页。

③ "章仇修通济堰",载四川省水利厅,四川省都江堰管理局:《都江堰水利词典》,科学出版社,2004,第 32 页。

④ "李璆重修通济堰",载四川省水利厅、四川省都江堰管理局:《都江堰水利词典》,科学出版社,2004,第 36 页。

⑤ 谭徐明:《四川通济堰》,载水利水电科学研究院:《水利水电科学研究院科学研究论文集.第 31 集水资源、灌溉与排水、水利史》,水利水电出版社,1990,第 164-173 页。

⑥ 谭徐明:《都江堰史》,中国水利水电出版社,2009,第 54 页。

济堰,对抗旱情①。明宣德七年(1432),修眉州新津通江堰,自彭山以下,分为 16 条支渠。正统七年(1442),修彭山通济堰。②

明末清初,通济堰曾长期废弃,至雍正年间方重新修复。雍正十一年(1733),四川总督黄廷桂修复通济堰,疏浚渠道"自新津修觉寺余波桥起,至彭山回龙寺智远渠止,共七筒引渠"。尚未完工,黄廷桂被调至京城任职,离任时,他向朝廷奏准拨官款 50 缗作为岁修费用,通济堰赖此得以维持不废。乾隆十八年(1753),他再度出任四川总督,令眉州知州张兑、彭山知县张凤翥、新津知县徐茇再次兴工,开浚彭山智远渠以下干渠 80 余里,修复彭山境内旧堰 28 处,眉州境内旧堰 14 处,渠系基本修复。③ 嘉庆七年(1802),在渠首上游白溪嘴(今白鸡嘴)疏凿河道 154 丈,引都江堰外江干渠羊马河入西河,又封堵西河与岷江相通的分岔。这是通济堰的一次重要改造,通济堰至此与都江堰外江干渠直接连通。④

1955 年,四川省水利厅规划增引西河水源,补充通济堰。于是开凿西干渠,向西沿着长秋山东麓行进,至思蒙河,长 40.6 公里,灌溉彭眉平原的农田。同时,也疏凿扩宽原干渠首段 13.5 公里,作为总干渠。工程于 1955 年 10 月 1 日动工,1956年 5 月 8 日建成。⑤

### 3. 万工堰的兴建与演变

万工堰前身,为唐武则天当政时期,彭州长史刘易从自都江堰内江干渠郫江之分支延伸开凿的渠系。《新唐书·地理志》记载彭州九陇县:"武后时,长史刘易从决唐昌沱江,凿川派流,合堋口埌歧水,溉九龙、唐昌田。民为立祠。"唐昌沱江是唐代郫江左岸的分支渠道,其进水口年久失修,淤塞不通。垂拱年间(686 前后),刘易从对其加以整治疏通,并进行延伸开凿,开挖数条支渠,分流引水;由郫县唐昌镇向东入彭州市境内,与今沱江上游支流湔江出山口后分出的水道"埌歧水"汇合,

① "雍熙修复通济堰",载四川省水利厅、四川省都江堰管理局:《都江堰水利词典》,科学出版社,2004,第 37 页。

② "明代大修通济堰",载四川省水利厅、四川省都江堰管理局:《都江堰水利词典》,科学出版社,2004,第 38 页。

③ "黄廷桂两修通济堰",载四川省水利厅、四川省都江堰管理局:《都江堰水利词典》,科学出版社,2004,第 44 页。

④ 谭徐明:《四川通济堰》,载水利水电科学研究院:《水利水电科学研究院科学研究论文集第 31 集水资源、灌溉与排水、水利史》,水利水电出版社,1990,第 164-173 页。

⑤ "新建通济堰新干渠",载四川省水利厅、四川省都江堰管理局:《都江堰水利词典》,科学出版社,2004,第 52 页。

与西汉文翁穿湔江口开凿的渠道位置较为接近。①

元代，"万工堰"之名见于史书。《元史·河渠志》记载："外江（二江中的检江）东至崇宁（唐代唐昌县），亦为万工堰，堰之支流，自北而东，为三十六洞；过清白堰，东入于彭汉之间。"万工堰自郫县东北，引都江堰干渠水入清白江，灌溉彭州、广汉等地农田。②

明清时期，万工堰又开始有"官渠堰"之称。明天顺二年（1458），修"彭县万工堰"，乃承接崇宁万工堰，于其下游延伸开凿的渠系，故仍沿用"万工堰"之名，民间又呼为"官渠"。明嘉靖十九年（1540），彭县万工堰被洪水冲毁。清雍正八年（1730）至乾隆二年（1737），彭县知县组织群众修复，并有诗句"课稼引官渠"咏其事，彭县万工堰之名遂为官渠堰取代。清康熙四十三年（1704），大水冲毁崇宁万工堰，百姓出资修复。③ 由于万工堰起水处的河左岸有一处伸向水中的山趾，不便于渠首引水，人们效仿宝瓶口，在山趾上凿开一条口子，让渠水通过，凿口名为"石匣子"。④ 清光绪年间，《彭县志》记述中也将唐代刘易从开凿的渠道，即崇宁万工堰，称为"官渠"⑤。

1953 年 1 月，四川省水利厅动工兴建彭县官渠堰灌溉工程，后于 1966 年更名为"人民渠"。第一期工程于原崇宁万工堰所筑竹笼杩槎拦河坝处，置进水口引蒲阳河水，疏凿干渠逶迤向东，尾水注入濛阳河。⑥ 1954—1959 年，接着兴建 2～5 期工程。5 期共开凿干渠、分渠约 238 公里。1966—1980 年，兴建第 6 期、第 7 期工程，分别在人民渠干渠末端和首段延伸开凿渠系，将水引至丘陵地区。⑦ 人民渠横穿沱江上游支流湔江、石亭江、绵远河等，引岷江水灌溉沱江上游地区，是长藤结瓜式的灌溉系统，上游平原多凿渠道为"藤"，下游丘陵多利用水库塘泊调蓄水量为

① "刘易从决唐昌沱江"，载四川省水利厅，四川省都江堰管理局：《都江堰水利词典》，科学出版社，2004，第 32 页；欧阳修：《新唐书地理志（节录）》，载《都江堰文献集成》编委会编：《都江堰文献集成·历史文献卷（先秦至清代）》，巴蜀书社，2007，第 43-45 页。

② "修治彭州万工堰"，载四川省水利厅，四川省都江堰管理局：《都江堰水利词典》，科学出版社，2004，第 38 页。

③ 四川省彭县志编纂委员会编：《彭县志》，四川人民出版社，1989，第 355 页。

④ 刘星辉：《都江堰工程工程现状和历史问题》，四川科学技术出版社，2014，第 71 页。

⑤ 四川省彭县志编纂委员会编：《彭县志》，四川人民出版社，1989，第 355 页。

⑥ 同上书，第 356 页。

⑦ "人民渠七期建设"，载四川省水利厅，四川省都江堰管理局：《都江堰水利词典》，科学出版社，2004，第 50 页。

"瓜"。现在通常认为人民渠原名"官渠堰",古称万工堰,由唐代益州长史刘易从创建。[1]

## 二、航运水道的开凿和改造

### 1. 成都金水河的数度开浚

成都金水河,由唐大中七年(853)任西川节度使的白敏中在其任内首次开凿,原名"禁河",明代修建蜀王府,改称金水河[2]。金水河与贞观年间(约785)西川节度使韦皋开凿的解玉溪原本同是引郫江水自西向东贯穿成都城,以满足成都东郊发展起来的交通和用排水需求。乾符三年(876),西川节度使筑罗城将郫江改道,解玉溪的水源被切断,金水河则在上游向西新凿一段渠道以从新开浚的西护城河引二江水,下游注入解玉溪。城外二江与城内金水河及解玉溪,曾合称罗城四江。[3]

宋代多次对金水河进行疏浚和修复。绍圣初年(1094—1097),王觌出任成都知府,见城中河道年久失修,淤塞不通,以致积涝成灾,乃加以疏通和修复。王觌寻访城中老人,从老僧宝月大师处得知,金水河自城西北入城,砌有石渠,可从其废址寻找旧河道。于是,派成都令李愿实地考察,在城西门附近找到石渠基址,沿渠道往上游,是曹波堰。便从堰下接引灌溉余水到大市桥,再用水槽将水引至西门,沿着街道向东开凿主河道,将水分给与之交接的小河道。在城西南角建水闸,引南流之水入城内。这2条主要河道疏通之后,又疏凿4条大分支,分水入城中街道内的小水道,都在米市桥边的水道汇聚,最后又从东门出城,汇入二江。[4] 宋大观二年(1108),成都知府席旦疏浚金水河道,疏浚而出的淤泥则由农民取之用于肥田,从而解决雨季城内积潦满道的问题。三十年后,绍兴初年(1138),其子席益也出任成都知府,席益为解决每年河道淘浚流于形式,绘制城内水道图,以图为据,淘浚城内河道沟渠。[5]

① 李德幸、李燊旻:《浅谈都江堰的创建与发展》,《四川水利》2017年第1期,第9-15页。
② "白敏中开成都禁江",载四川省水利厅、四川省都江堰管理局:《都江堰水利词典》,科学出版社,2004,第33页。
③ 罗开玉:《古代成都"二江"渠系的形成与发展》,载谢辉、罗开玉、梅铮铮:《诸葛亮与三国文化5》,四川科学技术出版社,2012,第295-334页。
④ "疏浚成都城区水道",载四川省水利厅、四川省都江堰管理局:《都江堰水利词典》,北京:科学出版社,2004,第36页;"导水记",载《都江堰文献集成》编委会编:《都江堰文献集成·历史文献卷(先秦至清代)》,巴蜀书社,2007,第146-149页。
⑤ "淘渠记",载《都江堰文献集成》编委会编:《都江堰文献集成·历史文献卷(先秦至清代)》,巴蜀书社,2007,第157-159页。

明嘉靖时,金水河湮塞严重,几乎不存,四川巡抚谭纶于嘉靖四十五年(1566)派成都府县官员及驻军重新开浚。开工前,金水河经护城河引二江水,因淤塞江水阻断,仅以护城河水为源,随着淤积日益严重,加以居民私自拓岸,河道仅余一线。谭纶循二江上游勘查后,洞明二江、护城河、金水河的关系,确定施工方案,分派三路人马同时动工。由于动用了军队,此次兴工极为迅速,从动工到河道疏通仅用时4天。重新开浚渠道引锦江水入护城河,同时疏浚城内金水河的淤积,拓宽加深河道,金水河得以重新贯通。成都知府刘侃作《重修金水河记》述其事勒于碑:"'汝阃帅:其休三军阅,使穿江作渠,而浚金水之湮'。……明日戊申,万锸具兴。又明日己酉,渠成而江入隍。越二日辛亥,汰河之壅,广三尺有奇,其深三之一,而河成。"①

明末,金水河又复淤塞,雍正元年(1723)曾加以疏淘,雍正九年成都知府奉四川巡抚之命再次开浚。项城认为,重开金水河有诸多益处,如可便利商贾往来,发展沿河商业;日用商品经船运入城中,百姓可就近购买;城内房屋一旦失火,有足够的水可即时扑灭;水流畅通,污秽之气疏散,可减少疾病滋生。他同下属亲自勘查,决定"自磨底河起,至府河止,量共一千五百二十六丈,俱应开浚"。淤塞前的金水河,自磨底河引都江堰水入成都城西,于城东流出,汇入府河,项城的方案即对金水河进行全面彻底的挑浚修复,分段施工。为确保金水河道不再次淤塞,他还提出派专职官员管理、拨都江堰岁修经费每年淘浚、禁止居民往河中倾倒污水秽物等建议。此外,项城还开凿一段新河道,从蜀王府南直通贡院,与金水河道相通,并修整淘浚贡院周围河道,完善城内水路通道。②

金水河从唐代始凿至民国湮灭,延续1 120年。作为成都城内的交通要道,金水河环络街市,两岸曾商贾辐辏,人口稠密,河上桥梁众多,见证了古代成都的繁华。③

## 2. 高骈筑罗城改郫江

李冰修建都江堰,疏凿二江过成都,双过郡下。这一状态一直持续到唐代,二

---

①　"重开金水河记",载《都江堰文献集成》编委会编:《都江堰文献集成·历史文献卷(先秦至清代)》,巴蜀书社,2007,第287-289页。

②　"议开浚成都金水河事宜",载《都江堰文献集成》编委会编:《都江堰文献集成·历史文献卷(先秦至清代)》,巴蜀书社,2007,第581-584页。

③　罗开玉:《古代成都"二江"渠系的形成与发展》,载谢辉、罗开玉、梅铮铮:《诸葛亮与三国文化5》,四川科学技术出版社,2012,第295-334页。

江从都江堰自西北向东南流,抵达成都城,沿着城市南部边缘自西向东流,在城东南转向南行,至今双流区黄龙溪汇入岷江。唐乾符三年(876),西川节度使高骈为防御南诏,扩建成都城,在旧城(子城)之外加筑一道新城墙,即罗城。其中一项重要工程是郫江改道,使之自城西北流向东北,再折向南,至东南与检江汇合,从而形成二江环城的格局,延续至今。①

唐后期,南诏多次进攻蜀中,成都两次被围,城防薄弱,无险可守,城区狭窄,水源不足,人民无处躲藏,死生共处,其状惨烈②。因此,高骈到任后,为从根本上提高成都的城防能力,决意修筑罗城。罗城以旧城为核心,向四周扩展,筑以坚固高大的城墙,配以丰富的防御工事;并且,"或引江以为堑,或凿地以成濠",构建起四面环绕的护城河水系。

这套护城河体系,主要通过郫江改道工程实现。北宋欧阳忞的《舆地广记》记载:"自唐乾符中,高骈筑罗城,遂作縻枣堰,转内江水从城北流,又屈而南,与外江水合。"南宋祝穆在《方舆胜览》中说:"高骈未筑罗城,内外江皆从城西入,自骈筑城,遂从西北作縻枣堰,内江绕城北而东,注于外江。"这里所称二江中的内江和外江,是以成都城为参照点,二江双过郡下,郫江原本居内,称为内江,检江居外,称为外江。从上述记述可知,为使郫江改道,高骈在罗城西北面建縻枣堰,将郫江水流导向东行,不再南下过城西侧后东行,而是径沿城北东行,再折向南,与检江汇合。又据五代前蜀杜光庭《神仙感遇传》对郫江改道的记述:"自西北凿池,开清远江,流入东南,与青城江合流。复开西濠,自阊门至甘亭庙前,与大江相合,环城为固。"故而高骈利用縻枣堰改变郫江流向后,为郫江所开凿的新河道,在五代时又被称为清远江,并且高骈还在罗城西面开凿壕沟,这条壕沟尾部也与检江汇合,从而形成四面被水环绕的护城河系统。

### 3. 为运木材而开凿的航道

蜀地多产木材,二江过成都,即为运送木材提供了极大便利。常璩在《华阳国志·蜀志》中写道:"岷山多梓、柏、大竹,颓随水流,坐致材木,功省用饶。"③后世为运送木材,亦曾多次专门开凿航道。

---

① 毛振培、宁应城:《水清河畅——长江流域的河道治理》,长江出版社,2014,第120-121页、四川省水利厅,四川省都江堰管理局:《都江堰水利词典》,科学出版社,2004,第33-34页。

② "请筑罗城表""请筑罗城又表",载《都江堰文献集成》编委会编:《都江堰文献集成·历史文献卷(先秦至清代)》,巴蜀书社,2007,第55-58页。

③ 常璩:《华阳国志校补图志》,任乃强校注,上海古籍出版社,1987,第133页。

　　隋开皇十年(590),文帝杨坚封其子杨秀为蜀王,任益州总管,驻守成都。杨秀扩建成都城,称子城,并兴建蜀王府。为借助水流漂送木料以作建筑之用,专门自当时的温江县开凿新源水航道,抵达成都。据《新唐书·地理志》,唐开元二十三年(735),益州长史章仇兼琼在杨秀故渠基础上,又重新疏凿新源水航道,用于运送西山竹木。[①]

　　清康熙四十八年(1709),四川巡抚年羹尧开凿府河航道,将毗河与油子河沟通,以使西山木材经柏条河转入油子河,运到成都。府河航道非为引油子河水灌溉而开,但发挥了重要的灌溉作用,并且为新中国修建东风渠灌区提供了条件。

　　柏条河与徐堰河在郫县城东北9公里处合流,合流处上下一段距离内,南边有走马河分派油子河与徐堰河—毗河并排流行,但并不相通。这两条水道之间,还夹着一条由平原径流汇成的小河香芝河。清代以前,毗河上建有一引水工程名为"石堤堰",从南岸引水入香芝河灌溉农田。香芝河在太和场附近分为九道堰、螃蟹堰、筑断堰等渠道,其中筑断堰灌溉余水落入油子河。油子河下段有水运之利,柏条河也可流放木材,但两条水路不能衔接。

　　据清同治《成都县志》记述,康熙四十八年于成都新设八旗驻防军,为此需修造公廨屋宇,而各州被要求采办的木材和石料等建材,因水道不通运送不便;时任四川巡抚年羹尧,顺地势新开凿一段筑断堰渠道,在螃蟹堰分流南行,经漏洞子与油子河汇合。从而将毗河石堤堰与油子河连通,船货从柏条河可转入油子河,直达成都,自石堤堰下至成都的这段航道遂被称为"府河"。[②]

## 三、 都江堰的结构与疏浚原理

　　经历2 000多年的持续开浚,都江堰逐渐形成由渠首枢纽和干支渠系两部分共同构成的有机整体。渠首枢纽坐落在四川省灌县(现都江堰市)城区西面、白沙河河口以下约2公里的岷江干流之中,主要包括鱼嘴、飞沙堰、宝瓶口三个部分。渠首构件的设置利用水流和泥沙运动原理,巧妙地实现了自动分水分沙的水力疏浚功能。

　　渠系分为内江和外江两大系统。位于江心的鱼嘴,将岷江河道一分为二。左

---

　　①　"杨秀始开新源水""开摩诃池",载四川省水利厅、四川省都江堰管理局:《都江堰水利词典》,科学出版社,2004,第31页。

　　②　关于年羹尧开凿府河的阐述,基本采纳刘星辉的研究。刘星辉:《都江堰工程工程现状和历史问题》,四川科学技术出版社,2014,第72页。

汉为内江,是都江堰引水河口;右边为外江,是岷江正流。内江渠系有蒲阳河、柏条河、走马河、江安河四大干渠,外江渠系有沙沟河和黑石河两大干渠。

## (一) 渠首及其原理

### 1. 渠首三大件

都江堰渠首的这种构成,历经千年演化而成。鱼嘴、飞沙堰、宝瓶口是都江堰渠首工程的三大件(见图 5-1),各具功能,相互配合,造就了都江堰"四六分水""二八分水"的水力疏浚奇迹。

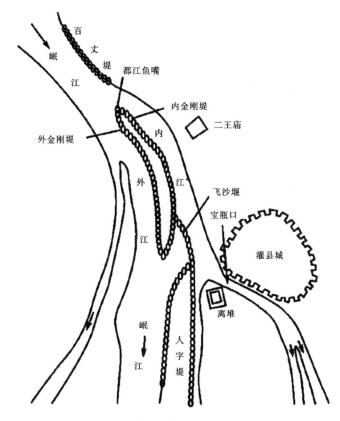

图 5-1　都江堰渠首枢组示意图

资料来源:李可可:《从都江堰看我国传统水利科技与文化》,《中国水利》2020 年第 3 期,第 28-32 页。

鱼嘴是一个前锐后宽的分水头部,30 米长,形状似鱼头,功能是劈分岷江水流。其后紧接着是一段 700 多米的金刚堤,为鱼嘴的延续,用作隔开内江和外江的屏障。鱼嘴可自动调节进入内外江的水量,丰水季节,内外江四六分水;枯水季节则反之,内外江六四分水。这种自动分水的现象,乃是基于自然地理条件和河流动力学规律而实现的。都江堰渠首枢纽所处位置,岷江河道整体上呈自北向南的流向,但又略微向东弯曲。水流流经弯曲河道时,遵从"大水走直,小水走弯"的规律。丰水季节,水流流速大,惯性作用强,深泓线趋直,主流偏离左岸而居于河道中间,水流淹没鱼嘴,外江过水面积增大,出现内江分水四成、外江分水六成的情形。枯水季节,水流流速慢,惯性小,深泓线曲率大,主流靠近凹岸(即内江一侧),鱼嘴露出水面,内江过水面积大于外江,大部分水进入内江,出现内江分水六成、外江分水四成的情形。这就是都江堰"四六分水"的原理。[①]

飞沙堰在鱼嘴和金刚堤之后,是一道凹下去的侧向溢洪道。其顶部比分水头部那里的河底低1米以上,但高出左边内江的河底约2米,顺水流方向的长度有200来米。当汛期内江水量过大时,洪水漫过飞沙堰,从堰顶自动溢流,泄入外江,避免洪水给下游的成都和内江灌区造成严重破坏。飞沙堰之后是人字堤,平面上形如"人"字,紧靠着"离堆",是第二道侧向溢洪道。[②]

宝瓶口是内江渠系的总进水口,是一段状似瓶颈的狭长引水通道,今宽20米,进深36米。宝瓶口为李冰所凿,是古代都江堰渠首枢纽中唯一的永久性工程。当丰水期内江水量较大时,随着内江来水量的增大,宝瓶口的引水量会随之增大,但增大的速度会随之变慢。当枯水期内江水量较小时,随着上游来水量的减少,宝瓶口的引水量会随之减少,但减少的速度也会随之变慢。因此,宝瓶口可自动稳定引水流量。[③]

### 2. 泥沙处理机制

都江堰渠首的巧妙设计,不仅满足了引水分水、防洪泄洪的需求,同时还具备良好的排沙清淤能力,配合岁修疏浚,都江堰由此得以运转千年而功能不减。

鱼嘴不仅可以自动分水,而且能自动分沙,使上游泥沙的85%左右排入外江,剩下约15%的泥沙进入内江。鱼嘴位于岷江河道的弯段上,根据弯道水流泥沙的运动规律,表层清水流动方向指向内江,使内江引入含沙量少的清水;底层水流流动方向指向外江,推动河流上的推移质泥沙向外江滚动,从而使岷江水流中挟带的绝大多数泥沙进入外江。即所谓的"凹岸引水,凸岸排沙"现象,是都江堰"二八分沙"的原理。[④]

---

①③④　李可可:《从都江堰看我国传统水利科技与文化》,《中国水利》2020年第3期,第28-32页。
②　冯广宏:《引言》,见《都江堰创建史》,巴蜀书社2014年版,第3页。

进入内江的泥沙,在飞沙堰和宝瓶口共同形成的弯道环流效应下,又有很大部分被分向外江。飞沙堰位于岷江弯段上的右汊凸岸,形状也微凸,宝瓶口则位于左汊凹岸,内江进口的局部河势同样微弯,这多重的弯曲和凸凹配合,在离心力和侧压力的合力作用下,形成强大的弯道环流效应。内江泥沙被底部水流冲向凸岸——飞沙堰,泥沙的沉积点正好是飞沙堰的堰顶,可以非常顺利地被水流挟带"飞"入外江。这也是飞沙堰得名的由来。并且,由于内江主流方向正对宝瓶口西边的离堆,洪水直冲坚硬的离堆,便向东折转,在宝瓶口前西侧产生漩涡,常年累月便生成一个可阻止水流进入宝瓶口的深潭,洪水受阻,水位迅速抬高,迫使大量洪水挟带沙石从飞沙堰顶横溢出去。①

经过飞沙堰"飞"沙后,进入内江的泥沙仅剩下 10%～15%。这部分泥沙在飞沙堰下端较宽的河道,因流速减慢和横向环流效应,被带至对岸的凤栖窝。凤栖窝为天然河岸凹坑加以人工挖凿而成,泥沙沉积于此,岁修时再淘浚清理。传说李冰当年在凤栖窝下埋有石羊、石马,明清以后替换成卧铁,每年疏浚深度以见石羊马或卧铁为标准,以此保持有效的环流地形。都江堰古代岁修有"深淘滩,低作堰"的准则,是都江堰得以保持其有效的泥沙处理效能的重要因素。②

## (二) 内江渠系

内江渠系,其总干渠分为河口引水段和内江分水段。河口引水段从鱼嘴东侧分水起,经飞沙堰到宝瓶口,长 1 070 米。内江分水段,从宝瓶口以下,经仰天窝枢纽闸,分别至蒲阳闸和走江闸为止。其中,从宝瓶口至仰天窝枢纽闸,共长约 780 米。过闸后分为两股:左边一股长 290 米,直到蒲柏闸,过闸后又分为蒲阳河和柏条河;右边一股长 180 米,直到走江闸,过闸后又分为走马河和江安河。③ 蒲阳河、柏条河、走马河、江安河遂被称为内江四大干渠,其尾水注入青白江、毗河,与湔江、石亭江、绵远河汇合,在金堂县境内注入岷江。④

蒲阳河自蒲阳闸分水后,向东北流,至蒲阳镇转向东南,向左分出人民渠;又南

---

① 王光谦、钟德钰:《创新、和谐、发展——都江堰水利工程的启示》,《中国水利》2020 年第 3 期,第 10-12 页;冯广宏:《引言》,载《都江堰创建史》,巴蜀书社,2014,第 5 页;李可可:《从都江堰看我国传统水利科技与文化》,《中国水利》2020 年第 3 期,第 28-32 页。

② 李可可:《从都江堰看我国传统水利科技与文化》,《中国水利》2020 年第 3 期,第 28-32 页。

③ 刘星辉:《都江堰工程工程现状和历史问题》,四川科学技术出版社,2014,第 8 页。

④ 王光谦、钟德钰:《创新、和谐、发展——都江堰水利工程的启示》,《中国水利》2020 年第 3 期,第 10-12 页。

行至石坝子，由锦水河闸向右分出锦水河；过锦水河闸后，与湔江分派青白江汇合，改称青白江，向下游行进中又陆续有湔江分派新开河、新润河、白土河、蒙阳河、小蒙阳河等汇入，最终流至金堂赵镇汇入沱江。

柏条河与蒲阳河分水后，向东南流经唐昌镇、三道堰，至石堤堰枢纽闸止。闸的右侧有从走马河分出的徐堰河汇入；过闸后分为两股：左边一股称为毗河；右边一股称为府河。毗河向东流至赵镇，与青白江相汇合，最终汇入沱江。府河向南流，左岸分出东风渠，再南行至成都合江亭与南河相汇；又南下与江安河相汇，继而抵达彭山江口，汇入岷江。

走马河从走江闸分水后，流向东南，至聚源镇自左岸分出徐堰河；南下至郫县两河口闸，又分出沱江河，下游改称清水河；东南向进入成都城区，又改称南河（锦江）；继而行至成都合江亭，汇入府河。

江安河原在张家湾，单独从岷江引水，1957年改在内江，与走马河同从走江闸分水，新开凿走江闸至张家湾段河道。张家湾以下沿岷江左岸东南流，下行至土桥始脱离岷江；又下行至三邑桥以下成为郫县与温江区界河，在温江玉石堤分出杨柳河；过温江区后，流入双流区，抵达中兴镇，于二江桥注入府河。[①]

## （三）外江渠系

外江渠系，其总干渠现为沙黑总河，长2 820米。进水口位于外江闸的右侧。进水口下1 100米处有小罗堰枢纽，将总干渠一分为三，右为沙黑总河灌渠，中为沙黑总河水电站引水渠，左为向岷江泄洪的泄洪闸。从小罗堰闸下行1 710米，有漏沙堰闸，将沙黑总河分为两股，即右边的沙沟河和左边的黑石河两大干渠。[②]

沙沟河自漏沙堰闸下南流，过都江堰市玉堂镇西，至赵公山前，螃蟹河、石定江、药王山沟诸山溪自右汇入；南行至民兴镇二江桥分水闸处，左支为沙沟河，右支为泊江河。1970年渠系改造，将右支泊江河作为干渠，左支废置。泊江河作为沙沟河干渠下段，继续南行。至崇州市境，右岸接纳黑石河二支渠；下行至元通镇西北，汇入西河。

黑石河从玉堂镇漏沙堰与沙沟河分水后，向南流过民兴镇，右岸分出龙安河，

---

①　对内江四大干渠流向的描述，系综合冯广宏及刘星辉的相关说法。冯广宏：《引言》，载《都江堰创建史》，巴蜀书社，2014，第6-7页；刘星辉：《都江堰工程工程现状和历史问题》，四川科学技术出版社，2014，第16-18页。

②　刘星辉：《都江堰工程工程现状和历史问题》，四川科学技术出版社，2014，第13页。

同时有沙沟河支渠汇入；又下行，过同心、柳街镇，入崇州市境，在三江镇自左岸接纳废羊马河尾水；至新津县，过新义镇龙王渡，注入西河。①

## 第二节　都江堰干区的修浚制度

古代都江堰的渠首枢纽，除宝瓶口乃由天然岩石山体凿成的永久性设施外，其他部分主要以竹木、卵石等为原材料修筑而成，使用寿命本就有限，且每年丰水季节经洪水冲击多被毁坏，甚至遇到特大洪水时，通过冲毁飞沙堰来增加泄洪以使内江水量不至过大，因而需要定期修治。并且，因岷江上游奔流于深山峡谷，携带大量砂石，都江堰渠首虽有良好的排沙清淤机能，但每年仍有一定量的砂石淤积，如不及时淘浚清理，古堰功能将难以正常发挥。另外，都江堰渠系是成都平原灌溉和航运命脉，也需定期修浚，以维持其功能。因此，岁修是维护都江堰的必须措施。都江堰②的岁修制度，可能在其创建后不久即初步形成，持续千年，且日趋完善。

### 一、岁修疏浚的施工准则

都江堰岁修主要包括两项工程内容，一是重修堤堰，更换河工构件，称为堤堰工程；二是河渠疏浚，称为河方工程。③ 都江堰河方工程有两大施工准则："深淘滩，低作堰"和"遇弯截角，逢正抽心"。

#### 1. "深淘滩，低作堰"

"深淘滩，低作堰"，是古代都江堰岁修的金诀，指导人们在疏淘河道的河方工程中正确处理与堤堰工程的关系。这六字诀，究竟源于何时，学界有不同观点。但古人多认为乃李冰所制，从元代以后，有关六字诀碑刻的信息多次出现。

元揭傒斯在《大元敕赐修堰碑》（又称《蜀堰碑》）中写道："北江少东为虎头山，为斗鸡台。台有水则，尺为之画，凡有十一（一作'十有一'）。水及其九，其（一作'则'）民喜；过，则忧；没其则，则困。乃书'深淘滩，低作堰'六字其旁，为治水之法，

---

①　对外江两大干渠流向的描述，系从《都江堰水利词典》"沙沟河干渠""黑石河干渠"词条提炼而成。四川省水利厅、四川省都江堰管理局：《都江堰水利词典》，科学出版社，2004，第31页。

②　此处重要叙述都江堰渠首段和干渠的修浚制度，由于有关都江堰众多灌区修浚的文献主要集中于晚清民国，故而对灌区修浚制度记述安排在第二卷。

③　谭徐明：《都江堰史》，中国水利水电出版社，2009，第225页。

皆李冰所为也。"①北江即今内江。从这段文字可知,在内江虎头山斗鸡台上刻有水则,水则旁又刻有岁修六字诀,揭傒斯认为水则和六字诀都是李冰所制作的。

明卢翊的《灌县治水记碑》载:"蜀守李公冰凿离堆以利蜀,刻'深淘滩,低作堰'六言于石,立万世治水者法。"他也认为李冰制定六字诀,并且去虎头山斗鸡台找寻,没有找到,为使后人有所考,他重将六字诀刻于石碑之上②。

清康熙年间,杭爱在《复浚离堆碑记》中则以为,卢翊在疏浚都江堰时,于河底挖到了秦时所刻的六字诀③。清乾隆年间,张文蘔撰《重刊"深淘滩,低作堰"六字跋》道:"深淘滩,低作堰,李王所遗治水诀也。自秦昭至今,历二千年,咸奉此六字为不刊之典。"他还提到,六字诀石刻传说先原是在虎头山斗鸡台,后来移刻于观音崖石壁,因年久剥落,又重刻于二王庙侧④。

明杨慎的《金石古文》中收录的《秦蜀守李冰湔堋堰官碑》有"深淘墥,浅包鄥"六字,明曹学佺在《蜀中名胜志·四川》中引北魏郦道元《水经注·江水》轶文称:"李冰作大堰于此,立碑六字曰:深淘潬,浅包鄥。"⑤这六字更为古朴,可能是早期的口诀,意思与流传至今的六字诀一致。

这些信息,虽不能确证六字诀为李冰所制定,但可以看到,最晚从元朝起,人们已经将"深淘滩,低作堰"视为都江堰修浚时必须遵循的制度,并认为是李冰所制,赋予其毋庸置疑的权威。

六字诀的科学性,早已为人们所知晓。清人何焕然在《深淘滩低作堰论》⑥中指出,淘滩和作堰是相辅相成的,作堰约束水流,淘滩使水流顺畅,避免冲垮堤堰,"故惟堰作而后水可治,惟滩淘而后堰可作,惟滩深淘而后堰可低作也"。但是,淘滩过深,水无法流出,下游有干旱之虞;作堰过低,水可能溢入,造成洪灾。只有疏

---

① "大元敕赐修堰碑",载《都江堰文献集成》编委会编:《都江堰文献集成·历史文献卷(先秦至清代)》,巴蜀书社,2007,第192-200页。

② "灌县治水记碑",载《都江堰文献集成》编委会编:《都江堰文献集成·历史文献卷(先秦至清代)》,巴蜀书社,2007,第272-273页。

③ "复浚离堆碑记",载《都江堰文献集成》编委会编:《都江堰文献集成·历史文献卷(先秦至清代)》,巴蜀书社,2007,第721-724页。

④ "重刊'深淘滩,低作堰'六字跋",载《都江堰文献集成》编委会编:《都江堰文献集成·历史文献卷(先秦至清代)》,巴蜀书社,2007,第740页。

⑤ 彭邦本:《古代都江堰岁修制度——从〈秦蜀守李冰湔堋堰官碑〉说起》,《西华大学学报(哲学社会科学版)》2018年第4期,第8-18页。

⑥ "深淘滩低作堰论",载《都江堰文献集成》编委会编:《都江堰文献集成·历史文献卷(先秦至清代)》,巴蜀书社,2007,第676-677页。

淘后河底的深度与修筑后堤堰的高度正好配合,春耕时节,方有足够的水引注下游,暴雨时节,洪水可从堤堰溢出。

古人借助水则来确定淘滩的深度(河底高程)与作堰的高度(堰顶高程)。《华阳国志·蜀志》中提到李冰放置的3个石人,可能是最早的水则:"冰乃雍江作堋,……于玉女房下白沙邮作三石人,立水中。与江神要:水竭不至足,盛不没肩。"[①]这段带有神话色彩的文字显示,都江堰的合理水位应在石人的肩部到足部之间,但是没有提及石人与河道疏浚的关系。而《宋史·河渠志》[②]的记载已明确指出水则与每岁修浚的关系,作者提到,水则曾刻在离堆基脚上(元代刻于虎头山斗鸡台),每一"则"高程为1尺,共10则,水位达到第6则,可满足通航和灌溉之用,超过六则,过量的水便从侍郎堰(即飞沙堰)溢出。因此,每年冬春季疏浚河道的"穿淘"工程,须使河道可保障稳定的过流断面,以满足"水及六则"的要求。而"岁作侍郎堰,必以竹绳,自北引而南,准水则第四,以为高下之度",侍郎堰顶高程应以第四则为标准。

为更好地确定岁修疏浚河道的深度,古人在持续探索中,相继采取了在理想河底高程处放置石马、铁板、卧铁以及筑混泥土标准台等措施。明曹学佺在《蜀中名胜记》中提到,"都江口旧有石马埋滩下",以之作为岁修时淘滩深度的标准。明代正德年间的四川水利佥事卢翌就曾在岁修时,淘滩"深及铁板";清代道光年间,成都水利同知强望泰岁修时曾挖出两个石兽,或即所谓石马。但由于洪水的冲刷作用,这些埋藏于河道的标志物,常被冲走,因而又有设法使其固定的不懈尝试。明朝万历四年(1576),正式在凤栖窝底埋下铭有"永镇普济之柱"六字的卧铁一根。但也被冲走。清乾隆三十一年(1766),用铁链连接所埋卧铁,在上方立碑以标志卧铁所在。可惜仍未能解决卧铁被冲走的难题。光绪十年(1884),为方便找寻卧铁,水利同知庄裕崧遂在凤栖窝崖壁立碑,铭文注明"卧铁在此崖下",且碑与卧铁高差33米,平距7米。民国时期,在卧铁旁边设置铜标,且于铜标上方浇筑混凝土标准台,台分5级,每级高0.4米,台顶高程海拔728.7米,相当于飞沙堰顶部高度。终于将都江堰岁修疏浚深度以及筑堰高度的标尺固定了下来。[③]

---

① 常璩:《华阳国志校补图志》,任乃强校注,上海古籍出版社,1987,第133页。

② "宋史·河渠志(节录)",载《都江堰文献集成》编委会编:《都江堰文献集成·历史文献卷(先秦至清代)》,巴蜀书社,2007,第100-102页。

③ 彭邦本:《古代都江堰岁修制度——从〈秦蜀守李冰湔堋堰官碑〉说起》,《西华大学学报(哲学社会科学版)》2018年第4期,第8-18页。

同治十三年(1874),灌县知县胡圻编岁修三字口诀刻于二王庙,重申六字诀的重要性,并声明以见铁桩为淘滩的深度之标准:

六字诀,千秋鉴。挖河沙,堆堤岸。分四六,平旱涝。水画符,铁桩见。笼编密,石装健。砌鱼嘴,安羊圈。立湃缺,留漏罐。遵旧制,复古堰。[①]

光绪三十二年(1906),成都知府文焕将这段口诀修改后亦铭于二王庙壁:

深淘滩,低作堰,六字旨,千秋鉴。挖河沙,堆堤岸。砌鱼嘴,安羊圈。立湃缺,留漏罐。笼编密,石装健。分四六,平涝旱。水画符,铁桩见。岁勤修,遇防患。遵旧制,毋擅变(见图5-2)。[②]

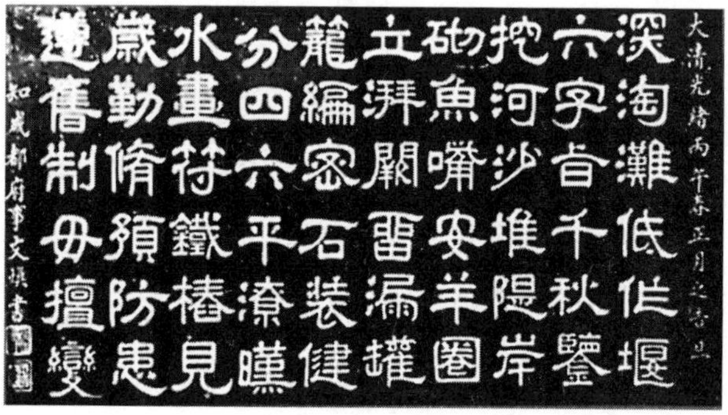

图5-2　刻于二王庙壁上的都江堰岁修口诀

资料来源:谭徐明:《都江堰史》,中国水利水电出版社,2009,第161页。

### 2. "遇弯截角,逢正抽心"

"遇弯截角,逢正抽心"的八字格言,是河道疏浚工程中关于河道整治与规划的指导准则。八字格言是清光绪元年(1875)署成都水利同知胡均所撰,被刻于都江堰二王庙山门内正中的墙壁上。也有说法,认为八字格言也是李冰所制定,但没有给出相关证据。[③] 不过,八字格言确实与自古以来河道浚治的历史经验相符合。可以认为,八字格言是都江堰千百年来在河方工程实践中自觉遵循的准则,光绪元年胡均将其书写并篆刻于壁,从而使这自然形成的制度被明确化、正式化。

"遇弯截角"是针对河道的弯道而言。在河流弯道处,河床凸岸常常淤积,凹岸不断冲刷。因此,遇到河流弯道,在凸岸淘滩截角,增大过水断面,结合凹岸的挑流

---

① 四川省地方志编纂委员会编:《都江堰志》,四川辞书出版社,1993,第271页。
② 同上书,第271页。
③ 陈陆:《李冰无须言自有都江堰》,《中国三峡建设》2008年第4期,第87-92页。

护岸工程,将弯道改直,减轻主流对凹岸的冲刷,也就是疏浚中的裁弯取直法。

"逢正抽心"是遇到顺直河道的中心淤滩,水流被分向两岸,而采取的疏浚措施。在平直河段,河流中泓逐渐淤积后,造成水流分岔,就会出现横流、"倒滩"等现象,使主流摇摆不定。这时就应顺河势,在河滩中部开凿一条河槽,使主流流向中泓,以避免"倒滩水"顶冲河岸。为了促使新开挖的河槽迅速扩大刷深,变为主河槽,还可设置潜坝堵塞原有岔流。[①]

## 二、岁修的组织与管理制度

### (一) 管理机构和职官

政府主持大型水利工程的兴建与维护,是中国由来已久的传统。早在先秦时期,就有专职官员掌管水利事务,《尚书·尧典》记述舜任命禹为司空,职责是平水土。[②] 由于都江堰的重要性,历朝历代皆有官员及相关政府部门对都江堰实施管理,管理岁修活动自然是其重要职能。

于 2005 年在都江堰鱼嘴外江河床发掘出土的《建安四年正月中旬故监北江堋太守守史郭择赵汜碑》,记录了汉代建安三年至四年(198—199)冬春之际都江堰的岁修活动,[③]也是目前有关都江堰岁修的最古老证据。碑文中记:

三年□□□间,择、汜受任监作北江堋,堋在百京之首。冬寒凉慄,争时错作,□刃□□□,不克□□。时陈溜高君下车,闵伤犁庶,民以谷食为本,以堋当作,□□□兴□公,掾史、都水郭荀任菕,杜期履历平司;择、汜以身帅下,志□□□,□□作堋。旬日之顷,堋鄢竟就备毕。佐直修身,契白不文,水将分□□□,□□不足,淤□不汝,众亦不咋,宜建碑表。时堋吏李安、傅阳,……[④]

北江堋,指都江堰渠首。陈溜高君,可能是陈留人高躬,乃当时新上任的蜀郡太守;郭择、赵汜是太守守史,受太守之命指挥监督此次都江堰渠首岁修工程;都水

① 谭徐明:《都江堰史》,中国水利水电出版社,2009,第 195 页;四川省地方志编纂委员会编:《都江堰志》,四川辞书出版社,1993,第 270 页。
② 姚汉源:《中国水利史纲要》,水利电力出版社,1987,第 3 页。
③ 彭邦本:《古代都江堰岁修制度——从〈秦蜀守李冰湔堋堰官碑〉说起》,《西华大学学报(哲学社会科学版)》2018 年第 4 期,第 8-18 页。
④ "建安四年正月中旬故监北江堋太守守史郭泽赵祀碑",载《都江堰文献集成》编委会编:《都江堰文献集成·历史文献卷(先秦至清代)》,巴蜀书社,2007,第 9-10 页。

掾史郭苟、杜期负责工程的勘察、规划、施工等具体工作。① 都水是汉代职掌水利事务的政府部门,西汉时分别由太常(奉常)、大司农、少府统辖,太常所辖都水专管皇帝陵园水利事,大司农、少府所辖都水主管地方水利事务;东汉时隶属于地方长官②,掾史是太守任命的吏员,凡有重要水利工程的郡国都设有都水掾之职。可见,东汉都江堰的岁修,由蜀郡太守主管,其属员指挥监督,郡都水部门具体负责岁修工作的组织与执行,还有直接负责都江堰日常管理的堋吏也参与其中。

三国蜀汉时,诸葛亮因"此堰农本,国之所资"(《水经注·江水》),设立专门"堰官",成立集建设、维修、管理为一体的机构,又征丁1 200人专护都江堰。堰官直接由蜀汉朝廷管辖,不受郡、县地方政府干预。③ 堰官应是都江堰岁修的主持者,护堰军士可能是实施岁修的劳动力,听从堰官指挥。

晋、隋、唐、宋等朝代,都江堰的日常管理都被纳入县尹的职责范围,岁修也由其负责。但唐代的节度使,也亲临都江堰督修治理。④ 宋代中央政府,更近一步加强对都江堰岁修的监督管理。元祐年间(1086—1093),朝廷"差宪臣提举,守臣提督,通判提辖",确立3层监督体制;并且要求都江堰及其灌区各县将堰之高下、河道宽度和深度,以及灌溉面积、劳力工料、监管官吏等信息一律造册登记,年终考核,加以奖惩。⑤

元代统一全国后,曾由郡县和驻防军共管都江堰。延祐七年(1320),军官奏请独管,郡县于是分管下游诸堰的修治,大幅度增加修浚工程量,百姓劳役负担沉重。元统二年(1334),四川肃政廉访司签事吉当普巡察都江堰,重又恢复郡县和驻军共管的模式。吉当普将岁修工程量大幅裁减,"得要害之处三十有二,余悉罢之",并于顺帝至元元年(1335)组织军民,大修都江堰。⑥《元史·列传》又记,赵世延于至大元年(1308)出任四川肃政廉访司官员,也曾主持都江堰大修。⑦ 由此可知,元代

---

① 冯广宏:《〈监北江堋守史碑〉的发现及其重要意义》,《西华大学学报(哲学社会科学版)》2011年第5期,第22-30页。

② 张政烺:《中国古代职官大辞典》,河南人民出版社,1990,第819页。

③ 成都市地方志编纂委员会:《成都市志·大事记》,方志出版社,2010,第594页。

④ 四川省地方志编纂委员会:《都江堰志》,四川辞书出版社,1993,第257页。

⑤ "宋史·河渠志(节录)",载《都江堰文献集成》编委会编:《都江堰文献集成·历史文献卷(先秦至清代)》,巴蜀书社,2007,第100-104页。

⑥ "大元敕赐修堰碑",载《都江堰文献集成》编委会编:《都江堰文献集成·历史文献卷(先秦至清代)》,巴蜀书社,2007,第192-200页。

⑦ "元史·列传(节录)",载《都江堰文献集成》编委会编:《都江堰文献集成·历史文献卷(先秦至清代)》,巴蜀书社,2007,第206页。

都江堰岁修由郡县和军队共同负责,而四川肃政廉访司有监督权,廉访司官员甚至可以直接主持都江堰的重大修浚工程。

明弘治三年(1490),仿蜀汉之制,设水利佥事专管都江堰,负责修浚事宜。太祖曾谕工部,"陂塘湖堰可蓄泄以备旱潦者,皆因其地势修治之",遂派遣国子监学生及其他人才分赴各地,监督水利工程的修治。弘治三年,巡抚都御史丘霁上奏称,都江堰被当地居民侵占,日渐湮塞,而地方官事务繁杂,朝廷分派下来监督都江堰治理的国子监生只是短暂停留,不能了解具体情况,难以解决都江堰治理问题,建议增设一名专管官员,负责都江堰维修工作。得到批准,因此设水利佥事。①

清代,都江堰的专管机构设立于雍正时期。雍正六年(1728),改军粮同知为水利同知;十二年(1734),水利同知衙门迁至灌县(今都江堰市)。水利同知衙门,又称水利厅,隶属成都府,由布政使统辖其事,负责都江堰岁修。遇有大修,督抚道等上级政府需派出官员监督。水利同知衙门设置3类岗位共65人,其中官吏14人(包括同知1人、典吏7人、帮书6人),差役49人,堰长和夫头各1人。水利同知大多是代理或兼任,岁修具体事务实际由典吏主持,差役负责巡查河工,堰长和夫头在岁修工地中承担监工之责。②

## (二) 资源的组织动员制度

除设置行政机构和职官管理岁修外,各朝代还为都江堰岁修所需劳力、经费、工料等资源的组织动员制定相应制度。

### 1. 劳力

秦汉以降的国家劳役制度,是都江堰等大型水利设施岁修工程的制度性劳力动员方式。秦自商鞅变法以来,实行小家庭编户政策,严禁"民有二男以上不分异者",按户承担徭役。徭役涉及"戍、漕、转、作"等方面,即戍边、漕运、转运和大型公共工程造作,水利工程兴修便属于"作"这一类。秦并巴蜀后,也将上述制度推广到巴蜀。③

---

① 周魁一等注释:《二十五史河渠志注释》,中国书店,1990,第460、479页;四川省地方志编纂委员会编:《都江堰志》,四川辞书出版社,1993,第257页。
② 四川省地方志编纂委员会编:《都江堰志》,四川辞书出版社,1993,第258页;谭徐明:《都江堰史》,中国水利水电出版社,2009,第204-205页。
③ 此处都江堰岁修劳力制度的内容,除另有标注外,皆采纳彭邦本的观点。彭邦本:《古代都江堰岁修制度——从〈秦蜀守李冰湔堋堰官碑〉说起》,《西华大学学报(哲学社会科学版)》2018年第4期,第8-18页。

汉代徭役制度规定,成年男子每年要在本郡服役 1 个月,不服役者则以 2 000 钱代役,政府以之雇人充役。承担国家大型工程力役的役夫或曰役者,史籍中称为"作者"。参与建安三年至四年冬春之际都江堰岁修的劳动者就是来自蜀郡的役夫,《郭择赵汜碑》称他们为"作者",他们当中有 100 多人还出资刊刻此碑,昭示郭择、赵汜的恩德,"以劝为善"。

三国蜀汉丞相诸葛亮,设立专门"堰官",成立集建设、维修、管理为一体的机构,又征丁 1 200 人专护都江堰。堰官直接由蜀汉朝廷管辖,不受郡、县地方政府干预。[1] 堰官应是都江堰岁修的主持者,护堰军士可能是实施岁修的劳动力,听从堰官指挥。即在原有的岁修劳役制度之上,又特别设置一支军队负责都江堰的日常保护,并参与岁修。

两宋时期,政府以征调民力、调遣军队、招募军民等方式,组织劳力投入水利设施修护工程当中,其中征调民力是最重要的途径。以每户引水灌溉田亩数量多寡,提供相应劳力,即所谓的"计亩出夫"原则。[2] 都江堰岁修,同样也是向灌区用水户征调劳力,摊派经费。

元代,都江堰由郡县和驻军共管,岁修劳役由灌区农户承担,军士也参与其中。每年岁修兴工之处多达 133 处,服役兵民多则万余人,少时千人,至少亦有数百人。农户需服役 70 天,不足 70 天,即便工程业已完工,也不得休息;不服役者,可纳钱替代,三日一缗。百姓负担沉重。元统二年(1334),吉当普巡察都江堰,将岁修量大幅裁减,并于次年组织军民大修都江堰。此次大修,征用石工、金工各 700 人,木工 250 人,普通劳力 3 900 人,其中蒙古军有 2 000 人。[3]

明代都江堰岁修,征调灌区民夫与军户为劳役。"每岁冬春之会,令得水州县与军卫屯所,共役人夫五千。"成化九年(1473),巡抚都御史夏埙"以远人赴役不便",令郫县、灌县就近抽调劳力,专供堰务,而此二县承担的"杂派科差",则摊派给灌区其他州县。正德(1506—1521)年间,水利佥事卢翔鉴于旧时岁修劳役分派不均,实行照粮派夫的劳役制度,下令"以粮三石,派夫一名。分八班,凡八年一周"[4]。

① 成都市地方志编纂委员会编:《成都市志·大事记》,方志出版社,2010,第594页。
② 高楠:《宋代水事纠纷与诉讼》,载林文勋:《李埏教授百年诞辰纪念文集》,云南大学出版社,2014,第318-346页。
③ "大元敕赐修堰碑",载《都江堰文献集成》编委会编:《都江堰文献集成·历史文献卷(先秦至清代)》,巴蜀书社,2007,第192-200页。
④ "重修四川总志(节录)",载《都江堰文献集成》编委会编:《都江堰文献集成·历史文献卷(先秦至清代)》,巴蜀书社,2007,第231-238页。

　　清代都江堰岁修，先是沿袭明代以来按田产摊派劳役的传统，后将劳役折合为银钱。顺治十八年(1661)，四川巡抚佟凤彩"行令用水州县，照粮派夫；每岁委官督修"，重新恢复都江堰岁修。① 渠首岁修所需劳力，大修定额 1 008 人，小修定额 366 人，但当时田亩未经丈量，只能粗略地计算田块，根据用水量的多少，来确定出夫的标准。遇大修之年，劳力不够，也有雇夫参与修浚的情形。康熙二十年(1681)，都江堰大修，因工程量大、时间紧迫，温江县"派夫一百七十名"，"如数借动库银，代雇完工讫"②。康熙四十八年(1709)，"易派夫为折银，每名银一两"，灌区各州县依据原本应派夫役人数折算成应征收的银两，"总计九县应派之夫，共八百八十三名"，征收 883 两白银。雍正五年(1727)，宪德任四川巡抚，由于人字堤冲决堰塞，岁修费用陡增，照夫折银之例又变为计亩摊派，出现相关人员从中谋利的现象。宪德因此奏请丈量田亩。③ 丈量完毕后，宪德于雍正八年(1730)上疏，建议区别灌区各县田地用水的迟早多寡，计亩均摊，"如郫、灌、崇三处，每亩派银二厘；温江、新繁、新都、金堂、成都、华阳，每亩派银一厘五毫。又华阳县内有用水略少之田，每亩银一厘；庶得均平"，得到批准。④

## 2. 经费

　　都江堰岁修经费，宋以前无确切资料记载。两宋时期，采取向灌区受益户摊派的方式征收经费，"敷调于民"。大观二年(1108)，针对贪污岁修经费的现象，朝廷颁布诏令，负责人员如妄意编制岁修预算，征收超额经费，以贪赃论处，将经费据为己有，按监守自盗论处。⑤

　　元代，都江堰岁修经费来源于庸钱，即人民所缴纳的代役之钱。据揭傒斯在《大元敕赐修堰碑》中记，"人七十日；不及七十日，虽事治不得休息。不役者三日一缗(或作日三缗)"，每年所收庸钱高达 7 万缗。元顺帝至元元年(1335)，吉当普组织军民大修都江堰，动用的便是府库积存的庸钱，"其工之直、物之贾以缗计，四万

---

　　① "四川通志(节录)"，载《都江堰文献集成》编委会编：《都江堰文献集成·历史文献卷(先秦至清代)》，巴蜀书社，2007，第 315-320 页。

　　② "水利知照文"，载《都江堰文献集成》编委会编：《都江堰文献集成·历史文献卷(先秦至清代)》，巴蜀书社，2007，第 574-578 页。

　　③ "历代都江堰工小传·宪德"，载吴会蓉等主编：《都江堰历史文献集成·历史文献卷·近代卷》，巴蜀书社，2013，第 136 页。

　　④ "题都江堰酌派夫价疏"，载吴会蓉等主编：《都江堰历史文献集成·历史文献卷·近代卷》，巴蜀书社，2013，第 81-84 页。

　　⑤ "宋史·河渠志(节录)"，载《都江堰文献集成》编委会编：《都江堰文献集成·历史文献卷(先秦至清代)》，巴蜀书社，2007，第 100-104 页。

九千有奇；皆出于民之庸，积而在官者"。此次兴工之后，府库剩余庸钱仍有 201 800 缗，吉当普令官府将这笔款项贷给百姓，每年收取利息，用于岁修、祭祀之需。①

明成化九年（1473），巡抚都御史夏埙将灌县和郫县的"杂派科差"一概免除，令此二县专门承担都江堰岁修劳役，灌区其他州县则分摊承担岁修经费。

清康熙四十八年（1709），洪水冲决人字堤、三泊洞、府河口，淹没城郭田庐，巡抚能泰自出俸禄修浚，考虑到经费不够，改派夫为折银，将各县派夫人数折合为银钱，"每夫一名，改折银一两"。雍正八年（1730），巡抚宪德于田亩丈量之后，上疏题请依据各州县田地用水之迟早多寡，征收高低不等的经费，"计亩派银共一千二百八十二两二钱二分九厘"，以为定额。② 雍正十三年（1735），乾隆帝即位之初，诏令各省，自乾隆元年（1736）起，革除各项捐输，堤堰河道修浚工程所需经费由国家财政报销。都江堰岁修经费因此也被纳入国库开支，此前计亩均摊的杂项尽数豁免。③ 不过，到乾隆末年，府库拨款已是不敷，不足之数由各州县用水户摊派。为减轻人民负担，嘉庆二十年（1815），成都府令各州县用水户按应缴田赋多少，捐银置买"堰工田"经营生息，以供应岁修之费。④ 嘉庆二十四年（1819），四川总督蒋攸铦奏准征用义仓租谷，作价变卖，以补岁修经费不足，并由灌区各州县捐助竹粮银 730 两。各县捐助的银两，除却岁修开支后，余款用于发商生息，所得收入用于补贴岁修工程之需。到道光二十八年（1848），余款积存达 9 500 余两，因此免除各县捐助银两，并将此前动用义仓租谷的归还各县。⑤

### 3. 工料

都江堰岁修使用的传统水工构件，主要有竹笼、羊圈、杩槎等。竹笼，即用竹篾编织而成的笼子，填充卵石后，广泛用于都江堰水系各分水鱼嘴、堤堰的修筑。羊圈是用木桩围成的框架，框内填充较大颗粒的卵石，可消杀水势，用于鱼嘴、堤堰的护基工程。竹笼、羊圈，遇洪水冲击易毁坏，且竹木材料使用寿命亦有限，故此岁修

① "大元敕赐修堰碑"，载《都江堰文献集成》编委会编：《都江堰文献集成·历史文献卷（先秦至清代）》，巴蜀书社，2007，第 192-200 页。
② 吴鸿仁：《蜀西都江堰工志》，载吴会蓉等主编：《都江堰历史文献集成·历史文献卷·近代卷》，巴蜀书社，2013，第 175-176 页。
③ "复议四川巡抚硕色奏请石牛堰沙沟黑石二河动帑兴修疏"，载《都江堰文献集成》编委会编：《都江堰文献集成·历史文献卷（先秦至清代）》，巴蜀书社，2007，第 586-588 页。
④ "都江堰十四属用水田粮碑记"，载《都江堰文献集成》编委会编：《都江堰文献集成·历史文献卷（先秦至清代）》，巴蜀书社，2007，第 747-750 页。
⑤ 四川省地方志编纂委员会编：《四川省志·水利志》，四川科学技术出版社，1996，第 287 页。

往往需要大量更换这些构件,重筑堤堰。杩槎是由 3 根木桩绑扎而成的三脚架,多个杩槎成排使用,再加上土石料,可修筑临时挡水工程。杩槎广泛应用于岁修截流。① 因此,竹笼竹料和杩槎木料是都江堰岁修的重要工料。

明初,岁修所需竹木工料,由用水州县"计田均输"。成化年间,巡抚都御史夏埙令郫、灌二县承担岁修劳役,其余用水州县专备工料。正德年间,水利佥事卢翊启请蜀王府,每年捐助 4 万竿青竹,"委官督织竹笼,装石为堰"。②

清代,竹料和竹笼由竹园档户供应。由于都江堰岁修竹料耗费甚巨,官府在灌县划定一片竹园,由专业户经营种植,供应岁修,即为竹园档。档户免除其他一切杂役和地丁银两,每年生产的竹料由政府按官价收购。③ 但是,自同治初年来,"河流变迁,工役既多,用笼亦愈众",而"频年以来,山枯竹小",档户日益艰难。同治二年(1863),竹园档户就因官价太低,赔本太多,请求给予补助。时任总督吴棠允准每年增银 1 000 两,由用水州县摊派。光绪六年(1880),总督丁宝桢免除摊派,从运局提用这笔经费补给竹园档户。然而,此后竹料市场价日益上涨,竹园档户纷纷破产,甚至出现"补银送山,希图免役"的现象。光绪三十二年(1906),在灌县知县何廷璐、水利同知敬禧的请求下,终于撤销竹园档,改由官方采买。④

至于杩槎木料,其中内江截流所用部分,和其他工料银一起,由水利厅和州县平摊;用于外江截流的,归入外江截水工料银,由水利厅专办。⑤

## 三、 历史上的数次大修

都江堰的修浚,除每年定时兴工的岁修外,还有大修、特修以及抢修,皆有定制可循,依照章程即能迅速完成组织动员。都江堰岁修重在分水灌溉,涉及都江堰内、外江水系各渠堰;大修则重在防洪,每隔 5 年进行一次,大修可以视为加强型岁修。特修同样重在防洪,在非大修之年,遇到重大冲毁或严重淤塞,必须加以修浚,则进行特修。抢修重在抢护险情,洪水临时冲毁堤堰和渠道,必须及时修理,便进

---

① 谭徐明:《都江堰史》,中国水利水电出版社,2009,第 162-165、171-186、192-194 页。

② "重修四川总志(节录)",载《都江堰文献集成》编委会编:《都江堰文献集成·历史文献卷(先秦至清代)》,巴蜀书社,2007,第 231-238 页。

③ 四川省地方志编纂委员会编:《四川省志·水利志》,四川科学技术出版社,1996,第 287 页。

④ 吴鸿仁:《蜀西都江堰工志》,载吴会蓉等主编:《都江堰历史文献集成·历史文献卷·近代卷》,巴蜀书社,2013,第 176-177 页。

⑤ 同上书,第 177 页。

行抢修。① 此处就都江堰古代历史上数次有名的大修略做叙述。

### 1. 元吉当普大修

元顺帝元统二年(1334),四川肃政廉访司佥事吉当普巡视都江堰,有感于此前岁修兴工之处过多,官吏乘机贪腐,百姓苦不堪言,将一切非必要之处裁减,仅保留32 个要害之处。为进一步纾解百姓之困,革除其中弊端,吉当普想到以石筑堰,希望建成可承受洪水冲击的永久性工程,从而免除每岁修复之役。吉当普将其想法与灌州判官张弘商量,张弘积极支持,自出经费,先修建一座小堰进行试验。建成后,虽有洪水冲击,堰体不动,试验成功。吉当普于是召集地方军政各方,商讨此事,得到广泛支持。②

在张弘的协助下,吉当普于顺帝至元元年(1335)冬,组织军民,兴工大修都江堰。此次大修涉及都江堰渠首及内、外江水系诸堰和渠道。由于都江堰位于岷江水流之中,为使其能承受强大的水流冲击,用 16 000 斤铁铸成铁龟,置于分水鱼嘴顶端,又将其与铁柱连接,稳定水流。诸堰皆以条石砌成,再灌入铁水弥合,并用桐油麻丝和以石灰,修补漏缝,防止渗水。对容易崩塌的堤岸,不仅在外侧加筑鹅卵石进行防护,而且于堤上种植杨柳和蔓草荆棘,使其稳固。除堤堰工程外,此次大修也包括大规模的疏浚工程,疏通旧渠或开凿新渠,全面整治灌区的渠道系统。"所至,或疏旧渠而导其流,以节民力;或凿新渠而杀其势,以益民用。"历时 5 个月,消耗大量的人力、物力、财力,终于大功告成。③

吉当普修造的铁石鱼嘴使用了数十年,后世有人评价说,"然不如李之旧,不复百年崩"。虽然如此,明清两朝仍数次尝试用砌石取代竹笼修造鱼嘴,就此还引发了争论。直至民国年间,建造砌石鱼嘴时,以竹笼构件作为其基础,在卵石地基到刚性结构之间设置过渡层,发挥消能防冲的功能,从而结合砌石工和竹笼工的优点。岁修时只需对这些竹笼构件进行更换,工程量大为减少。④

### 2. 明卢翊大修

明正德八年(1513),卢翊出任四川水利佥事,专管都江堰修浚事。据《嘉庆重

① "都江堰水利述要·工程·名称",载吴会蓉等主编:《都江堰历史文献集成·历史文献卷·近代卷》,巴蜀书社,2013,第 287-288 页。

②③ "大元敕赐修堰碑",载《都江堰文献集成》编委会编:《都江堰文献集成·历史文献卷(先秦至清代)》,巴蜀书社,2007,第 192-200 页。

④ 谭徐明:《都江堰史》,中国水利水电出版社,2009,第 165-170 页。

修一统志》记,彼时"成都之田,皆资灌口堰水,近源淤塞,民称病"。灌口堰即都江堰,都江堰淤塞,百姓深受其害。鉴于此,卢翊"采众议,浚之,泽润数百里"。[①] 可见,卢翊主持的这次都江堰大修,重点在河方工程,以疏浚淤积为主。

吉当普为求一劳永逸,用铁龟砌石修造都江堰鱼嘴,其法也沿袭至明代。卢翊认为这种做法着意于筑堰,而不事疏浚,违背了李冰"深淘滩,低作堰"的宗旨。砂石淤积,水流不畅,堰体再坚固,亦无济于事。另外,用铁石造堰,成本高昂,但往往不多时,便被洪水冲毁,并不牢靠。因此,卢翊檄令有关官员,征调夫役 3 000 人,用锄锹和箕篓等工具,挑浚淤积,疏通河道。为重申"深淘滩,低作堰"的修浚原则,他重新镌刻六字诀和水则。[②] 至于都江堰渠首,卢翊仍恢复古法,以竹笼卵石筑堰,"笼制长三丈,径一尺八寸,形扁而面平,椒眼参差;实以大小圆石"。[③]

### 3. 清强望泰大修

道光六年(1826)三月,岷江春汛,都江堰鱼嘴以下内江堤堰多处冲溃。由于内江河道淤积十分严重,水流由决口处大量归入外江,而其下内江河水量骤减。内江灌区正当水稻栽插用水季节,成都府 14 县用水户得不到灌溉而群情激愤。水利同知袁昌业、灌县知县朱华因为禀报不及时,出险后又不组织堵缺而被撤职。[④]

道光七年(1827),强望泰出任成都水利同知。甫一上任,他便亲至都江堰实地勘察,见"江身自旧河口起,至宝瓶口讫,仅宽四五丈,十一、十二丈不等。江岸一带,积沙石逾数丈,江中为沙石淤塞更甚。各堰笼堤,亦冲刷损坏者过半"。于是遍访士绅耆老,批阅志乘,以求治理之法。经过这番调查研究,强望泰自觉对"深淘滩,低作堰"的六字诀有所领悟,并以之为指导,大修都江堰。

强望泰认为,"深淘滩"可以防止沙石随水流进入内江造成淤积,"低作堰"可以使过多的渠水泄入外江。因此,在道光七年冬天兴工大修都江堰时,"即多加河防,广作笼埂;深去江底之碛石,低砌笼埂之层数"。到第二年春夏汛期,经由洪水考验,果然有效,于是将修治之法推广到灌区各堰。

遵循"深淘滩"之法,强望泰对内江和干渠的疏浚着力颇多。宝瓶口江身原本

---

① 穆彰阿等:《四部丛刊续编·史部·嘉庆重修一统志·23》,上海书店出版社,1984,第 105-106 页。

② "灌县治水记碑",载《都江堰文献集成》编委会编:《都江堰文献集成·历史文献卷(先秦至清代)》,巴蜀书社,2007,第 272-273 页。

③ "历代都江堰工小传·卢翊",载吴会蓉等主编:《都江堰历史文献集成·历史文献卷·近代卷》,巴蜀书社,2013,第 128 页。

④ 谭徐明:《都江堰史》,中国水利水电出版社,2009,第 86 页。

宽 12 丈,到道光七年时,仅宽 7 丈。他于当年将其扩宽 1 丈,长 20 余丈,深 5 丈;八年又挖宽 3 丈,长 40 丈,深五六丈不等。经由这两次挑挖,宝瓶口基本恢复旧制,水流得以通畅。挖出的沙石,则置于北岸城脚下,堆砌成坎。此外,他还淘挖内江江口,挖去古江内沙堆,凿平挖深镇夷关脚下河段,淘深卧铁碑下江段,挖去斗鸡台下淤沙,淘挖走马河锁龙桥段,等等。强望泰要求所有淘挖出来的沙石,必须弃至远处,"水涨时,庶不致冲流仍积江内"。他还在卧铁碑附近,明代曾竖有铁桩之处,重新竖一铁桩于江中,作为以后淘挖河道的深度标志。在斗鸡台北岸石上"深淘滩,低作堰"六字旁,添刻水则十划,初划与河底相平,作为衡量水深的标尺。[①]

## 第三节　都江堰与天府之国

众所周知,成都平原素有"天府之国"之称,正是都江堰造就了成都平原的富庶。而有关李冰和都江堰的创建及疏浚等事件和实践,还被纳入蜀地民间宗教的叙述之中,得到官方祀典认可,成为蜀地文化的重要内容。此外,都江堰还与蜀地人民的休闲文化息息相关。可以说,都江堰充分体现出巧妙改造自然的疏浚工程,在人类生产生活以及社会经济发展中的重要作用。

### 一、都江堰对成都平原的影响

#### 1. 农业经济的发展

都江堰及其渠系可实现对水资源的有效调控,促进成都平原农业经济发展。都江堰渠首的工程布局经验性地运用水流运动原理,使"四六分水""二八分水"巧妙实现,确保流入下游成都平原的江水雨季不过量,旱季仍敷灌溉之用。经过历朝历代的持续开浚,岷江水通过都江堰绵密的渠道网络,溉润成都平原万千田土。

汉代以来,都江堰灌区发展迅速,成都平原成为全国重要的粮食产区,在西汉时多次成为政府赈灾的粮仓。蜀地之粮,即有很大部分产于都江堰灌区。[②] 汉高祖二年(前 205),关中地区发生大饥荒,政府令百姓往蜀地就食。武帝元鼎二年(前 115),长江中游发生水灾,朝廷从蜀地调粮到江陵救济灾民。山东地区因黄河

---

① "两修都江堰工程纪略",载《都江堰文献集成》编委会编:《都江堰文献集成·历史文献卷(先秦至清代)》,巴蜀书社,2007,第 692-696 页。

② 谭徐明:《都江堰史》,中国水利水电出版社,2009,第 46 页;罗开玉:《论都江堰与"天府之国"的关系》,《成都大学学报(社科版)》,2011 年第 6 期,第 53-64 页。

泛滥,加以数年收成不好,"人或相食",政府又"下巴蜀粟以振焉"。

至两宋时期,成都平原的土地已得到充分开发。元丰年间(1078—1085),全国每平方公里内的平均耕地面积为 184 亩,两浙路耕地面积为 296 亩,而成都府路高达 394 亩,大大超过了总平均数,比两浙路多出了 100 亩。成都平原的农业耕作技术水平和粮食单位面积产量,与农业最发达的两浙地区不相上下。南宋时期,四川负担川陕驻军军粮 150 万石,成都平原则负担绝大部分,成为两宋时期国家军粮主要的供应地。①

除灌溉农田,带来充裕的粮食产出外,都江堰对成都平原的水产养殖业也有积极作用。灌区人民很早便开始养鱼,并创造出稻田养鱼的生产模式。曹操的《四时食制》提及:"郫县子鱼,黄鳞,赤尾,出稻田,可以为酱。"郫县即都江堰的核心灌区。从成都平原出土的汉代陶制模型,可以看到稻田、水渠、鱼塘相互依托的关系。如出土于成都近郊的一个陶田模型,稻田、水渠占模型的五分之三,鱼塘占五分之二。鱼塘有两个高矮不同的水门,用于关水、放水,捕鱼时可将水全部放出。②

此外,灌区人民还在都江堰大小支渠上,安装水碾水磨,开设农产品加工房。都江堰灌区的水碾,通常是以 5 米以内水头冲击水轮,带动汲水筒车或水碾水磨。皆在河溪岸边建引水槽,搭建加工房于溪边,安设水轮机座及传动设施,房内设置碾磨以加工谷物、磨面、榨油、榨甘蔗、碾茶等。加工房有大有小,内装 1 台至 10 余台设备不等。水碾加工房是利润可观的行业,都江堰灌区在筹措河道疏浚经费时,有时"照田亩、堰碾多寡"摊派,水碾、油碾摊派额度远高于田亩额度,田亩"每亩派钱一百文","水碾每座派钱二千文,油碾每座派钱六千文"。③

## 2. 区域政治经济中心的形成

冀朝鼎在《中国历史上的基本经济区与水利事业的发展》一书中提出"基本经济区"的概念,基本经济区的"农业生产条件与运输条件,对于提供贡纳谷物来说,比其他地区要优越得多,以致不管是哪一集团,只要控制了这一地区,它就有可能征服与统一全中国"。他进而指出,古代中国的统一与分裂,以基本经济区的兴起、

　　① 谭徐明:《都江堰史》,中国水利水电出版社,2009,第 62-63 页。
　　② 罗开玉:《论都江堰与"天府之国"的关系》,《成都大学学报(社科版)》2011 年第 6 期,第 53-64 页。
　　③ 同上;《都江堰文献集成》编委会编:《都江堰文献集成·历史文献卷(先秦至清代)》,巴蜀书社,2007,第 591 页。

转移、确立为基础,分裂时期多个经济区之间相互竞争,一旦占优势的基本经济区确定,其统治者便可借以统一天下,因此掌握和发展基本经济区是历代经济政策的根本方针,建设水利工程即属于其中内容。① 都江堰工程建成后,根本性地改善了成都平原的农业和航运条件,成都平原从而成为西南地区的政治经济中心,甚至具备竞争基本经济区的可能,在分裂时期,多次成为割据政权的基地。

汉代以来,四川多次建立以成都为都城的割据政权。第一次是西汉灭亡之后。西汉末年,蜀郡太守公孙述趁王莽专权天下大乱之时起兵,占据益州。更始二年(24),公孙述自立为蜀王,以成都为都城;建武元年(25),称帝,国号成家,建元龙兴。公孙述得以称帝的基础在于"蜀地肥饶,兵力精强,远方士庶多往归之,邛、笮君长皆来贡献"。②

第二次是三国蜀汉政权。东汉末年,刘备屯兵新野,意在天下,乃三顾茅庐,问计于诸葛亮。诸葛亮建议,先据荆州,后占益州,以荆、益为根据地,相机入主中原。益州即包括成都平原在内的巴蜀之地,诸葛亮提到,"益州险塞,沃野千里,天府之土,高祖因之以成帝业"。建安十九年(214),刘备打败刘璋,入主蜀地。"蜀中殷盛丰乐",刘备"置酒大飨士卒,取蜀城中金银分赐将士",收获人心。刘备由此"足食足兵",根基稳固。章武元年(221),刘备在成都称帝(史称先主),以诸葛亮为丞相,建立蜀汉政权,形成三国鼎立的局面。蜀汉政权以蜀地富庶的物质条件为基础,都江堰的地位举足轻重。建兴十四年(236),后主刘禅亲自视察都江堰,"登观阪,看汶水之流,旬日还成都"。③ 诸葛亮辅佐后主时,于北征之际,"以此堰农本,国之所资",特地征集1 200名兵丁专门看护,并设堰官管理④。

两晋之际,成都第三次成为割据政权的都城。东汉以来,大量北方游牧民族内迁关中,西晋时关中人口超过百万,其中半数为内迁的氐、羌族。西晋末年,皇族争夺政权,发生"八王之乱",混战长达16年。在此背景下,不堪忍受晋廷高压政策的少数民族,终于奋起反抗。公元296年,氐人齐万年起兵反晋,战火波及关中六郡。时逢旱灾,饥荒疫病横行,关中百姓衣食无着,大批流民涌入富庶的巴蜀地区。在与官府和豪族的对抗中,原为东羌将领的賨人(西南少数民族)李特兄弟成为关中

① 冀朝鼎:《中国历史上的基本经济区与水利事业的发展》,中国社会科学出版社,1981,第7-14页。
② 范晔:《后汉书上》,岳麓书院,2008,第191-192页。
③ 陈寿:《三国志》,上海古籍出版社,2011,第806-836、841-865页。
④ "水经注·江水(节录)",载《都江堰文献集成》编委会编:《都江堰文献集成·历史文献卷(先秦至清代)》,巴蜀书社,2007,第30-36页。

流民的首领。李氏家族攻占成都后,得到蜀地土著势力支持,以及道教首领相助。公元 306 年,李特之子李雄称帝,以成都为都城,国号大成,后改国号汉,史称成汉。在李雄的统治下,蜀地富庶安定,文教兴盛。①

隋唐时期,成都平原的政治经济地位进一步提高。隋文帝杨坚封其子杨秀为蜀王,掌管西南二十州的军事,以成都为治所,建蜀王府。唐高祖李渊在成都设益州大都督府,是当时全国五大都督府之一。唐玄宗李隆基设剑南节度使,管理西南地区,是天宝年间十节度使之一。蜀地是唐朝最为富庶的地区之一,有"扬一益二"之称,不仅供应陇右及河西诸州的粮饷,而且向中央府库贡纳亦多。执政官员重视水利建设,先后有数位官员修复和开浚都江堰渠系。唐贞观元年(627),高俭出任益州大都督府长史,鉴于富豪侵占都江堰渠道,遂于旧渠道旁重新开凿新渠道,扩大灌溉范围,"蜀中大获其利"。垂拱年间(约 686 前后),彭州长史刘易从重新疏通淤塞的唐昌沱江(都江堰内江渠系郫江的支渠),并加以延伸,使之与西汉文翁开凿的湔江口渠道汇合,是元明时万工堰、今人民渠的前身。开元二十八年(740),益州长史章仇兼琼重建汉代的六水门,成为通济堰,是都江堰灌区中极为重要的配套渠堰工程,延用至今。而在"安史之乱"时,成都平原因其富庶以及偏安西南的位置,成为唐玄宗避难之所。天宝十五年(756),唐玄宗逃往成都,以成都为临时都城,称"南京"。晚唐时期,黄巢起义军进逼长安,蜀地再次成为唐皇的流亡地。②

唐亡后,中国进入五代十国的分裂时期,在南方先后兴起的 10 个割据政权中,其中前蜀和后蜀皆以成都平原为核心统治区域。公元 907 年,朱温灭唐建立后梁政权,同年唐西川节度使王建在成都称帝,国号"大蜀",史称"前蜀"。前蜀政权于公元 925 年被后唐所灭。公元 934 年,后唐西川节度孟知祥在成都称帝,国号仍称"大蜀",即后蜀。与中原的动乱相比,此时的蜀地则是安宁乐土,农业、手工业、商业繁荣,文化艺术兴盛,时人誉为"天下之富国"。③

---

① 何一民、王毅主编:《成都简史》,四川人民出版社,2018,第 126-130 页。

② 何一民、王毅主编:《成都简史》,四川人民出版社,2018,第 158、162-163 页;谭徐明:《都江堰史》,中国水利水电出版社,2009,第 49-50 页;四川省水利厅、四川省都江堰管理局:《都江堰水利词典》,科学出版社,2004,第 32 页。

③ 谭徐明:《都江堰史》,中国水利水电出版社,2009,第 50 页;何一民、王毅主编:《成都简史》,四川人民出版社,2018,第 168-176 页。

## 二、 都江堰对成都的影响

### 1. 成都城市格局演变

成都筑城,始于秦时。秦国吞并巴蜀后,开始将蜀地建设为战略后方,修筑成都城也是为此目标服务。公元前316年,秦国出兵灭古蜀国。秦将张仪、张若据蜀地后,先后修筑成都城之大城和少城,"周回十二里,高七丈"。少城有成都县官署,以商业繁盛见称,居民区与商业区的布置,与咸阳同制。并且设置"盐铁市官并长、丞",以管理市场交易。大城则属于政治区,蜀地长官官署及商业管理官员衙署都建于此。[①]

至李冰修建都江堰,"穿二江成都之中",形成"两江珥其市"的城市格局。二江一为郫江(柏条河),一为检江(走马河)。二江绕成都的西面和南面行进,整体呈西北-东南的流向。为便利通行,李冰于二江之上改造新建七桥,对应七星,称七星桥。李冰还将原本设于城中的"市",迁到城外二江之间的空阔地带,建成当时西南地区乃至秦国最大的市场。这个市场北靠郫江,南临检江,中有石犀溪穿过,水路交通和日常用水皆极为便利。并且,由于其位于成都城外近郊,可避免对城内秩序的干扰,城内居民赴市场交易也较方便。此外,在检江南岸,秦政府建有锦官城,作为蜀锦生产和分销的专门区域;锦官城西,建车官城,是车类交通工具的专门市场。"两江珥市"的城市格局,延续约600年,直到公元347年东晋将领桓温平定蜀地,灭成汉政权,夷少城,二江之间的"市"才消失。[②]

晚唐西川节度使高骈筑罗城改郫江,重新布局二江与成都的位置,造就了成都二江抱城的城市格局(见图5-3)。自秦代张仪、张若筑成都城,直至唐代后期的1 000多年间,成都的防卫主要依赖秦城墙。隋蜀王杨秀守藩时,曾扩建大城,将秦时城垣向西、南两方延长,秦城被半包围于其中,成为"子城"。扩建后的成都城更靠近二江,二江的交通和防卫功能更为突出。但由于其工程质量不如秦城,到唐中期以后已崩颓不存。唐后期,南诏兴起,从大和三年至乾符二年(829—875),多次进犯蜀中,攻打成都。成都在唐朝已成为全国数一数二的繁华都会,秦城早已不能容成都数量庞大的人口,二江两岸也已发展形成新的居民区和商业区。南诏军队

①　常璩:《华阳国志校补图志》,任乃强校注,上海古籍出版社,1987,第128-131页。
②　罗开玉、谢辉:《成都通史·秦汉三国(蜀汉)时期》,四川人民出版社,2011,第69-80、96-97页。

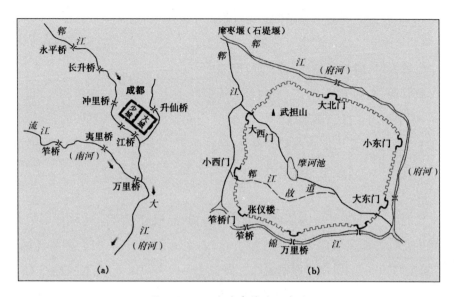

图 5-3 二江与成都城市之布局

(a) 秦汉二江与成都城 (b)唐宋二江与成都城

资料来源：谭徐明：《都江堰史》，北京：中国水利水电出版社，2009，第 56 页。

围城，无论士庶商民，狼狈避入子城，拥挤不堪，甚至饮水都发生困难，"人气相蒸，死生共处"，惨烈异常。乾符三年(876)，高骈调任西川节度使，镇守成都。为提高成都的防卫能力，他奏请扩建成都城，以秦城为核心，修筑一道新城墙，称为"罗城"。此项工程中还有一项重要内容，即改造郫江，建立护城河体系。高骈在罗城西北面建縻枣堰，将郫江水流导向东行，于是原本流经成都城西绕城南向东流的郫江，经高骈新开凿的河道，改由罗城之北绕城向东南流，与检江在城外东南角汇合。二江由此将罗城合抱于内，并与高骈在罗城西面新开凿的壕沟，共同构成新成都城的闭合防御屏障。成都二江抱城的格局自此形成。[①]

### 2. 成都工商业的繁荣

都江堰二江过成都，不仅塑造了成都的城市格局，而且改变了成都的地理区位条件。都江堰修建之前，成都与岷江不能直接通航[②]，而都江堰工程开浚二江，使岷江改道绕经成都(检江曾被认为是岷江改道后的正流[③])，成都因此成为岷江航

---

① 谢元鲁：《成都通史·两晋南北朝隋唐时期》，四川人民出版社，2011，第 112-118 页；四川省水利厅、四川省都江堰管理局：《都江堰水利词典》，科学出版社，2004，第 33-34 页。

② 冯广宏：《都江堰创建史》，巴蜀书社，2014，第 223 页。

③ 见上书，第 246-248 页。

道上的码头,获得便利的水运条件。都江堰的干支渠系,延伸至成都平原的乡村和城镇,将蜀地丰富的物产汇集于成都。且自秦汉以来,成都一直是蜀地行政中心,汇集了大量人口,成都于是成为繁华的商埠。①

汉唐时期,成都流江(检江)上的万里桥是岷江-长江水道的起点和终点。自成都起航,顺水路可直抵江南地区。杜甫诗句"门泊东吴万里船",反映的正是众多商船自江南地区溯流而上抵达成都的现象;杜牧诗句"蜀船红锦重",说的是蜀地船只载着蜀锦到扬州。这些船只载重量达千石以上,甚至万石,蜀地和长江下游的商品借此得以交换。②

宋代的成都,云集了全国各地富商大贾。蜀锦、粮食、茶叶、药材等蜀地商品,在成都平原可借都江堰的干支渠道进行运转,进入岷江-长江航道则可运销于全国。③ 繁荣的工商业,带来丰厚的税收。熙宁十年(1077)以前,商税岁额达 40 万贯者有东京(汴梁)、成都、兴元;酒课税额达 40 万贯的只有东京和成都。④ 也是在成都,产生了世界最早的纸币——交子。宋代前期,中原等地区普遍使用铜钱,但中央政府禁止铜钱流入蜀地,蜀地流通的货币以铁钱为主。铁钱不仅比铜钱重,币值也比铜钱低,对大宗和长途贸易极为不便。11 世纪初,成都 16 家富商联合作保发行了一种可以兑换铁钱的凭证,即交子。它以统一的纸张制作,标明存钱数量,且有特殊防伪记号,用此凭证可从上述参与发行的任一商家及其外地分铺兑换注明数量的铁钱。这样,商人可不必携带铁钱而直接以交子交易。由于蜀商财力雄厚,信誉良好,交子得到市场的认可,被作为纸币在蜀地流通。交子的出现表明蜀地市场经济已经高度发展。交子极大地便利了蜀地人民的经济活动,并推动了成都与其他地区的经济文化交流。⑤

都江堰还推动了成都手工业的发展。都江堰将岷江水引入成都,造就了成都特有的蜀锦。郦道元在《水经注·江水》中记述:"江水自郫县东北,经成都县南,又东至广都,为南江。又名锦江。织锦濯之于此,则甚鲜明,濯以他水则锦弱矣。"⑥锦江,即流江(检江)在成都城中的一段。织工织出蜀锦后,在流江中濯洗,

① 谭徐明:《都江堰史》,中国水利水电出版社,2009,第 55 页。
② 同上;罗开玉:《论都江堰与"天府之国"的关系》《成都大学学报(社科版)》2011 年第 6 期,第 53-64 页;谢元鲁:《成都通史·两晋南北朝隋唐时期》,四川人民出版社,2011,第 243 页。
③ 谭徐明:《都江堰史》,中国水利水电出版社,2009,第 63 页。
④ 罗开玉:《论都江堰与"天府之国"的关系》,《成都大学学报(社科版)》2011 年第 6 期,第 53-64 页。
⑤ 何一民、王毅主编:《成都简史》,四川人民出版社,2018,第 238-242 页。
⑥ 四川省水利厅、四川省都江堰管理局:《都江堰水利词典》,科学出版社,2004,第 251 页。

可使色彩鲜明,而其他河流则无此效。原来,流江水源自岷山融雪,抵达成都城内时,其水温仍低于其他水流。将刚织好的蜀锦放入其中浣洗,实质上就是冷处理过程。蜀锦因此色泽鲜艳非常。正因为如此,流江被称为濯锦江、锦江。秦汉时期,成都织锦业便已在全国独领风骚,蜀锦一直被作为贡品。三国时,蜀锦更成为蜀汉财政收入的支柱,用于军费支出,为"决敌之资"。当时织锦作坊集中于流江左岸,并设锦官专门管理蜀锦的生产,负责征税。成都因此又有锦官城的别称。①

此外,都江堰水直接与唐宋时期成都造纸业的高水平发展相关。当时,成都城南浣花溪、百花潭一带,造纸最佳。浣花溪是锦江上游的一段很短的河流。起源于清水河龙爪堰,绕杜甫草堂后,东流至送仙桥下,汇入磨底河。浣花溪和百花潭是一个整体,浣花溪在上游。此处水质清澈,造出的纸张洁白非常。苏轼说:"成都浣花溪,水清滑胜常,以沤麻楮作笺纸,紧白可爱,数十里外便不堪造,信水之力也。"可见,亦是都江堰水的独特效果。宋代浣花溪一带成为成都造纸业的中心,形成了专门的造纸户,"府城之南五里有百花潭,支流为二,皆有桥焉,其一玉溪,其一薛涛,以纸为业者家其旁"。唐代,成都出现了有名的"薛涛笺";宋代,又出现了与之齐名的"谢公笺"。"谢公笺"生产于浣花溪,在工艺上比"薛涛笺"更进一步,有十色。除此之外,宋代成都还生产"青白笺""学术笺"等名纸,广受士大夫欢迎。而产生于成都的交子,也是用成都"楮纸"印刷的,后来全国各地的钱引、会子等纸币,都用成都纸。②

## 三、 都江堰对蜀文化的影响

### (一) 作为神明的李冰

#### 1. 李冰事迹的神话叙事

李冰的事迹,最早见于《史记·河渠书》。司马迁述其创建都江堰之事,称李冰凿开离碓,化解洪水的危害,并开挖二江穿过成都,"于蜀,蜀守冰凿离碓,辟沫水之

---

① 谭徐明:《都江堰史》,中国水利水电出版社,2009,第 56 页;罗开玉:《论都江堰与"天府之国"的关系》,《成都大学学报(社科版)》2011 年第 6 期,第 53-64 页。

② 罗开玉:《论都江堰与"天府之国"的关系》,《成都大学学报(社科版)》2011 年第 6 期,第 53-64 页;朱晓剑:《闲雅成都》,东南大学出版社,2017,第 70-71 页;粟品孝等:《成都通史·五代(前后蜀)两宋时期》,四川人民出版社,2011,第 234-239 页。

害;穿二江成都之中"①。乃史实记述,不涉灵异。

在司马迁之后,是杨雄编撰的《蜀王本纪》,原书现已不存。宋《太平寰宇记》引其中一段,提到李冰见汶山(岷山)峡谷有鬼神经过,命名为天彭门:"李冰以秦时为蜀守。谓汶山为天彭阙,号曰'天彭门',云亡者悉过其中,鬼神精灵数见。"宋《天平御览》引其中另一段,说李冰制作5枚石犀,用来镇压水怪:"江水为害。蜀守李冰作石犀五枚:二枚在府中;一在市南下;二在渊中;以厌水精。因曰石犀里也。"这两段事迹,糅入蜀地传说,把李冰描述成晓鬼神之事者。

到东汉时,李冰的形象则从晓鬼神者,升级为有神通者。东汉应劭在《风俗通义》中讲述李冰化身为牛,杀江神,为百姓除害的故事。② 应劭为东汉末年人,《风俗通义》专门记载民间风俗,材料或据实地考察、采访所得,或转录于其他书籍。由此可见,至迟到东汉晚期,李冰的神话已在民间广泛流传,而为儒士所注意并记于笔端。而1974年出土于都江堰外江河道中的李冰石像,则显示李冰当时不仅在民间被视为拥有变化能力,能杀江神的神人,且也被水利官员在某种程度上认同。该石像上铭文,记造像时间为建宁元年(168),造像者为都水掾、都水长,"造三神石人,珍水万世焉"。都水是东汉郡府管理水利的部门,都水掾是代表郡守常驻都水衙门的掾吏,都水长是都水衙门的官员。③ 他们造李冰石像以镇水患的举动,可能是出于对这位治水前辈的尊崇,并顺应民间传说,而举行的仪式。

东晋常璩撰《华阳国志》,虽秉持不言"怪异"的宗旨④,但其中《蜀志》卷述李冰事迹时,仍克制地提到李冰的神通:"于玉女房下白沙邮,作三石人,立三水中。与江神要:水竭不至足,盛不没肩。时青衣有沫水,……冰发卒凿平溷崖,通正水道。或曰:冰凿崖时,水神怒。冰乃操刀入水中与神斗。迄今蒙福。"⑤说李冰与江神约定,旱季最低水位不能低于石人之足,雨季最高水位不能高过石人之肩。李冰制作的石人,可能就是最早的水则,有效的水位控制当是得益于都江堰工程巧妙的分水

① "史记·河渠书(节录)",载《都江堰文献集成》编委会编:《都江堰文献集成·历史文献卷(先秦至清代)》,巴蜀书社,2007,第1-3页。
② "风俗通义(节录)",载《都江堰文献集成》编委会编:《都江堰文献集成·历史文献卷(先秦至清代)》,巴蜀书社,2007,第13-16页。
③ 罗开玉:《中国科学神话宗教的协合——以李冰为中心》,巴蜀书社,1989,第189-192;《都江堰文献集成》编委会编:《都江堰文献集成·历史文献卷(先秦至清代)》,巴蜀书社,2007,第8页;谭徐明:《都江堰史》,中国水利水电出版社,2009,第247页。
④ 罗开玉:《中国科学神话宗教的协合——以李冰为中心》,巴蜀书社,1989,第194页。
⑤ 常璩:《华阳国志校补图志》,任乃强校注,上海古籍出版社,1987,第133页。

分沙功能。将其归之于李冰与水神的约定,一方面或是不理解其中的工程原理;另一方面,也反映出对李冰功绩和能力的高度崇拜。而李冰操刀斗水神,则和"与水神要"的事迹相对,一文一武,共同展现了李冰不惧鬼神的神通。

唐宋时期,对李冰的神化达到高潮,道教势力在其中起着重要作用。公元184年,首领张角和张道陵组织黄巾军起义,转化为规模浩大的集体宗教运动。起义失败后张角被镇压,张道陵在四川创立的道教教派则占据青城山生存下来。晚唐五代时,青城山道教在川西流行,为进一步扩大影响,道教通过构建李冰的神话,来宣扬其宗教理念,杜光庭(850—933)便是李冰神话的重要创作者。杜光庭随唐僖宗避乱入蜀,事前蜀(907—925),深得蜀帝信赖,后隐居青城山,为道教首领。都江堰渠首位于青城山附近,杜光庭对都江堰颇为关注,在其著作《灵异记》《治水记》中,数次提及都江堰。① 前蜀武成三年(910),岷江暴雨发生洪水,将都江堰渠首冲向下游数百丈。导江县令黄璋为迎合上意,向蜀帝王建奏为江神移堰。杜光庭不仅上表祝贺,并且在《灵异记》中将其描述成李冰显灵:"蜀朝庚午夏,大雨,岷江泛涨,将坏京江。灌江堰上夜闻呼噪之声,若千百人,列炬无数;大风暴雨,火影不灭。及明,大堰移数百丈,堰水入新津江。李冰祠中旗帜尽湿。导江令黄璋及镇静军同奏其事。是时,新、嘉、眉水害尤多,而京江不加溢焉。"②

杜光庭关于李冰显灵的记述被继承下来。北宋开宝五年(972),岷江特大洪水,都江堰险遭冲毁。北宋人黄休夏在笔记小说《茅亭客话》"蜀无大水"条③,以更为丰富的细节将此描述为李冰显灵从而护大堰不坏的故事。他在详细叙述显灵护堰之事后,又追述李冰秦时为蜀守的功绩,将此前流传的关于李冰的种种神通都囊括其中。

至明代,李冰的形象则从能死后显灵的有道之士,更进一步地成为生前飞升的活神仙。《群书类编故事》记李冰因修都江堰之功德,而被录入仙籍,白日升天。④

① 谭徐明:《都江堰史》,中国水利水电出版社,2009,第249页;罗开玉:《中国科学神话宗教的协合——以李冰为中心》,巴蜀书社,1989,第204-205页。

② "灵异记",载《都江堰文献集成》编委会编:《都江堰文献集成·历史文献卷(先秦至清代)》,巴蜀书社,2007,第74-75页。

③ 钱易、黄休复撰,尚成、李梦生校点:《南部新书·茅亭客话》,上海古籍出版社,2012,第100-101页。

④ 王罃:《群书类编故事》卷十,《仙佛类》,四库丛刊本。

明万历年间,什邡庠生马上所作《大安王庙记》中亦有类似叙述。① 至此,李冰已完成从人到神的转变。

### 2. 李冰祭祀与册封

与李冰事迹和形象的神化历程相伴随的是,民间和官方建立越来越多的祠庙来祭祀供奉李冰,统治者册封李冰越来越高等级的封号。李冰因此成为民间传说和官方意识形态共同尊崇的神明,李冰信仰从而也成为蜀地乃至全国水利文化中的重要内容。

李冰祠可能最早出现于秦代。据成书于隋时的《北堂书钞》引《风俗通义》:"秦昭王听田贵之议,以李冰为蜀守,开成都两江,造兴田万顷以上。始皇得其利,以并天下;立其祠也。"②李冰因修建都江堰,奠定了秦国一统天下的基础,秦始皇因而为之立祠。从这种说法来看,祭祀李冰似乎始于官方。但明人王圻编纂的《稗史汇编》中所述略有出入,其文称:"秦孝文时冰为蜀郡守,自汶山壅江灌溉三郡,开稻田,历代以来蜀人之饷祀不绝。"③据此说,则祭祀李冰始于民间行为。不过,无论是秦始皇立祠,还是民间自发行为,早期祭祀李冰时,应当都只是出于对其功绩的感念,将其视为造福一方的有德之人,而非神灵。

唐宋时期,道教盛行,李冰显灵的神话广泛流传,作为神明的李冰得飨越来越多的香火。唐代李冰祠有三处:导江县灌口镇、汉州什邡和成都。到了宋代,则"每临江浒,皆立祠宇焉"④。宋代最大的李冰祠庙是崇德庙。崇德庙位于都江堰渠首附近玉垒山麓,古为望帝祠,乃蜀人祭祀蜀王杜宇之所。南齐建武(494—498)年间,益州刺史刘季连将望帝祠迁到郫县,而将原祠改祀李冰,并易名为"崇德庙"。北宋初年,宋太祖曾诏令重修崇德庙。北宋末年,二郎神信仰兴起,民间将其附会于李冰神话,指其为李冰之子,协助李冰杀恶蛟。崇德庙于是成为同时祭祀李冰与二郎神的庙宇。后来由于李冰和二郎相继封王,崇德庙遂被称为"二王庙"。⑤ 宋

---

① "大安王庙记",载《都江堰文献集成》编委会编:《都江堰文献集成·历史文献卷(先秦至清代)》,巴蜀书社,2007,第270-271页。
② "风俗通义(节录)",载《都江堰文献集成》编委会编:《都江堰文献集成·历史文献卷(先秦至清代)》,巴蜀书社,2007,第13-16页。
③ 王圻:《稗史汇编》卷一百三十一,《祠祭门·祀神类》,明万历刻本。
④ 谭徐明:《都江堰史》,中国水利水电出版社,2009,第249页。
⑤ 郑民德:《水患治理与神灵塑造——以李冰为对象的历史考察》,《中华文化论坛》2018年第3期,第15-19页;曾晓娟主编:《都江堰文献集成·历史文献卷·文学卷》,巴蜀书社,2017,第879页;谭徐明:《都江堰史》,中国水利水电出版社,2009,第253页。

时崇德庙，"祠祭甚盛，岁刲羊五万，民买一羊将以祭而偶产羔者，亦不敢留，并驱以享①"。"当神之生日，郡人醵迎尽敬，官僚有位，下逮吏民，无不瞻谒。"②李冰与二郎庙宇自宋以后逐渐分布于全国，河北、山东、江苏、贵州等省皆有，甚至出现于偏僻乡村。③

明清时期，李冰从此前被奉为"川主"的众多先贤或神明中脱颖而出，成为被普遍认可的川主，川主祠庙中崇祀的神灵逐渐统一为李冰或李冰父子。据统计，明代四川所见川主祠庙有 40 多处，多数以李冰为祭祀对象；清中期以后，川主庙的建设达到高潮，至少有 505 处，祭祀李冰和二郎的则占到 80% 以上。李冰最终成为公认的川主，一方面，由于李冰修都江堰等治水功绩及相关神话叙事，使人们相信其具有抵御水患、庇佑蜀地的神力；另一方面，也与官方的倡导有关。清雍正五年(1727)，清廷分别册封李冰为"敷泽兴济通佑王"，二郎为"承绩广惠显英王"，并诏令改宋代一年一祭，为一年两祭，"令地方官春秋致祭"，且规定四川各县都要建川主庙。于是，蜀地各县纷纷修建川主庙。川主庙有些是将旧庙更名，改祀李冰，有些是官方出资或组织募资修建，有些是地方大族或富豪出资修建，还有由乡民自主募资修建的，甚至有因违反乡规民约，被罚款修建的。川主庙不仅是祭祀神明李冰的场所，更是乡民协调和管理地方公共事务之地。并且，川主庙还成为四川社会整合和外来移民形成新"四川人"身份认同的精神符号。明末清初，四川数次遭受战火荼毒，一片凋零，人口锐减。为此，从康熙二十二年至乾隆六十年(1683—1795)，清廷不断完善四川移民政策，从而推动了一场大规模的移民实川运动，其中以湖南、湖北的移民人数最多，史称"湖广填四川"。这些外来移民抵达四川的同时，也将原本崇祀的神明带到四川，纷纷在四川修建乡籍会馆，联络乡情之时，共同祭祀神明。面对外乡神明的入侵，四川土著居民纷纷修建川主庙与这些外乡会馆抗衡。而移民逐渐融入四川社会后，也越来越多地在会馆中附祀川主，表明他们对四川人身份的接受和认同。④

官方对李冰的册封，最早始于唐玄宗。"安史之乱"(755—763)时，唐玄宗避乱

---

①　范成大等：《吴船录：外三种》，浙江人民美术出版社，2016，第 5 页。

②　"永康太守"，载洪迈：《夷坚志》，杨名标点，重庆出版社，1996，第 117 页。

③　郑民德：《水患治理与神灵塑造——以李冰为对象的历史考察》，《中华文化论坛》2018 年第 3 期，第 15-19 页。

④　林移刚：《川主信仰与清代四川社会整合》，《西南大学学报(社会科学版)》2013 年第 5 期，第 155-161 页；罗开玉：《中国科学神话宗教的协合——以李冰为中心》，巴蜀书社，1989，第 216、233-234 页。

于蜀地,以李冰功绩造福百姓,下令翻修李冰庙,并追封为其"司空相国"。后蜀(934—965)时,李冰先后被封为大安王、应圣灵感王。有宋一代,由于道教的推动,官方对李冰的推崇更上一层。宋初开宝七年(974),宋太祖诏令修饰李冰庙,并改封为广济王,每年祭祀。宋徽宗时,又订正祀典,并册封二郎为真君。南宋开禧二年(1206),又升二郎为"护国圣烈昭惠灵显神祐王"。元承宋制,至顺元年(1330)加封李冰为"圣德广裕英惠王",二郎神为"英烈昭惠灵显仁祐王"。明初,太祖朱元璋重新厘定祀典,大量神灵从国家祭祀体系中被剔除,而李冰被保留下来,继续享受官方祭祀。清雍正三年(1725),册封江海保障神灵,其中李冰为通佑王,两年后又封李冰为"敷泽兴济通佑王",李二郎为"承绩广惠显英王",改一年一祭为一年两祭。[①]

## (二) 都江堰修浚的宗教仪式

### 1. 岁修祈神

古人在改造自然,兴建大型工程时,通常有祭祀神灵的习惯。据常璩记载,李冰在勘测地形为都江堰选址时,"乃至湔氐县,……仿佛若见神。遂从水上立祠三所。祭用三牲,珪璧沈濆"[②]。在后世的都江堰岁修实践中,祭神同样是重要的内容。

五代时,青城山道教兴盛,道教仪式渗入都江堰岁修当中。前蜀时,青城县一户承担都江堰岁修劳役的居民,"所修堰分,当彼浚流,自泛溢以来,累有摧坏。虽俾夜作昼,竭力焦心;旋有葺完,寻闻侵陷"。于是,请当时蜀地道教领袖杜光庭主持打醮仪式,向水神祈祷。"明日,投石以实之,水乃退涸,遽成其堰。"[③]

元至元元年(1335),四川廉访司佥事吉当普组织军民大修都江堰。在开工前,特地到李冰祠祭祀。他请求李神明冰能够再次赐予百姓恩惠,帮助百姓摆脱"水失其道"的危害,继续享受水带来的利益,并请求神明帮助,"神克相予,予治;神弗予相,请与神从事"[④]。占卜结果为吉,神意相助,于是动工。

---

　　① 郑民德:《水患治理与神灵塑造——以李冰为对象的历史考察》,《中华文化论坛》2018 年第 3 期,第 15-19 页。

　　② 常璩:《华阳国志校补图志》,任乃强校注,上海古籍出版社,1987,第 201 页。

　　③ "灵异记(节录)","道教灵验记",载《都江堰文献集成》编委会编:《都江堰文献集成·历史文献卷(先秦至清代)》,巴蜀书社,2007,第 74-77 页。

　　④ "大元敕赐修堰碑",载《都江堰文献集成》编委会编:《都江堰文献集成·历史文献卷(先秦至清代)》,巴蜀书社,2007,第 192-200 页。

明嘉靖二十九年(1550)，四川水利佥事施千祥效仿吉当普，铸铁牛抵挡水流冲击，以护都江堰鱼嘴。施工时，施千祥亲率属员，"江渎之神，李公之祠"，请求神明相助，"初，未即工前三日，大雨不休。铸之日，天忽开霁，牛成而复雨。时观者如堵，欢声如雷，咸谓神之佑之、相之也①"。

祭祀神明，以求得神明相助，被视为岁修成功的重要条件。以今人眼光视之，自是迷信。但应指出的是，这也是古人"天人合一"、与自然和谐相处之观念的朴素表现。

### 2. 开水节

自宋代以来，官方祭祀李冰成为定制。宋开宝七年(974)，宋太祖诏令修饰李冰庙，封其为广济王，定每年祭祀。祭祀的场所就是崇德庙。北宋时，崇德庙的祭祀规格与"五岳"同，设置监庙官，代表朝廷干预庙务。南宋淳熙元年(1174)，祭祀李冰父子的宗教仪式被放在都江堰岁修后的开堰环节，此后世代沿袭逐渐演变成为都江堰具有宗教色彩的民俗节日，即开水节②。

开水节一般在清明。开水节有两个主要程序：官祭，参与祭祀的官员在二王庙祭祀李冰及二郎；开堰，砍去岁修拦水的杩槎，内江恢复通水。官员在开水节前一天从成都启程，途经郫县到望丛祠，祭拜古蜀国望帝和丛帝，当天赶到灌县。开水节那天，主祭官——通常是总督或巡抚率领大小官吏到二王庙，在庙内道长主持下，进行祭祀仪式。官祭之后，主祭官来到江边岁修现场，主持开水。三声礼炮后，堰工跃上杩槎修筑起来的截流堤上，用斧头砍断杩槎盘杠上的竹索，系上拉杩槎的大绳；岸边的青壮堰工接过大绳，只将杩槎拉倒几个，江水便从决口处奔腾冲入内江，杩槎渐次被水冲向下游，在合适的地点有人收漂，将杩槎木打捞上岸来年再用。内江一通水，就有青壮少年追逐水头，并用小石子向水流的前端打去，当地的人们以这种"打水脑壳"的办法，寓意水流畅流顺轨，不要冲坏了刚修好的堰。来自成都的主祭官则在通水后立即骑马，赶在水头前回到成都。

### (三) 成都的休闲文化

都江堰造就了成都平原"水旱从人，不知饥馑"的富庶，正是这丰裕的物质经济

---

① "都江堰铁牛记"，载《都江堰文献集成》编委会编：《都江堰文献集成·历史文献卷(先秦至清代)》，巴蜀书社，2007，第277-280页。

② 关于开水节的叙述，系采用谭徐明的著作。谭徐明：《都江堰史》，中国水利水电出版社，2009，第266-267页。

条件,为丰富多彩的休闲娱乐活动的产生提供了基础。并且,很多娱乐活动直接与流经成都的都江堰二江不无关系。

　　游江是其中一项重要的娱乐活动,常常由官方组织倡导。前蜀后主王衍游浣花溪,龙舟采舫,十里锦亘,自百花潭至万里桥,游人士女,珠翠夹岸。南宋游乐活动多由知府挂名,名为"遨头"。从浣花溪到万里桥,沿河游赏景点甚多。每年农历二月初二"踏青节",几十条官府彩船,官员带着家属参加,歌舞吹奏,乐船前导,两岸观者如堵,从上午直玩到晚上,为"小游江"。三月三日则在学射山(今凤凰山)比武,晚上在万岁池中泛舟游赏,张灯结彩。四月十九日"大游江",系成都全年最热闹的水上游乐活动。①

---

　　①　关于游江的叙述,系引用罗开玉的成果。罗开玉:《论都江堰与"天府之国"的关系》,《成都大学学报(社科版)》2011 年第 6 期,第 53-64 页。

# 第六章
# 元明清大运河的修浚、维护与嬗变

　　元明清时期的运河在选线、工程设计、维护措施、运作管理方面,已经达到了传统社会技术水平的顶峰。在史学中,一般将宋元并称,又将明清并称。但这部分纵贯元、明、清三朝的内容,宜于作为整体,进行专题考察,因此不见于上篇,而放在本章。其主要内容是元朝及其以后历代,大运河改建、递修、运河漕运制度及其更替、海运与河运方略的争斗等。

## 第一节　大运河的改建

## 一、 从"人"字到"一"字

　　南宋初年夺淮之后,汴、泗等水系原有的水系网络遭到很大程度的扰动,航道条件也遭到破坏。到南宋中叶,今江苏、浙江境内的江南运河、淮扬运河尚可使用,但从淮阴以北到徐州这一段,则需要借黄河主河道通行漕船。徐州以北,漕船可逆泗而上。元代对大运河进行的改线,使得运河干流从"人"字形变为"一"字形。从北京南下杭州的行程,由于撤掉了原河南境内的部分,其总里程大约比隋唐时节约了三分之一。至元十七年(1280),元廷用马之贞开修济州(今山东济宁)至东平安山的济州河,共计约150余里。至元二十六年(1289),朝廷又令他自须城(今山东东平)开凿运河250里,通往临清。此即会通河。至元二十九年(1292),郭守敬等引白浮泉水,自昌平至双塔、榆河、一亩、玉泉,入积水潭,出大都东南文明门,在通州汇入白河,此即通惠河,总长约164里。由于漕粮运输量大增,通州至今天津的隋唐永济渠不堪重负。至元三十年(1293),元廷又改建了永济渠,定名"运粮河"。

　　这些改线疏浚的活动,主要分布于今北京、天津和山东境内。就工程量而言,元代进行的改线工程并不大,但地形起伏不定,造成运河水资源蓄积、流量控制和水位保持遇到了很大的困难。华北地区水资源稀缺则进一步加重了这种困难。这是北京到通州的通惠河、山东济州河与会通河共同的问题。譬如,从天津至山东,地势逐渐隆起,山东至苏北地势才逐渐下降。而山东丘陵以北地方年均降水不足、降水年际波动大的问题,又使得运河旱时河浅不能行船,一遇暴雨又有冲决闸坝的危险。会通河上用于蓄水和控制水位的闸门在所有河段中最为密集,因此得名"闸河"。惠通河、北运河、南运河进入近代以后,最终缺水断航,这是缺水趋势加重的直接后果。

　　元代对大运河进行的疏浚改线工程,奠定了我们今天所见到的大运河的基本形势。今天所称大运河凡 3 500 里,全河分为通惠河、通州运粮河、天津至临清卫河、临清至须城会通河、东平至泗水济州河、淮扬运河、江南运河 7 段。明、清两代,在维持元运河的基础上,明时重新疏浚元末已淤废的山东境内河段。从明中叶到清前期,在山东微山湖的夏镇(今微山县)至清江浦(今淮阴)间,进行了黄运分离的开泇口运河、通济新河、中河等运河工程,并在江淮之间开挖月河,进行了湖漕分离工程。最终,形成了由通惠河、北运河、南运河、鲁运河、中运河、里运河、江南运河构成的大运河新体系(见图 6-1)。

图 6-1　元大运河总览

资料来源:诸葛净:《辽金元时期北京城市研究》,东南大学出版社,2016,第 58 页。

## 二、通惠河：搜山检泉为聚水

金天德三年(1151),海陵王完颜亮将金朝首都南迁至燕京,改名"中都"。他曾经下令开凿由中都至潞州的运河,但归于无效。至金章宗泰和年间(1201—1208),以中都高梁河并白莲潭(今积水潭)为水源,开凿运河至通州。但因水浅,又引桑干河(今永定河)水济运。以其来水急而沙多,经常冲坏和淤积运口,遂废而不用,改引京西玉泉山下瓮山泊(今颐和园昆明湖)水。然而成效不彰,总归因为水浅不能行船而废。至元二十九年(1292),郭守敬主持开凿通惠河,以昌平县(今昌平区)白浮泉及其配套蓄水堰坝为源头,汇合沿途双塔河、榆河、一亩泉、玉泉等水源,经西山脚下,汇入瓮山泊,再进入大都城内,积蓄成为积水潭。其后,通惠河向东南处大都城,至通州高丽庄,入白河水系。以上共计长约 160 余里。据《元史·河渠志》载,其开凿和建筑工作,用役军 19 129 人,工匠 542 人,水手 319 人,没官囚隶 172 人。因大都地方干旱,为保证运河水位,全河设有闸门 22 座。当时,南方运送漕粮的船只可以经此路直抵积水潭码头。元代诗人王冕所称"燕山三月风和柔,海子酒船如画楼",[①]就是描绘积水潭周边商业繁盛景象的。郭守敬还曾计划在"澄清闸"(在今北京万宁桥一带)东边引水入坝河,利用大都内城河道直通丽正门(即今正阳门),使得内护城河具备环城航运功能。但是这个计划未能实现。中统三年(1262)至元灭,元朝廷共对积水潭进行过 5 次较大规模的整治。分别为:公元 1262 年,引玉泉诸水入大都城;公元 1279 年,开挖坝河;公元 1292 年,因修通惠河引白浮泉入大都;公元 1219 年,疏浚积水潭上流和玉泉河;公元 1324 年,修积水潭堤岸。[②]其中属于疏浚的,为前 4 次。元朝廷对通惠河上游引水渠系的维护,则是一项不定期频繁发生的工务。其中见于《元史》史载且规模相对较大的有:大德七年、十一年(1303 和 1307),至大二年(1309),延祐元年、六年(1314 和 1319),至治元年(1321),泰定元年(1324),天历二年(1329)等历次疏浚、整修活动。

明迁都北京后,成祖以昌平万寿山为万年吉壤,此后历代明朝皇帝,均按昭穆制度分列其左右。以此,昌平诸泉为龙脉,不得引用。北京近郊及城内各河道也有变动。明代的通惠河以玉泉山诸泉为正源,经昆明湖、长河向东南流至北京西直门外,改称"高梁河"后,分两路。其一为北京护城河;其二在德胜门处入积水潭,经中

---

① 河北大学中文系学报编辑部编:《中国古代短篇小说选(1)》,河北大学出版社,1978,第 184 页。
② 当代北京编辑部编:《当代北京什刹海史话》,当代中国出版社,2014,第 6 页。

南海后,再分为北河沿、南河沿,均流至北京东便门回龙桥,与护城河合并后,再向东南经过大东门桥。大东门桥以下河段,为明代的通惠河。明永乐十年(1412),成化八年、十二年(1472 和 1476),正德三年(1508),嘉靖六年(1527),有疏浚记录。天启元年(1621),挑大通桥至朝阳门河渠 3 里。崇祯十二年(1639),挑运粮河至广渠门 3 862 丈。[①] 清代也有零星疏浚记录,不过此时该河道的航运功能基本已经丧失。

## 三、 北运河:勤修不止向东南

北运河一般指京东通州以下至天津的大运河段落,因其地理位置在天津城以北而得名。元代以前,此段运河并非全部由人力开挖而成,而是大部分借用潮河、白河水系天然航道,仅在部分河段挖掘易于行船的人工改善性工程。入元后,郭守敬继续兴工整治此河。此即通州以南蔺榆河口经蒙村跳梁务到杨村一段。其目的主要是为了避开浮鸡洰浅滩。至元三年(1266),又对此段运河局部予以进一步修缮,形成通州运河。至元七年(1270),潮白河水系夏季水灾犯武清(今天津市武清区),元世祖忽必烈以 1 万人浚河筑堤,凡 80 日乃成。至元十三、十六、十七、二十二、二十三、二十四、二十六、二十九年,历有疏浚。因通惠河航道条件改善,元中期经过北运河至大都的漕船增加,北运河上也屡次得见疏浚记录。其规模较大者有:发生于元大德二年(1299),延祐二年、六年(1315 和 1319),至治元年(1321),泰定元年、四年(1324 和 1327),天历二年(1329),至顺元年(1330),至正十年、十一年(1350 和 1351)等年份的疏浚活动。

元以后困扰北运河的一大问题,是白河水系来沙的淤积问题。明迁都北京以后,为了防备塞外蒙古部族入寇,又有烧荒“防秋”的习惯,即每年秋季派长城沿线官兵出城烧掉草原植被,以防草木资敌。长期植被破坏造成白河来沙量进一步加大。淤垫使其经常梗阻运道或决口漫流。明天顺年间(1457—1464),在白河上新修了一小段通济河,但效果不好。成化六年(1470)、正德十六年(1521)、嘉靖年间(事在公元 1524 年、1538 年和 1549 年),均屡次疏浚过通济河及白河诸支流,然而漕运仍属艰难。万历三十一年(1603),明廷又疏浚了白河干流通州至天津段,定深 4 尺 5 寸,以所挖泥土就地培堤。至崇祯九年(1636),天津运道又淤,朝廷再予疏浚。频繁的疏浚和日常维护工作,迫使明清两代在白河沿岸各“务”(厅汛)设置了

---

①　徐从法:《京杭大运河史略》,广陵书社,2013,第 49 页。

"捞浅夫"专司疏浚,以便河运可以勉强通行。北运河的水文特点之一是在燕山山地向华北平原过渡带上,常常因为夏秋两季暴雨而发生洪峰大、流速快的短暂漫溢或决口。至清康熙三十二年(1693),清廷在筐儿港设置了减水坝和相应的导流明渠,以应对这类灾害。但是此处不久就又淤塞了。康熙五十年(1711),在天津河西务新开辟另一条引河,然而再次淤塞。雍正九年(1731),清廷在土门楼一带利用天然低洼地带,开挖了青龙湾减河,其存续时间相对较长一些。然则此地乾隆、嘉庆年间虽时常有疏浚,仍然难以转漕。漕艘至直隶武清县杨村(今天津武清区杨村街道),时常需要起驳后,分小船转运。

早期认为《潞河督运图》(见图6-2)为记录清朝乾隆年间潞河漕运经济、商贸及民俗盛况的画作。近有学者研究认为,这是一幅展现乾隆年间天津的画卷,描绘了潞河尾闾天津三岔河口一带的漕运盛景和民俗民风。整幅画面以督运官舫为线索,以盐坨春季开坨为核心,向左右两侧展开。图中两岸码头、衙署、店铺、酒肆、民居等琳琅满目,画有官船、商船、货船、渔船等64只,官吏、商贾、船户、妇孺、盐坨杂役等820余人。人物形态各异,极富生活气息。

图6-2　清人绘《潞河督运图》(局部)

资料来源:国家博物馆"大运河文化·舟楫千里"特展。

## 四、南运河:苦心逼水行岭上

南运河之名,始于明代后期。其最远可以追溯至三国时曹操所开的平虏渠。稍后,则为隋永济渠故道。就元代而言,其本为会通河一部分,即自天津直沽到山东临清段。也有人以其部分水源来自清河、漳河,淇县古属卫国,将山东四女寺至临清一段,称之为卫河,又因"卫""御"两字繁体字形相近、发音相似,河又多为御用,故也有称之为"御河"的。元代的南运河四女寺减河首端,建有分水设施。至明代,分水处修建起更加完善的青石闸等水工建筑,与人工"做弯"的运河河道、"束水攻沙"的堤防相配合,形成了卫漕之上一处蓄泄得宜、水旱从人的"北方都江堰"。

大运河直沽至临清这一部分,最显著的地貌特征是以盘旋弯曲的河道减小河道比降,全河无闸。这是因为山东丘陵最高点比它的南北两侧都要高,其高差大约为 40 米。山东又很缺水,直行河道坡降太大,水资源很快就会流失,造成河道干涸。山东丘陵缺水的自然条件,引发了百姓与漕运争水的问题。只要漕运粮船货物没有过完,即便农田受旱,仍不许汲运灌田。而当漕艘过完,运河水位往往也已经下降至死水位而不可汲取了。早在元至元年间,就有河北漳德、磁县农民引水灌田,分入运之水,致使运河水位过浅,断绝漕运。有的时候,运河堤坝破口,也会造成类似的效果。譬如,至元三年(1266),"清州之南,景州以北,颓阙口岸三十余处,淤塞河流十五里,至癸巳年(1293),朝廷役夫四千,修筑浚涤,乃复行舟"。[①]

华北平原夏秋季节的短时间暴雨过程,又会使得平时以蓄水保运为主的南运河面临高瞬时水量、高水位一过性洪峰的威胁。这个情况同北运河面临的威胁有相似性。譬如,在上次大举疏浚 15 年后(即 1308 年),运河在会川县孙家口溃坝泄水。元廷在抢险过程中,在南运河东侧平行开凿了泄洪用的减河。到了泰定元年九月(1324 年 10 月),为泄洪,元朝廷又在南运河狼儿口一带(今河北省沧州市沧县张官屯乡狼儿口村)开挖引河,并将滹沱河沧州至海滨段予以疏浚,预备在将来有事时放运河水入海。明代前期,与南运河有关的疏浚记录不多,在洪武二十年(1387)及宣德十年(1435)各有一次。景泰二年(1451),南运河在沙湾决口,4 年后方才堵住。为滞洪用途,在此处运河干流外,又开挖了一条月河(计 3 里)。临清以南 3 里处,后来也于成化十八年(1482)照此办理。

清代雍正以后,南运河屡有疏浚。举其大者,为雍正元年、二年和四年(1723、1724 和 1726),乾隆二年、三十年和三十九年(1737、1765 和 1774),以及嘉庆十六年(1811)。乾隆二十七年(1762),为保护德州安全,挑浚了西方庵以东引河(位置在今山东省德州市迎宾大街与三八中路交叉口),可在紧急时将洪水泄入漳卫新岔河。第二年,又在南面的临清运河穿城之处,开修减河 5 道,以保护城镇安全。

## 五、 济州河与会通河的疏浚

元代,改造大运河线路的重点工程,是在山东开挖新的运河,从而撤除洛阳向东北和向东南的两段,以实现在隋唐运河旧制的基础上,裁弯取直。元世祖至元十

---

① 宋濂:《元史》,卷 64,《河渠志一》,中华书局,1976,第 1600 页。

二年(1275),都水监监丞郭守敬等奉命巡查河北、山东、江苏诸地。其行程为:自陵州(今山东德州)至大名,自济州(今山东济宁)至沛县(今江苏沛县),自吕梁至东平,自东清河至卫河穿黄河故道处,再至东平西南水泊(在今山东梁山)。在考察过程中,郭守敬等人得到了关于卫河、泗水、汶河等的资料,决定部分利用天然河道并引其水源,部分开凿新河,将山东境内诸河联通起来。至元十三年(1276),元朝尚未扫清南方残宋抵抗力量,就已经开始断断续续地在济州(今山东济宁)施工开凿新运河了。其水源则利用了向南流淌的泗水和向东北流淌的汶水。

该段新开运河共长 150 余里,共计断续施工 7 年有余,今人以元廷任命兵部尚书李奥鲁赤主持此段开凿事务的时间至元十九年(1282)为济州河始开时间,并不确切。到至元二十年八月(1283 年 9 月),济州河才得竣工。其施工顺序是按地势高低,从分隔泗水与汶水的济宁分水岭高点,向地势逐渐低洼的北方自南向北开掘。元时开凿的部分,大约是济州城南鲁桥至安山(在今山东寿张县以南)一段。经过明清整治,向南又有延长。元代的济州河修成之后,漕运船只可以不必从淮河进入黄河并向西上溯至河南,而是从淮入黄,由黄至泗,进入济州河后转汶水下游之大清河,抵达渤海之滨的利津县,再海运至直沽,进北运河,抵大都。

但是,元代济州河在济宁分水岭以南的一小部分,水向南方自然流淌,难以向北。为保证这部分运河的水位,元朝廷不得不通过设置闸坝抬高汶水水位,逼迫其经人工渠与泗水的一条小支流洸河联通起来,不过这当然不是运道正线。元廷又在济州以南连下数闸,逼水北流。为了保证济州城以南至鲁桥的这一小段运河水位,元廷在泗水流经兖州处,再设兖州闸,迫使泗水上游来水循着兖州至济州,走东北-西南走向的路线(这是违反中国自然地理西高东低的走势的),与洸河在济州以南汇合,共同倒灌济州以南的济州河余部。

至元二十四年(1287),黄河在原武(今河南省原阳县原武镇)决口。黄河水携带大量泥沙冲入安山湖并进一步冲入济州运河。济州河由此部分不通,需要在鲁桥至德州间起驳改为陆路运输,再在德州换船。都漕运使马之贞、边源等人于至元二十六年正月至六月间(1289 年 2 月至 7 月),在济州河淤塞部分,自安山经寿张西北、东昌府城至临清,新开运河新道 250 余里。这实际上不仅是对安山济州河淤塞处的疏浚,也是将济州河继续向北延伸。该延伸完工后得元世祖赐名"会通河"。经过这样的延伸,从理论上讲,漕运船只就可不必再经大清河向东北入渤海,而是直接由济州上溯至临清,在临清继续向北进入南运河,向北经北运河可达大都。此段疏浚和运河延展工程时间短、用工多,但费用较为节省。5个月的工期内,费楮钞150万缗、米4万石、盐5万斤,以3万丁完成了251万多个工。[①]

这段河流与南运河最显著的区别是,南运河全河无闸,而济州河、会通河全河上下全靠闸门保持水位并维系水的流向。因此段运船闸密度大、数量多,后人形象地称之为"闸河"。至治元年(1321),临清向南到济州这一段运河上共有闸门16处,济州城以南到沽头这一段,又建有闸门10处。然而济宁以南仍因水力梯度大、流速快,而不得不陆续增建了另5处闸门。到元代末年,临清会通镇闸以南直至江苏徐州沛县的这段运河约600里,一律称会通河。其虽名"会通",然而缺水不通也是常有的事。尤其是济州以北不远的南旺(在今山东省济宁市汶上县南旺镇),是分水岭制高点。南旺经常水浅不能行船或需要粮船减轻载重才可通过。元中期以后,经过大运河送到大都的漕粮,每年不过数十万石。所以海运漕粮的做法在整个元朝统治期间,都是持续着的,并没有废弃不用。元末真正废弃不用的,反而是河运。

前文已经述及贾鲁治河的一些情况。其功绩当然是使黄河决口为害的情况得以扭转,但是强行把黄河勒回主河道的后果,必然是使得其进一步成为地上河。元至正十四年到二十六年(1354—1366)的情况就是如此。黄河在鲁西南的漫溢使得会通河受了很大的破坏。元末时,朝廷的财政能力出现了很大问题,纸钞贬值严重,以往用纸钞和盐、米实物拨付修治运河的办法难以为继。较为夸张的说法是"自汶上至临清五百里,悉为平沙"[②]。实际上,"自济宁至临清三百八十五里有奇,内七十七里有河道,渔船往来,中一百二十里淤为平地;北二百五十里有奇仅有河身。自济宁至德州陆行七百里,始入卫河"[③]。

会通河经过疏浚后重新开通,事在明代。永乐九年(1411),工部尚书宋礼寻访汶上老人白英,得到破元代堰城坝,以人工引河小汶河(长约百里)使汶水西行并在南旺以北设置水闸分水,部分北上、部分南下,以接济运河的办法。宋礼、白英在小汶河入运口对岸砌石堤,并建造一鱼嘴形的石拨(分水尖),这样不仅能防止洪水冲刷,而且可调节南北分水量。因此,民间流传着"三分朝天子,七分下江南"的说法。

---

① 宋濂:《元史》,卷64,《河渠志一》,中华书局,1976,第1608-1609页。
② 王云五:《国学基本丛书四百种·行水金鉴(下)》,台北商务印书馆股份有限公司,1968,第1750页。
③ 王琼:《漕河图志》,卷2,水利水电出版社,1990,第112页。

当然,在汶上县戴村建坝南北分水、在南旺北设闸本身并不是疏浚。围绕南旺历代屡有兴建,逐渐形成水利枢纽,其间才有相应的疏浚史实。戴村坝原为土、草坝,明、清历代增修后,方改为全石质地。现存之戴村坝,采用束腰扣榫结合法,共分 3 段,高低不同。北段名为玲珑坝,中段名为乱石坝,南段名为滚水坝,全长 433.9 米,宽 22 米左右,顶宽 3.6-9.3 米。它与窦公堤、灰土坝共同构成了古代的南旺水利枢纽。

明宣德四年(1429),平江伯陈瑄主持疏浚会通河枣林闸至济宁段,次年引黄河水至临清入运河,但黄河水沙多,使得这次疏浚的功效很快衰减。宣德十年(1435),明廷再浚东昌府(今山东聊城)至济宁段运河。正统四年(1439),复淤再浚。正统十三年(1448),黄河在荥阳决口,很快得到封堵,但悬河问题不得解决。此后黄河多次决口,不断冲击山东张秋沙湾一带。景泰四年(1453),漕船在张秋至济宁间聚集不得北进。佥都御史徐有贞主持疏浚了临清至济宁间会通河 450 里,至景泰六年(1455)才得以竣工。"凡费木铁竹石累万数,夫五万八千有奇,五百五十余日。"[①]此后,济宁这一段运河时有疏浚。成化十七年(1481),南旺闸增建为二,在原来汶河分水口南 5 里北以南柳林地界,加修南闸。柳林地方地势比汶河分水口更高一些。后又以戴村坝、堽城坝逼迫汶水向南,抵柳林。其间,作为便利通水的举措之一,挑浚了两坝之间的这一小段汶河。当汶水、泗水的水资源被工程手段逼迫至南旺至柳林这段"屋脊"之后,会通河分水由济宁改在南旺。弘治五年七月(1492 年 8 月)黄河在金龙口决堤之后,情况又有新的变化。副都御史刘大夏主持了导黄入淮的一系列工程。其具体方法是疏浚河南仪封黄陵岗以南元代贾鲁河遗迹,在孙家渡开挖新河道 70 里,并利用祥符县境内的淤塞旧河,使得黄河水向东南分 4 路,经徐州、颍上、宿迁、亳州等地入淮。这些做法连同修筑太行堤一道,成为保证运河安全的重要措施,但也使得黄河的祸患向南转移到豫南、皖北、苏北。

正德年间(1506—1521),黄河经过刘大夏的疏浚、约束,灾害已经南移到会通河南段末尾的宿迁、沛县之间。运河在鲁桥闸以南至徐州之间,经常淤塞,即便疏浚也无其效果。苏北、鲁南一带官民船只实际上已经不走运河,而是改走由黄河洪水潴留形成的昭阳湖(南与微山湖相通)。嘉靖六年(1527),总理河道盛应期提议将旧运河在昭阳湖以西的部分废弃,而改在昭阳湖东边新开河道以通漕运。此即

---

① 张廷玉:《明史》,卷 83,《河渠志一》,中华书局,1974,第 2019 页。

汪家口至留城口闸新河 140 里。但此次修河仅施工 4 个月就因天下大旱,朝中物议而停罢。次年(1528),左都御史胡世宁大略完成了这个半途而废的工程,此即南阳新河。嘉靖四十四年(1565)秋,黄河在沛县决口后,运道中断,昭阳湖进一步扩大。而盛应期、胡世宁等所修河道遗迹尚在,并且海拔高于昭阳湖,没有损毁可以利用。至隆庆元年(1567),南阳(今山东鱼台县南阳镇)至留城闸(今江苏沛县)新河完工。这使得会通河南段整体向东移动了 30 里,且夹在了昭阳湖与南阳湖之间相对较高的土埝地带。其用意在于避免黄河之害,并利用鲁中、鲁南水源接济运河。其害处在于,当鲁中、鲁南一带有暴雨时,运河自身有向东西两侧溃决的问题。

南阳运河以南,为大运河沛县至徐州段。这一段运河有部分利用了泗水河道,但黄河夺淮后,由泗入淮,又使得情况更加复杂。元代的大运河中,济州河、会通河、通惠河基本是新凿的人工河道,卫河(御河)、江淮之间的淮扬运河、江南河为利用前代旧迹,中间济宁到淮阴一段,就是上文所称泗水天然河道。济宁至徐州的泗水是连接黄河与元代会通河的通道,还有大将徐达北征开辟鱼台塌场口引黄河水源入泗济运的修补,同时又是宋礼重浚会通河以后的延长段。徐州以南的泗水既是黄河河道,又是运河航道。泗水上本来有三级瀑布,自西北向东南,分别为秦梁洪(在今徐州市北 10 公里)、徐州洪(在今徐州市东南七里沟显红岛)、吕梁洪(在今徐州东南铜山区吕梁村)。瀑布属于落差较大的自然现象,不利于行船。古人屡有凿岩通航之举,但进展不大,只有秦梁洪在数千年过后湮没无闻,其他两处瀑布仍在。到了明代,技术进步和物质条件的改善使得政府有能力较为彻底地治理这些梗阻地段。永乐十二年(1414),陈瑄修浚淮南诸水,再次大规模凿除了徐州洪、吕梁洪,配套还建有水闸。宣德七年(1432),又在泗水这一段修凿新河、建设船闸,绕过瀑布。漕船此时可以在夏秋水多时,分正道和西越河两路行驶。正统七年(1442),以瀑上行船损失过多,罢正道而以堰坝汇集河水进入西越河,便利行船。正统十三年(1448),黄河决口和改变流向之后,泗水故道瀑布来水变少,此后屡有修治,又引五陟山沁水上游来水入泗水并建闸两处,蓄水后强行继续在此行船。成化四年(1468),再次凿除河中石块后仍不能任船自流,于是在岸边以人力拉纤。嘉靖二十年(1541),再次整修航道及两岸纤道。漕船不走徐州洪至吕梁洪险路,是万历中期伽河开通以后的事。至于该处河中巨石最终被凿完,则更是要等到清嘉庆二十二年(1817)。

明正德初,黄河在河南境内南北岸堤防已经形成规模。河患自河南境内移至山东和江苏,集中在曹县、单县、沛县和徐州等地。潘季驯治河以后,黄河基本归于一流。汴河故道在虞城以上已经全部淤塞,以下便成了黄河,经砀山、萧县至徐州与泗河相会南下汇入淮河。嘉靖三十七年(1558),黄河在曹州、单县决口,黄水至沛县冲入运河,致使鱼台县至沛县以南40里之间的泗河运道淤塞。嘉靖四十四年(1565),黄河又在丰、沛两县泛滥,部分高含沙量的洪水绕丰县华山东北,由三教堂出飞云桥,又分为13股横流入留城(今江苏沛县东南与铜山县界)至南阳闸之间的泗河运道,导致其间淤成平陆。为了保证南北漕运畅通,次年,在现行河道以东30里开挖了一条长140里的南阳新河,即由鱼台南阳闸下引水经夏镇(今山东省微山县)抵沛县留城,再与泗河故道相接。

明万历以前,沛县至徐州运河路线几乎呈正北正南走向,从昭阳湖夏镇南至徐州北郊茶城口,然后可以转入黄河借泗这一段河道。但是黄河造成茶城口一带淤积严重的问题仍始终不能解决。淤积以后,春季运河水比黄河水多而高;夏秋情况则逆转过来,于是常有大批漕船被堵在下邳(今宿迁)至徐州间。明人为解决这个问题,采取的办法是利用泇河天然河道,略加疏浚,绕过夏镇至茶城一路。虽然这条新的线路路程比万历以前旧运道要长很多,但由于节约了漕运船只等待的时间,反而比较经济。这是后续大开泇河的前奏。

万历三十一年(1603),黄河在山东单县苏家庄决口,滔滔黄水一路冲到昭阳湖才停下来,昭阳湖暴涨之后,漕运危急,迫使朝廷派遣河道总督李化龙"大开泇河自直河至李家港二百六十余里,尽避黄河之险"[①]。万历三十八年(1610)之前,春季运河水多时(即农历三月至九月)以泇河行漕;等到夏秋之交黄河水多,则关闭泇河而令漕船走黄河-茶城口-夏镇旧路。这是为了防止黄泛入于新开之泇河而阻塞运道。但是黄河日渐成为地上悬河之后,仍不免于在徐州泛入万历中期之前的旧运河线路,旧路于是日渐淤塞。这样一来,万历三十八年(1610)以后,漕运就只能走泇河了。有明一代,此段新河的疏浚记录有两次,事在崇祯四年、六年(即1631和1633)。清入关以后,在顺治年间(1644—1661)又屡有疏浚此河。然而明末至康熙年间,小冰河期带来的干冷气候使得此段运河的水源问题日渐凸显。康熙帝于康熙五年(1666),派遣河工大臣来回巡查安山湖、马踏湖等蓄水地,乃至于使人勘察东平、汶上等县山泉是否阻塞。为搜罗有限的水资源,此次疏浚已经细微到连泉眼

---

①　濮阳市史志办公室编:《濮阳古今谈》,安阳齿轮厂印刷厂,1985,第111页。

亦不放过。明清时期,"闸河"上下"每年一小挑,比年一大挑"①是常态。

明代重浚会通河的几个大改变在于,将汶上县袁口至寿张县沙湾段裁弯取直,新渠道在旧渠以西,明代会通河由此缩短为385里;新开南阳新河、迦河,使得黄河与运河初步分离。后来靳辅在清康熙年间开凿中运河,才真正完成了黄、运分离的工作。

## 六、 明清之际的中运河:黄运浚分

迦河开凿成功并逐渐成为漕运唯一通道之后,在以徐州为中心的淮海地方,陆续兴修的黄、运分离工程有通济新河、皂河(因河水颜色较深而得名)以及中河。在现代,苏北地方将其统称为中运河。明天启三年(1623),黄河在徐州青田镇决口,迦河南段与黄相汇的直河口被黄河泥沙淤塞。两年后,淮安同知米士中等在直河口以北另挖马颊口,向东南方向沿骆马湖前进,在宿迁以北陈口再次进入黄河,此即明末通济新河,共计长约57里。崇祯五年(1632),黄河倒灌骆马湖,通济新河淤废。运河不得已改从疏浚后的骆马湖中借水行运。但借湖水行运难以避免的问题是夏秋漕运旺盛时候,黄河水涨倒灌入湖淤垫已在湖中的运道;冬春黄河水少,并且此时不需要行漕,骆马湖水反而会在并无漕运需求时进入黄河。淤积的后果是,为保证通济新河取水和通航,不断改变它与黄河相通的口门位置,有时候还需要改变其从骆马湖取水的借水口位置。通济新河在明末至清康熙年间,由此被挖得千疮百孔。其中,较大的口门有董口、骆马湖口、石碑口等。崇祯末年,改从宿迁县西20里的董家口入黄河。康熙初,董家口被黄河淤垫,漕运船只实际上已经不得不放弃通济新河而冒险驶入骆马湖。作为洪水潴留形成的平原地带湿地,其虽名为湖泊,但实际深度有限,粮船载重太多,就会陷入湖底烂泥之中。至康熙十八年(1679),漕船阻塞的情况已经严重到不得不进行治理的地步。时任总理河道靳辅利用宿迁西北皂河集一带的小型河流遗迹,在董口与直河口之间,新凿了沟通骆马湖与黄河的皂河口,又在皂河口向西北方向掘进,接续迦河。这是皂河的雏形。为使得新开河道稳固,又利用疏浚骆马湖得到的淤泥筑堤,将皂河与湖区分开来。但早期的皂河口与黄河基本呈垂直夹角,黄强而皂弱,两河流向又迥然不同。这种情况造成的淤积问题,一时间并没有解决。靳辅注意到这个问题,并自皂河口向南挖

---

① 载龄:《钦定户部漕运全书》,卷44,《挑浚事例》。

掘作为延长线的张庄引河,使得皂河与黄河交汇处改在张庄并变为同一流向的小角度锐角夹角,是在康熙二十年夏秋(约在 1681 年 8 月—9 月间)黄河水灾,倒灌皂河之后。

　　泇、皂两河连通后,黄河、运河、骆马湖三者汇聚之处,就得到了初步的区隔。但宿迁以东以南地段,直至淮安清口一段,仍然需要借用黄(淮)河河道。这一段的漕运需要以人力、畜力拉纤逆流而上,成本高、风险大。清中期以后,朝廷屡有改修运道之议。而清代黄河下游筑堤的总体原则是防北而放任其向南。高大的黄河北堤系统内,为蓄洪而在遥堤、缕堤之间留有大片洼地。又因为黄河地上河的特性,这些洼地比黄河河床还低,实际上有汇水成河的趋势。这就为靳辅后来开挖中河的设想预留了有利条件。康熙二十六年(1687),靳辅利用黄河北岸遥堤、缕堤之间的夹道洼地,修成中河,自张庄接续皂河,用骆马湖水源,经桃源、清河、山阳、安东,经潮河放流入海。清中期的中河(运河段),即张庄以南至淮安府清河县(今淮安市淮阴区)共 180 余里。中河竣工后,在清康熙三十八年(1699),由素有廉吏之名的于成龙进行了改造。中河南段桃源至清河县 60 里废弃不用,在中河旧北堤以外再筑一堤坝,在两坝间以新道行船。此举实际上是将中河南段整体向北略微平移,以期能够稍稍远离黄河并寻求运河安全。但是这条新道弯曲回环,航行不便。次年,由新任总河张鹏翮主持,将桃源盛家道口至三义庙段的新河废弃,改回旧河。所谓于成龙修 60 里新河中,实际得到运用的,为三义庙至清河县段。中运河自宿迁张庄运口至清河县西 3 里许的黄河口门共长约 157 里。由于仲庄闸清水出口,逼黄河主溜南趋,致碍运道,康熙四十二年(1703),清廷决定将中运河运口改在仲庄下游 10 里的杨家庄。至此,被黄河侵夺、又被运河利用的泗河,经明、清两代的整治,除黄、淮、运交会口处之外,其他部分都与黄河完全脱离关系,结束了元、明、清三代借黄河与泗河行运的历史。黄、运、湖也就完全分离了,中运河延续至今的基本格局也正式形成。因中运河实际上是以黄河洪水和鲁南一带丘陵山地水源形成的潴留湖水作为维持航运水位的来源,其不可避免地要接纳黄河、山东丘陵的泥沙。在康、雍、乾和嘉庆中期之前的历史时期,国家财力保障较好,行政能力也尚可,能够执行每年漕船空回之后落闸挑淤的维护制度。但嘉庆末期及以后,国家衰弱,造成相关疏浚维护制度往往徒具空文,修浚效果也不好。

## 七、 黄(淮)河与长江之间的元明清运河疏浚

　　黄河 1194 年夺淮以前江淮之间大运河的情况,与黄河夺淮之后大异其趣。黄

河夺淮首先造成了洪泽湖得以形成和不断扩大的基本条件。淮河向南寻求借长江水道入海的多次冲决以及人工为应对这种冲决兴修的防洪工程，又迫使今天的苏中地区里运河以西众多小型天然或人工湖泊潴留当地降水和上游来水，不断扩大。宝应、高邮、邵伯等湖成型和扩大之后，造成了次生灾害，里运河难以维持独立河道，即使勉强以绝大的人力、物力投入去维持，也无多大意义。明迁都之前，漕船无须北上。明迁都北京之后，就有了漕在湖中走的"湖漕"格局。为维持漕运，则里下河范公堤以西可以向东排水，但不能在范公堤上开闸或打开已经存在的闸口，放水继续向东入海。里下河一带又是四周高、中间低的锅底形洼地，不仅容易积蓄从西面来的洪水，也容易积蓄从东边海上来的咸潮。如此一来，里下河平原一带，形成了利归于上河而害归于下河的局面。兴化、盐城、泰州长期受害。黄、淮、运三水交攻而又必须行漕，是清口乃至里运河一线种种灾害的根源。

### 1. 清口枢纽

为保证漕运稳定，明清两代均竭力维持黄河在徐州到淮安一线干流的稳定局面。这样，位于淮安府清河县东的清口就成了大运河、黄河、淮河三者交汇之处。淮河水清但势弱，黄河水浊而势强，清口本身容易淤积在先。黄淮行至云梯关，水势平缓，泥沙沉降后，反而阻拦后续来水入海在后。因此，清口及其以下河道的疏浚工作，是康雍乾盛世时朝廷特别加意处置的关键事务之一。前文中，在论述潘季驯、靳辅治河事迹时，已经对他们在清口枢纽工程上进行的疏浚治理工作有所涉及，故而在此只详论其所不及的部分。对于略有重复者，仅略叙其经过。

康熙五年（1666），"运河自仪征至淮淤浅，知县何崇伦募民夫浚之"。[①] 五年后，总河王光裕称："循天妃而下，见黄流倒灌，直入运河，以天妃一闸不能下板，漕河淤垫，两岸溃决。查天妃闸内旧有五闸，递互启闭，今仅存二闸，其他闸俱废，宜照旧基，复建福兴一闸，启一闭二；再大挑运河使深，以复河身之旧。"[②] 然而，这些疏浚和运河河道管理措施并没有改变清口及其以南经常性溃决的问题。也正是因此，才有靳辅任河督治水事（事在 1677 年），其中与疏浚大运河有关者，即他组织挑浚从山阳（今淮安）到江都的运河全线。靳辅治理运口，则主要是"移南运口于烂泥浅之上，自新庄闸西南挑河一至太平坝；又自文华寺永济河头起挑河一，南经七里闸，转而西南，亦接太平闸，俱达烂泥浅。引河内两渠并行，互为月河，以舒急溜；而

---

①　刘玉平、高建军：《运河文化与济宁（下）》，中国社会出版社，2012，第 671 页。
②　傅泽洪：《行水金鉴》卷 135，商务印书馆，1936，第 1854 页。

烂泥浅一河,分十之二佐运,仍挟十之八射黄;黄不内灌,并难抵运口"①。

康熙三十五年(1696),由河道总督董安国主持,在云梯关以东马家港开挖引河,将黄河与苏北的南潮河联通,又在马家港以下筑坝拦水,逼迫黄水改行南潮河。此举使得黄水倒灌,清口加速淤积。四年后(1700),南河总督张鹏翮又主持拆坝并疏浚云梯关以下河道。至于清口本身,张鹏翮开挖了位于洪泽湖东北口的张福河、裴家场河、张庄河、烂泥浅河、三岔河、天然河、天赐河,又在清口修建了类似都江堰鱼嘴的分水堰(形如凸台),以便将七河所引洪泽湖水大部分逼入黄河,小部分导向运河。为使理论上应该受到淮河清水顶托的黄河浑水能够顺利下泄,张又在清口以北修建了挑水坝和陶庄引河。然而黄河河床高于洪泽湖湖床是难以改变的客观自然地理条件。在现实中往往不是清水顶托黄水,而是黄水倒灌入湖。在洪泽湖被淤浅后,又不得不加高、加宽高家堰大堤,以便能够继续拦蓄湖水。承袭日久,乃成恶性循环。康熙四十二年(1703),界首湖以北运河就又淤积到不得不挑浚的地步。乾隆二年(1737),疏浚已经遍及全河,"自运口至瓜洲三百余里"。② 乾隆四十二年(1777)高晋、萨载勘议疏浚淮扬运河及闸坝节宣事宜,要求"凡有淤浅及河形弯曲处淤出滩嘴圈堰挑挖,将挑起滩土加培两岸"。③ 然而,这样的疏浚对于江淮之间运河的败坏并无根本性的改变。

时至嘉庆初,清口河底淤垫情况已经严重到经常造成黄水倒灌的地步。嘉庆十年(1805),两江总督铁保称,仅仅此前 3 年,河底就已经淤高 8、9 尺至 1 丈。④ 但是按期送抵漕运的任务又迫使其不能关闸修浚。于是,借用黄河倒灌洪泽湖后奔流于运河内的浑水进行运输,就在所难免了。这就是所谓的"借黄济运"。其前身见于大学士阿桂乾隆五十年(1785)的奏议。⑤ "借黄济运"常见于嘉庆朝,但其起源则更早,而"倒塘灌运"的操作办法成熟于道光朝。

"借黄济运"加剧了清口淤积。原来用于防止黄河倒灌的陶庄引河到嘉庆十四年(1809)就已失效,而只能将御黄坝堵死。淮水东出改走里运河。洪泽湖水则另外以次年新开挖的顺清河间歇性排入黄河(遇湖水水涨开坝)。嘉庆十六年五月

---

① 周魁一等注释:《二十五史河渠志注释》,中国书店,1990,第 562 页。
② 同上书,第 572 页。
③ 张纪成:《京杭运河江苏史料选编第 2 册》,人民交通出版社,1997,第 638 页。
④ 铁保:《筹全河治清口疏》,《皇朝经世文编》,卷 100,载魏源全集编辑委员会校点:《魏源全集(第 18 册)》,岳麓书社,2004,第 421-422 页。
⑤ 周魁一等注释:《二十五史河渠志注释》,中国书店,1990,第 575-576 页。

（1811 年 6 月），黄河在江苏邳州决口，洪水携带泥沙冲入洪泽湖并有倒灌运河的趋势。郭大昌等人向南河总督陈凤翔建议开引河并利用太平河，放洪泽湖水重新回归黄河下游。此议得到实施，在放弃苏北、皖北大片已受灾地方的前提下，确保了淮安府的安全。但这种临时救急兴工并不能扭转清口一带局面日渐败坏的总体趋势。大学士庆桂在六部及各殿学士合议时就认为运河已经是"徒挑无益"；①时任两江总督张龄在奏折中也称自己对于清口一带南河水势，有"四可虑而十二难"，并且南河等处虽年年挑浚，实在无益。② 嘉庆十八年九月（1813 年 10 月），黄河在睢县决口。由于此次决口离洪泽湖很远，黄水流经皖北涡阳、亳州后，洪泽湖所承接淮河来水已经较清。而黄河下游又无浑水顶托，清口始能顺畅出水。黄河下游至此甚至有过河道短暂自然刷深的好时光。但两年后，睢县决口被封堵，局面又开始败坏。至道光六年（1826），乃试行"倒塘灌运"法。即在临近黄河一边、临近洪泽湖运口一边各自筑起一道拦水坝，两坝之间成塘，船行至此先开一坝，船进入并封闭此坝蓄水，稍后再开另一坝放船出行。这种灌塘法施行不久，即造成桃源以上黄、运屡屡决口。陶澍、魏源、贺长龄、琦善等组织大规模海运漕粮，也正是在 1826年清口再决，漕运阻塞之后的事。咸丰五年（1855），黄河最终在铜瓦厢永久性地破口北归，也就结束了清口枢纽屡浚屡淤，纠结难治的历史。

### 2. 里运河

里运河属于淮河水系，但并非远古天然河道，实际为淮安清江浦至镇江瓜洲的人工运河。因镇江（润州）对面江北为扬州，而该地总体上又属于大扬州的概念所包含之内，故元时又称淮扬运河。其得名里运河者，则因为黄河夺淮以后，黄河在北（表）而淮扬运河北段连接清口者在黄河以南（里）。该段是京杭大运河中修筑早、水量足且本地经济发达、人类活动频繁的部分之一，宋元及其之前的水利工程，往往是排泄天然湖泊所蓄积的洪水的平准闸门一类，并无大的疏浚工程。只有当黄河夺淮以后，水文地质条件变化，才有了大规模疏浚的需求。

明洪武二十八年（1395），地方官员在宝应南至界首北兴工开凿避开宝应、界首两湖的重堤夹河（越河），是里运河开始大规模兴工渠道化的开始。永乐时，平江伯

---

① 庆桂：《部议运河徒挑无益疏》，《皇朝经世文编》，卷 99，载《魏源全集》编辑委员会编校：《魏源全集（第 18 册）》，岳麓书社，2004，第 360 页。

② 百龄：《论河工与诸大臣书》，《皇朝经世文编》，卷 99，载《魏源全集》编辑委员会编校：《魏源全集（第 18 册）》，岳麓书社，2004，第 368-371 页。

陈瑄修筑高邮河堤并在堤防以内另开河渠 40 里,将高邮湖与运河不完全地隔离了,这是今里运河高邮至露筋段。江淮之间苏北各湖在秋冬西北风起之后,由于地势平坦无遮无拦,各湖经常大浪不止,使得漕运有漂没之险。弘治二年(1489),时任户部侍郎白昂同意了高邮地方官员续修越河的要求。即在高邮新开湖大堤以东再起两道堤防,并在两道新堤防中间蓄水行运。[1] 此即弘治三年(1490)"南起高邮北三里之杭家嘴,向北到张家沟止,长四十余里,广十丈,深一丈有余,两堤皆拥土为堤,桩木砖石之固如湖岸,首尾有闸与湖相通,岸之东又设闸四、涵洞一,每湖水盛涨时,从此减泄,自是运舟不复由湖,往来者无风涛之虞,人获康济"的康济河。这样,在高邮新开湖以东,就形成了西、中、东 3 道堤防。在西堤与中堤之间,还有所谓"圈子田"者。但黄河夺淮后,高邮、宝应间各湖泊总的趋势是不断淤浅并扩大。到万历初年,西堤、中堤皆年久失修,康济河实际与湖混同,圈子田也沉入水中。万历四年至五年(1576—1577),漕抚侍郎吴桂芳修复高邮诸湖老堤。"紧靠西堤挑筑康济越河四十里,并以中堤为东堤,原有东堤遂废。"[2] 这是今日所见里运河中段。

　　高邮以北宝应境内,有汜光湖。新开湖得到治理和约束,水向北去,又使得汜光湖的灾害问题严重起来。明廷于万历十二年(1584)秋九月至次年(1585)春四月间,在汜光湖大堤以东又加一堤,两堤间蓄水行船。此即弘济河。今日可见其船闸遗迹(见图 6-3)。

图 6-3　宝应沿河镇刘堡闸遗址发掘现场(2011 年)

资料来源:宝应县委宣传部。

---

①②　冬冰:《在江河湖海之间:大运河扬州段文化遗产》,东南大学出版社,2014,第 91 页。

万历二十八年(1600),总督河漕刘东星开挖江都邵伯越河(露筋至三沟闸 18 里),北接康济河;又开挖高邮界首越河 1 890 丈,南接康济河,北接弘济河。两越河开挖时,均添筑了东堤。至此,高邮运河全线有东、西堤,部分地段有东、中、西三堤。清康熙十七年(1678),靳辅在清水潭(今高邮经济开发区马棚湾街道)采取避深就浅的办法,绕开原来的河线,重新开河一道共 840 丈,又改筑东、西堤与旧河堤相接,此即马棚湾永安新河。清道光三十年(1850),三沟闸以南至梁家港西堤增修完毕,高邮至邵伯段实现了河、湖完全分离。

运河南行至扬州,因靠近长江,水流落差加大。又因河道较为短直,水流很快,且水位较浅。明万历二十五年(1597),巡盐御史杨光训上奏请以三弯抵一闸,改造运河形势。扬州知府郭光在扬州城南二里桥向西开掘,再转而向南,最后向东回河,至姚家沟才与旧运道连接。此即今日的扬州三湾运河风景区(见图 6-4)。改造后的运道流速降低,水位提高,但易于淤积,除需要时常例行疏浚之外,还需不定时大修。清乾隆二十五年(1760),以常法定例浚之,然不过一二年即复淤,需要在冬季枯水期再次整修。至乾隆三十三年(1768),清廷在此以工部定例的两倍深度下挖,河道通航情况有所改善。

图 6-4 今日扬州三湾风景区

资料来源:江苏省地方志办公室:《江苏年鉴 2018》,江苏年鉴杂志社,第 610 页。

对里运河一带航运安全的最大威胁,是洪泽湖。洪泽湖蓄水一方面向北刷黄济运;另一方面,则总是要寻求向东南方向突破高家堰的约束,寻找路径进入长江。一旦高家堰不守,洪水直接面临的下一道阻拦,就是高邮诸湖之东堤(即里运河东堤,见图 6-5)。康熙十五年(1676),夏季大水冲决高家堰的后果,是迫使清廷将原驻扎于山东济宁的河道总督于次年搬迁到了淮安清江浦。至雍正三年(1725),另

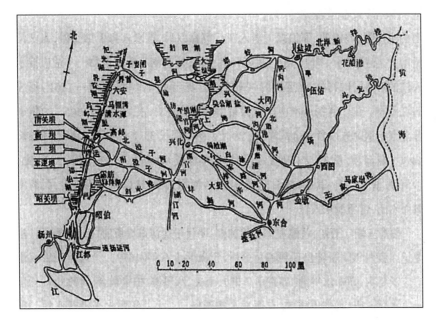

图 6-5 里运河东堤五坝及其以东形势图

注：界首湖及附近六安闸在今江苏高邮，非豫皖交界之界首市，也非位于皖西大别山区的

六安市。

资料来源：水利部淮河水利委员会《淮河水利简史》编写组：《淮河水利简史》，水利电力出

版社，1990，第 258 页。

在济宁原址设北河总督。南河总督在高邮、宝应一带，设置了大量的"河营"，以军
事化的组织分段管理运道堤坝安全。但这些举措最主要、最直接的目的是为保堤
防。至于使用这些营兵和从附近征召来的民夫进行疏浚工作，往往是因为蓄积在
洪泽湖中的水以及一部分黄河水因为各种原因，进入里运河，为抢险救灾和保漕而
不得不顺带进行疏浚。

查高邮、宝应等处元代以来各版本的地方志，里运河疏浚大略可分两种。一种
是在各河段开始和结束的闸口、运口、容易淤积的河段等处岁岁捞浅，并每 3 年例
行修浚一次。其第二种，则为不定期因抢险救灾、保证漕运等缘由，经河臣、地方官
等报请后，有朝廷批文和财力、物力支援的不定期疏浚。其规模有大有小，但一般
而言，其急迫程度要高于前一种疏浚。元代 98 年间，共计可见此类疏浚 5 次，事在
至元二十年（1284）、大德四年（1300）、大德十年（1306）、延祐元年（1314）和延祐五
年（1318）。明代疏浚里运河事起频繁，276 年间共有 41 次。清代则可见 30 次。明
清两代较为急迫的疏浚，频次之所以比元代密集许多，主要还是由于洪泽湖清口至

高家堰一带形势日趋恶化的关系,具体可参见原清人绘再由当代人根据现代地理作图规范重制的里运河《归海五坝图》。它形象地描绘了里运河夹在湖堤与运河东堤之间岌岌可危的态势。

由于江南运河丹阳至镇江间地势高昂且水源不足,练湖为运河补水也不易,所以江南运河最北一段在明中期之前常常浅阻。到了明代宗朱祁钰景泰年间,江南漕船往往选择从常州孟渎进长江,逆流而上 300 里到瓜洲。这样的航运风险和成本都太大了。所以,当时的人希望能够疏通运盐河的入江支流,再从运盐河用半日入白塔河口,即可进入邵伯段的运河。为此,明宣宗六年(1431),经陈祚、赵新建等人建议,朝廷令潘厚、平江伯陈瑄、淮安府判官等人,调遣淮安军民 45 000 人,开白塔河,又修了新闸、潘家庄闸、大桥闸、江口闸。这样,江南来船即可入白塔河,至湾头改入漕河,省去了导瓜洲坝的盘坝费用和大部分长江航行风险。但又由于白塔河在江潮上涨时易于接纳泥沙,潮退后方可开闸纳入船只。这时候,河水下泄又成了水位不能维持的根源。故在明英宗正统八年(1443),有人曾建议在江口筑坝,运河水盛时则启闸行舟,运河水涸时则闭闸,舟船翻坝而过。明代宗景泰三年(1452),白塔河淤塞,曾予以疏浚,复提易为坝。朝廷还定下制度,白塔河运口与瓜州运口、仪真运口一样管理,定下 3 年一浚的制度。

明宪宗成化十二年(1476),白塔河复又淤塞。据《重修白塔河记》云:"……巡河郎中郭升以为言,下其事于总督漕运都御史李公裕,以询于众,得修河事,以属郭君而总其成焉。郭君于是召集旁近民兵二万人疏旧河二十里筑东西捍水堤四十里,建通江、大同二闸。其大桥、新开闸之故存者,咸修复之。又增建土坝三,夏月潮涨则由闸,冬月水涸则由坝。又建减水闸五,以防泛滥。浅铺五,以备疏瀹。至于涖事有厅,享神有祠,保障有巡检司,凡有益于河者,无不为之。经始于丁酉(十二年)三月,以是年六月毕工。斯河既成则江南漕舟出孟渎者,可经投断腰洪入夹江,三十里入河,又四十里而达扬境。"

白塔河从宣德至正德年间,前后通漕 80 年,在转运江南漕粮特别是转运浙东浙西的漕粮方面作用尤大。据《读史方舆纪要》记载:"洪武十三年(1380),会通河成,废海运,漕粮均由运河入运,浙西漕粮由瓜州坝以达扬州,凡一百六十五万石,数量颇大。"此后从孟渎河出江入白塔河,漕运至少与前文 165 万石的漕粮由这里经过,明朝廷对此河当然不能小觑。

明武宗正德二年(1507),白塔河又曾淤塞而疏浚。此后,由于镇江里河开浚,漕舟出甘露新港,可经渡瓜州直达运河,反觉白塔河江路险远,便逐渐舍弃。万历以后,白塔河不再通漕,只作为扬州运河泄水入江的通道了。

### 3. 江淮间运河流向的倒转

元明清三代,江淮之间运河影响人类疏浚工程实践的重要演变,还有它流向的倒转。唐宋以前,由明确的古籍记载可知邗沟是自南向北流的。《汉书·地理志》载:"江都,有江水祠,渠水首受江,北至射阳入湖。"①唐李翱《来南录》载:"自淮阴至邵伯三百又五十里逆流。"②梁肃在《通爱敬陂水门记》中称:"当(唐)开元以前,京江岸于扬子(津),海潮纳于邗沟,过茱萸湾,北至邵伯堰,汤汤涣涣,无隘滞之患。"③但是,前文论及邗沟时已经指出,开元年间由于长江的造陆作用,不仅扬州离海越来越远,瓜洲也变成了半岛,运河水源紧张起来。开元"伊娄河"之修凿,即因此而作。运河水浅影响漕船通行,开元中漕舟正、二月启航,"至扬州入斗门,即逢水浅","须留一月以上,至四月以后始渡淮入汴",④这才有前文王播开渠引水、筑堰埭拦水的实践。唐宋以前,邗沟南高北低。但盛唐时,地理和水文条件已在变化。

到了北宋蔡宽夫的口中,此地水文条件已经是"瓜洲以闸为限,则不惟潮不至扬州,亦不至扬子矣"⑤。北宋天禧二年(1018),"议开扬州古河,绕城南,接运渠,毁龙舟、新兴、茱萸三堰,通漕路以均水势,岁省官费十数万……漕船无阻,公私大称其便"⑥。元丰七年(1084),"浚真、楚运河"⑦。到了重和元年(1118),已经在淮扬之间形成斗门、水闸79座。宣和三年(1121)旱灾,漕运受阻,时人议论疏浚淮扬运河。然则最终付诸实施的不是疏浚,而是向子諲复堰作坝之议。⑧ 究其原因,最根本者还是此地地势已变,不便引水。所以,宋元之际应该是江淮之间运河流向改变的过渡期。等到金明昌五年(1194)黄河夺淮,黄水倒灌入运,这种地势改变的速度更加快了。明景泰六年(1455),右佥都御史陈泰奉敕"浚仪真、瓜洲、江都、高邮、

---

① 班固:《汉书》,卷28,《地理志》,中华书局1962,第1636页。

② 周绍良:《全唐文新编第三部第(3)册》,吉林文史出版社,2000,第7200页。

③ 周绍良:《全唐文新编第三部第(1)册》,吉林文史出版社,2000,第6061页。

④ 盱眙县交通局编史办公室:《盱眙县交通史》,南京大学出版社,1989,第20页。

⑤ 《金山志》卷4,《杂识》,台北明文书局,1980,第183-184页。

⑥ 周魁一等注释:《二十五史河渠志注释》,中国书店,1990,第171页。

⑦ 同上,第173页。

⑧ 同上,第179-181页。

宝应及淮安一带河道,凡浚河一百八十里"。[①] 30 年后,运河"自仪真入淮,凡三百里,舟胶不行。管漕河郎中李景繁募夫八万人,初浚邵伯湖扬子桥、三汊河,广皆六丈;次浚广陵驿东,广倍于三汊;次浚朴树湾,广三倍于初;次浚仪真瓜州二坎,广倍于朴树者三,深于旧者六"。[②] 明隆庆以后,江淮之间运河就变成了向南入江。到了万历初年,潘季驯巡查淮安至直河口运河情势时,江淮之间运河的北端已经是条地上河了。

## 八、 长江以南运河的修治情况

京杭大运河江南部分在通往长江的几处运口、镇江徒阳运河、杭州市区等处属于砂质软基河段,易于发生岸线崩塌或河道淤塞。除此之外的其他河段自然条件好,水量充足,比较容易维护。其疏浚工程也主要集中在上述镇江、杭州等几处重点地段。

元至元二十九年(1292),朝廷令行浙江省疏浚浙西水路,泄洪入海,但这是指修治、利用长江和太湖天然水网泄洪,不是疏浚运河。元武宗至大元年(1308),杭州钱塘江淤塞,为便利运输,浙江地方官员提议利用南宋龙山河遗迹,加修后联通钱塘江与杭州城内。此河开工实在延祐三年(1316),其总长不到 10 里。至于元代修江南运河镇江段,事在至治三年十二月(1324 年 1 月),时任崇明知州任仁发、镇江路总管毛庄等议定,先修运河,再治作为运河蓄水去处的练湖。泰定元年正月(1325 年 2 月),疏浚镇江程公坝至苏州武进县吕城坝 131 里,将水深从 2 尺加深到 6 尺。同年,任仁发又主持疏浚了吴淞江,但此亦与运河无涉,工程量又较小,存而不论。南宋初,杭州城郊向北的运河利用的是上塘河,走临平、长安堰、崇德一线。至南宋末,因上塘河水浅,改利用流向安吉县的下塘河。元至正年间(1343—1368),钱塘江干流向南摆动,南陷北淤。元廷废弃上、下两塘河,改修奉口至德清新河。此为沿用至今之杭州城北运河线路。元末,起义军将领张士诚割据杭州期间,在武陵港至北新桥、红涨桥间修浚过长约 45 里的新运河。明洪武、建文年间(1368—1402),以南京(应天府)为都城,并不注意长江以北运河。苏、湖一带漕粮可由太湖、胥溪、石臼湖至秦淮河,抵南京。因此,朝廷修浚运河的行为也集中在南方。譬如,洪武元年(1368),疏浚镇江至常州运河;五年(1372),修浚杭州贴沙河;七年(1374),再修龙山河并龙山闸;二十五年(1392),疏浚杭嘉湖平原上的大小河

---

① 《乾隆淮安府志》,卷 6,《运河·河防》,方志出版社,2008,第 57 页。
② 傅泽洪:《行水金鉴》,卷 111,商务印书馆,1936,第 1627 页。

流；二十七年（1394），修常州府境内运河；二十九年、三十一年（1396—1398），两次修常州奔牛闸至苏州武进吕城坝段运河。

明迁都北京以后，漕运路线随之变动，清承明制，漕运路线亦然。浙江境内运河虽仍有修浚，但因其工程量不大，记载亦十分简略。其中记载较细者，为永乐二年（1404）和嘉靖九年（1530）两次疏浚浙江运河桐乡段。其中还有关于河道裁弯取直和消除入河岬角的记载。入清后，清廷在石门县、海宁县、杭州武林门外、秀水县等地零星可见有关地方河道疏浚事迹，但每一处的工程量均为 7 000 丈左右，工程量与前代相比，变动不大。

明迁都北京以后，南直隶镇江附近的运河也时常得到疏浚，以便船只可以顺利通过奔牛闸至镇江京口这段较为艰涩的运道。其中工程较大者，为天顺三年（1459），南、北两京工部发 3 万民夫，疏浚徒阳运河奔牛闸以北至京口段运道 160里。其余历年疏浚，则主要是日常的修缮性质，兴工不多。到了清代，运河镇江段的情况又发生了新的变化。长江流域人口迅速增加，人类活动加剧，长江流域生态环境有所改变，水土流失情况加剧，河流含沙量有所增长。运河镇江段离长江切近，水势又远比长江弱。江潮携带泥沙进入运道的情况时有发生。这样的淤害与镇江段原有的软基地质条件相结合，使得清廷不得不经常动用大量人力、财力、物力时时修浚之。清末所修《光绪丹徒县志》称，该段运河最容易淤积者有三处，分别为京口闸、猪婆滩夹岸和丹阳城北夹岗。因此，见于该志及《丹阳县志》的疏浚非常多。计其规模较大者，有康熙五年（1666）、六年（1667）、七年（1668）、九年（1670）、十二年（1673）、十四年（1675）等。"无岁不浚，无岁不阻，役工数十万，用银一万八千有奇"，并且其来源为"率派诸民间"因而使得地方上颇有怨言。康熙五年疏浚徒阳段，"用人夫十余万，水车千余部，费白金（即银两）六七万两，小浚亦五六千两"。到雍正二年（1724），清廷终于将此项工程所需工价、物料款项改为"遵旨动用国帑"而由丹徒、丹阳自行施工，其力所不及者则调镇江府以下六县协助。这样的安排一直延续到了光绪年间。其大小疏浚起雍正讫光绪，共 67 次。[①]

运河常州段在元明之际有过较大规模的改道工程。元前期运河（前河）即今天在常州市区南侧所见南市河。大德五年（1301），常州判官袁德麟开浚城南渠，部分漕船分流至此。明正德十六年（1521），前河停用，所有漕船均走城南渠，河道名称也改为"西兴河"。万历九年（1581），因运河穿城而过有泄露文气之嫌，常州知府穆

---

① 《光绪丹阳县志》，卷 3，《水利》，丹阳：凤鸣书院，1885；《光绪丹徒县志》，卷 11，《河渠志》，1879。

炜将运河城内部分改出城外。无锡的情况与此类似,明代之前运河从无锡北门入城,至南门而出,曰直河。嘉靖四十五年(1566),在此段运河仍存不废的情况下,新开了城东新河。清代历年增修以后,又在城西门至南门之间形成了西河。苏州府城左近的运河增建,则在明末至清顺治年间。苏州府城一段运河,北端起点在枫桥,原经阊门、胥门、盘门瑞光寺塔之后,南出府城界至吴江县。清初,因此线水浅且沿途市肆、码头汇集船只、货物众多,乃不堪重负。时人乃自枫桥以下横塘地方兴工凿通胥江,以直通胥门外。

# 第二节　大运河的修浚制度

隋设"五省六曹",至唐演变为较为成熟的"三省六部"制度。其中工部负责工程、营造、水利、屯田、工匠、交通等项事务。在工部职责所属以外,元明清三代对运河的修浚管理,历有损益,主要可分为职官设置、半军事化的运河兵丁和临时征集或雇用的民夫定额和管理、船型限制和计算、航道本身的维护管理等。

## 一、 职官设置和管理情况概要

### 1. 漕运总督

在名义上,元代在中央设有都水监,在地方设有河渠司,管理全国水政,而实际上这些机构的效力比较有限,从事具体疏浚协调管理工作的,还是各行省官僚乃至地方有力人士。都水监在山东行省寿张县景德镇(注:此非江西景德镇)设立了分监,用以管理会通河。都水监自身直辖大都金水河、阜通七坝、积水潭码头、南北运河等处疏浚。寿张分监则负责管理山东临清以南至徐州以北运河修浚等事务。至明代,运河管理有过一定程度的变动。明前期,管理该项事务者名号不定。至永乐时,始设漕运总兵官。又因平江伯陈瑄负责进行的治水工程很多,且有武职在身,此职务之下各项制度和建制多出于其手。平江伯去世之后,水政之事渐归工部。前代用于防护大堤安全的驻军,在明朝则被赋予了更多职责。其中之一是协助行漕。至景泰二年(1451),朝廷又把工部水政事权分出部分,交给御史台都御史。以都御史或左、右御史为漕运总督(文职)并兼领河邑(带有管理运河沿岸地区行政事务的职能),始于此。由于黄、淮、运互相交叠,保漕等事牵涉多方,成化七年(1471),朝廷设置了"总理河道"之职,统管黄、运事务。先时所设之漕运总督经皇帝批准,专门管理漕运。这样一来,文臣催粮,武官运输的分工就形成了,即淮安的"文武二院"。各省粮道归漕运总督管辖,对其负责。由于漕运总督和其他总督一样,都属于"都督"一类,运河沿线的兵备道因此也受其节制,必要时服从其调遣。此外,为制造漕船需要,设置有南京、凤阳、北直隶、山东4个造船总场,下辖多个分场。至万历四十一年(1613),其改为东、西两船政厅。这些机构也归漕运总督管理。

当然,在威胁运道安全的重大灾害发生后,漕运总督与总理河道两职务存在由一人兼领或两职权责随时调整的情况。其下属经办者,有督察院各道掌道御史、两京镇抚司锦衣卫各官、南北两工部侍郎、主事分管河道等事。在运河沿线各地方,地方官也兼领一部分分管河道的差事。其府、州、县各有佐官、杂职吏员专管其事。军队系统驻地方的各个卫所,也有以武职管河道事的。

至于长江以南的河漕,元至明中前期还是归浙江行省等处自行管理。至万历初年,朝廷才把事权收归总理河道该官处管理。清顺治至康熙中期,大抵皆承明制。康熙末至雍正时,才开始重新建构管理河道的官僚体系。其漕运总督驻淮安,管理按定例需要向中央缴纳漕粮各省之漕务。各行省则在总督或巡抚下,设置粮储道,以其统帅本省州、县官,管理漕粮押运事。至于治理黄、运事,则另有河道总督。江南河道总督(下辖安徽、江苏事)驻扎于淮安清江浦,即南河总督。河南、山东河道总督驻济宁,即东河总督。今河北省境内河道修浚事务,不另设职务而归直隶总督兼差。总河以下分为各分巡、分守道,道以下再分为各河厅,厅以下设各营汛。这些文官系统的职务,又挂靠在省府州县各级衙门之中,或是由衙门中的各级官僚兼职。真正直接从事堤坝防护、修补和大小疏浚工程的专业化队伍,则是各营河兵。这是军事化或准军事化的组织,由从三品的游击将军(杂号将军的一种)和其他品秩更低的武官统辖。但是,清代这套"总督-道-厅-营汛"的制度设计,并不覆盖镇江以南的运河,而只管到镇江徒阳运河结束之南界。这也从一个侧面表现出,元以来,各朝廷对大运河修浚的重点在北而不在南。大运河南段末端是可以利用有利自然条件并借助地方力量自持的。

清代的漕运总督起初没有凤阳巡抚的兼差,但后来在1647—1659年间,曾又兼差凤阳、庐州巡抚事。等到清廷设江北巡抚,此兼差被取消。其后,江北巡抚撤销,兼差又恢复了,不过改称为淮扬巡抚。同时,清代的漕运总督与明代一样有提督军务的责任,另加兼理海防、粮饷职衔。咸丰十年(1860),太平天国的革命战争威胁清朝经济精华地区之后,清廷迫不得已,放权给漕运总督,使之节制江北各镇、道。次年,江南河道总督被裁撤,以漕运总督兼代。漕运总督因此占据了原江南河道总督署衙门原址。光绪三十年(1904),最后一次恢复江北巡抚一职,但不久就撤销,漕运总督也终于在1905年被撤。

### 2. 明代的"总河"及其属僚

具体而言,明代中央运河管理机关为工部都水司,但该司除了管理运河日常修浚、维护事宜之外,还兼管进贡或采买进官的丝织品织造、商业券契、度量衡统一和检查等事。成化七年(1471),所设之"总理河道"开府建衙的驻地在济宁。其管辖范围北起顺天府,南到江淮四省司、道、府、县。这是在六部体系以外,增设的一个部院大臣直通皇帝的办事机构。其官职名称就非常明显地指明这是"总理河道军门,差尚书侍郎等官奉敕行事"。其后,管理大运河的这个官职名称经常因事有不同而发生轻微改变。譬如,改称总督河道、总理河漕、总漕兼河道、巡抚兼河道等。隆庆四年(1570),"总河"原来比较虚化的"军门"头衔开始有实际意义。皇帝给该职位加上了"南、北两直隶,山东、河南有河地方兵备道俱属之"的权限。也就是说,"总河"开始有权运用地方驻军。潘季驯1588年再任总河时候,权限进一步扩大。总河成为常设专门官职,始于此年。其可以调用或分配任务给管河、管洪(瀑布)、管泉、管闸各郎中;员外主事;各该三司军卫;有司掌印;管河兵备守巡等官……其各兵备道悉听节制。自此,总督河道下辖兵备道、地方卫所。兵备道是分段管理机构。而在兵备道以外,又有民事系统的文官。在上述两个系统中任职的有副将、参将、厅同知、厅通判、县丞、主簿、守备、千总、把总等文武官员。总河在万历二十六年(1598)前后,还曾经短暂侵夺过漕运管理权。但万历三十年(1602),总河终于与总漕分离,并且没有再次合并的情况发生。

从基层来看,运河系统需要劳役大军的持续修理和维护。但是这种劳役并不专职化,往往是临时有事,临时加派。所以很可能出现某人上一次被征发来的时候是修坝的坝夫,下一次就变成看水情的"相识",再下一次又被派给挖泥任务,成为湖夫、捞浅夫、塘夫、泉夫的情况。在"总河"常驻的山东济宁,情况相对固定,在役者总人数通常维持在2 000人左右。

### 3. 清代的总督河道部院衙门

清承明制之外,又有损益。在中央层面,隶属于工部尚书、侍郎的都水清吏司。司中常设郎中、员外郎、主事。驻外者为河道总督,兼顾黄、运事务。雍正以后,河道总督一分为三,为北河、南河、东河总督。北河总督驻天津,南河总督在淮安,东河总督仍在济宁。

顺治初年(1644),设总督河道部院,有"总督河道"正二品大臣一人,兼顾黄、运、京畿永定河事。顺治十六年(1659),改总督河道为河道总督。但后世文献经常把这两个名称混用。除了借用地方部队参与工程以外,河道总督还有直属工程兵部队,即"河标"。其首领者为河标中军副将,从二品。再下一级为河标营,由正三品参将统领。康熙十六年(1677),河道总督从山东济宁南移至江苏淮安清江浦。雍正二年(1724),添设副河道总督一人。七年(1729),将原驻扎于清江浦的河道总督改封为江南河道总督,副总督改为河南山东河道总督。此即南河总督、东河总督。次年,另添直隶河道总督,驻扎天津,是为北河总督。以东河总督为例,其下辖文、武两套运河管理系统(见图6-6)。从图中可见,各河道总督确实有调用地方驻军、与驻军协调关系的需求。于是就有是否应该给其加兵部尚书或者侍郎头衔的

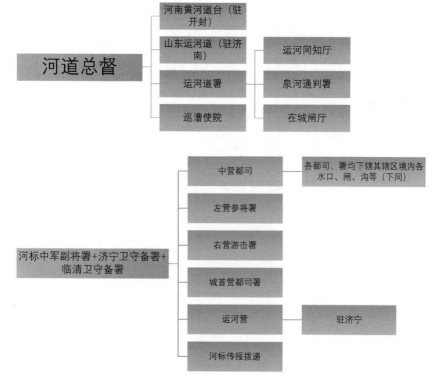

图 6-6   济宁东河总督文武官僚平行系统图

资料来源:根据原资料汇编。山东运河航运史编纂委员会编:《山东运河航运史》,山东人民出版社,2011,第 276 页。

问题发生。在光绪朝《大清会典·事例》中，可以发现，到了乾隆四十八年（1783），清廷确实给其加了兵部侍郎头衔；到了嘉庆十二年（1807），总漕、总河、副总河如果本官是兵部以外的六部尚书，那么就要加兵部尚书衔。

## 二、关于民夫和劳役

按照学术界一般的意见，明前期，主要职责被规定为修补堤坝、疏通运道者，称"浅夫"；主要负责开关水闸、船闸者，称"闸夫"；船过激流险滩，则需要寻求"溜夫"协助；在某些河段，漕船需要被绞车盘绞过坝，此项任务归"坝夫"；在诸如京西玉泉山和山东丘陵等水源稀少地方，需要引用涓滴泉水之处，有"泉夫"；负责挖掘湖中淤泥的，有"湖夫"；在诸如徐州洪、吕梁洪等瀑布处，又有"洪夫"。这些名目往往是根据其职责所系而应变随起。在整个运河修浚的管理架构体系中，他们既非官又非吏，只是一些不入流的杂职人等。明太祖起于微末，知道民间疾苦，因而对这些常设夫役规定有定额，约在47 000人。至于有临时性的大规模疏浚，则往往就近征发民众参加劳役。白英等人修南旺工程时，明廷就曾征发临时劳役约5万人。

在这里需要特别指出，浅夫职责可能更侧重于"捞浅"即疏浚。当然，其他兼任职责也是有的。据明朝王琼《漕河图志》载："漕河夫役，……在浅铺者，曰浅夫，以巡视堤岸、树木，招呼运船，使不胶于滩沙；或修堤浚河，聚而役之，又禁捕盗贼。"根据了解，"浅铺"是明清时期京杭运河沿岸设置的一种临时性河工组织。"浅铺"的设置主要是为了解决运河航道的淤浅问题。王琼《漕河图志》记载的浅铺数量是576个，别的也有记载，数量不等。此外，明朝谢肇淛《北河纪》卷四《河防纪》载："沙淤之处谓之浅，浅有铺，铺有夫，以时挑浚。"由此可知，"浅夫"最基本的含义，应该是指那些在运河淤浅之处疏浚沟渠的夫役。

明后期，由于"一条鞭法"使得国家的财政逐渐货币化（尤其是白银化），给薪资雇用劳力的情况越来越多。张居正在时，疏浚费用筹措及夫役定额设置、征发或雇用、管理的情况尚好。运河银两分属通惠河郎中、北河郎中、南河郎中、管泉主事，包括椿草银、椿草籴麻银、折征捞浅夫银、折征浅铺夫银、副砖银、折征坝夫银等项。万历朝《明会典》中载有万历十年（1582），经明内阁批准的运河钱粮情况。但这些钱款名目、征收的白银价款中，绝大多数是修堤、堵决口等的费用，用与疏浚的钱粮到底有多少并未列明。万历时期，能够明确知道专用于运河疏浚工程的款项，是万历元年(1573)冬十一月,因江南运河浅滞,挑浚工费所需数万,导河银两难以应对,朝廷从万恭之请,重新征收漕粮雇船脚米。其征收额为"每石征一升,岁折银一万两",按河工轻重情况,发给江南运河沿岸各府开支使用,名曰运河银。[①] 但如果细看开支去向,除了挑浅费用外,筑堤费用、建闸费用、修坝费用、雇募夫役和买办什物开支都使用过这项钱粮。万历四年(1576),将本已蠲免的漕粮脚米部分恢复,则不是为了筹措疏浚款项,而是为了在宝应修堤防。[②] 万历八年(1580),朝廷令两淮盐运司自万历九年(1581)始,"每引止带盐四斤,每斤征银五厘,每岁止带征银一万八千两,解淮安府贮库,听两河岁修之用"。[③] 这其中肯定有一部分用于运河疏浚,但具体数目不明。至于疏浚所用人工,以差役、徭役名目无偿征发来的,称之为"徭夫"。用银钱雇来的,则称之为"募夫"。徭夫多见于运河的日常维护,募夫多见于偶发的大规模挑浚。万历十年(1582),北直隶、山东、南直隶共编派运河常设夫役共计32 198人,其中可以明确是长期从事疏浚工作的挑港夫11 712人(江都县2 492人,仪真县9 220人,主要解决江淮之间运河入江、漕船频繁出入泄水等问题),捞浅夫1 773人,泉夫879人。[④] 其余堤夫、浅铺夫、溜夫、洪夫、闸夫、坝夫工作职责完全不是或主要不是疏浚。

但到万历末,夫役名目就越发混乱起来,有人从中取事。清人关后,对此类浮冒、滥额、吃空饷的行为大加整顿,员额下降至万人以内。顺治中期以后,"河工银"制度开始稳定并逐渐规范化起来。一方面,清政府有以"河兵营"中军人充任劳役的;另一方面,又多有用粮食、铜钱、白银临时雇人参加疏浚"大挑"或一般性的例行"挑河"的。

值得注意的是,在晚晴道光时期,前任江南河道总督后获罪革职的完颜麟庆所著《鸿雪因缘图记》中,记载了民夫挑河劳动中,做工至50%或60%左右,该段工员以钱、布、酒、肉等挂红悬赏,先完工者得的事例。在管理某段工程进度的工员之上,还设置有分催官。此项记载足以证明,在古代的工程施工中,也有物质刺激和劳动竞赛的相关安排。

---

①　《明神宗实录》,卷19,《万历元年十一月壬午》。

②　《明神宗实录》,卷46,《万历四年正月己酉》。

③　潘季驯:《河防一览》卷9,《覆议善后疏》,见纪昀等:《文渊阁四库全书(第576册)》,上海古籍出版社,1987,第300页。

④　申时行等:《万历大明会典》,卷198,《河渠三·夫役》,中华书局,1989,第995-997页。

### 三、 进入运河的船只及其限制

元代的会通河水浅且河流宽度较窄,漕粮主要又是从刘家港经过黑水洋外海海运,河运量较小。因此,即便船只型宽和型深受到限制,也无碍大局。明代情况则不同,主要是由河运来输送漕粮。会通河在永乐年间虽加深至 1 丈又 3 尺,并拓宽至 3 丈 2 尺,但由于过船数量太多且时间集中,仍经常发生拥堵。清前期,会通河、迦河等处河面有 6 丈,底宽则减半,深度缩减为 7 尺。清后期,苏北及其以北全河进一步淤浅并演变为宽面浅碟形湿地状态。高邮湖等处有"船行镜中"之说。为应对这种变化,古人逐渐改变了船型和运河可通行何种船只的规定。其总的趋势是由船底较深的船型改为平底沙船,船舶从以表明木材长度的"料"为限转为以载重"石"为限,"料"可按一定的经验系数折算为载重量"石"。

以元为例,其漕船限不得大于 200 料(一般为 150~200 料)。而以清初情况为例,则大约限船载重不得过 500 石。考虑到运河漕艘总数和断面通过能力、有水可通航时间段等多重因素,清初限制漕船不得宽逾 1 丈,其型深不过 4 尺,船舷离水面留有 1 尺。嘉庆中,漕艘总数减半,漕船因此又加长,型深加大,吃水也稍多。其载重量大约在每船 1 000 石以上。[①] 这给疏浚工作提出了很高的要求。

虽然清代各省帮船过淮河(或到通州)都是有限期的,但一遇枯水或其他使得水位降低的灾害(如黄河决口或高邮、宝应诸湖突破里运河大堤等),漕艘浅滞在所难免,漕粮失期也是常事。举例而言,清代山东漕船是不需要过淮河的,因此没有过淮日期限制,但到通州的时间则被限定为每年三月初一。安徽的漕船需要过淮,限定本年十二月开船,次年二月过淮,六月初一到通州。但这些规定徒有空文,漕船很少如期完运。

### 四、 运河水道管理的一般情况

元代,中央设都水监,在大都以外又有各处河渠司。在大都范围内,都水监下设有大都河道提举司。提举司设有从五品提举 1 人,从六品同提举 1 人,从七品副提举 1 人,幕官 1 人。另有会通河闸官 33 人,通惠河闸官 28 人。其职责为疏浚河道并修理腐朽的木闸门板、按水尺显示水位开闭闸门等。因通惠河修治较勤,又设专门的"通惠河道所"予以管理。提举司在元贞元年(1295)将提领增加到 3 人。大

---

① 姚汉源:《京杭运河史》,中国水利水电出版社,1998,第 27 页。

德七年(1303),又依据看闸提领建议,将若干闸官归其管辖,闸官下设有闸户。负责航道和闸坝设施维护、运转。起初,这是调用军队士兵充任的,后来一部分改为民户。但是,元朝贵族(尤其以蒙古、色目贵族为甚)往往将闸户视为自己的奴仆,将他们调用作为自己的杂役、小厮、种田庄户或亲随的情况越来越多。元末,虽申明官员不得侵占闸户为私役,其实屡禁不止。[①]

从理论上说,明清两代,通惠河只允许漕船、官船通行其间。而北运河向南自流,南运河向北自流。会通河在南旺脊顶龙王庙分水,该段河道之水有"七分朝天子,三分下江南"之说。其全河水位,依靠各闸控制,以南旺为顶点,地势低处来船至南旺,则需要逐节开启地势高处上闸,而关闭地势低洼处下闸。并且,为节省水源,两道闸门间需要同时一启一关,由飞马传递类似于关防印信的"会牌"。至于闸与闸之间的淤浅,一般选在漕艘过完的隆冬枯水时分挑浚。济宁以南至清口之间,黄河危害甚大,屡坏屡修。江北仪征、江南镇江瓜州两港口,则主要是以挑浚的港区淤泥修筑堤坝,防御长江冲刷。

清代,长江以北运河全程分为17段,分设同知、通判等职官。河道总督督率众事之外,由分段同知、通判责成包括疏浚淤积、管理闸坝、督修河堤、引泉入运等工程。各河段也如同元、明旧制,有闸官。清代又在河道两岸密集设置了汛官。

## 五、 江河与海岸交界地带的疏浚管理

钱塘江是大运河的最南端,在江水入海处,主要的防灾减灾工程是修筑海塘,以防海潮侵入。为排除内涝,也附带有一些疏浚内河事宜。在内河与海塘的管理职责界定、职分划分等问题上,由于钱塘江北岸属上海县、华亭县、宝山县,它们与浙江省之间发生过推诿和矛盾冲突。为解决这些矛盾,清廷于康熙初年增设浙江海防同知两名。雍正八年(1730),朝廷又把钱塘江口海塘管理权拆分为二,东、西两塘分别交杭州府粮捕同知、管粮通判就近管辖。雍正十一年(1733),将海防同知名额增加1人,并新设置了"海防道"。海防道职司之中,包括管辖海塘工程有涉之沿海州县。次年,雍正帝再发谕旨,令海塘工程诸人不得推诿、稽迟。[②] 但这总归不属于管理疏浚的专门职务。专职之设,起于杭州左翼副都统隆升主持疏浚中小

---

① 邹逸麟、吕娟:《中国运河志·河道工程与管理》,江苏凤凰科学技术出版社,2019,第40-60页。
② 昆冈:《光绪钦定大清会典事例》,卷290,《工部·海塘·职掌》,台北新文丰出版公司,1976,第16332-16333页。

门、旧南港河等处时,上奏要求添设通判 1 人(驻河庄山),专司疏浚引河。其事在雍正十二年五月(1734 年 6 月)。随同移驻此地的,还有从海塘左右营汛中差拨来的外委千总 1 人,下辖骑兵 4 人,步兵 20 人。[①]

至雍正十三年(1735),朝廷议准浙江省海塘前所增设之引河通判 1 人(驻浙江海宁),专司疏浚,这认可了之前仅为权宜之计的疏浚事务官职。[②] 其后,海塘工程管辖权仍时有变动(譬如,将管辖权交给巡检典史、各县县丞等),但与海塘所护内陆河道疏浚、排涝相关事,皆得由"引河通判"专管,变动不大。只不过,在有疏浚工程时,可称其为引河通判,而在无引河开挖等事务时,又因其管辖仁和、海宁等地柴草简易海塘工程,称其为草塘通判。

# 第三节　大运河与漕运

## 一、"国之用度,仰给东南"

### 1. 漕运之始

早在春秋战国时期,诸侯国林立,各国间战争频繁,互相攻伐,而又互相交往。由于军事征伐和政治、经济交流的需要,为了弥补我国北方大部分天然河流都是东西流向的限制,于是出现了沟通南北的人工运河。只不过这时的运河主要还是串接各大水系的区间运河,而航运主要还是靠天然河道。在公元前 3 世纪的秦代,运河已经沟通了黄河、淮河、长江、钱塘江、珠江五大水系。公元 3 世纪的曹魏时期,运河的北端已向北延伸至今河北省北部的滦河下游。公元 7 世纪的隋唐时代,北抵北京、西达西安、南至杭州的南北大运河全长约 2 300 公里。元明清时代的京杭大运河,从北京至杭州全长 1 794 公里,如果将浙东运河也计在内,则又要加上 120 余公里,无疑为世界之最。

在中国古代,中央政权将征收的各种实物产品,通过内河运输,运往都城所在地或都城之外的其他指定地点,称为漕运。中国大一统中央政权管理、调度下的漕运,可追溯至秦代的治粟内史(为九卿之一)。但这一官职只是有一些兼管(军粮)漕运的职责而已,并非专职。后来,漕运内容日渐多种多样,各地方向中央缴纳的

---

① 陶存焕、周潮生:《明清钱塘江海塘》,中国水利水电出版社,2001,第 211 页。

② 昆冈:《光绪钦定大清会典事例》,卷 290,《工部·海塘·职掌》,台北新文丰出版公司,1976,第 16332 页。

实物税、货币税、承接朝廷订单生产的手工业产品等,都属于漕运内容,都可能被装上漕船。譬如,老北京人常说北京城是从大运河上漂来的一座城,就反映了明清两代,北京城建所需砖、木通过运河从南方输送而来的历史印记。①

两汉、西晋、隋、唐、宋、元、明、清历朝历代的大一统政权,占据了我国封建社会历史的大部分时间。在这漫长的历史时期,作为全国政治中心的首都,除了明初的二十几年外,大都建立在黄河流域。金、元、明、清时,则将都城迁移到了便于与东北加强联系并掌控塞外蒙古诸部的燕山以南北京小平原上。传统中国农耕文化及其政权,最大的国家安全威胁来自不断兴起的各个草原部族。危险来自东南方向的海上,则是近代以后的事情。唐代中叶以前,我国的经济重心在黄河中下游地区。唐代中期"安史之乱"后,直至宋代,我国经济重心开始转移到了长江中下游地区。此后统一王朝的政治中心和国防前线所需要的包括粮食在内的各种物资,都需要从经济重心地区缴纳、输送。因此,作为运送各种物资供应京师和边防的漕运制度,成为我国秦朝以后历史上特有的国家基本制度。而漕运最理想的运送方式是内河水运,因此,开凿人工运河和维护其正常运行,成为历代王朝最关注的水利、水运基建工程。居住在历代王朝首都的皇室、勋戚、官宦、军队、富商大贾,以及为他们服务的各色人等形成的庞大消费群体,所需要的包括粮食在内的各种物资,必须通过漕运从全国富庶的各地攫取而来,水运是最廉价的运输方式,运河则又是为此服务的最好工具。

漕运自产生之日起,又是一项社会性很强的经济活动,涉及社会的许多领域,关乎诸如国家政局的稳定、战争的成败、农业经济的发展、商业经济的繁荣、交通运输的畅达、区域社会的开发、社会生活的安定,等等。尤其是封建社会中期以后,漕运发挥出越来越广泛的社会功能,粮食的运输仅是漕运的一个内容,漕运实则已经转变为统治者手中的调节器,对社会进行广泛的调控。对许多不安定的社会因素和失衡的社会现象,统治者都借助和倚重漕运(或漕粮),以达到平息和制衡的目的。此外,漕运还起着一些不在封建朝廷主观意愿范围内、客观上却十分积极的社会作用,诸如促进商品的流通,刺激商业城市区的繁荣,促进商业性农业的发展,加强各地经济文化的交流等。

### 2. 隋唐之际的漕运概况

具体而论,漕运运输最基本、最主要运输项目还是粮食。具体到中国历史上经

---

① 单霁翔:《大运河漂来紫禁城》,中国大百科全书出版社,2020,第 13 页。

济中心逐渐东移南下,而国家北部属于粟作区、东南属于稻作区的历史情境中去考察,就会发现漕粮的主力品种至少到了武则天一年大半时间"就食洛阳"而不在长安的时候,就已经可以肯定是稻米了。至于隋文帝开皇三年(583),在关中和关东各处运河沿线设置粮仓并招募运丁运送和储存中原及山东、山西等处粮食,则还不能认为这其中由稻米占多数。大约此项转变发生的时间以及缘由,在隋灭陈后,切换为以江淮之间为财赋重地供应长安,唐代财赋更加依赖东南诸道。不过,江淮之间为稻麦混作区,隋灭陈之后,漕粮品种构成因此也还是不明确的。隋之开河以及组织漕运,除了供应都城以外,还有另外两个重要动机。其一是以沟通南北的大运河加强中央政权对南朝士族原统治区的影响,削弱其离心倾向。其二是以中原、江淮之粮饷结合帝国北部边境的屯田产出,支撑隋在正北方和辽东两个战略方向上应对突厥、征讨高句丽的军事行动,保证军需供应。专司负责漕运的官职、机构则是在盛唐时期形成的。

　　唐初,从黄河经关中渠道系统进行漕运,艰险异常。大量的粮食囤积在位于今河南三门峡市陕州区和巩义的太原仓、洛口仓。与其耗费巨大进行漕运,不如朝廷机构东移就食。但唐高宗以后,政府因长安物资供给困难而常常迁往洛阳办公的情形,自开元二十四年(736)玄宗由洛阳西返后即告终止;此后他便长期住在长安,不再东幸。唐玄宗中期及以后一段时间,政府之所以能够长期驻在长安,主要由于关中的经济状况发生激剧的变化,即关中的物资供给由过去窘困贫乏的状态一变而为丰富宽裕,足以供应中枢因经费开支激增而起的对于大量物资的需要。当时关中物资之所以能由贫乏变为富裕,主要由于江淮与长安间物资运输的改善,这也应该考虑专司漕运官职设置的贡献。开元元年(713),陕西刺史李杰为首任水路发运使。对这条路运输的改善最有贡献的人,则是在玄宗最后一次东幸前(开元二十一年十二月,即734年初),被选为宰相并于次年兼任江淮转运都使的裴耀卿。

　　唐玄宗开元中,原来自给自足或半自给自足的府兵制败坏了。官俸、军需对于粮食的需求加大,每年有百万余石粮食从江淮北上洛阳。裴耀卿主持漕务,为避免大量漕运人员长期背井离乡心有怨言,同时也为了节约运费,将从粮食征收起点至长安或洛阳的"长运"改为分段负责的"转搬"。他曾上奏说,自江淮装载物资北运的船只,因所经各河水流深浅的不同,沿途常常停滞,以致运输量不能特别增加;陕州洛阳间的水道,又因有三门底柱(即"中流砥柱"的砥柱山)等险滩而不便航运,以致须负担昂贵的陆路运费。为增加运量,减轻运费,他"请于河口(即汴河从黄河分流的地方)置一仓,纳江南租米,便令江南船回。其从河口即分入河洛,官自雇船载运。河运者,至三门之东置一仓。既属水险,即于河岸傍山车运十数里。至三门之西,又置一仓。每运置仓,即般下贮纳,水通即运,水细便止。渐至太原仓,溯河入渭,更无停留,所省巨万"。唐朝廷在汴河与黄河的交叉点上置河阴县(今河南河阴县东)及河阴仓,在河清县(河南孟县西南 50 里)置柏崖仓,在黄河北岸三门之东置集津仓,三门之西置三门仓(一作盐仓)。河中既然有险滩,遂在三门北的山中开路 18 里,用车载运,以免有覆舟之险。车运抵三门仓后,又用船运往太原仓,然后由河入渭,以实关中。经此改革,江南船只不过黄河,黄河沿岸各船到洛口仓为止。运河沿岸设仓储,层层转送,运量增加至 3 年共运 700 万石。这是因为短途接力运输能节约时间并降低滞留在途风险的缘故。

除上述外,裴耀卿对于漕运物品的种类也有一些改革。以前江南百姓把租米用船运往洛阳,须自己负担运费。如今政府规定这些租船到达河阴,把租米卸下后,便可转回南方去,不必像以前那样另外转雇河师水手来在黄河航运。这样一来,由于河阴洛阳间运输责任的免除,江南百姓自可省下一部分运费,船夫亦可较前空闲。对于这些剩余的运费与时间,裴耀卿曾设法加以利用。他把江淮百姓以地税名义缴纳来并存贮于义仓的粟,变折为米,以上述剩余的运费,令船夫运往河阴,然后转运往长安。因为"江淮义仓多为下湿,不堪久贮,若无搬运,三两年色变,即给贷费散,公私无益"。现在利用江南租船因免赴洛阳而剩下的时间和运费来运往河阴,以便转运往关中来满足那里对于大量粮食的需要,自可大大增加这些义仓粟的效用。运输品种折改之后,与前项运费节约合计,每年约有 30 万～40 万贯的节约。

与关中本地农业生产的结果叠加,粮食丰足的后果是促使粮价一度下跌到谷贱伤农的程度。开元二十五年(737),朝廷于是在关中和籴托底粮价,及下令停运江淮租米。即"有彭果者,因牛仙客献策,请行籴法于关中。(开元二十五年七月)戊子,敕:以岁稔谷贱伤农,命增时价什二三,和籴东西畿粟各数百万斛,停今年江淮所运租"。但这并不意味着纳税义务的免除。(开元)二十五年定令:"……其江南诸州租,并迴造纳布。"也就是把江淮一带从征收租米变成征收布匹。开元二十九年(741),陕州刺史李齐物遂在三门凿山开路,以供船只过滩时船夫拉纤之用。据查《新唐书》和《册府元龟》相关记载,这是因为他在本年花了 3 个月修成的砥柱人门岛与三门峡左岸夹河(即开元新河)并不能起浮船只,只好等待水涨时,以人力拉纤。唐玄宗对此起了疑心,让宦官去详查。李给宦官送厚礼贿赂,使他为开元新河说好话。但不过数年,这条开元新河就淤塞不通。这是对裴耀卿转运路线非常有限的进一步改进。

其后,韦坚于天宝元年(742)任陕州刺史,兼水陆运使。他根据隋代关中漕渠的旧迹,于渭水之南开凿一条与渭水平行的漕渠。这条漕渠西起禁苑(在长安宫城北)之西,引渭水东流,中间横断灞水和浐水(二水均南北流),东至华阴永丰仓附近与渭水汇合。渠成后,又在长安望春楼下凿广运潭,以通漕舟。这样一来,在永丰仓和三门仓存贮的米,都可用船一直运往长安,不必再像以前那样用牛驾车来运送了。关中运道既然大为改进,粮食的运输量自然有激剧的增加,故在天宝三年(744),"岁漕山东(事实上以江淮为主)粟四百万石"。韦坚又"请于江淮转运租米,取州县义仓粟,转市轻货,差富户押船。若迟留损坏,皆征船户"。按江淮各地的义仓粟,自裴耀卿改革漕运时起,曾经大量地变造为米,运往关中。如今韦坚更进一步地把江淮义仓粟转买轻货,令富户负责北运,以增加关中的财富。这里的"轻货",指的是体积小、重量轻但价格贵的商品。韦坚因此才有能力,在广运潭举办以奢侈品为主兼顾其他地方土特产的交易、展示会。开元、天宝间,唐朝在西北拓地用兵,其军费所支米、布、轻货等,也有相当一部分是经过运河,从国家经济重心东南地方运到关中,再经陆路送往西北的。[①]

天宝十四年(755),"安史之乱"后,东南漕运路线中断,其后曾短暂恢复。唐代宗广德元年(763),刘晏主持开掘了汴河,又疏浚已有的旧运道,以食盐专卖之利雇用民船运输漕粮。在运道沿岸每隔一座驿站的距离内,设"防援"300人。又规定每10条船编为一纲,篙工每船5人,武官随船押运。"转搬"制度也得到进一步细化,"江不入汴,汴不入河,河不入渭"成为定例。[②] 但到了唐德宗建中四年(783)泾原兵变后,藩镇割据大势已成,运道基本仰藩镇之鼻息。唐末漕运,端赖扬州大都督府长史、淮南(治所在今江苏扬州北)节度副大使知节度事、仍充都统、盐铁使高骈,但运量已经下降至年供江淮米40万石而已。

### 3. 两宋漕运组织方法的改进

北宋各地至汴京的漕运,大体可分为4条不同线路。即由江入淮,由淮入汴;由关中出三门峡,入黄河后转汴河;由惠民河入蔡河,转汴河;由京东诸路经

---

① 全汉昇:《唐宋帝国与运河》,商务印书馆,1944,第32-40页。
② 邱凌:《大学衍义补(上)》,京华出版社,1999,第306页。

五丈河,抵汴。《续资治通鉴长编》中记载了宋仁宗时,宰相富弼谈国家用度尽出东南数道(路)的言论。后人将其简化为"国家根本,仰给东南",[①]并有谚语"苏湖熟,天下足"传流。也就是说,四路之中,第一路一家独大。诸路转运司得到漕粮、钱、物后,交发运司启运,三司使居中总领其事并予核查。这里之所以将诸路转运司与漕粮等物的关系用"得到"而非"征收"来表述,主要是北宋有所谓"平籴"的操作。举例而言,某人应纳粮,但无粮或不想纳粮,可折成钱缴纳,称之为"斛钱",以该款从地方粮仓中代为支出粮食启运即可。如转运司交给发运司后,发运司失期,则可以使用所谓"籴籴之本"在运道就近、就便处,买贱价的民间粮食发运。王安石熙宁变法以来,有疏浚黄河、汴渠、京东西诸路水路事,改善了航运条件。熙宁二年(1069),除使用官府漕船运送漕粮外,又开始雇用客商船只分担运送额度。而且民船可直运入汴京,不必遵从"转搬"法。又由于汴京比洛阳靠东,且地形平旷,北宋漕运路程比隋唐缩短近一半。多种因素共同作用下,其运力大增。太平兴国六年,江淮漕米定额年 300 万石,宋仁宗时(1022—1063),尽管天圣五年(1027)将景德三年(1006)和大中祥符元年(1008)的额定运粮数(分别为 600 万和 700 万石/年)下调至 550 万石,漕运东南六路漕粮每年实际却到过 800 万石以上的水平。北宋漕运还明确规定要运输金、帛、布、盐、茶、徐州利国监铁产品等"东南杂运"。

北宋末,蔡京废除"转搬",改为直运,弊端丛生;[②]又有朱勔在东南设"应奉局",启运"花石纲"和他在苏杭等地替徽宗定做的各种玩物。及金兵数次围困汴京,以水代兵,汴渠溃,漕运废。南宋退守淮南并迁都行在(今杭州),漕运主要借助江南、浙东运河和江、淮等天然河流进行。

两宋漕运比前代进步之处在于,通过设置"三司使-转运司-发运司-催纲司、拨发司-汴京(或行在)下卸司",促成了漕运管理组织系统化。漕运所使用的人力,也由征发民夫服劳役,变成了发给粮饷,从厢军和贫民中招募职业化的漕运兵卒。

## 4. 多式联运的元代内河漕运

元定都大都且逐渐从一个游牧性质的蒙古部落政权演变为以汉地为主要统治区域的汉化中央王朝之后,漕运进入了新的发展阶段。在本章第一节相关部分,已

---

① 脱脱:《宋史》卷 337,《范祖禹传》,中华书局,1977,第 10796 页。
② 李保华:《扬州交通史话》,广陵书社,2014,第 62-63 页。

经介绍了元代将大运河裁弯取直的情况概要。在这里对大运河相关实体不再赘述,也不涉及元之海运细节,而主要仍介绍元时内河漕运制度。

不过,元为海运兴修的胶莱运河,是明代河运派和海运派发生争斗的焦点所在。至元十八年(1281),元朝廷修成了联通莱州湾与胶州湾的胶莱运河。这样,从江淮财赋重地出发的漕船可以走淮安至黄河出海口一线,经海路至胶州湾,入胶莱运河,由渤海至天津;从长江沿岸聚集的漕船则继续经刘家港和外洋航行北上;选择使用新开掘的大运河作为漕运路线者,在总的运量中,不占优势。在这些并不占优势的元代漕运内河部分当中,南半部分归江淮都漕司管理,完全走水路的历程为江南至瓜州,包含小段陆运转漕里程的多式联运历程则远至中滦(今河南省封丘县)。至于北半部分,则由京畿都漕司管理。在这两个机构之上,有更高一级的南、北两个漕运使司,隶属户部。在至治元年(1321)北漕运使司的相关奏报中,可见其责成都水监疏浚漕运线路的记载。工部以民力不足且正属农忙时节为由请调军队协助。中书省议,若摊派征发民夫有害收成,令大都留守以每天给钞 1 两、糙米 1 升的代价招募 3 000 闲散人等,都水监与漕司共同监督之。这是元朝继承宋朝给薪做法的一个例子。

### 5. 由海向陆的明代漕运

元至正二十三年(1363),南方各省起义政权逐渐稳固和兴盛起来。韩林儿龙凤政权已历 9 年且渐渐为朱元璋所控制,陈友谅父子、四川明玉珍、浙江张士诚等割据一方。海运、河运均断绝。明朝建立后,漕运得到恢复和发展。漕粮来源则被规定为南直隶、江西、湖广、浙江、河南、山东,因地域有别,漕粮也就划为所谓南粮、北粮。在南粮中,南直隶、浙江有改折为钱、银供皇室花费的;又有征收苏州府、松江府、常州府、嘉兴府、湖州府晚熟粳米、糯米(即"白粮")供宫中、在京高品阶官员食用以及特殊赏赐用的。

明初承袭元代旧制,京畿都漕运司、漕运使等机构和职务的设置,有类于元。但不久之后,即罢漕运使,而改为漕运府总兵官。景泰二年(1451),又淡化了"总兵"这样一个军事色彩浓厚的称谓,设置了新的漕运总督。但漕运总兵官仍存不废,两者共同协调漕运事务。漕运总兵管辖的内河"卫军"与"运船"、海上"遮洋总"与海船都专司运送漕粮。这些人员、船只统称"运军"。

明成祖迁都北京后,漕运路线变化较大。实行所谓"支运法",即由有缴纳漕粮任务的各省民众就近送粮到淮、徐、临、德四大仓,转由运军分段接力运送至通州仓或北京。① 宣德六年(1431),又规定所谓"兑运法"与"支运法"并行。② 即山东漕粮交至济宁,由运军解送;河南漕粮交大名府,由"遮洋总"海运;其余各地交漕粮至淮安、瓜洲,由运军解送。成化七年(1471),又改"长运法",规定除"白粮"外,其余漕粮由承担运输任务的运军自己到江南各州府县的水次仓接收后启运。③

明初的漕粮运输,河运、海运、内陆运输并行不悖。至永乐十三年(1415),因会通河修浚成功,停止山东登州至辽东的海运。④ 这实际上意味着海运的基本废除。所残留者,不过是直沽至蓟州的海上运输。其由利用海运遗产新编的"遮洋总"负责。嘉靖四十五年(1566),科道言官胡应嘉提出裁废"遮洋总",隆庆元年十一月(1567 年 12 月)获准。隆庆五年(1571)前后,户科给事中宋良佐等上本称胡应嘉此前废"遮洋总"之议,实际是为了讨好他自己的家乡沭阳(今江苏省宿迁市沭阳县)地面上各个卫所的兵丁,至于造成海运的一点遗产也不存在了,则实属非常可惜。⑤ 万历元年(1573),漕运都御史王宗沐也称胡应嘉此举使得"有识者未尝不扼腕而叹"⑥,加之隆庆至万历朝前期,中国正处于"隆万大开海"的革新时期,漕运积弊又多,地方和中央各员之中颇有一些要重开海运的声音。在宋良佐、山东巡抚梁梦龙等人推动下,隆庆五年(1571)、六年(1572),每年各从淮安经海运至天津转京通仓送达漕米 12 万石。⑦ 万历元年(1573),因本年所运海路漕粮 12 万石全部沉没在山东即墨外海,经常性的海运终于被罢。⑧ 万历四年(1576),兵部尚书刘应节等人因漕渠淤塞,再次提议疏浚胶莱运河后,实行海运。此议遭到山东巡按商为正、巡抚李世达等人反对,最终没有实行。⑨ 此后所余的,不过是因援助朝鲜抗倭或因明末农民军切断漕运而暂时恢复海运救急而已。以海行漕之议,声音越来越弱,渐渐至于无闻。

## 6. 清代的漕粮名目、运输船只和收储场所

清代漕运大政方针基本沿袭了明代的框架,但在其中又添新的内容。如前所

---

① 罗章龙:《中国国民经济史》,湖南大学出版社,2016,第 595 页。
② 张廷玉:《明史》,卷 79,《食货志三》,中华书局,1974,第 1917 页。
③ 同上书,第 1918-1919 页。
④ 《明经世文编》,卷 345,《王敬所集(三)·海运详考》。
⑤ 《明穆宗实录》,卷 61,《隆庆五年九月丙寅》。
⑥ 《明神宗实录》,卷 17,《万历元年九月庚寅》。
⑦ 张学颜:《万历会计录》,卷 35,《漕运·海运》。
⑧ 《明神宗实录》,卷 14,《万历元年六月壬戌》。
⑨ 《明神宗实录》,卷 47,《万历四年二月己巳》;《明神宗实录》,卷 48,《万历四年三月辛亥》;《明神宗实录》,卷 49,《万历四年四月庚午》。

述,清代时,最终完成了黄河、苏北诸湖、运河的分离。清代漕运也因此在技术层面上比明代有所进步。而就漕粮运输而言,则花样翻新,造成许多名目。其大略计有:运送至北京先农坛内的"正兑米";运送至通州仓的"改兑米";将漕粮按一定比例折算后改征其他物品的"改征";漕粮折银后,所收米价银记入地丁银项目下,由户部管理的"折征";某地需要赈灾,将本地已经启运的漕粮截留坐收坐支,或截留某地漕粮直接点对点运送至需要赈济的另外地方的"截漕"和"临邦转饷";截留山东省、河南省被指定应送蓟州的漕粮,改送东陵、西陵工费和陵卫兵丁粮饷。

清代,运送漕粮的船只一般每船 10～12 人(运丁),数十只船编作一"帮"。各省督管漕船队,各有"领运"(一般为武官系统的守备或千总)。各省船只、编帮数量、运丁人数经常变动。至乾隆中后期,才大略稳定在全国总计 43 卫 17 所 93 帮。清初漕船总量 10 455 艘,最高时达 14 500 艘,康熙后期减少为 7 000 艘,雍正四年(1726)为 6 406 艘,乾隆十八年(1753)恢复至 6 969 艘,嘉庆十七年(1812)又下跌到 6 384 艘。按照每船 10～12 位"运丁"折算,清初"运丁"应有十余万人,清中后期大约减至 6.5 万人。[①] 漕运管理体系的顶端是驻扎淮安的漕运总督,下辖各省粮储道,再下为各省军队卫所。其"领运"各员,在各省各府集合,佥选运军,在各处水次仓兑换漕粮后,押运官(粮储道或粮道通判)跟船至淮安。运河沿线有协助和催促漕船按期过境的地方道员、镇守总兵(或副将),又有巡漕御史分段稽查。

漕粮运送到京,绝大部分收储入朝廷管理的仓场。元大都漕仓合计 22 仓共 1 303 间,但廒数未知,如果全部存满,理论上最多可储存共约 328.25 万石各种粮食(如糙米、精细白粮、黑豆、小米等)。明时北京共有包括南新仓在内的 7 座官仓,它们均集中在东城朝阳门附近。北侧有海运仓、北新仓;中部有南新仓、旧太仓、兴平仓和富新仓;南侧有禄米仓。它们共同担负着京师储粮的重任,在南粮北运的过程中起着重要的作用。清代的京仓都是在元、明旧物上改造而成的。再加上裕丰仓和储济仓(今东直门外通惠河北岸)、本裕仓和丰益仓(今德胜门外)6 座仓,数量上达到 13 座,被称为"京师十三仓"。而通州还有中(通州旧城南门内)、西(通州新城南门内)2 座仓。因此京、通二仓的总和达到了 15 仓。清代的京、通二仓是古代京师太仓制度最为成熟的典型,在存粮规模上、技术上和制度上都达到了顶峰。在今北京市区范围内,明清漕运仓库遗存至今的,有南新仓、北新仓、禄米仓等。其中南新仓位于今北京市东四十条 22 号,前身为元代的北太仓,翻盖于明永乐七年

---

① 李保华:《扬州交通史话》,广陵书社,2014,第 66 页。

（1409）。

　　以南新仓的廒房为例,清沿明制,有一座一廒者,有一座二廒联排者。以每5间为一廒,每廒面阔约24米,进深约17米,高约7米。建筑屋顶采用悬山形式,合瓦屋面上施瓦条脊,两端原有蝎子尾,现残缺不全。屋顶前后出檐椽,不用飞子,于前坡出宽4.4米、进深2米的悬山披檐廒门,并于廒顶中心位置开气楼(天窗)一座。廒底砌砖,其上铺木板,板下架空以防潮。廒房用五花山墙,墙体用"黑城砖",以糙淌白砌法成造,仅于各开间中开小方窗。廒砖产自山东临清县,大城砖每块长约45.5厘米,宽约22.5厘米,高约11.5厘米,重约25千克。仓院墙砖要小,每块长约41.5厘米,宽约20.5厘米,高约8厘米,重约12千克。瓦则产自山西。墙体厚重,以达到保温要求,其底部厚达1.5米,顶部约1米,收分显著。仓房结构为5间七架椽屋,内用金柱8根,中三架梁,前后双步梁。建筑的屋顶、墙身做法和构架形式与明何士晋撰《工部厂库须知》卷四中"鼎新仓厂"中的记载基本一致。除专司贮粮的仓廒外,另有许多附属建筑。其中龙门、官厅、科房、大堂等都是各级人员办公用房;警钟楼、更房为报警巡更人员所用;还建有太仓殿、仓神庙、土地祠、关帝庙等,为祭祀之用;另有多眼水井并设激桶库,为救火水源和器具储存之所。

　　就漕运的经济交流功能而言,除了保证京师漕粮供应外,清代漕运的另一大特点是对各地"运军"夹带私货贩卖的情况正式予以承认。康熙时,许在每船漕粮外附带土特产60石;雍正时这个标准提高到126石;嘉庆年间,为体现皇帝体恤运丁的仁爱之意,又加特恩,许再次多加24石。[1] 从客观原因出发,这不仅仅是皇帝对"运军"的赏赐,也表明清代商品经济的快速发展。运河沿岸商品经济的发展以及各种不同社会阶层人口的交汇,催生出许多重要的商业城镇,以及多种多样的宗教信仰、富有地方特色的民俗习惯和丰富多彩的文艺奇葩。

## 二、 运河和漕运影响下的商业市镇和商人群体

　　漕运是国家中央政权从地方汲取财政收入的一项重要活动。但为了维持漕运,中央、地方各级官府又花费了大量的人力、物力、财力。运河沿岸,因商贸活动兴盛,也兴起了许多人口密集的商业城镇。举其大者,江北有天津、临清,江淮之间有淮安、扬州,江南有苏州、杭州。对于这些大城市,已有的研究汗牛充栋,在本书的其他章节也已经做出过相应的论述,因此在这里就不再赘述。与之相反,不论是

---

① 李保华:《扬州交通史话》,广陵书社,2014,第68页。

江南还是江北,关于大城市周边专业化的商品生产城镇的研究却不多。在这里,我们分别选取天津杨柳青、山东张秋和江苏盛泽,作为江北、江南不同类型城镇的典型代表,谈一谈运河和漕运影响下的古镇和居住其中的商人群体。

大运河天津段全长133.8公里,沿途市镇人口,大都因河而兴。天津卫城本身最早是作为明永乐帝迁都以后,在渤海湾的一处重要港口和漕运转运中心,而得到大力经营和维护的。在这里,孕育了享有世界声誉的年画文化、大院文化、精武文化和赶大营文化等独具特色的地域文化。据不完全统计,明、清两代,包括吴承恩、曹雪芹、乾隆帝等在内的一些历史名人歌咏杨柳青的诗赋共计800余篇。晚明大学士徐光启在北方试种稻米、甘薯以劝农救荒,试验地点选在天津,清雍正至乾隆早期,曹雪芹也曾在津西水西庄撰写过《红楼梦》的一些章节。时至今日,在杨柳青还遗留有许多乾隆题字、赐诗、赏景乃至赞美杨柳青地方小吃的传说。其中有许多虽为穿凿附会,但也暗藏不少真实历史细节。查《清高宗纯皇帝实录》,其中乾隆行踪或旨意涉及杨柳青者,共10次。按类型分,降圣谕者四,驻跸五,使人向在京外暂住太后问安一。在4次圣谕中,除了嘉奖地方官一次之外,其余全为治水。他驻跸杨柳青湖洋庄水营5次,据考证该地应在今静海东碾砣村。考察其事由,主要是南下巡游山东时,途经此地夜宿,或巡行山东完毕北归时,暂驻此处。其中,乾隆四十一年二月(1776年3月)和四月(1776年5月),这次巡行山东后北返两过杨柳青,乾隆帝分别写有《过杨柳青村作柳枝词》3首和《静海途中杂咏》1节。嘉庆元年(1796)所作《举千叟宴于皇极殿礼成联句用柏梁体》中,则记载了乾隆五十九年三月末(1794年5月),他巡行天津时在杨柳青"八四启銮御辔軿,石口柳青欢盈廛"得到万民拥戴的场景。

张秋在鲁西平原上,清代隶属于泰安府。因商贸兴盛,人口密度大,被称为"小苏州"。康熙年间,晋商、陕西商帮在张秋进行转运贸易和坐商贸易。因此,张秋留有山陕会馆、山西会馆。张秋主要周转和在本地售卖的商品种类有绸缎、棉布、南北杂货、瓷器、铁制农具、纸张、牛羊、茶叶、白酒等。张秋本身税收最多的地方产业,是制作用于酿酒的酒曲,也因此需要从邻近州县乃至河南购入粮食。乾隆二十二年(1757),由于税收来源、人口中心、各类诉讼和治安案件发生地以张秋为最,山东巡抚上奏请求将兖州管粮通判衙门从兖州搬迁到张秋,在新衙门建好之前,可租民房居住。乾隆四十四年(1779),朝廷又在张秋设立了驻镇守备1人。朝廷重要官职及其驻地不在上一级的城市聚落,而在新兴的商业城镇,这都是张秋作为漕运枢纽、转运和区域商业中心重要性的生动体现。

盛泽镇与张秋不同。它并非兼营多种产业的转运中心式商业城镇,而是以丝织业为突出主业的生产型商业中心。建于嘉靖年间的盛泽镇白龙桥是其丝织业兴旺发达的历史见证,桥上刻有对联"晴翻千尺浪,风送万机声"。从明代中期只有60户人家的无名之地"青草滩",到嘉靖年间"日出万绸,玉披天下"的丝织中心,盛泽镇只用了大约一代人的时间。在盛泽的弄堂中,临巷并无住户,而是鳞次栉比的店铺。其经营内容,则属丝行、绸行和纺机店铺。盛泽镇中,还存有全国为数不多的专供"蚕花娘娘"的庙宇蚕花殿。盛泽本地士子周灿有遗作描绘了当年盛泽家家纺丝,夜夜不停的繁荣景象:"吴越分歧处,青林接远村。水乡成一市,罗绮走中原。逐利民如鹜,多金贾自尊。人家勤机杼,织作彻黄昏。"①诗中显示出对商人地位异于传统认知的新评价。

麇集运河沿岸各商业市镇的居民、客商往往养成了崇尚商业、精于计算的风气。在商业取得成功之后,城镇富裕阶层中,又随之兴起了喜好奢靡享受,重视文化、娱乐的风气。而在依靠出卖劳动力维持生计的劳动人民中间,则形成了急公好义、强勇好武的风尚。前者以修园林、建义学、捐修书院和供商人子弟学习"商学"的淮扬商人(不完全是徽商)为代表。后者以习武强身,开设镖局、武馆,充任"车把式"、镖局师傅等业的沧州人、鲁西人等为代表。

即以商人群体中的徽商而言,他们本来是皖南山区居民。此地是农耕经济的边缘地带,又地狭人稠且耕地生产力不高,居民不得不云游四方以求生计。俗语云:"前世不修,生在徽州。十三四岁,往外一丢。吃碗面饭,好不简单。一双破鞋,踢踢踏踏。一块围裙,像块纻褶。前世不曾修,出世在徽州。年到十三四,便多往外遛。雨伞挑冷饭,背着甩溜鳅。过山又过岭,一脚到杭州。有生意,就停留;没生意,去苏州。转来转去到上海,求亲求友寻路头。同乡多顾爱,答应肯收留。两个月一过,办得新被头。半来年一过,身命都不愁。逢年过时节,寄钱回徽州。爹娘高兴煞,笑得眼泪流。"②

古代山区交通不便,即便是平原地区,陆路交通的成本也很高,日均移动距离远非今日可比。比较经济的交通方式是借助河道通航出行。徽州府在新安江上源,这就促使徽商外出活动,往往把新安江—钱塘江下游的杭州作为第一站。通过

---

① 萧海铭:《历代名人咏盛泽》,古吴轩出版社,2013,第15页。
② 方静:《徽州民谣》,合肥工业大学出版社,2007,第96页。

浙东运河、江南运河、江北运河，徽商首先在宁绍杭乃至长三角一带站稳脚跟。随后，又通过大运河形成的水道网络，渐成"徽商之地海内无不至"①的局面。其所贩运的，起初是各类山货，诸如木材、茶叶、毛竹、生漆、药材、宣纸、徽墨等。在积累了一定的商业资本以后，徽商往往寻求包揽运河上的漕运业务，并且希望得到官方的庇护，乃至于希望自身获得官方身份给自己的生意带来方便。在这种商业和政治动机的循环促进下，徽商在商业上开始涉足并逐渐垄断盐业。在棉布、粮食等与明代"开中法"密切相关的行业中，徽商也有涉及。又由于长途贩运、开中法、茶引和盐引的引岸制度因素带来了资金调配的空间和时间需求，徽商又开始涉足并主导作为古代金融业主要形式之一的典当业。明隆庆年间，"歙人聚都下者，已以千万计"。② 据说北京典当行就流行徽州方言。淮安"布帛盐齑诸利薮，则晋、徽侨寓者负之而趋矣"。③ 临清"十九皆徽商占籍"④。"天津县有邻近海港的便利，徽州商人多取道海运往返贩茶。"⑤"嘉靖三十九年（1560），北京歙县会馆的建立，可以看作徽商成帮的标志，也是徽商群体心理整合完成、徽州商人文化形成的标志。"⑥虽然口外商业以晋商为主，徽商仍然顺着大运河，把生意往北一直做到关外蒙古地方。单是徽商拥有"中国十大商帮之首""钻天洞地遍地徽""徽商遍天下""无徽不成镇""无徽不成商""无徽不成典""海内十分宝，徽商藏三分"等赞誉就足以说明一切。可见，正是得益于在经商处世中形成的独具特色的开拓创新精神，又与大运河这条国家漕运路线及商路网络结下了不解之缘，才创造了徽商富可敌国的神话。

在文化、教育和政治领域，徽商好儒、追逐功名、讲究高雅享受的风气也逐渐盛行。北京方面，明清时期，歙县、休宁、绩溪、黟县、婺源都在北京设立了会馆。其中最早的是明嘉靖三十九年（1560）创设的歙县会馆，这些会馆既是徽籍商人集结之所，也是徽籍官僚、名人云集之处，自然也是展示和推介徽商文化的重要窗口。而伴随着大批徽商涌入扬州，垄断两淮盐业经营，积累巨额财富，他们不仅参与城市建设，还毫不吝惜地兴办教育文化事业，慷慨捐资从事筑桥修路等各项公益事业，积极投身于灾荒救济等社会慈善事业，特别是兴建园林、宅第、会馆、书院、街巷、宗

---

① 洪湛侯：《徽派朴学》，安徽人民出版社，2005，第11页。

② 许承尧：《歙事闲谭》，李明回等校点，黄山书社，2001，第357页。

③ 祖舜修、方尚祖纂：《天启淮安府志》，卷2，《舆地志·风俗》，天启六年刻本。

④ 谢肇淛：《五杂组》，卷14，《事部二》，万历新安如韦轩刻本。

⑤ 曹天生：《徽商的发展及其与封建政治的关系探析》，《徽州文化研究》2004年第2辑，第97-122页。

⑥ 唐力行：《试论徽商与徽州文化》，载安徽文化论坛2013；《徽商与徽州文化学术研讨会论文集》，安徽大学出版社2013，第1-9页。

祠等,直接促成了"扬州以园亭胜"局面的形成。徽商大多"商而兼士",敬重风雅,讲究旨趣,极力招延四方才俊,如明代徽商汪新(休宁人)"既雄于货,又以文雅游扬缙绅间,芝城姜公、金公辈名儒巨卿皆与公交欢"①;清代盐商代表江春(歙县人)广交天下名士,当时的一流学者如杭世骏、戴震、郑板桥、金农等都与他有交往;徽商马曰琯、马曰璐兄弟(祁门人)济人利物,倾接文儒,组织诗社,刻印典籍等,修建小玲珑山馆,"四方人士闻名造庐,授餐经年,无倦色"②。徽商还经常与"扬州八怪"进行切磋和交流,并提供了自由创作空间和舒适生活条件(如马曰琯接济郑板桥)。③　与文艺复兴时期意大利美第奇家族赞助西方艺术相似,这是有中国特色的一群艺术赞助人。他们对中国艺术史在这一时期的辉煌,有很大的贡献。扬州这座因运河而生、因运河而兴的城市反过来又给徽商提供了安身立命的事业土壤和世俗归途。徽商在漕运枢纽淮安,也有类似的营造园林、附庸风雅的活动。徽商(主要是盐商和包揽漕运者)在淮安特别值得一提的是对淮安饮食文化发展产生的极大影响,作为中国传统四大菜系之一的淮扬菜重要支撑的淮安菜,它的风靡一时就得益于徽商"侈饮食"的强有力推动。徽商不仅塑造了重要的商业市镇,商业市镇也反过来对徽州社会风尚产生了影响。二者形成互动。"新安六邑多懋迁他省,吴门尤夥。"④徽商中很多茶商、布商、粮商集聚于苏州,可以说苏州的富庶繁华徽商厥功至伟,特别是在建筑、饮食、人文等方面,徽商都对苏州产生了深远的影响。与此同时,苏州品牌也在徽州快速传播,如"数十年前,虽富贵家妇人,衣裳绝少,今则比比皆是,而珠翠之饰,亦颇奢矣。大抵由商于苏扬者启其渐也"⑤。

运河上下商业之大端在漕运。漕运兴旺或至少维持正常,是沿河各处生计所系。在维护漕运畅通和希望航行安全的诉求驱动下,运河沿线出现了多种多样的水神信仰。既有沿着运河一直从南方向北传播到天津,全河上下较为统一的妈祖信仰(全国地理位置最北的古代妈祖庙天津天后宫在今南开区古文化街中段),也有地方色彩浓厚的其他信仰。譬如,山东多地有本地的河神、泉神;豫、皖、苏黄河流经的地方又有"金龙四大王"信仰;苏南、浙江等地有以海神兼职河神的。在运河漕帮人群中,又形成了信奉"无生老母,真空家乡"的罗教社会群体。

①　《顺治休宁西门汪氏宗谱》,卷6,《挥金新公墓志铭》。
②　魏新河:《词学图录(第5册)》,黄山书社,2011,第1377页。
③　卞利:《明清以来徽州社会经济与文化研究》,安徽大学出版社,2017,第108页。
④　朱琰:《小万卷斋文稿》,卷18,《徽郡新立吴中诚善局碑记》,光绪十一年嘉树山房重刊本。
⑤　许承尧:《歙事闲谭》,李明回等校,黄山书社,2001,第606页。

运河沿岸城镇的商业繁盛,使反映商人和市民阶层审美情趣和价值取向的话本、小说、戏剧、诗歌、音乐也繁荣起来。清中后期,山东东昌府大出版商"书业德"虽名为弘扬道德文章,其实印刷最多的反而是被官府认为颇能使人舍本逐末的"小说家言"。能够反映宋元以来市井生活和社会经济状况的长篇巨著《金瓶梅》,也将故事展开的背景设定为山东临清。故事的主角西门庆当然也是以商贾为业。《水浒传》不仅将叙事地点选在运河沿岸梁山泊,其行文中诸如"端的忙""我正没钱使,喉急了""教你双日不着单日着""武二是个顶天立地,龇齿戴发男子汉"等等词句,均为鲁西南地区方言。《红楼梦》中所写景物、事件,虽托名前朝,实际多涉及康乾政事和清代的南北两京、作者舅家所在苏州等地(李煦曾任苏州织造多年,曹家亏空皇银案发后,雍正著其代为补还)。冯梦龙作为一个科场失意的苏州落魄文人,为谋生计,收集了大量描写商人和下层市民生活的宋元话本,加工创作为《三言》共120篇。浙江湖州乌程人凌濛初自家既是官宦家庭,也兼营书坊。所以《初刻拍案惊奇》和《二刻拍案惊奇》更是迎合市井阅读需求并集中体现了"以商贾为第一等生业"的当时社会现实。清中期,大文学家、诗人袁枚作为两江总督尹继善的弟子,虽功名易得,但仕途不顺,于是在南京小仓山建立随园,专心书画、饮食,在官员和文人雅士之间唱酬颇多。

戏剧方面,在清末"四大徽班"进京促成京剧成型以前,朝廷倡导的高雅艺术是昆曲。除此之外,一律称之为"花部"。市民阶层的扩大使得"花部"市场广阔,原来唱昆腔和弋阳腔的戏班子有许多改唱花戏,或者对原有剧目进行改造。朝廷认为这样的趋势不利于教化,地方各类杂剧也颇多伤风败俗之流,多唱淫词艳曲,理应禁止。这就是清中期以后曲艺史上著名的"花雅之争"。乾隆五十年(1785),朝廷颁发了禁止演唱各种花戏的旨意,要求其演员要么改唱弋阳腔、昆腔,要么改行另谋出路,否则就要抓入衙门惩治后,遣返回原籍。这其中受打击最大的,是秦腔。当然,此类禁令在社会上并无多么持久的效力,即便嘉庆朝多次重申该令,亦无效果。运河沿岸、江淮之间,评弹、弦子、皮黄、梆子仍旧生存下来并日渐繁荣。

## 三、 以海行漕抑或以河行漕

元代的漕运,以海路为主,明前期仍承其旧制。至永乐十三年(1415),会通河疏浚重修成功,海运罢。但是,嘉靖十四年(1535)以后,因淮、泗一带黄、运交叠造成的弊病越来越重,朝廷中有人又开始思考能否修复和利用元代遗留下来的胶莱河遗迹,重开海运。山东海道副使王献于该年启动了修凿马家濠的工程,但没有等到完工,就被调离岗位。至嘉靖二十年(1541),桃源、宿迁一带水浅,徐州洪、吕梁洪等处水深竟然不足1尺。兵部右侍郎王以旂上疏皇帝,称在山东平度以东地方有元代胶莱河遗迹,可以修复后,进行海运。嘉靖帝认为这是妄议朝政,多生滋扰,没有听从。湖广布政使司右参议方远宜后来又上疏言此事,嘉靖帝同样回复:"运河……已命官往治,海运有旨不得妄议。"①嘉靖三十一年(1552),工科给事中李用敬再提王献旧事,称胶莱河遗迹南北各有潮水深入,中间又有九穴湖、大沽湖等可供引水,淤积不通需要适量疏浚的长度大概还有105里,需要大力下挖深浚的有30余里,元人已经完成60%工程量,本朝(即明朝)只要完成剩下的40%即可。他提议由朝廷选拔有名望的官员,会同山东本省巡按、巡抚共同兴修。工部(明代有北京和留都南京两个工部,如无特殊指明,均系北京工部)复议后,向嘉靖帝"报可"。②次年,留都南京兵科给事中贺泾上疏要求在胶州到沧州间开挖长度为170里的新河道,以备"非常之事"。他说"中间不通者,惟分水岭十五里",极言该工程用费省、节约大、难度小。此议仍然由南京方面向嘉靖帝"报可"③。嘉靖三十三年(1554),嘉靖帝派督察院云南道掌道御史何廷钰带自己的敕命,去山东协同山东地方官一起勘察胶莱新河是否能够开凿。其勘察的结果是,认为山东水源不足,每年挑浚的费用无穷无尽,所以不能开挖。④ 嘉靖中期开挖胶莱河之意未能实行之后,海运派的意见受到更大的压制。以兵部尚书王在晋为代表的河运派攻击海运会造成漕粮漂没、运丁溺水死亡,有伤天和的同时,损失也很大。即所谓驱使人民下海从事海运,几乎可与元代胡虏残杀中原人民相提并论,是"大不仁"。前文所述胡应嘉废除海运最后遗产"遮洋总",就是在这样的大环境下实现的。

## 四、 重开胶莱河的失败与海运衰微

隆庆五年(1571),黄、运交叠处,到处决口的情况越来越严重,达到了"比岁河决"的频率。⑤海运派也因此而再次兴起。本年,户科给事中李贵和又提王献旧说,并且认为胶莱新河修好后,就可以走海路绕过淮安以上至天津以下运河。因兹

---

①　《明世宗实录》,卷249,《嘉靖二十年五月丁亥》。
②　《明世宗实录》,卷392,《嘉靖三十一年十二月乙未》。
③　《明世宗实录》,卷394,《嘉靖三十二年二月甲戌》。
④　《明世宗实录》,卷,419,《嘉靖三十四年二月癸酉》。
⑤　《明穆宗实录》,卷55,《隆庆五年三月丙寅》。

事体大,皇帝派工科给事中胡价去胶莱新河实地勘察。① 本年夏六月,胡上疏称:"虽有白河一道,徒涓涓细流,不足灌注。至于现河、小胶河、张鲁河、九穴、都泊,稍有潢污……胶河……不能北引……纵然诸水可引,亦安能以数寸之流,济全河之用……设皆浚深,水必尽泄,则蓄水之不足恃,明矣。"②他还驳斥了其他人要求跨越山东丘陵分水岭去引用潍坊一带河流的建议。于是,海运派的这次开河动议,又失败了。不过,虽然开通胶莱新河的建议失败了,拨发一部分漕米交由海运的想法却得以实施。前文所述梁梦龙等于隆庆末至万历初实行两年的每年海运 12 万石漕米试验,就是明证。后来,因万历元年(1573)试运漕米全部沉于即墨外海,此项海运就停止了。万历四年(1576),大运河又一次长时间梗塞。于是,开胶莱新河并且实行海运的建议又一次兴起。

该年,兵部尚书刘应节提出此议。农历二月,明神宗令刘本人与工部右侍郎徐栻,以及山东地方的巡抚、巡按等再次去拟议中的胶莱新河路线上勘察。此次勘察比前几次有所不同之处在于,终于在难以开凿的困难地段利用朝廷户部、工部下发的白银 3 万两,实质性地动工开修了一些试验性质的土方工程,用以验证其效果。③相比此前数次的空谈,这是一大进步。三月,山东巡按商为正上疏称:"臣奉命亟趋胶州,择分水岭难开处挑验,用夫一千一百名,方广十丈余,挑下数尺即礓石,又数尺即沙,此下皆黑沙土,未丈余即有泉水涌出,随挑随汲,愈深愈难,今十余日矣,而所挑深止一丈二尺,所费银已五百余两,尚未与水面相平,若欲通海,及海舡可行,更须增深一丈,虽二百余万金不足了此。"④山东巡抚李世达也称,"(在分水岭上)试一工长止二十丈,而费近千五百金",其他可供尝试的路线也多浅涩。工部回复该上疏称:"委应停罢。"⑤此后,数二十多年,海运之说没有再得到什么有分量的支持。以王在晋为首的河运派大力推行在运河堵点处多设工役,使得泗州明祖陵、漕运、黄河三者都力保不失的方案。至万历二十九年(1601),中书舍人程守训再次建议修通胶州湾麻湾到渤海之滨海仓一线的运河。工科给事中张问达上表弹劾程守训是在以兴修工程为名,骗取国库钱财数十万两。于是此议不了了之。⑥ 数年

① 傅泽洪:《行水金鉴》,卷 118,《运河水》,见《四库全书》史部第 582 册。
② 《明穆宗实录》,卷 58,隆庆五年六月庚申。
③ 《明神宗实录》,卷 47,万历四年二月己巳。
④ 《明神宗实录》,卷 48,万历四年三月辛亥。
⑤ 《明神宗实录》,卷 49,万历四年四月庚午。
⑥ 《明神宗实录》,卷 356,《万历二十九年二月乙酉》。

后,巡漕御史颜思忠、山东新任巡按毕懋康等又上了一些条陈,但神宗晚年已不理政务,一意玄修道教,以维持天威莫测的神秘感,并作为自己在幕后平衡朝廷派系的手段。这些条陈下发工部、户部讨论之后,并无结果。崇祯年间,由户部郎中沈廷扬在崇祯十二年至十五年(1639—1642)间,每年海运数百石漕粮作为试验。等到崇祯十六年(1643),北京户部、工部终于凑出 10 万两银子要去开凿胶莱新河时,明朝统治已经进入尾声。那一年的中国大地上,同时有崇祯、皇太极、张献忠、李自成 4 个皇帝。开河行海运终成梦幻泡影。①

---

① 傅泽洪:《行水金鉴》,卷 132,《运河水》,见《四库全书》史部第 582 册。

# 第七章
# 黄河、淮河、海河的治理与疏浚

隋朝修成大运河之后，海河、黄河、淮河、长江、钱塘江等诸水系就此连为一体，成为一张巨大而繁忙的内河运输网。元代将大运河进行了取直改建，河道在淮安至山东段，改从中国东部经过，撇开了原有的"人"字形故道。由于黄河流经黄土高原以后泥沙含量变得很高，水量又相对小，干流在进入中下游平原区之后流速变慢，泥沙淤积问题尤为严重。黄河中下游地上悬河成为悬在中原人民头上的不定时炸弹，也对维系帝国北方都城经济、政治活动的漕运生命线构成了切实的危险。在黄河、淮河、运河并流共用河段，因河决、修治、运道的利益纠葛纷争等因素，上演了一幕幕王朝盛衰兴亡、各方势力此兴彼落、黎民百姓悲欢离合的社会政治、风俗剧。无论如何，保证黄河安澜无事，总是历代统治者的头等大事。"官不修河"则往往成为王朝覆灭的昭示和肇始。如海河上游之一的永定河水系，由于北京小平原地区人口的增加、森林草原植被的破坏等原因，也出现了含沙量增加、河道被人类活动及其建筑物侵占、河床垫高乃至决堤漫溢等问题。其性质从根本上说，同黄河成为悬河的因由一致。由于永定河穿过金、元、明、清历代的统治中心，统治者们也就对永定河的修浚格外留心。而从地理单元划分的角度来看，辽河下游平原、海河平原、黄泛平原、淮北平原共同构成了华北平原。由于古代人类在辽河一带的活动较少，留存的疏浚记录也不多，本章主要就以黄、淮、河流域为主，并兼顾三者之间的互动和关联，展开论述。

## 第一节　黄河的河工与修浚制度

### 一、"岁修"制度形成之前

夏、商、西周三代的"河事"记载很少。《禹贡》记载："大禹治水始于积石，至于龙门。"舜帝时,黄河上游被积石山阻塞,一片汪洋洪水从四处山口溢涌,人们相申其苦。禹奉舜帝之命治水,带领人民从西部黄河上游的积石山,第一次劈下了开山板斧。经过多年艰苦卓绝的拼搏,三过家门而不入,终于将河水顺峡引出,从此黄河有了大致固定的河道,奔流入海,也使积石峡成为黄河谷地连接秦陇的重要通道。《史记》也有"道河积石"的记载。《史记索隐》曰,"禹导河自积石而加功也。"2016年8月5日,学术期刊《科学》发表文章《公元前1920年的洪水暴发为中国传说中的大洪水和夏朝的存在提供依据》(*Outburst flood at 1920 BCE supports historicity of China's Great Flood and the Xia dynasty*),为大禹传说中的大洪水提供了考古学碳十四测年和水文地质学证据。这也是有史以来,在治理黄河的记录中,第一次发现以疏浚办法治河的实证。

春秋、战国时期,关于黄河决口的记录渐渐增多,据古本《竹书纪年》记载,晋襄公六年(前622),"洛决于泂";晋定公十八年(前494),"淇绝于旧卫",两年后(前492),"洛决于周";晋出公五年(前470),"浍决于梁";晋出公二十二年(前453),"河决于扈";晋幽公九年(前429),"丹水出";魏哀王九年(前310),"洛水入成周";次年十月,"河水溢酸枣郛"。另据《汉书·沟洫志》载,周定王五年(前602),黄河有过一次大的改道。但是这时的人类工程技术力量还很弱小,人口密度也不大,各诸侯国之间,尚有无人居住或各国都不管理的"隙地"。对于黄河因自然原因决口,基本上放任自流。除此之外,还有因争霸战争,人为制造决口"灌城""灌敌"的现象发生。譬如,魏惠文王十二年(前359),楚伐魏而引黄河水,灌魏之长垣;秦王政二十二年(前225),王贲引河水灌大梁(今河南开封),都是比较著名的例子。这一时期,治河的主要办法还是修筑堤坝而不是疏浚。

秦统一中国后,黄河上下游以前各诸侯国各自修起来的堤坝、以邻为壑祸水旁引的带军事工事性质的障碍等,都面临被新的大一统政权拆除、改建的命运。所谓"决通川防,夷去险阻"即此之谓也。[①] 其中可能有一些疏浚工程,但失于记载。据不完全统计,从公元前602年至公元1938年这2 540年中,黄河共决口、泛滥1 593次,发生大的改道26次。黄河中下游干流摆动的范围,北抵海河流域,南到淮河流域。其灾害波及范围约为25万平方公里。[②] 黄河重大改道的情况,可参见表7-1。

---

①  司马迁:《史记》,卷6,《秦始皇本纪》,中华书局,1963,第252页。
②  曹克军:《黄河传统与现代防洪抢险技术》,黄河水利出版社,2017,第6-7页。

表 7-1　黄河重大改道情况

| 时间 | 性质 | 流路 | 干流基本稳定年数 | 决口地点 | 备注 |
|---|---|---|---|---|---|
| BC2278 | 占华北平原诸河道 | 在洛河入黄处，改沿太行山东麓向北，在今天津入海 | 1 676 | 未知 | 即"禹河" |
| BC602 | 决口改道 | 起黎阳至滑县后转向东北至今天津入海 | 613 | 黎阳(浚县) | |
| AD11 | 决口改道 | 起濮阳向东至河北清河 | 58 | 濮阳 | |
| AD69 | 人为改道 | 起东郡濮阳向东北至于千乘(今山东高青县附近) | 979 | — | 王景治河成果 |
| AD1048 | 决口改道 | 经大名府、恩州、冀州、深州、瀛洲至天津入海；经博州、德州、无棣入海 | 146 | 濮阳东北商胡埽 | 河分两支 |
| AD1194 | 决口改道 | 经阳武至曹州境后，分两支，其一借北清河入渤海；其二南下徐州、邳州夺淮入黄海 | 78 | 阳武(原阳) | 河分两支 |
| AD1272 | 决口断流 | 至公元1289年，1194年形成的黄河北支断流 | 567 | 新乡 | — |
| AD1855 | 决口改道 | 夺大清河北归，入渤海 | 83 | 兰考铜瓦厢 | — |
| AD1938 | 人工炸堤 | 夺贾鲁河再次南下淮河，迫使淮河倒灌运河后，入长江 | — | 郑州花园口 | 1946年堵口 |

资料来源：历代官修史书《河渠志》部分；黄河水利委员会：《黄河志》，各卷，河南人民出版社，2017年。

## 二、 明末"岁修"制度的草创

本部分主要关注的是古代对黄河的修浚是在何时以何种形式，演变为"岁修"制度，这种制度又是如何运行的。

明万历六年(1578)，潘季驯"兴黄淮大工"之后，如何维护来之不易的工程成果就成了新的问题。潘季驯本意是想要在财政上保证对黄河河工的支出供应和劳动力供给。但明中后期的财政和国力情况迫使明廷紧缩一些"不必要"开支，而重点保证军费、藩王供应等另外一些支出。潘季驯的想法原则上得到万历皇帝的肯定，但流于空谈。真正按照潘季驯的想法建立起"岁修"制度治理黄河并逐步完善之，始于清顺治五年(1648)并成熟于顺治十五(1658)年，这也是有其现实依据和实现条件的。首先，只有当顺治四年黄河汴口工程完工后，黄河河道才复归万历七年潘季驯治理河事形成的旧河槽；只有在主河道暂时稳定下来之后，才有可能对黄河进行"岁修"。其次，只有当清王朝对中原地区的统治秩序稳定下来之后，河工经费、用料、人力的征发调配，才有了比较可靠的经济基础；修理定时、用料定价，用人以财产状况和服役距离远近才真正落到实处；定额量化管理，也成为定例。直至咸丰时期，由于清中央权威衰落，财政权柄下移和外移，导致黄河河务发生向地方基层的属地化变易。河工支出、河务能力在地方主导下严重下滑。数十年后，清朝在旧民主主义革命的浪潮中灭亡。要厘清黄河"岁修"制度及其执行，就要回顾由明万历至清顺治之间的河务。

明嘉靖二十六年(1547)，黄河下游由多支并行转为单股东去。隆庆至万历时期，朱衡、潘季驯等人先后被任命为总河。其中，潘季驯在万历六年至七年(1578—1579)间"兴黄淮大工"，"束水攻沙、蓄清刷黄"。此后，直至清咸丰五年(1855)，黄河在铜瓦厢决口并跳荡回北流故道为止，黄河大概有 277 年的时间是遵循着潘季驯治河所规定的路线，向东南方向夺淮入海的。隆庆六年(1572)，朱衡上奏称："防河如防房，守堤如守边……议夫役、议铺舍、议定期三项。自徐州至小河口，新筑堤三百七十里，设防守夫三千七百名，三里设一铺舍……四铺设一老人统率，昼夜巡视。其期以伏秋水涨时五月十五日上堤，九月十五日下堤。"①但这时他所着眼的，还是尽力维护嘉靖以来黄河自然河道的稳定。等到潘季驯所修工程完工后，也只是减缓了黄河下游淤积的速度，而不能根治上游来沙。一旦堤坝、闸口、围堰等维护不周，它们约束黄河河槽、减轻淤积的功能就不能很好地发挥作用。

为了使所修工程正常发挥作用以稳定黄河河槽，日常维护工作更加不可避免。万历七年至八年(1579—1580)，北京工部给事中王道成、尹瑾等人均上奏建议建立定期维护黄河河工的制度，并切实保障劳役调配、维护经费的拨付。"万历七年正月丁未朔，戊辰。工科给事中王道成言两河修筑遥堤未成……查万历四年，该河臣傅希挚议设堤夫三千七百名，每三里建一铺，一里用十人，而使管河官昼夜分督，水消则随处帮修，水发则并力防塞，此亦支持终岁长计。其役官夫不复省视，遂贻河决之害，宜于旧堤，按铺责成防守。从之。"②"万历八年三月庚子朔，乙巳。工科给事中尹瑾陈河工善后七款……一，定法制以覆岁修……创立里河，岁一挑浚，今狂

① 《明穆宗实录》，卷 70，《隆庆六年五月》。
② 《明神宗实录》，卷 83，《万历七年正月》。

流既息,积沙未除,外河日深,内河日浅,宜照南旺事例,三年两挑……动支岁修钱粮,多募夫役,一月通完。……徐北至单县界,现修堤坝长一百五十余里,而夫役止七百名……宜仿徐南之例,每里补足十名……一,备积储以裕经费,河道钱粮山东河南额派原多,南直河道丰沛至淮扬,延袤千有余里……修葺防守,费用浩繁,及查岁额桩草银两仅二千有奇,加以连年灾浸,征收不满数百,安能支持千里之河,宜从长计议,或河南山东河道银两,或运司挑河盐银,或徐淮多处钞税,或抚按赔罚,多方措处,每岁共凑钱三千两为定额,解储淮安府库,专备两河修费。部臣酌议覆请。上皆从之。"①

此上述记载得知,对黄河"定法制以覆岁修"并且明确岁修就是指"岁一挑浚"而不是不定期疏浚,时间系在万历八年(1579)。从这些建议拟定的规章制度来看,指定地方官员加派人手专责防守堤坝、每年筹措固定额度的岁修经费、定额募集劳动力等"岁修"办法,已经与清顺治至咸丰时期的"岁修"基本无二。而考察"岁修"经费来源,则可分为地丁银、税款、河务官员的罚款等。

明晚期,对黄河下游河工进行日常维护和疏浚,实行的是属地定额制。山东、河南两布政使司负责储备"河银"并在运政管理上实行将治河和漕运分开的原则。但是这些活动中设置的河铺、募集来的守夫等,并非花钱雇佣,而是从军户中征发。这固然降低了维护河道的费用支出,却也造成了制度本身流于空文,管理活动徒具形式。参与河道管理维护工作者,尤其是一线参与者,积极性不高,管理效率有限。这一点,可以从潘季驯于万历十六年(1588)写给皇帝本人的条陈中得以窥见。明朝实行的定额财政制度,也使得朝廷从各处已经定死支出去向的钱款中,连挤出 3 000 两白银也不可能。所以,潘季驯等人花钱"岁修"的提议实际上呈空悬状况。到潘季驯第三次担任总河的时候,他已经认清无法开源筹措维护经费的事实,转而设想能否至少在河南地方,把守堤河夫以及他们所居住的小堡垒按照划片分段、网格化管理的原则,与某一段特定的堤防挂起钩来。到万历十九年(1591),潘季驯在主持开凿魁山支河时,这种办法得到新的发展。"条议四事:一,甃石堤以固保障;一,设长夫以备修守;一,改堤夫以专疏浚;一,信法守以防淤阻。部复,俱如议行。"②但好景不长,到万历三十年(1602),巡按御史吴崇礼就又一次请求朝廷恢复旧制,"设总河道衙门专管河务,仍驻扎济

---

① 《明神宗实录》,卷 97,《万历八年三月》。
② 《明神宗实录》,卷 236,《万历十九年五月》。

宁；总督漕运衙门仍兼管凤阳巡抚……驻扎淮安"。① 这说明，在早于吴崇礼此次奏疏之前的某个时候，行之有效的黄河疏浚旧制一定遭到了裁撤，然后才有前述"恢复旧制"的提议。

崇祯十五年（1642），李自成率领闯军进攻河南开封，挖开开封附近黄河大堤，黄河干流一分为三。其中一支循着汴河向东南方向侵夺涡河后，汇入淮河干流；另一支经徐州流向宿迁；第三支在封丘到考城（今河南兰考县）之间决口后冲向山东单县。加上原有的徐州以下黄河故道，豫、皖、苏、鲁四省均受其害。而在明末改朝换代的大乱局中，黄河河务"官窜，夫逃，无人防守"。②

## 三、 清前期至中期"岁修"制度的完善及河工银的蜕变

据《清史稿·河渠志》记载，黄河在顺治元年（1644）夏天"自复故道"。但经考察，这种说法是《清史稿》在清末至民国时期编写时，错误采信顺治《河南通志》造成的结果。据清代遗留下来的原始档案记载，黄河真正恢复有利于漕运的潘季驯治河故道，得益于顺治二年至顺治四年（1645—1647）期间进行的流通口、汴河工程。

清顺治元年（1644）秋，杨方兴被任命为河道总督。但直至顺治二年（1645），残明开封府知府李犹龙还"盘踞河岸缮修船舰。自称钦命河道，仍用崇祯年号"。③ 最终，清廷在治理黄河一事上取得基本控制权，还是要靠多铎领军平乱并将李犹龙"军前正法"。顺治五年（1648），河南巡抚才禀告说汴河工程竣工。即便到了这个时候，黄河河工银还是难以如数筹集。清廷当时并没有完全控制黄河下游地方。在没有统治秩序的地方，税务和劳役征发就无从谈起。而在建立了统治秩序的地方，地方官员甚至还不知道或者直接否认要向中央缴纳河工银。目前所能见到的最早的黄河"岁修"档案，是顺治五年（1648）淮徐道在徐州地方岁修长樊大堤。至此，至少在黄河徐州段，形成了"工部都水清吏司-总河-中河分司（淮徐道）-淮安府分管徐州所属河务同知-徐州管河判官"的河工"岁修"管理体制。这个体制在黄河下游流经各省有所损益，但总体保持了一致。

康熙年间，管河分司被裁撤，并入管河道。其主要的考虑在于，"道"作为一级

① 《明神宗实录》，卷370，《万历三十一年二月》。
② 赵尔巽：《清史稿》，卷126，《河渠志一》，中华书局，1977，第3716页。
③ 巴泰：《清世祖实录》，卷13，《顺治二年正月》。

地方行政单位,拥有"道库",能够保证黄河岁修经费的筹集、使用和管理;裁撤管河分司也有利于减少机构重叠。早在顺治九年(1652),清朝河务部门对于"岁修"和"大工"就已经做出明确的区分。例如,顺治九年正月(1652年2月),黄河在朱源寨附近决口。河南巡抚吴景道称:"提请照岁修钱粮原止供每岁修补之用,若有大工必须另请钱粮,此从来旧例也。"①朱之锡任清代第二任河道总督后,对埽的规格做出了明确规定。"大埽不过一丈,套埽不过八尺,并发前朝修防埽文册互相参酌。"埽是清代河务中大量使用的护岸工具,朱之锡不仅对埽的规格进行了规定,对埽料的来源也进行了规定:"各县(顺治)十六年分岁修合用埽料听该道行令开封府查照所属州县离河远近熟地多寡酌量分派。"②按距离工地远近以及地方财力状况(表现为熟田多少)加权平均后确定调用民夫和物资的多寡,是一大创举,并被因袭至咸丰时期。

至于黄河岁修所用人力,则经历了从无偿征发向有偿雇佣的转变。顺治五年闰四月(1648年6月),岁修宿迁黄河堤防时,"除筑缺口土工草料,均系浅夫营做、采取,不计钱粮"。顺治朝一共进行了38次黄河修缮兴工,其中只有9次涉及有偿雇佣民夫。到康熙九年(1670),终于规定修河工程中雇佣民夫的工役银从顺治九年(1652)修筑徐州城时的旧例每日4分,改为每日6分。康熙十二年三月(1673年4月),上谕将签派征发黄河岁修民夫的做法改为发钱雇募。从中可以看到,黄河修浚制度演化过程中,表现出劳动力日益商品化的趋势。

由此,可以说,在靳辅于康熙十五年(1676)治理黄河之前,黄河"岁修"已经形成了一整套涉及人员组织、物资准备、经费筹措等方面的制度。行之有效的黄河"岁修"制度,为靳辅治河提供了许多"旧时成例",这也是靳辅后来治理黄河能够有所建树的基础所在。

河工银定额化之后,河务与白银发生了直接的联系。治河疏浚的效果是否良好,在很大程度上取决于清朝中央和地方各级财政的情况是否良好。但是,在以农业为主要税收来源的传统社会中,清前中期实行的是量入为出的原则。黄河又是一条在中下游经常决口、改道的河流。这就必然引致各种各样临时性的堵口、修堤、挑浚、挖掘引河的工程开支。按地域、人口、耕地多寡肥瘠情况确定下来的定额

---

① 吴景道:《奏朱源决口甚大揭帖》,黄河水利委员会,档案号:清代河工档案2-14-1-7。

② 朱之锡:《为估计祥符黄河北岸常家寨十六年岁修工程钱粮事揭帖》,黄河水利委员会,档案号:清代河工档案1-14-6-111。

征收河工银制度,有很大的内在缺陷。因此,在康熙末年,就又增加了想要取得朝廷旌表、纳税优待或仕途便利的地方士绅、商人捐纳河工的办法。

康熙六十年(1721),仿"陕西赈饥例",进行过一次"河工捐补事例",成为清代首次开办的河工捐纳。后来,河工捐纳制度逐渐定型于乾隆前期,并成为一种专门的捐纳种类。乾隆朝共有 3 次河工捐纳,分别为乾隆十一年(1746)"新江赈例"、二十二年(1757)"河工事例"和二十六年(1761)"豫工事例",河工捐银数、核销方式等基本框架已经被固定,其运作方式成为嘉庆、道光两朝河工开捐的基本范式,并在其基础上删增项目和增减收银数额。① 但到了嘉庆、道光两朝,情况也发生了一些新的变化。

根据中国科学院地理科学与资源研究所的相关研究成果,一般认为,黄河的水文条件在 19 世纪中期出现了剧烈波动。19 世纪中期,黄河下游的多次大规模洪涝灾害,是中游径流量突然增大的结果。这一时期,中国东部多个地区出现了大规模洪涝灾害,特别是人口众多的华北平原、太湖流域,水灾带来了巨大的财政和社会损失。其中华北平原的豫东地区在 19 世纪 40 年代连年受黄河决口引起的大规模涝灾,尤其以 1843 年河南中牟决口为甚。中央财政花费巨资解决黄河问题,极大地加剧了道光时期中央政府的财政困境。黄河下游的大规模泛滥成灾正对应于当时黄河三门峡断面径流量突变时期,这表明在黄土高原出现了降雨量的突然增大。道光时期中国的衰落(即所谓的"道、咸衰世")确实有气候变化因素的参与。②

河患加剧,河务开支也不断上涨。量入为出的财政不能适应这种需求。河工捐纳变成了河务财政的常态化主要来源之一。至嘉道时期,河工捐纳的规模、次数达到顶峰。在应对灾害方面,这样的举措是成功的。中牟决口得到了治理,河务体系得以维持。但问题在于,捐官增多之后,河务官员队伍的专业技术素养下降。至嘉道时期,河道中除了南河总督、东河总督之外,中下层官员几乎全为捐纳出身。"据原奏近日三河四省河工各缺,祗有请旨道员五缺,尚有正途人员其由该督等提补、提升之缺。则自道厅以及佐杂,无一不由捐纳出身……而应补人员正途出身者为数无多,应升人员又皆在任,未便发往。"③河务实践的侧重点从治理黄河变成了

---

　　① 潘威、李瑞琦:《清代嘉道时期河工捐纳及其影响》,《中国经济史研究》2020 年第 6 期,第 93-101 页。
　　② 潘威、郑景云、满志敏:《1766—2000 年黄河上中游汛期径流量波动特征及其与 PDO 关系》,《地理学报》2018 年第 11 期,第 2053-2063 页。
　　③ 《清宣宗实录》,卷 7,《嘉庆二十五年十月下己酉》。

"故今日筹河,而但问决口塞不塞与塞口之开不开"①,也就是说以堵口为主。这进一步加剧了黄河中下游的淤积问题。到了咸丰朝,国家外患内乱不断,军费大增。河工银长期严重短缺迫使朝廷不得不实行以(纸)钞代银,纸钞和白银按一定比例共同搭放作为河工经费。而且,越到晚清时期,钞在河工费中的占比越大,而实发银两的比重越小。伴随着鸦片战争以后清政府财权外移、下移的两个过程,河工银更是逐渐由统一的国家财政行为,变成了地方政府主导的"在地化"财政行为。这样一来,翁同龢所谓"今日之事,宜统筹全局"就更难实现了。清代河务财政与治河实践、治河实践与客观效果之间的关系,及其经验教训,值得后人记取。

## 四、 河工款:"借项兴修,摊征还款"

存世的清代文献可以揭示出河工款项的四种不同类型。其一是由官府拨款兴修。这种拨款,可能来源于官府各种形式的税费岁入,也有可能来源于它们将银、钱"发商生息"之后得到的利息收入。但总归这些还都是在常态化的国家收支体系内进行运作。其二是遇到需要紧急兴修的大工或堵口工作,清廷可能会卖官鬻爵,以充其用。这主要包括:允许具备"良人"身份的所有各种有钱者,对官职头衔进行"捐纳";主要面对商人群体的,带有一定程度强制性或部分非自愿性质的"报效"(当然主要还是自愿的)。清代河工银"报效"较多的商人群体,一为淮扬盐商,二为广东十三行商人。其三则是允许那些可能因水利工程而受益的地方社会小团体自行筹资进行兴工或维持其修缮。这其中,有完全放任地方士绅自己出面组织兴修和管理的(民办民修),也有官府派员在旁监督的(官督民修)。一般而言,在这种情况下,士绅、地主是比较有经济实力的,在这些地块上讨生活的佃户则财力不足。因此,明末以来,约定俗成的情况是地主出钱而佃户出工。官府一般不认为修建和维护小型的地方水利是自身的职责所在,地方百姓也同样不认为官府有义务去进行这些活动。毕竟这不是传统意义上的"国家公事"。

除此之外,还普遍存在着第四种办法。即(不同层级的)官府提供无息或低息贷款,协助兴修地区性的水利工程,但是要在这个水利工程起效之后的一定年限内,逐年摊还给官府。这种摊还主要是通过征收各种形式的附加税、费来实现。这样的做法有两个好处。首先,这时候发生的官府额外支出在会计学意义上,就变成

---

① 魏源:《魏源集》,卷上,《筹河篇上》,中华书局,2018,第374页。

了支出的期限调整,将来总有一天这些支出是要还回来的。[①]　其次,它使得原本没有能力兴修水工的地方社会,间接借助于国家力量,把事情办成。要使得第四种筹资办法得以启动,有两种途径。其一是本地士绅请愿,其二是地方官主动提出。[②]

明清时期商品经济的活跃使得商人、士绅阶层更多参与公共事务,造成这种灵活筹资应变局面的另一个原因恐怕还是要归结到清政府自身的财政制度上去。在清末朝廷财权下移和外移之前,清廷实际上实行的是一种量入为出的定额财政制度。而且,经过了清中期的火耗归公、丁地合一、永不加赋等改革之后,清廷财政收入的弹性进一步减弱了。而朝廷机动财力有限的情况反过来约束清廷只能重点关注诸如修治黄河、大运河、永定河等紧要水系。其他紧要性不高的工程可能在经济上是有重要意义的,但在朝廷的议程中却往往优先级不高。因此,朝廷或地方官府对这些工程采取官督或官助的方法去办理,也就顺理成章。

"借项兴修,摊征还款"在乾隆末至嘉庆初形成了定例。但是这种定例(非正式制度)制度的设计初衷和它的实践结果之间,产生了巨大的差距。这主要是就其对朝廷财政纪律和官僚系统产生的破坏性效果而言的。中国幅员辽阔,各省经济情况、社会习俗和风土人情差异较大。在经济情况较好的平原地方(主要是狭义的江南地区),这样的非正式融资安排可以通过附加税费回收或利息回款冲抵的情况是很好的,可以按期或提前摊销完毕,甚至还有盈余。但是对于云、贵或甘、陕这样比较贫瘠穷苦的地方,则往往是由地方督抚大臣自掏腰包一大部分,到最后还要上奏请皇帝恩准减免了事。鄂尔泰、庆复、张允随等在云南修治洱海、滇池和其他一些小型河流,就有请奏皇帝免附加税或免债,准于将云南省藩库或云南办铜获息、盐利等其他收入挪来抵债的记录。这是对国家正常财政制度和纪律的一种冲击,又往往给自己的政敌留下把柄。张允随死后,滇系官僚集团在乾隆中后期政坛上的政争失败,其祸端就起于"滇省闲欠亏空案"。[③]　这个问题的解决,还要等到太平天国起义后,各省坐收坐支本应上解中枢之款并开厘金(财权下移),乃至引入英人代理海关、办西洋各银行团之借款(财权外移)之后。不过,那时的清廷财政体制已经

---

①　其实这些挪借的归还情况是比较可疑的,嘉庆帝在位的中后期,历年积欠在银荒、经济逐渐衰弱等条件下实际上不可能得到清偿,清廷也对此心知肚明,往往以皇帝降旨特恩蠲免、勾销来销账。

②　He Wenkai: "Public Interest and the Financing of Local Water Control in Qing China, 1750-1850", *Social Science History*, Vol. 39, No. 3 (Fall 2015), pp. 409-430.

③　阿克敦:《署刑部尚书阿克敦奏覆革职滇抚图尔炳阿私动闲款销补属员亏空拟斩监候秋决》,载张伟仁等编:《明清档案(第 170 册)》,台北联经出版事业公司,1986,第 95249 页。

发生了根本性的变化,从历史分期而言则又已属近代。本卷在所不论。

# 第二节　"夺淮入海"与黄淮浚治

## 一、"夺淮"问题的由来

历史上,淮河曾水量丰沛、水质清澈、兼具航运和灌溉便利,造福于人类社会生活。但是,黄河屡次南下夺淮,借淮河中下游河道入海,给淮河流域带来无尽的灾难。这些灾难的发生、发展及治理,成了黄淮之间广大地区人民千年历史的重要组成部分。

自西汉至金,黄河曾有多次南徙夺淮的记录,而且向南分出的汊河基本上是循着泗水、颍水、涡河等支流入淮河。这时的黄河主流仍然维持着北去渤海湾,在山东到河北之间入海的格局,但决口南去的支流又很快被历代朝廷封堵。所以,间歇性出现的黄河南路支流,对淮河的危害还不太剧烈。南宋建炎二年(1128),东京留守杜充决河以水代兵阻滞金人南下,虽然导致北流短暂时间内断流,但影响也只是暂时性的。

金明昌五年(1194)的决口,却造成了永久性的影响。当时,黄河在阳武(今河南原阳)决口。金朝统治者庆幸黄河南徙既可以杀伤南宋与金交界地带的淮北一带军民,又不会伤及已经归金朝统治的山东各地。故而,他们对黄河经过梁山泊溢出泗水并侵夺淮阳以下淮河河道,并不关心,也不想封堵决口。黄淮合流之后,流经淮阴,借云梯关淮河入海水道入海。黄河这次夺淮,造成其北流成为支流并在明弘治八年(1495)完全断流。直到清咸丰五年(1855),黄河又在铜瓦厢决口并回到山东故道为止,淮河淮阳以下干流被侵占长达661年。

由于黄河的含沙量大而水量小,其泥沙搬运能力不足,泗水及淮阳以下淮河干流河床被黄河泥沙垫高,原本属于泗水水系的鲁南沂、沭、泗等河不能经泗水入淮。这些河流的来水在运河一线形成南四湖、骆马湖。苏北淮阴以下的淮河入海河道先是被高含沙量的洪水夷为平地,后又因淮河上游不断来水而形成一系列潴留湖泊。最后,这些潴留湖泊连成一片成为洪泽湖,洪泽湖水位高涨,南决入江;无数淮河支流和湖泊被淤浅或被荒废。整个淮河水系遭到彻底破坏。洪泽湖并蓄黄、淮、运来水,淮河干流和洪泽湖湖底不断抬高,迫使淮河中游出现连片背河积水洼地。安徽霍邱县临淮关数易其址,不断向南退缩。霍邱县城东郊、西郊出现城东湖、城西湖。寿县东南形成瓦埠湖。

## 二、"夺淮"背景下的黄淮治理

金以后,黄河在阳武以下河段不断有新的决口,黄淮之间的救灾和灾后治理工作,却主要不是为了挽救人民生命财产和恢复生产。自金以后,历代治理黄淮,主要目的是为了保证从江南通往北方的漕运通畅,次要目的还包括保证皇室的祖宗陵寝安全、保证两淮盐业和盐政正常运转等。

在南宋时期,黄河夺淮的主要表现形式是黄河干流借汴河、泗水入淮河。终南宋一朝,这个局面还算比较确定。并且南宋统治区域比较有限,集中在淮河以南,所以对黄河并不如前代那样关注。但到了元、明、清三代,均注重防止黄河向北决堤,将黄河北岸堤防着力修整,以免黄河妨碍京杭大运河山东段的漕运。

元至元二十五年(1288),黄河在阳武以下各处又一次大规模决口。河水由涡河、颍河入淮。元至元二十七年(1290),黄河在开封以北仪塘湾决口,汴、蔡等河流相继淤塞。江淮漕路断绝。黄河泥沙淤高地势以后,开封以西的京、索、郑诸水被迫潴留,发生严重内涝,为了开通漕路并宣泄内涝,工部尚书贾鲁主持疏通汴河、蔡河,挽黄河向东南流,从今兰考县东流出,经曹县南、商丘北、砀山西、萧县北,至徐州入泗,由泗入淮。至正四年(1344),黄河又在白茅口(今山东曹县境内)决口,再一次严重威胁漕运。至正十一年四月(1351 年 5 月),以贾鲁为工部尚书、总治河防使,领河南、北汴梁(今河南开封)、大名(今河北大名南)等 13 路 15 万民工及庐州(今安徽合肥)等 18 翼 2 万军队,开始大规模治河。贾鲁的治河方法是疏塞并举,先疏后塞。整个工程共分三阶段,第一阶段是疏浚从黄陵冈到哈只口的黄河故道和凹里村到杨青村的减水河,工程总长 280 里 54 步。第二阶段是堵塞黄河故道两岸的缺口、豁口,修筑堤埽,以使黄河复故道后不致出现决溢险情。第三阶段,也是最后阶段,采用船堤障水法,堵塞白茅堤决口,勒黄河回故道,即强制黄河在黄陵岗以东流向徐州,并在徐州城下汇入泗水,再经泗水合淮河干流入海。工程从农历四月二十二日开工,七月完成疏凿工程,八月二十九日放水入故道,九月舟楫通行,并开始堵口工程,十一月十一日,白茅堤合龙成功,共 190 天。工程浩大,为古代治河史所罕见。工成之后,元顺帝命翰林学士欧阳玄作《河平碑》纪功,贾鲁以功授集贤大学士、中书左丞,脱脱赐世袭"答剌罕"之号。疏浚过程中,挖出预先埋设之独眼石人一具,开启了元末乱世的序幕。

元至正十六年(1356),贾鲁自郑州引索水、双桥等水经朱仙镇入颍河,以通颍、蔡、许、汝等地的漕运。当时又把此河称为贾鲁河,即现代沙颍河的上游。元亡后,贾鲁河逐渐淤塞。明弘治七年(1494),刘大夏在疏浚贾鲁河故道时,自中牟另开新河长70里,导水南行,经开封之朱仙镇、尉氏之夹河、水坡、十八里、张市、永兴、王寨到白潭出尉境入扶沟。明清两代水运畅通,又有运粮河之称。清道光二十一年(1841)、二十三年(1843),同治七年(1868),光绪十三年(1887)、十五年(1889)、二十七年(1901),黄河6次大的决口,干流洪水屡经贾鲁河,该河遂得名"小黄河"。

明朝在治理黄淮并流段广大地域的时候,面临的困境和进行的利益抉择基本与元朝相一致。黄河如在河南到徐州一线向南溃决,虽然朝廷在两淮的盐政税收收入受到一定影响,尚不至于出现政治危机。但黄河如果在山东境内向北溃决,则京杭大运河会通河段就会断航,京师漕粮、财赋一旦断绝的时长超过太仆寺等处积存可以维持的期限,就要引发巨大的政治动荡。

明宣德至弘治年间(1426—1505),黄河多次在徐州至曹州(今山东曹县)之间向北决口。由于黄河在山东境内已经属于地上悬河,其河床高度远高于会通河。山东张秋镇是黄河、金堤河、运河交汇处。黄河南去,北流少水或无水尚且平安,一旦黄河向北决口,运河漕运中断。时刻面临饥荒威胁的明廷不得不在黄河下游北岸大修堤防,同时在南岸向颍、涡、泗等处开修减河,希望"分杀水怒"。弘治六年至八年(1493—1495),刘大夏在黄河北岸修筑太行堤,在黄陵岗以下疏浚贾鲁河,使部分黄河水继续汇入淮河,但这次疏浚的河道只通畅了10年左右,即又一次淤塞。正德三年(1508),黄河下游向北摆动300里,干流自徐州直接并入泗水。黄河水自涡河、颍水入淮流量减少。自此,徐州以上水灾减少,黄河重灾区从河南转移至山东、皖北、苏北。至嘉靖末年,黄河自然决口寻找低洼地形成的断续河道、人工疏浚开挖的减河支流等,已达13条,且均淤塞严重,连年水灾。"分黄治水"的实践已经破产。

万历六年至十七年(1578—1589),潘季驯任总河。他认为开减河会使本来孱弱的黄河水流携沙入海的能力进一步减弱,要堵塞决口,使黄河复归一流,"河势复壮"。鉴于黄淮合流的现实,潘季驯提出可以借用含沙量少的淮河清水,一方面刷深河槽,另一方面接济运河,保证运河水位,以利漕运。此即"蓄清刷黄,挽黄济运"之策。潘季驯在治水过程中,认识到水力梯度、流速和泥沙运动的一些规律。他建议采取在黄河两岸均修大堤夹持行河的办法收束河身,加快流速。为迫使淮河水倒灌入黄河"攻沙",潘季驯又大修洪泽湖高家堰,以抬高洪泽湖水位。为了避免黄河水灾对漕运的威胁,万历三十二年(1604),潘季驯又开凿了从山东微山湖至江苏骆马湖的新运河。此即韩庄运河前身。

明朝中后期治理黄河,淮河、运河的核心节点在于清口。即通过工程手段逼迫洪泽湖水刷深黄河。潘季驯认为,"通漕于河,则治河即以治漕;会河于淮,则治淮即以治河;合河淮而通入海,则治河淮即以治海"。他以高家堰绝淮河东去之路,以王简堤、张福堤绝淮河北去之路,逼迫淮河水专自清口而出"刷黄"。但是,为了防止黄河、睢河泛滥淹没明祖陵和陵寝所在的泗州城,潘季驯又修筑归仁堤,堵绝黄河直入洪泽湖的旧河道。明中后期,在徐州至淮阴一线修筑的黄河南岸堤坝、对清口附近洪泽湖湖岸地带经年累月的修筑工程等,使明中后期至清前期的黄河下游河道稳定在徐州至淮安一线(即今"废黄河"遗迹)。虽有堤防,为"刷黄"而在洪泽湖蓄积大量淮河水的做法却又造成泗州城经常被淹。万历二十四年(1596),杨一魁为使明祖陵积水消退、泗州城免于沉没,以民夫 20 万人在清河以上开挖新的河道,引黄河入海;在高家堰堤坝上开闸口,泄洪泽湖水入运河南下借长江入海;疏浚清口,继续"刷黄"保运。

从明清易代直至黄河在铜瓦厢决口北归,"黄河夺淮"在清代共历 211 年(1644—1855)。康熙十六年(1677),以堵为主的清口综合工程体系已经败坏到"淮溃于东,黄决于北,运涸于中"的程度。靳辅继承和发展了潘季驯的治河思想、方法,认为"治河之道,必当审其局",至于具体的治理策略,则侧重"疏以浚淤,筑堤塞决,以水治水,籍清敌黄"。[①] 在靳辅治河期间(1670—1692),除了继续加高加长洪泽湖大堤外,还在已经形成地上悬河的淮河入海云梯关故道上建设了归海闸,在洪泽湖水借运河汇入长江的出水口处修建了归江坝。年年挑浚清口枢纽、维护减河、兴修和维护洪泽湖大堤等,成为清政府财政的重要专项支出。康熙时期,对于黄河"南河"疏浚和治理,并未规定专用额度。雍正八年(1730),规定户部每年应该向南河河库拨款 67 万两白银。"南河"专款自此始。嘉庆年间,黄河"南河"每年岁修和临时抢修费用增额至 150 万两,但实际发生的年度支出约为此数的 2~5 倍。从嘉庆十年到嘉庆十五年(1805—1810),黄河"南河"各项费用开支奏销共计 4 000 余万两,占当时清政府岁入的五分之一强。

道光、咸丰两朝,交错纠葛的黄、淮、运已经糜烂难治。咸丰元年(1851)春夏,

---

① 安徽省地方志编纂委员会办公室:《安徽省志环境志》,方志出版社,2016,第 90 页。

黄河、淮河爆发洪灾。洪泽湖在东南方向接近运河处溃决,冲毁蒋坝大堤。湖水循三河口、高邮、宝应、芒稻河路径,在三江营汇入长江,这是淮河入江河道的前身。

咸丰五年(1855),黄河在河南兰阳(今兰考县)铜瓦厢决口,干流复归北流,在山东入海,淮被夺的局面就此结束。黄河北徙之后,清口枢纽在漕运系统中的重要性急剧下降。同时,近代蒸汽轮船海运漕粮和后来的铁路运输,也开始取代运河漕运。太平天国兴起后,南方各省又开始截留向中央解送的贡赋,坐收坐支,用于平息"发匪"。对于黄、淮、运的综合治理也告停止。据光绪《淮安府志》卷二《疆域》载:"自纲盐改票,昔之钜商甲族,夷为编民。河决铜瓦厢,云帆转海,河运单微,贸易衰而物价滋。"淮安不复为南北要冲,"冀鲁之物不能南来,漕艘不行,湖广、江汉之产未能运京","东省皖境之货,绕越而去;闽越江浙之财,半附轮船转运他处"。"迨津浦铁道成,北发燕齐,南抵江皖,一日千里,称捷径焉。自是山阳几成僻壤。"①

## 第三节　保漕至上的治河疏浚

### 一、护陵与保漕

元末黄河的肆意泛滥,令明中叶至清历代治水者在得到惨痛教训的同时,均或多或少地采信了坚堤、众水归一槽的治水指导原则。其主要的目的是保证漕运,以便江南漕粮、贡赋可以按期如数抵达京师,以完官俸、军食。这样,在进行以运道安畅与否、漕运是否及时为首要凭据的河务考绩时,河道上下才能稍得安心。其中,明朝的情况又更加特殊一点。朱元璋以淮左布衣而登九五,明祖陵在泗州。护卫祖陵安寝,终明一朝乃圣朝以孝治天下的最大标榜,也就成了丝毫轻忽不得的政治正确。要保证淮河清水出清口刷黄,则洪泽湖水位应该尽可能地高。但水位太高又会危及淮河北岸明祖陵安全。其中的平衡拿捏,颇费周折。与潘季驯同时代的湖广参议常三省等人攻讦潘季驯的理由固然有洪泽湖蓄水太多,致使周边百姓受灾;但"其间最耸动人者,云:'祖陵松柏淹枯,护沙洗荡'二句"才是使潘季驯"读之不胜骇汗"的关键。② 清朝虽然没有明祖陵这个顾虑,江淮人民却依然未能得以缓颊。明清两朝,漕运始终是重要性远高于民命的国家要务。所谓"蓄清以敌黄,乃

---

① 吴昆田:《光绪淮安府志》,卷2,《疆域》,淮安府官刻,1884。
② 潘季驯:《河防一览》,卷9,《高堰请勘疏》。

转漕大政"①,指的就是这一点。总之,明清两代,治河疏浚的重中之重,不在民而在官,不在河而在漕。

而当时的水路状况是黄河夺泗入淮之后,山东济宁至江苏淮阴一段的泗水河道,早已被用作运河。其长度大约为 540 里。一旦该段河道出现溃决,则泗水故道段的运河水位将骤降,难以行船。设使此处无恙,但黄河在徐州以西向北决口,则大运河山东段的安全又将受到严重威胁。黄淮并流,淮河水流不能顺利下泄的后果是,使原先泗水入淮的清口变为洪泽湖入黄河通道。因黄河泥沙淤积,洪泽湖湖底淤高,水面和水位高程越来越高。洪泽湖东堤、高家堰等处一旦溃坝,湖水瞬息可至苏北运河、里下河等处。如此,漕运又要中断。疏浚之议,多为保漕而已;至于决口害民,非要务也。

明弘治六年(1493),朝廷给刘大夏的旨意即已经指出:"朕(明孝宗朱祐樘)念古人治河,只是为民除害。今日治河,乃是恐妨运道致误国计。"②万恭谈论为何要关注泗水时,也说:"今以五百四十里治运河,即所以治黄河,治黄即所以治运河。"③万历时期,潘季驯论述治河要务,其精髓为:"祖陵当护,运道可虞,淮民百万危在旦夕。"④常居敬也说:"首虑祖陵,次虑运道,再虑民生。"⑤勘河给事中张贞并南北两京工部,意见率相一致。他们不仅是这样认为的,在工程实践和绩效评价中,也的确是这样做的。曾有人建议疏浚隋朝时遗留下来的汴河故道,漕粮贡赋等物由江入淮,再于淮河上一路向西,在淮河上游取道汴河折向西北,过黄河后入沁水,避开清口天险的同时,再寻求办法慢慢治理。但是"濠泗为有明发祥之地,而祖陵复在其间。当时臣子,既持地脉之说,又恐于此行漕,堤防万一不固,变生意外。所以极知其利而不敢言。淮黄虽迁险劳费,势有所不惜也"。⑥嘉靖二十九年(1550)春,总督漕运右副都御史龚辉、巡按南直隶御史史载德等上疏言泗州低洼而黄淮相互激荡,为陵寝之忧。他们认为,要开凿直河口并修缮二陈庄、刘家沟等处水口,另需朝廷派遣钦天监属僚 1 人,给明祖陵看风水。此项疏浚工程得到了北京

①　杜红志:《喧嚣的河流——从黄河夺淮到黄泛》,黄山书社,2013,第 65 页。
②　徐福龄:《河防笔记》,河南人民出版社,1993,第 66 页。
③　水利部淮河水利委员会《淮河水利简史》编写组:《淮河水利简史》,水利电力出版社,1990,第 202 页。
④　徐福龄:《续河防笔谈》,河南人民出版社,2003,第 18 页。
⑤　常居敬:《祖陵当护疏》,载潘季驯:《河防一览》,卷 14。
⑥　周篆:《浚隋河故道通漕议》,见贺长龄:《皇朝经世文编》,卷 104,《工政十》,广百宋斋光绪十三年印本,1887,第 29 页。

工部的迅速裁可,立即执行,相关人等立功受奖,议叙如例。

　　与此形成鲜明对照的是潘季驯第二次总理河道时,主持进行的南直隶邳州决口堵塞、苏北运道疏浚工程。其于隆庆五年(1571)告竣。明穆宗却不认可工程已经完竣,还说这些工程不是什么值得嘉奖的事情。因为在明穆宗而言,"今岁漕运,比常(年)更迟,何为辄报工完",工部、吏部、刑部等查验、合议的结果是:"河道通、塞,专以粮运迟、速为验,非谓筑口、导流便可塞责。"①潘季驯等人这次治理决口、疏浚开挖引河导流与20多年前一样,都获得了成功。但潘非但不获嘉奖,反得令需戴罪管事。这就充分证明,"保漕"才是头等大事,"保漕"不成,俱不足论。四年后(1575),黄河在崔镇向北决口,淮河在高家堰向东决口。徐州、邳州以下河段淮河两岸遭到灭顶之灾,理当进行疏浚排水工作。但优先获得批复和得到执行的工程,却是以巨石条砌明祖陵护堤226丈,以卫祖陵柏树生机,以护祖陵风水。明祖陵上几棵柏树的死活问题,远比地方百姓性命问题重要。民生问题再一次被忽略了。然而要"蓄清刷黄",就要保证洪泽湖水位。黄河夺淮以后,淮河下游河道淤积又不可避免。遂致湖底与堰坝一同不断"长高",受阻的湖水在本地形成越来越大的浅碟形湖盆,终至于遗祸数百年之久,明祖陵也并未得以保全,反而水患愈加剧烈。职官人等虽革职抄家、远窜边地,依然不能有所补。

　　清代,漕运在黄河下游的路线基本与明中后期一致。这也就迫使清代治河疏浚的策略不仅不能有大的改动、创制,反而仍要萧规曹随,维系黄河行于贾鲁故道、山东境内运河北堤安固无事、洪泽湖不得东溃的局面。清代的河道总督衙门不在徐州而在山东济宁,也是"保漕"这种任务导向的鲜明反映。靳辅的《两河再造疏》一再陈述"(如果黄河在远离运河的地方决口,其后果)止于民田受淹,而与运道无碍",也是这种思想和价值取向的反映。如果说清代治河比明代有什么重大突破的话,大概治河时候因无须顾忌明祖陵安危,而可以放手在高家堰、清口一带进行一些大规模的疏浚工作,可勉强算作一条。

　　在这样的导向下,以运道重于民田为前提而论,清人要保证运道畅通所需着力之处,就可以把重点工作局限在徐州以下地理空间范围非常有限的几个点,而不太关注其余各处了。靳辅以"穷源溯流"为张本,所得到的"百世无弊术"竟然是徐州以下首重高家堰,次重宿迁、桃源、清河等处北遥堤,也就变得可以理解了。因为,如此办理之后,即便黄河南岸在开封以下决口,洪水并无去处,最后还是要进入洪

---

① 杜省吾:《黄河历史述实》,黄河水利出版社,2008,第153页。

泽湖。只要保证高家堰安全,这些洪水则必将被迫从清口回注黄河。洪水来也黄河去也黄河,在途经之地给老百姓造成一些附带伤害,那是可以接受的。而如果高家堰不守,则苏北 200 里运道必为黄水所淤。这时候的第二道防线是北遥堤。如果宿迁、桃源、清河一线北遥堤也不能守,那么黄河将改道北流。其后果是宿迁至清河 180 里运道废弃。漕运中断,这才是最不能接受的灾难性后果。

## 二、 治河疏浚的实践及其后果

在"保漕"急务的压力下,明清两代具体的疏浚技术有所发展。明万历七年(1579),潘季驯主持疏浚了清口附近运河淤浅 11 563.5 丈,新开河渠两条,同时还把洪泽湖原来泄水的大涧、小涧等口全部堵塞,又大修高家堰。洪泽湖水位提高后,"蓄清刷黄",分水济运的效果一时间非常显著。据统计,1579—1591 年间,南直隶黄河三角洲每年向东海推进 1 540 米。此后,工程效果减弱,1592—1855 年,黄河三角洲向海洋延伸的速度降低为每年 110～500 米不等。但是,这种治理并不能解决泗州城被水淹没的危险。相反,由于高家堰越修越好,规模越来越大,洪水围困乃至侵入泗州城也日渐频繁。"保漕"逐渐成了"害民"的根由。[①]

短时间内洪峰过境造成水淹各处,城墙还可抵挡。现代人们记忆比较深刻的例子,当属 1991 年淮河水灾时候,发生在安徽省寿县的情况。由于寿县城墙保存完好,大水来时,城中人们堵住城门,城外一片泽国且水高过城中瓦屋房顶,然而终究保得城内安全。这样幸运的事情,2020 年梅雨季,在寿县又一次发生了(见图 7-1)。但这毕竟不能常有,洪水浸泡时间长久、入侵频繁,其情况就又要发生相应的变化。

明中后期的泗州城,正是如此。常三省称:"泗城内原有城中城,南门不守,而外水入,两水(指淮河上游来水和洪泽湖蓄积之水)交攻,暑雨且甚,遂致毁城。内水深数尺,街巷舟筏通行,房舍倾颓。军民转徙,其艰难困苦,不可弹述。"[②]有城墙保护的城中地带如此,则其郊外情形不问可知。田地葬送于水而一望似海,致使泗州百姓逃荒外地或乞食于道路成为常态。然而借助于高家堰才蓄积起来的洪泽湖

---

[①]　Jiongxin Xu, "A study of long term environmental effects of river regulation on the Yellow River of China in historical perspective", Geografiska Annaler Series A, *Physical Geography*, vol.75, no.3, 1993, p68.

[②]　叶兰:《乾隆泗州志》,泗州:乾隆二十六年(1761 年),载王剑:《中国地方志集成安徽府县志辑 30》,江苏古籍出版社,1998,第 313 页。

图 7-1　2020 年 7 月淮河中下游洪灾期间寿县居民封堵宾阳门后利用古城墙挡水情形

资料来源：淮南市应急办。

水,却绝不可轻易向东南方向放掉。一则,放水之后洪泽湖水位降低,不能抵挡黄河水从清口倒灌入湖。二则,舍弃高家堰并向东南方向放水,武家墩至淮安的永济河、清江浦至淮安运河干道,乃至高邮、宝应各处运河必然遭到毁坏。以上两种情况无论哪一种发生,又或同时发生,漕运都会中断。没有人敢冒梗塞运道并耽误朝廷漕粮的风险,行救民之事。至于进行一些疏浚工程来排泄洪水,则并不急迫。万历三十二年(1604),工科都给事中侯庆远上疏:"洳河成,而治河之工可以徐图,但(只要)不病漕与陵,则任其所为,稍防疏焉,而不必力与之(指黄河)斗。然河不可纵之入淮,淮利洪泽水减,而陵自安矣。"[1]崇祯六年(1633),洪泽湖水涨,但大理寺左丞吴甡、翰林院编修夏曰湖等坚决反对开启高家堰泄水闸。其理由首推"于祖陵风水有害",其次则称放水东去假如造成高邮、宝应间堤防破坏,那么在洪泽湖堤以外北遥堤以内运行的漕运就会中断。"运船牵挽无路,则数百万粮,由何而达京师?"[2]假如洪水遍及北起海州南到扬州的两淮盐场、盐商重地,每年数百万两的国家盐业收入也将丧失。至于要关注这些地方遭灾百姓的生命问题,并不是由于朝廷以人为本要行仁政。其出发点在于"数百万粮、税,谁为供输乎?"[3]

---

①　傅泽洪:《行水金鉴》,卷 128,商务印书馆,1936,第 1854 页。

②　傅泽洪:《行水金鉴》,卷 64,商务印书馆,1936,第 953 页。

③　同上书,第 954 页。

明清易代,顺治六年(1649),淮安至扬州间的运河决堤,洪水泛滥,酿成大灾。朝廷命官员高明加以治理,经过3年的努力,治河终于成功。当地士民为感谢高明治水功劳,特请画家赵澄绘制《高明治水图》(见图7-2)。此图以右为北,以左为南,以上为西,以下为东,画面反映出此次疏浚动用劳役者约千余人,正在车水断流,从河道中挖土筑堤,紧张施工。展现了清入关后不久,就着手疏浚运河河道的宏伟场面。图中所表现的人物、江河、堤坝、水闸、桥梁、庙宇、房舍、扁舟、飞鸟,各地段作为施工标志的旗杆,从河道向外提土使用的杠杆,排水用的水车,堵塞决口用的搪凌把、木龙,取土用的筐、簸、锸等,无不惟妙惟肖。

图7-2 清早期赵澄绘《高明治水图》(局部)

资料来源:国家博物馆"大运河文化·舟楫千里"特展。

清康熙元年(1662)、四年(1665)、五年(1666)、九年(1670)、十一年(1672)和十五年(1676),泗州城屡次遭到水淹。靳辅面对如此事实,却仍然坚持"水势分而河流缓,流缓则沙停。沙停则底垫,以致河道日坏。"[①]而要保证黄、淮之水合流后沙随水去的局面,就不能分水。一旦黄、淮分流,黄河泥沙就要停滞不前。接下来就是黄河"旁溢无所止"的旧事重演。康熙十六年(1677),靳辅治河的主要举措仍是继续大修高家堰,并同时挑浚清口,使得洪泽湖水能够继续"刷黄"、济运。为此目的,他又修浚了四五条引河。而清廷头上又没有了必保明祖陵不失的政治伦理约束,洪泽湖于是快速扩大。康熙十九年(1680)夏季暴雨过后,原在淮河北岸的泗州城连同城外明祖陵一起,被淹没在洪泽湖中。这样的史实充分说明了"保漕至

---

① 靳辅:《请修治河道疏》,载丁守和编:《中国历代治国策选粹》,高等教育出版社,1994,第703-704页。

上"指导之下,治水措施的具体实践,将带来何等恶果。这样的结果也证明了,潘季驯所谓淮河沿岸(尤其是北岸)水灾是因下雨太多,时间一长自然消退的说法,实在是罔顾事实。泗州沉没后,治所从淮河北岸原址迁移到淮河南岸的盱眙,出现了泗、盱同城的奇观。乾隆四十二年(1777),朝廷析出盱眙治下之虹县(在今安徽省五河县申家集),重设新泗州。

为避免洪泽湖蓄水给淮河两岸继续造成水患,清代有人重拾明人建议,论述将漕运粮船路线改为由淮入汴,在祥符抵岸起驳,陆运60华里入卫河,最终抵达海河口,可通北京。这样,高家堰就可以降低或被放弃。洪泽湖蓄水因此减少之后,淮扬一带,尤其是里下河地方就可以少发水灾。卫河属于海河水系,粮船改走卫河,那么大运河山东段被用作"水柜"的几个湖泊(如微山湖、蜀山湖等)也可以更多照顾地方农业生产,而不是越是天旱越是滴水不得外泄。然而,尽管明祖陵必保的政治正确在清代已经消失,这种正确的建议却又因为传统漕运线路上已经形成"奈何百万漕工衣食所系"的庞大既得利益集团,而轻易实行不得。直至黄河1855年决口于铜瓦厢并再次改道北归之前,洪泽湖及其周边地区治河疏浚始终不能摆脱蓄水为保漕运通航、泄水为保运河安全的窠臼。譬如1826年夏季大水,开高家堰各处闸坝泄水保证运河安全。其结果是:"今年稻好尚未收,洪湖水长日夜流。治河使者计无奈,五坝不开堤要坏。车逻开尚可,昭关坝开淹杀我。昨日文书来,六月三十申时开。一尺二尺水头缩,千家万家父老哭。"①

由于明以来"保漕"的概念深入人心且治黄、治淮、治运策略皆出于此,在运河以西、淮河两岸形成的潴留湖泊在数百年间不断扩大。在运河里下河段,由于特殊地形,在范公堤以东苏北地区也有长期且反复积水的洼地。山东和苏北出现了耕地持续变为沼泽景观的现象,损失了大量良田(即所谓的"沉地"或"沉粮地")。

如昭阳湖的前身是元代的刁阳湖,周围只不过5~7里,明初扩大到10余里,明代宋礼修浚元代会通河遗迹并设置了引汶、济、洸、泗济运的水柜(即利用天然湖泊做水库)系统之后,昭阳湖才迅速扩大。到嘉靖四十五年(1566)朱衡开凿南阳新河时,昭阳湖北面已接近鱼台县的谷亭镇,与孟阳泊会合。后人评价为:"明人为权宜之计,以济南北之漕,当时才谓之士,堰导汶之故道,使改而西南流,称不世之奇功,庙祀馨香,号为有功德于民,而孰知吾州之水患,实肇于此!至于今日数百里

① 京杭运河江苏省交通厅苏北航务管理处史志编纂委员会:《京杭运河志(苏北段)》,上海社会科学院出版社,1998,第645页。

之地沦为泽国,且为扁仓莫拯之痼疾也!"①独山、微山等湖的情况与此一致,原因也大略相同。无外乎明末迦河开凿成功之后,微山湖成为迦河的主要水源,为"两省第一要紧水柜"。②殊不知,迦河的开通,改变了沂河、武河等河流的自然流向,将彭河、丞河、沂河、沭河等纳入运河水系,改变了本地水系格局,实际上又是本地水患的最大来源。康熙二十九年(1690)济宁县西北新开河工程、康熙三十三年(1694)济宁知州吴柽分隔运河与牛头河的堤坝工程等,则使得南阳湖也迅速扩大,淹没南阳镇到鱼台县县城之间的大片土地。乾隆二十一至二十二年(1756—1757),黄河于苏、鲁交界的孙家集决口,河水漫入微山湖,殃及运河。徐州荆山桥淤垫,南阳、昭阳、微山等湖水无处宣泄,泛涨异常,于是政府开挑伊家河,添建韩庄滚水坝,疏浚荆山桥河道。经过治理,"东省滨湖洼地,凡为异涨所淹者,尽皆涸出"。③但是,两年后,这些露出的田地又被水淹没。④崔应阶后来又建议再次疏浚荆山桥河,数月之间,取得了一定的效果,但仍不持久。嘉庆元年(1796)夏,黄河决于丰县六堡高家庄,河堤浸塌,掣溜北走,由丰县遥堤北赵河分注于昭阳、微山各湖。朝廷不得不开蔺家坝放黄河水入荆山桥河。次年,地方官员在乾隆二十八年(1763)疏浚荆山桥河道的基础上,进一步疏浚,以开通微山湖湖水流路,挽救田地。但时隔不长,蔺家坝筑堤,使微山湖再塞,湖水无法泄出。到了道光五年(1823),南阳湖扩大数倍。咸丰元年(1851),黄河在丰县再次决口,复灌微山湖,泛滥北上。咸丰五年(1855),黄河决口于铜瓦厢,运河被拦腰截断,沿途诸湖悉淤,但河工人员仍采取江南淮安地区"蓄清刷黄"的策略(这里没有淮河清水,但有微山湖沉淀后相对较清的水源),以便接济河道淤积严重的迦河,使得微山湖常年蓄水丈余,湖面继续扩大,沉没田地无法再出水。

位于古射阳湖核心区南部的江苏兴化县一带,则呈现另一种状态。元代时,射阳湖面已渐渐遭受黄、淮泥沙的侵淤而缩小。沼泽型浅碟型湖泊的特征明显。明末,潘季驯以工程手段使黄淮合流、"蓄清刷黄"以后,兴化尤其受害于利用天然水利进行疏浚的这种"蓄清刷黄""束水攻沙"策略。黄河泥沙在苏北平原堆积,迫使原有洼地、湖泊积水漫溢,兴化县普遍呈现沼泽水荡状态。为抵御水害,历代古人

① 《民国济宁直隶州续志》,卷1,《跋》。
② 水利水电科学研究院:《清代淮河流域洪涝档案史料》,中华书局,1988,第467页。
③ 崔应阶:《乾隆二十八年十二月十二日山东巡抚崔应阶奏为筹消济鱼积水请挑荆山桥旧河以奠民生折》,见《宫中档乾隆朝奏折第二十辑》,台北故宫博物院,1982,第44页。
④ 《民国济宁直隶州续志》,卷4,《食货志》。

选择地势稍高的地方,继续挖土堆高,再在土垛上种植,形成了垛田。相比于山东良田沉没的情况,这尚属幸运。现代留存的垛田,核心区域位于江苏省兴化县城区东南部的垛田镇。[1]

以上两个不同地域因疏浚工程实践,在农业土地利用形态方面产生了不同的变化。但其共同点在于,都因保漕疏浚而遭受了长期、严重的生产力损失。结合前文,可见疏浚并不一定造福一方,或者在造福一方的同时又为祸另一方,或者在疏浚工程所在地就地为害。

## 三、 黄河北归之后的变化

黄河1855年北归之后,黄淮之间地方治水的政治、经济重要性在全国事务中的相对排位,大大降低了。当时,淮上一带又有太平军、捻军活动,即便地方有事,亦不得理会。直到同治六年(1867),才由曾国藩提议因先朝遗留河工尚可利用,施工难度较小,请分数年试行修浚淮河。光绪六年(1880),两江总督刘坤一等人试修废黄河、张福河、碎石河等处,试图引导淮河循路独立入海。但工程效果不好,很快就淤积停废了。安徽学政徐郙曾经建议疏浚泗水、沂河,并于将来挖掘大通口,使淮河能够独立入海。左宗棠表示支持并与朝廷议论办理以工代赈项目事多年,但根本没有得到实行。漕运停废也促使财政投入去向发生了转变。既然已经无漕可保,地方治水的情形便每况愈下了。诸如此类的具体内容,留待本书近代卷在论及治淮事宜时,再予详述。

## 第四节　永定河水系的演变与浚治

## 一、 古代整治永定河事略

永定河是海河水系的上游支系之一,它是北京地区最大的河流水系。北京城所在的北京小平原就是永定河长期冲积形成的。自远古至金代的永定河水量丰富,含沙量很少,为北京前身幽州、渔阳郡、卢龙(节度使驻所)等的发展提供了良好的水运条件和充分的灌溉便利。

---

金大定年间以后,永定河流域人口逐渐超过了自然承载力所能负担的限度,人类活动对永定河流域生态环境的负面影响开始以灾害的形式表现出来。由于金、元、明、清历代都建都于此,历朝历代不得不关心和重视对永定河的治理,以求城市安全。治理方法主要还是筑堤坝防止洪水泛滥,但也包括一些局部进行人工疏浚的工程。但是这些工程并没能扭转永定河水系因人类过度活动而由利转害的大趋势。对永定河进行治理施工,又造成了新的环境影响。这些都值得现代人进行反思。

辽代之前,永定河上游是原始森林覆盖的山区、丘陵。此时的永定河在北魏郦道元所著并经历代补充注释的《水经注》中,是一幅"长岸峻固"的"清泉河"画卷,又能通航船只,得舟楫之便。到了金代,改燕京为中都。北京城市建设和人口聚集的规模得到极大扩张。永定河上游原始森林因兴建中都宫殿建筑的需要,被大量砍伐用作建材。永定河中下游由于距离城市很近,被居民就地开垦成为农田,河水中裹挟的泥沙量开始增加。永定河在今天北京南郊一段被称为"卢沟河",此名即始于金大定年间。"燕人谓黑为卢",[1]这就是说永定河下游那时已经变得十分浑浊。大定十二年(1172),为了接济漕运,曾经计划在永定河金河口处开挖闸门引水。但尝试的结果是水沙比例不能控制,不得不重新填塞。大定二十六年五月戊子(1186年5月31日),卢沟河在显通寨(位于今石景山区)决口。金世宗下诏书"发中都三百里内民夫塞之"。[2] 这是永定河大规模修建堤坝的开端。泰和五年(1205),新开凿了从通州至中都的漕渠,这是如今通惠河的前身。该段河道长约50里。由于其水源来自白莲潭(今积水潭)、高粱河,水量很小,几乎没有流速,只能将河道分段设置闸口以保障行船所需水位。至金末,这段"闸河"淤塞。

修堤堵截与开沟疏导是中国古代治理河流湖泊的两大基本方法。在北京城成为都城之后,永定河流出山区,在石景山以下至卢沟桥之间形成的一段平原河段,就成为历代修筑堤坝,以求防灾减灾的重点。而从工程技术难度方面考虑,如果不是为了漕运而是为了防灾减灾,古人往往只有在修筑堤坝已经无济于事的情况下,才开始进行疏浚尝试。元代,永定河含沙量继续增加,河流流域生态持续恶化。《元史》中称永定河为"浑河""无定河""小黄河"等。从"无定河""小

---

[1]　蒋一葵:《长安客话》,卷4,《郊坰杂记》,载孙冬虎:《地名史源学概论》,中国社会出版社,2008,第30页。

[2]　脱脱:《金史》,卷27,《河渠志》,中华书局,1975,第686页。

黄河"的俗名即可以推知,永定河也开始像黄河那样,出现河槽摆动、迁徙的情况。元代在石径(景)山以下,进行了多次筑堤、堵决口、埋障工程。但由于永定河原有河道还可勉强维持,元代治理永定河基本以筑堤约束河槽为主。元代对永定河进行疏浚,主要还是为漕运服务。郭守敬为恢复大都水运并解决京城用水问题,整理了昌平一带泉水并引导至京西瓮山脚下的天然湖泊(即今天的海淀区颐和园一带)。他利用金代闸河遗迹,重开通惠河并重新规划、建设了河道上的水闸。自至元三十年(1293)起至清末废止漕运止,经过郭守敬改建重开的通惠河正常运行 600 余年。

明代,永定河水患比元代更频繁、剧烈。永定河"下流在西山前者,泛滥害稼,畿封病之,地方急焉"[①]。新修筑堤防的主要地段从石景山至卢沟桥一带继续向下移动,变为卢沟桥以下河段。同时,为了提高河道行洪能力,在筑堤之外,明廷也开始有计划地疏浚永定河水系。洪武十六年(1383),"浚桑乾河,自固安至高家庄(今河北固安县至河北霸州)八十里,霸州西支河二十里,南支河三十五里"。[②] 明成祖迁都北京后,对永定河水系做了重大调整。首先,将什刹海以东通惠河的一段划入皇城,迫使漕运终点从什刹海转移至东便门大通桥漕运码头。其次,在昌平万寿山兴建陵墓,以昌平诸泉汇为陵前湖泊,作为风水用途,禁止为取水而损伤龙脉。这导致通惠河上游来水水源地变为京西玉泉山。上游来水减少以后,为保证漕运所需水位,成化、正德、嘉靖历朝均疏浚过玉泉山附近的一些泉眼,但几乎没有效果。除了这些意义不大的疏浚之外,明廷将大批人力、物力用于继续兴修堤坝。正统元年七月(1436 年 8 月),李庸上奏以匠、夫两万余人大修卢沟桥以南狼窝口等地堤防。"累石重甃,培植加厚,崇二丈三尺,广如之,延袤百六十五丈,视昔益坚。既告成,赐名固安堤。"[③]嘉靖四十一年(1562),工部尚书雷礼又增修了卢沟河两岸堤防。"凡为堤延袤一千二百丈,高一丈有奇,广倍之,较昔修筑坚固什伯(倍)矣。"[④]

这些防洪工程的修建固然使北京主城区避免了永定河泛滥的威胁,但也使得永定河变成了一条只从城市西南角掠过的"无关"河流,不再穿北京城而过。元代及其之前历代的永定河故道(包括清河故道、金沟河、瀑水故道等)不再有水流过。

---

①　张廷玉:《明史》,卷 87,《河渠志五》,中华书局,1974,第 2137 页。
②　张廷玉:《明史》,卷 87,《河渠志五》,中华书局,1974,第 2137 页。
③　杨荣:《固安堤记》,载李逢亨:《永定河志》,北京燕山出版社,2007,第 498 页。
④　袁炜:《重修卢沟桥河堤记略》,载李逢亨:《永定河志》,北京燕山出版社,2007,第 499 页。

这些河流故道洼地积存的水源,被明以后北京城内及其郊区主要宫廷园囿争相靠近和利用。昆明湖、万泉庄、圆明园、玉渊潭、莲花池、积水潭、中南海、高粱河、南苑(即南海子)都是例证。

清代,永定河筑堤、疏浚工程进入鼎盛时期。而且,此时的筑堤和疏浚工程是作为一个整体,同时、同地展开的。康熙七年(1668),浑河水决,直入正阳、崇文、宣武、齐化诸门,午门浸崩一角,惊动朝廷。此后,由于成龙治理河患,奏请康熙帝为浑河赐予新名,并希望敕建河神庙。康熙帝照准,赐名"永定河",建庙立碑。康熙三十七年(1698),康熙帝巡视永定河,诏令时任直隶巡抚于成龙整治河道并曾广堤防,以免京师被永定河山洪所袭扰。此次施工河道路线为"自良乡老君堂旧河口起,径固安北十里铺,永清东南朱家庄,会东安狼城河,出霸州柳岔口三角淀,达西沽入海"。河两岸筑堤"百八十余里",疏浚淤塞河道"百四十五里"。[①] 同时,为了及时对工程进行修补、巡查,又设置了永定河南岸分司、北岸分司。每司按照河流走向,又自上游至下游各划分为若干个管区("八汛"),将良乡至永定河入海口的河道固定下来,并在康熙至乾隆年间继续加高堤坝、在内堤外增筑遥堤。乾隆六年(1741),直隶总督兼管直隶河工孙嘉淦上奏。他认为"永定河从前散流于固安、霸州之野,泥留田间,而清水归淀,间有漫溢,不为大害。自筑堤束水以来,始有溃堤淤垫之患",应该"复其故道""无堤无岸""不治而治"。[②] 大学士鄂尔泰对此予以驳斥,称为保证京畿重地安全,应当"建闸坝、开减河、导下口",而不能对河流放任不管乃至拆毁堤坝。[③] 乾隆十五年(1750),乾隆"阅永定河堤","知其每岁加高,河底淤填,如以墙束水,是夏浑水决溢,因命改浚下口"。[④] 乾隆在此后所作诗句中,多次表露了明知筑堤束水有害,但又无法将土地腾空用于行洪,因此只能继续加高堤防的矛盾心理。

乾隆四十四年(1779),直隶地方并京师工部会同办理河务"展筑新北堤,加培旧越堤,废去瀕河旧堤,使河身展宽"。[⑤]清政府也注重在堤防上广种柳树,尤以乾隆帝提倡最力。对永定河新北堤的增筑和维护一直持续到光绪末年。时人赞颂"建堤坝、疏引河,宣防之工亟焉"[⑥]。进入近代之后,左宗棠非常注重兴修水利。

---

①　赵尔巽:《清史稿》卷128,《河渠志三》,中华书局,1977,第3809页。

②　周家楣、缪荃孙:《光绪顺天府志·河渠志六·河工二》,北京古籍出版社,2018,第1477页。

③　同上书,第1477-1479页。

④⑤　吴文涛:《北京历史上的重要水利工程及水系改造》,《北京档案史料》2014年第2期,第285-300页。

⑥　赵尔巽:《清史稿》,卷128,《河渠志三》,中华书局,1977,第3808页。

"同光中兴"期间,他以"水利为屯政要务",沿永定河勘察,指出要源流并治。清政府授权他办理京畿水利。左宗棠调部将王德榜率兵在永定河流域兴修水利,历时一年。先后完成了丁家滩段、下苇甸段、车子崖段、水峪嘴段及城龙灌渠山嘴工程。至于王德榜后人王道本与门头沟大地主刘洪瑞合谋将城龙灌渠据为己有、兴办兴殖水利公司,向农民勒索钱财,终于引发门头沟琉璃渠村村民抗争,经暴力斗争、司法审判和民事调解后,解决冲突,留有刻于 1929 年的《琉璃渠村胜诉碑》一通,乃是后话。光绪十六年(1891),永定河决口,曾开引河分流,终于转危为安。其后,用治水结余款物修建了大王庙,光绪帝御书"金堤永固"。

## 二、 北京:都城内排水系统的修浚

前文已经探讨了积水潭和北京近郊的运河水系开凿及其疏浚情况。下面将更进一步考察古代北京城市建成区范围内,作为城市防洪排水之用的渠道系统兴修和疏浚工作情况。

作为元、明、清三代的都城,大都(京师)内城排水系统的设计和建设就显得十分重要。按《析津志》旧说,元定都大都后,在中心阁、普庆寺、漕运司衙门、双庙、甲局、双桥南北各处、平桥东西两岸共开凿了 7 条排水沟。但时至今日,在北京进行城市建设时发现的元代排水沟遗迹,并不是这七者之一。在今西四牌楼到平则门大街一带发现的石条砌壁排水沟,应该是元中后期增修的。据遗迹发掘情况来看,这条排水渠应该主要是明沟,只是在部分地段加修了砖石券顶,再覆盖条石,成为暗渠。值得注意的是,这些排水沟的底部,不是天然土层,而是人工铺装的石板。因此,这种渠道有一定的防渗能力。为增强涵洞处的地基承重能力,其按宋代成书的《营造法式》例,将涵洞下地基加钉了地钉、铁锭扣,其上加装木头横杠(衬石枋)。元大都城内积水就是通过这些渠道构成的排水系统,排入护城河,再进入天然河流或运河的。元时,金水河、坝河、通惠河均可承接城市排水。

由于游牧特性,元初诸事,多不立文字。元末,大都因战火多有毁坏,明北京城址又向南退缩重建。元大都护城河的具体尺寸不明,明清护城河的情况则比较清晰。明清北京护城河顶宽约 30～50 米,平均深度在 6～7 米左右。其边坡比大约是 2∶1。据 20 世纪 50 年代和 1980 年两次大规模翻修北京城市排水系统得到的证明,明代北京内城排水沟主要有 3 条,其一为河槽(即大明濠),起于西直门横桥南至南城墙下象坊桥,过宣武门西水关入护城河;其二为东西双沟,起于西长安街左右,合一后沿北新华街南至化石桥,过正阳门西水关后,入护城河;其三是东长安街御河桥下北河沿、南河沿大街水沟,起于积水潭,至正阳门东水门,入护城河。[①]《明会典》卷二百记载了成化六年(1470),皇帝禁止官民人等将皇城、东西长安街、京城内外沟渠作践侵占的谕令。北京外城(南城)的情况也与内城相似。其一是明初修山川坛(即今先农坛)和天坛后,顺便整理低洼地带形成的无名河道(即后来的龙须沟);其二是虎坊桥排水明沟,起于宣武门以东响闸,向南经过虎坊桥至山川坛西北芦苇荡;其三是正阳门外三里河。正统四年(1439),在正阳门外开挖减水河并疏浚内城沟渠,接入的就是三里河。其去水则排入龙须沟。明代北京内城、外城的排水系统也因此形成了一个整体。

到清代,北京内城沟渠在明代基础上,主要是新开了两条明沟。其一是在内城西城墙内侧开挖,过西直门、阜成门,通往城西南角太平湖;其二是从北城墙内侧安定门东开挖,过城东北角后折向南,沿着东城墙内侧过东直门、朝阳门,排入泡子河。实际上泡子河最后还是归入了南护城河。另据《光绪会典事例》卷九百三十四引乾隆朝旧事,乾隆五十二年(1787),北京内城排水沟总长计:大沟 30 533 丈,小巷各沟 98 100 余丈。[②] 其中规模最为宏伟者,当属紫禁城护城河筒子河。筒子河现存宽度 52 米,深 6 米。其独特之处在于,边坡比接近 1∶1,即顶宽与底宽大致相等,岸坡角度近似垂直。其不仅有排洪作用,也有蓄水御敌的作用。紫禁城内排水就是经过内金水河,去往筒子河的。

北京内金水河始建于明永乐年间,其建筑范本是南京金水河和中都凤阳金水河。其在紫禁城内的起点是玄武门西涵洞,沿着城内西侧向南过武英殿、太和门、文渊阁、东三门、銮仪卫西,在紫禁城东南角入筒子河,出紫禁城。其共长约 2 100 米。[③] 为保证紫禁城排水系统的正常工作,明代"每岁春暖,开长庚、苍震等门,放夫役淘浚宫中沟渠"[④]。清代对此制度,沿用不辍。紫禁城内排水系统的层次为:地面沟槽-明沟-地漏眼钱-暗沟-支干暗渠-内金水河-涵洞-筒子河。

明廷在京共 225 年,清廷在京凡 267 年。但明北京内城遭水灾计 18 次,清代则只有 5 次。究其原因,除了清代把永定河部分改道并在卢沟桥以下大修特修以外,另一个重要原因就是清廷、顺天府等对于城市排水系统的日常管理和疏浚维

① 万青藜、周家楣:《光绪顺天府志》,卷 13,《京师坊巷》,顺天府官刻,1884。
② 万青藜、周家楣:《光绪顺天府志》,卷 15,《京师水道》,顺天府官刻,1884。
③ 章乃炜、王蔼人编:《清宫述闻——初、续编合编本》,紫禁城出版社,1990,第 24 页。
④ 刘若愚:《明宫史》,北京古籍出版社,1980,第 38 页。

护。按《光绪顺天府志》记录，明代共修浚北京护城河、沟渠 8 次；清代的相应数据为 16 次。① 而在日常管理和按例修浚方面，清代颇有可观。

顺治元年(1644)，以街道厅管京师城内外沟渠事，以时疏浚，若旗人淤塞沟渠，其责罚比汉人百姓更重，按律送刑部议处。② 康熙五年(1666)，定修筑城壕例，其被水毁损处，在内城范围内的，交给工部派官修理；在外城的，交顺天府和五城官(疑为五城兵马司)修理。北京城墙高大宽阔，其城墙排水有损坏的，归步军统领衙门与工部会同委派官员修理。③ 康熙四十二年(1703)，以步军统领监理疏浚京城内外沟渠。④ 雍正三年(1725)，以巡城御史街道厅委司坊官动支官中钱粮于次年修沟。雍正五年(1727)，对于在内城范围内参与修沟的民夫，仿照军官效力工地的成例，每人每天发给制钱 80 文，由户部拨给工部代发。⑤ 至于沟渠修浚到底是否质量过硬，则临时差遣大臣复勘。⑥ 掏沟修渠往往使得污泥浊水上泛，污染人居环境。为降低负面影响，其时往往选在农历二月冬春之交。而且，为了维护内城环境，这种污染祸害的，往往是南城汉民居住区。⑦

## 三、历代疏浚、堤防工程对永定河流向造成的影响

据段天顺等人研究，"商以前，永定河出山后经八宝山，向西北过昆明湖入清河，走北运河出海。其后约在西周时，主流从八宝山北南摆至紫竹院，过积水潭，沿坝河方向入北运河顺流达海。春秋至西汉间，永定河自积水潭向南，经北海、中海斜出内城，经由今龙潭湖、萧太后河、凉水河入北运河。东汉至隋，永定河已移至北京城南，即由石景山南下到卢沟桥附近再向东，经马家堡和南苑之间，向东南流入凉水河再进入北运河。唐以后，卢沟桥以下永定河分为两支：东南支仍走马家堡和南苑之间；南支开始是沿凤河流动，其后逐渐西摆，曾摆至小清河—白沟一线。自有南支以后，南支即成主流。迨至清康熙筑堤之后，永定河始成现状"。⑧

所以，历代对永定河疏浚和增修堤防工程，是造成永定河在三家店以下河段按照清康熙以来现行河道走向流淌的根本因素。

---

①② 万青藜、周家楣：《光绪顺天府志》，卷 15，《京师水道》，顺天府官刻，1884。

③ 北京市社会科学研究所北京历史编写组：《北京历史纪年》，北京出版社，1984，第 194-195 页。

④⑤⑥ 万青藜、周家楣：《光绪顺天府志》，卷 15，《京师水道》，顺天府官刻，1884。

⑦ 于敏中：《日下旧闻考》，卷 60，《城市·外城·西城二》，北京古籍出版社，1981，第 985 页。

⑧ 段天顺、戴鸿钟、张世俊：《略论永定河历史上的水患及其防治》，载苏天钧编：《北京考古集成(1)》，北京出版社，2000，第 337 页。

北京城内水系无疑同属永定河系统。辽、金、元、明、清历代宫殿建筑麇集之所在，当然不能摆脱永定河的影响。由于作为王朝政治和政治中心的殿宇、寺、观，一方面要求居住的舒适性，另一方面又要求安全性（主要是防洪和防火方面的安全性），人类活动对于北京历代宫城基址附近水系的疏浚、挪移、填塞等改造，不仅密集，而且程度颇深。今故宫博物院神武门以北的景山即典型例证。

远古时期，景山只是永定河摆动迁移后留下的土丘。辽代在今北海琼华岛上兴建宫殿建筑，顺便疏浚了北海。其建筑废料和疏浚土等，即就近堆积在景山前身处。金章宗时期（1189—1208），再次疏浚北海，景山前身处又一次成为堆场。元时，该处已经因历代堆积而造成了庞大的体量，且有多年生的高大木本植物生长。其色由皂（黑）转青，得名青山。又因为它位于平旷的大都城中央，比较容易辨识，成为五行风水之说中，京城"土镇"附会的地方。明成祖迁都北京后，城址向南移动，以青山为皇宫中轴线最北的靠山。坐北朝南建筑后方应该有靠山，这是中国古代建筑学要求建筑物少受冬季盛行的西北风侵袭原则长期演化形成的原则之一，以风水之名行于世。明代加高加大皇宫后方靠山，使用的是疏浚紫禁城内水体（尤其是南海子）和紫禁城外护城河（筒子河）得到的疏浚土。其时，此山名为万岁山，但因明内廷管理机构在此处堆放过宫内所用煤炭，时人多称其为煤山。清入关后，认为煤山之名谐音（霉山）不好，又吊死过崇祯帝，遂改"景山"。"景"者仰也，一则夸张显示此"山"高大，二则训诫天下万民需时刻仰视、拥戴皇帝。

## 四、 明清河工造成的水环境变迁

明、清两代对永定河的疏浚，一方面使得京师少受水灾之害；另一方面，也使得河流不再经过城中，且流速加快。北京位于 400 毫米/年等降水量线附近，属于半干旱区向干旱区过渡地带，阳光和风力造成的蒸发作用强烈，年蒸发量数倍于年自然降水量。由于不再能够得到永定河水的补给，北京城内的永定河故道残留水体，明代以来一直处于持续缩小中。这使得疏浚的主要预期目的，即维护漕运，反而不能很好地达成。元代时，大运河北端的漕运终点是什刹海码头。到了明代，什刹海就已经明显淤积变浅，开始有大量人类垦殖活动。又由于通惠河中有一段被划入皇城，漕运码头被搬迁至今天的东便门外大通桥下。至清代，什刹海周边已经成为居住区,恭王府和其他一些清代王公贵族的府邸、普通城市居民的民居、街道等,就坐落在今天的什刹海公园附近。清代之所以在乾隆年间大肆修浚昆明湖,并建立了与之相配套的玉泉山引泉石槽工程,固然有为乾隆帝生母崇庆皇太后钮钴禄氏建园林祝寿的用意,更是为了在西山脚下建立一个保障漕运和京师生活用水安全的水库。这项疏浚工程的成果,是清漪园(即颐和园)。

清乾隆十四年十一月(1749 年 12 月),清廷着内务府总管大臣三和总领瓮山西湖疏浚工程。工程产生的湖泥(疏浚土)则被运至瓮山东麓。原来在瓮山西南呈半月形的西湖,经过开挖疏浚,扩展至瓮山西南,湖面变为寿桃形,水深也相应加深。但是,水体的扩张又给圆明园、畅春园等京西皇家苑囿带来了洪水威胁。其解决办法是将畅春园西面的土坝改为石质。石堤上新开北、东、南三闸。其中北闸是泄洪通道,勾连清河。东闸是京西园林群用水闸。南闸则是供皇城用水专用。后来,由于瓮山西湖的西部又修了一道堤坝,原来的畅春园西堤就被乾隆改名为东堤了,这也就是今天我们所见的颐和园东堤。次年三月十三日(1750 年 4 月 19 日),疏浚工程结束。因乾隆十六年农历十一月十九日是太后六十大寿,疏浚后的西湖命名为昆明湖,瓮山也改名为万寿山。乾隆在《万寿山昆明湖记》中说,瓮山西湖工程目的有三。其一是为京师水利,其二是为在昆明湖操练水师,其三是为祝寿。实际上疏浚工程不是工程主体,后续的园林建设才是乾隆真正在意的。而且,园林工程在太后万寿庆典完毕之后,也没有停止。清漪园的亭台楼阁建筑工程持续了 11 年之久。计算上工程筹备和后续收尾的时间,清漪园工程共耗时 15 年。西山、玉泉山、万寿山、畅春园、静宜园、静明园、圆明园和清漪园共同构成了清中期海淀一带的“三山五园”系统。然而,这种行为与乾隆本人在《圆明园后记》中给出的圆明园修成之后就要爱惜民力、停建园林的承诺相违背。他因此写了《万寿山清漪园记》给自己的行为寻求解释,说因兴修水利才修的昆明湖,奈何临湖有万寿山,有山有水不修一些亭台楼阁作为点缀实在可惜。不过,他自己也知道这种借口实在不能服众,因而在文章中自嘲“今之清漪园非重建乎? 非食言乎? ……虽云治水,谁其信之”![1] 为了给臣民一个交代,他一生不曾在清漪园过夜,以示自己没有忘记不修园林的承诺。他因游园后当日就要返回紫禁城或圆明园等处,也就没有使用过清漪园中专门建来观赏平湖落日景色的“夕佳楼”。乾隆遗憾自己不能追慕先贤,享受“山气日夕佳”的意趣,在

---

① 清华大学建筑学院编:《颐和园》,中国建筑工业出版社,2000,第 496 页。

其诗作中也有所反映。

当然,疏浚瓮山西湖为昆明湖这样的尝试,满足园林景观用水尚可,要满足漕运需求,确保通惠河水位,就力有不逮。清代水运的终点已经被迫搬离了北京城,转而设在通县(今北京市通州区)。作为国家政治中心,京师众多地表水体萎缩并向南、向东退缩的同时,北京地区的地下水水位也开始快速下降。蒸发造成的土壤毛细管效应使得耕作层以下生土层中的盐类向上迁移,浅层地下水水质变差。作为水环境变化的直接反应,在老北京本地居民中长期流传着"高亮赶水"的神话传说。人言,哪吒在远古时镇压"苦海幽州"的龙王、龙母,封闭各处"海眼",才使得北京城陆地从苦海中浮出。明初,刘伯温奉命为北平府督造城墙,得罪龙王,龙王收回地面上的水,分苦甜两种,装入水篓。大将军高亮奉刘伯温之命追赶龙王,扎破水篓之一,抢回一部分水源,但抢回的却是苦水,甜水被龙王带入玉泉山。这个传说开始形成并广为流传的时间,正好是明清永定河被人工改道,北京地区地下水情况恶化的时候。清代"京师井水多苦,茗具三日不拭,则满积水碱"。[①]

此外,明清永定河疏浚和堤防工程从土堤防开始逐渐演变为片石加护或条石垒砌的半石质、石质堤坝,防护北京城能力加强的同时,水灾祸患并没有消失,而是转往直隶地方。清入关后至康熙三十七年(1644—1698)大修永定河之前,其下游部分大的水患只有3次。但在康熙大工完成后,至同治十一年(1861),永定河下游损失严重的水患有17次。固安、霸州、新城、永清、大兴、东安、通州、武清皆受其害。安次、东安等县城被淤埋后,迁址另建。原本分布在这些地方的天然湖泊逐渐淤塞。散见于宋、辽、金、元史料的100余淀,到康熙大工兴修前,就只剩下40余个,分为东淀和西淀两个湖泊群。康熙大修永定河后,下游每发生一次水灾过程,就会淤塞一些淀泊。时至今日,东淀湖泊群已经完全消失,西淀湖泊群只留存有白洋淀。

## 五、 次生灾害的社会经济影响

北京地区水环境的变化、水质的恶化,在社会经济层面上,产生了多方面的影响。就淡水获取和消费方面而言,明、清两代皇帝及宫廷人等用水,主要取自玉泉山。在京高级官员则耗费巨资,自家打深井。至于市民中有财力者,日常饮用水的

---

① 徐珂:《清稗类钞》,卷47,《饮食(上)》,商务印书馆,1918,第90页。

来源,主要是花钱从推车、挑担卖水人那里少量购买。从明中期以后至新中国成立前夕,卖甜水、送水一直是一个非常活跃的行业。由此,催生出把持京师甜水井或山泉,借向市民售水谋生的"水夫"。在清代北京的官署档案中,记载了这些"水夫"的地域特征。清中期以来,在京售卖甜水者,大都是山东各州府人氏。在嘉庆六年(1801)春京师九天庙杀人案的案卷中,就记载了该庙早已被山东籍挑水人占据的情形。[①] 在成书于1939年的《北京市工商业指南》中,也记载了市内"井业公会"主会人籍贯情形。246家此类会社中,山东籍主会人所主持的有226家。[②] 但来自全国各地的北京市民对这些山东籍"水夫",成见颇深。时人称其"垄断把持官莫制,居然水屋比堂皇"[③]。也有将"水夫"把持固定区域内售水垄断权利情形与北京"粪霸"相类比的,说这样的做法使得"居民颇苦于此,南人之苦尤甚"[④]。"水夫"把持水源和送水路线(实际是把持送水路线附近的用水市场),互相之间也抵押、有偿借用、租佃、交易这些利权,留有不少关于京师"水道路"的契约文书。当然,由于执笔人或代笔人文化水平不高(或为便于文盲水夫理解),这些文书中,使用了大量的错字、白字、俗写字、谐音借用字。

就永定河流域水利与水害分布情况方面而言,处在河流中游的北京城得到了防洪之利。但是北京以南遭到的灾害也随之增多。乾隆帝有诗稿:"卢沟桥北无河患,卢沟桥南河患频。桥北堤防本不事,桥南筑堤高嶙峋。堤长河亦随之长,行水墙上徒劳人。"[⑤]此诗忠实地记录下永定河水患发生地,由于人为原因所产生的地理空间转移,以及永定河从正常河流变为地上河的情况。据《光绪顺天府志》和《畿辅通志》的记载统计,清代永定河下游较大的改道有20次,其中,康熙三十七年(1698)以前只有3次,也就是说,筑堤之后其下游的改道泛滥,在康熙三十七年(1698)至同治十一年(1861)期间却有17次之多,几乎不到10年就有一次。乾隆二十年(1755),乾隆帝又一次哀叹:"我欲弃地使让水,安得余地置彼民?或云地亦不必让,但弃堤防水自循。言之似易行不易,今古异宜难具论。"[⑥]这首诗表明,过多的人口已经挤占了行洪所需的河道空间。不论是放弃耕地(以及其上附着的房屋、人口)以让水,还是放弃堤坝使水自行"循路",都不可能。欲行前一种策略,

① 汪廷珍:《清仁宗实录》,中华书局,1986,第59页。
② 北京正风经济社:《北京市工商业指南》,北京市商会商业旬刊部,1939。
③ 成善卿:《天桥史话》,生活・读书・新知三联书店,1990,第136页。
④ 邓云乡:《增补燕京乡土记》,中华书局,1999,第447页。
⑤⑥ 于敏中:《日下旧闻考》,卷93,《郊垧》,北京古籍出版社,1981,第1565页。

流民无法安置;欲行后一种策略,则后果无疑一言难尽("难具论")。为求永定河安澜无事,乾隆帝"惭乏安澜术"只好"事神敢弗诚",即求助于满天神佛保佑而已。但是,这种托庇于神佛的办法,显然也是失败的。永定河"水漫金山"后四处淤积垫高地表的情况,在明清之际是比较严重的。例如,明万历年间,户部尚书刘体乾位于廊坊的墓碑通高约 3.8 米。当初安置时,其基座即明晚期地表。如今,这个墓碑只露出一个雕花碑头而已。永定河明清 600 余年的泛滥,在下游地区形成了总面积约 2 000 平方公里的沙源地。这是京津冀本地扬尘的重要源头,也是京津冀永定河下游流经沿岸区域小麦低产的重要原因。不过,流沙覆盖多年耕作形成的耕作土壤层,让北京南面的大兴区有了发展沙地西瓜产业的优势。这就又是利、害相间了。

# 第八章
# 古代疏浚人物、思想、器具

古往今来的疏浚事业中,无论是管理,还是具体工程,各方面都有诸多有识之士在其中发挥重要作用,涌现出许多杰出人物,或为疏浚事业的优秀代表。这批代表人物身处各个时代,在工程实践中,总结出具有时代特征,又有实效用途的工程准则与疏浚策略与思想,使历朝历代疏浚工程基本能够基于不同的物质条件,相应的河工器具和施工手段得以实施,达到造福一方的目标。也为今天的疏浚事业继教往开来留下了宝贵的精神财富。

## 第一节　杰出疏浚人物

本节中所列中国古代疏浚史上的杰出人物,按生卒年时间顺序排列,以人物小传形式呈现。

### 一、 先秦和秦代

#### 禹

生卒年不详,据推定约公元前—前 2070 年,姒姓,名文命,为夏朝奠基人,据安金槐考证,禹都阳城应在今河南登封市禹州瓦店王城岗乡。其子启是"家天下"血缘继承制王朝的开创者。据《尚书·尧典》记载,当时在中原地区发生了大洪水。帝尧命禹之父鲧治水。鲧采取筑坝拦水、削平高处并垫高低洼地带的办法,终归无效。禹子承父业之后,改变策略,疏导洪水排泄,历时约 13 年,"别九州,随山浚川"使洪水消退。大禹治水"三过家门而不入"的传说故事是中国古代公而忘私的典范。禹聚九州之金而为九鼎的传说,则是中原地区居民形成统一国家认同的重要侧证。

### 孙叔敖

生卒年:约公元前 630—前 593 年,芈姓,蒍氏,名敖,字孙叔,又字艾猎。春秋时楚国期思人。其父蒍贾为楚国司马,在反对令尹斗越椒的政潮中被暗杀。其母带他逃回故乡期思(今河南固始西北,临近淮滨县)。居乡期间,他利用自家家产,修建了期思、雩娄(在今河南淮滨县境内)灌区。后来,他继承父亲的政治遗产,在斗越椒被杀后 4 年(即公元前 601 年),继任楚国令尹。他在任期间,又于楚庄王十七年(前 597)兴修了芍陂(即今安徽淮南寿县安丰塘)。东汉延熹三年(160),王延寿作《孙叔敖庙碑记》,赞扬他"宣导川谷,陂障源泉,溉灌沃泽,堤防湖浦,以为池沼。钟天地之美,收九泽之利"。清代地理学家顾祖禹称芍陂为淮南田赋之本。20世纪 50 年代,毛泽东在关心治淮工作和听取邵力子任团长的治淮工作视察团汇报时,多次称赞孙叔敖的历史功绩。

### 西门豹

生卒年不详,战国时期魏国安邑(今山西省运城市盐湖区)人。魏文侯二十五年(前 421)出任邺(今河北省临漳县西南)令。时值漳水泛滥,地方廷掾和乡里"三老"勾结祝巫,以敬献河神为名义,收取贡赋从中贪墨,又强征民女投入水中为河伯"娶亲"。西门豹破除迷信,惩凶除恶并组织兴修了采用"多渠首引水法"的"引漳十二渠"。以富含泥沙的漳河水大水压碱,清洗盐碱地并放淤,发展农业,使得邺城成为富庶之地。

### 伍子胥

生卒年:公元前?—公元前 484 年,名员,字子胥,春秋时吴国大夫。楚国大夫伍奢次子。楚平王七年(前 522),武奢因费无忌谗言而被杀。伍子胥受许国国君指点,经宋国、郑国,奔吴并在吴国帮助公子阖闾刺杀吴王僚。阖闾称王后,发兵攻楚助伍子胥复仇。伍子胥因功封于申。为倾泄太湖洪水,相传伍子胥在太湖与东海之间开凿了"胥浦",又在荆溪和水阳江之间开凿了"胥溪"。吴国水军、后勤船队因此可以经荆溪、胥溪、水阳江至芜湖,向北抵达濡须口,进入淮河。吴王夫差继位后,因伍子胥谏言不能轻信越国求和、应停止北伐齐国等事,又有伯嚭进谗言,被疏远,后被赐死。

### 李冰

生卒年不详,战国时代秦昭王后期蜀郡守,任期约从公元前 273 年至公元前

245 年。李冰任蜀守期间,主持诸多疏浚工程。公元前 256 年,李冰兴建都江堰,"壅江作堋。穿郫江、检江,别支流,双过郡下,以行舟船",使岷江改道绕经成都。其后,李冰又相继开凿石犀溪、羊摩江等都江堰内江引水渠道,以灌溉农田。除兴建都江堰以外,李冰还大力改造长江上游及其支流河道。这些工程包括:凿平大渡河与岷江汇合处的乱石滩,规整水流,解决"水脉漂急,破害舟船"的问题;疏凿整治岷江汇入长江河道处的江滩和崖岸;开浚岷江西岸河道,沟通文井江与岷江;开凿引导沱江中游石亭江,沟通沱江与岷江上游河道;整治沱江东源绵远河。都江堰工程以及这些河道改造工程,既改善了蜀地水系状况,使成都平原得以充分享受航运之便利,又解决了水患问题,兼具引水灌溉的功能,"膏润稼穑",影响深远。[①]

### 郑国

生卒年不详,战国末年韩国新郑(今河南省新郑)人,韩国诸侯宗室之后。秦王政元年(前 246),奉韩桓惠王之命入秦,游说秦王嬴政在关中修建引泾灌溉工程,妄图空耗秦国国力,推迟秦统一中国的战争。秦王起初不知是计,于当年开始该工程。施工至一半时,"疲秦之计"败露,然郑国辩称自己"始臣为间,然渠成亦秦之利也,臣为韩延数岁之命,而为秦建万世之功"(《汉书·沟洫志》)。秦王遂命其继续完成工程。共耗时 10 年,终于完工。郑国渠自云阳西的仲山引泾水向东开渠与北山平行,东注入洛水,绵延 300 余里。"渠就,关中为沃野,无凶年。秦以富强,卒并诸侯,因命曰郑国渠"(《史记·河渠书》)。在修渠过程中,郑国表现出高超的勘测设计能力,渠道基本位于灌区海拔高程中脊上,可在干渠上向两侧修支渠自流灌溉田地。他还采用"横绝"技术解决了人工灌渠和天然河道相交问题,引泾水淤灌,改良两岸盐碱地。时人感念他的功绩,将灌渠命名为"郑国渠"。

### 史禄

生卒年不详,姓失考,"史"是他在秦平定南方百越人叛乱的南征大军中所任的职位,相当于后代的监军御史,有掌书记、组织后勤转运的职责。故又有人称之为"监禄"。"使监禄凿渠运粮"(《史记·平津侯主父列传》)。此即沟通长江水系和珠江水系的灵渠,位于今广西兴安县境内。

---

① 冯广宏:《都江堰创建史》,巴蜀书社,2014,第 112-125 页、第 207-212 页;常璩:《华阳国志校补图志》,任乃强校注,上海古籍出版社,1987,第 132-134 页。

## 二、 汉唐时期

### 徐伯

生卒年不详,西汉时诸侯封国齐国人,水工。汉武帝元光元年(前129)负责开长安至潼关300里漕渠。他树立表记、测定高程,定渠线,分段施工,历时3年完成工程,使得关东至长安漕运时间缩短一半,漕渠两岸农田得灌溉之利,渭南地区农业得到发展。

### 兒宽

生卒年:公元前?—公元前103年,千乘(今山东高青东北)人,于汉武帝元鼎四年(前113)任左内史。向汉武帝建议增修郑国渠,获得批准后,在郑国渠上游开6条支渠,以灌溉高阜之地,号为"六辅渠"。为管理六辅渠,他制定有管控灌溉用水的《定水令》,以求合理用水和扩大灌溉面积。这是中国水资源管理制度建设方面的重大进步。

### 文翁

生卒年:公元前187—前110年,名党,字仲翁,公学始祖,庐江郡舒县(今安徽舒城县)人,西汉循吏。文翁主持在太平堰鱼嘴处开通蒲阳河,引水灌溉灌县蒲阳地区,把都江堰灌区向成都平原北面扩大,在彭县、新繁交界处与湔江汇合(称清白江),增加灌溉面积1 700顷。使四川农业生产很快地发展起来,出现了"世平道治,民物阜康"的局面。文翁也就成为扩大都江堰灌溉效益第一人。

### 贾让

生卒年不详,西汉末年时人,汉哀帝(前27—前1)在位期间任待诏。西汉绥和二年(前7),汉哀帝下诏书"博求能浚川疏河者",贾让应诏。他基于对黄河水患来源的实地考察和论证,提出了著名的"治河三策"。上策提议应该保留河流湖沼自然区域,"不与水争咫尺之地";中策提议将沿河两岸低洼地带作为滞洪区,并开渠分黄河之水,分洪、淤灌治理盐碱地、通航"三利并举";下策则认为战国以来不断加高黄河堤防的老办法并不可取。贾让的"治河三策"是流传下来的我国最早的比较全面、系统的治河文献,他不仅提出了防御黄河洪水灾害的对策,还涉及灌溉、放淤、治碱、通航等多方面的治理措施,并首次提出了"补偿时间"和"移民补偿"概念。"治河三策"是我国治黄史上第一个兴利除害的综合性规划。贾让求真、务实,读万卷书,总结前人的治河经验;行万里路,亲至黄河下游一带进行实地调查研究。他以事实为依据,创造性地提出了不同背景下的治河方略,对后世的治河工作产生了深远的影响。

### 张戎

生卒年不详,长安(今陕西西安市长安区)人,字仲功,王莽新朝时期任大司马史。元始四年(4)时提出,黄河多泥沙,只有加快其流速才能带走泥沙并使河槽加深。如果水流速度变慢或水量变少,泥沙沉积就会淤高河床,造成河决。他主张以水刷沙,反对在黄河干流上开挖分水渠道,又认为继续加高堤坝会加剧地上悬河的弊病(《汉书·沟洫志》)。这是明代潘季驯"束水攻沙"治黄方法的先声。

### 王景

生卒年:约公元 30—85 年,字仲通,琅琊郡不其(今山东即墨)人,东汉明帝时人,历任河堤谒者、徐州刺史、以功迁庐江太守。自西汉平帝以来,黄河屡次决口;王莽始建国三年(11),黄河发生大改道。至东汉明帝永平十二年(69)令王景、王吴治河时为止,黄河泛滥已有数十年。二人"凿山阜,破砥绩,直截沟涧,防遏冲要,疏决壅积"(《后汉书·王景传》),使黄河安澜 800 余年。此外,王景还修浚过浚仪渠。建初八年(83),王景改任庐江(今安徽合肥市庐江县)太守,修复芍陂。在长期的工程实践中,王景总结出土方计算等方面的实用数学技术,著成《大衍玄基》一书,今已散佚。

### 马臻

生卒年:公元 88—141 年,字叔荐,扶风茂陵(今陕西兴平)人。东汉顺帝永和五年(140)为会稽郡太守。约在永建四年(129)之前,马臻曾参与过泗涌湖疏浚,这为会稽郡郡治从丘陵地带迁往山阴县平原地区创造了条件。永和五年(140),他又在会稽、山阴两县之间创建鉴湖(此非宋代以后普遍为人所知之鉴湖),堤长 127 里,湖周长 310 里,宽 5 里。该湖总纳山阴、会稽两县 36 水,又辅以斗门、闸、涵、堰等水利设施,上蓄洪水,下拒咸潮,旱则泄湖溉田。但因蓄水时淹没本地豪强祖坟、家宅,为人所诬告,于永和六年(141)三月十三日被冤杀。北宋仁宗嘉祐年间追赠封号"利济王"。马臻墓在今浙江绍兴市外跨湖桥直街。

### 陈登

生卒年:公元 163—201 年,字元龙,下邳淮浦(今江苏涟水县西)人,沛国国相陈珪之子。始举孝廉,东汉末年,经徐州牧陶谦表奏为典农校尉。东汉初平年间,在扬州、淮阴等地建造陂塘、堰坝。扬州西有"陈公塘"。建安五年(200),修筑捍淮堰,为今洪泽湖高家堰大堤北段最早的基础。

### 刘馥

生卒年:公元? —208 年,字元颖,沛国相县(今安徽省濉溪县)人。东汉末年名臣。他将扬州治所从历阳(今安徽马鞍山和县)迁至合肥。刘馥在任的数年期间,在当地大行恩惠与教化,百姓非常满意他的治理措施,有数万名以前因避乱而到附近州郡流浪的江淮人又都回到原居地。随着人口渐长,刘馥又汇聚儒人雅士,兴办学校和进行大规模屯田,修复芍陂等蓄水工程,灌溉稻田,使官府和百姓都有了粮食储备。除此之外,他在光州固始县东南 48 里还修建了茹陂,在庐州庐江县南 110 里,断龙舒水,修七门堰灌田 1 500 顷,在舒州怀宁县西 20 里修有吴陂塘。

### 邓艾

生卒年,公元 197—264 年,字士载,曹魏义阳(今河南南阳南)人。经司马懿征辟入仕,议广开漕渠,屯田两淮,著有《济河论》。魏正始二年(241),在淮北开凿广漕渠。又在钟离(今安徽凤台)至沘水(今淠河)之间 400 里,每 5 里设一营屯田。又"兼修淮阳、百尺二渠……穿渠三百余里"(《晋书·食货志》)。景元四年(263),钟会诬告其谋反,被诛杀。

### 杜预

生卒年:公元 222—285 年,字元凯,京兆郡杜陵县(今陕西西安)人。初仕曹魏,入西晋后,历任河南尹、安西军司、秦州刺史、度支尚书。以运筹平吴事,迁镇南大将军;因平吴有功,封为当阳县侯,入为司隶校尉。杜预疏浚陂塘河渠,事在西晋咸宁四年(278)秋。该年,兖州、豫州多地暴雨成灾,杜预上书言事,认为"陂竭岁决,良田变生蒲苇,人居沮泽之际。水陆失宜,放牧绝种,树木立枯,皆陂之害也。陂多则土薄水浅,潦不下润。故每有水雨,辄复横流,延及陆田"。因此,他主张不多蓄积过多的水资源,而应该把两汉时期的旧陂、坞堡氏族主私人修建的小型水塘等予以疏浚、修缮。对于曹魏时期修建,但淤积很多而又因为工程质量不好容易决口的蒲苇、马肠陂之类,"皆决沥之"。此即《晋书·食货志》所载《陈农要疏》所谓"宜大坏兖豫东界诸陂,随其所归而宣导之"。

### 桓温

生卒年:公元 312—373 年,东晋南兖州(侨置州)龙亢(今安徽怀远)人,字元子。永和年间(345—356)任征西大将军,都督荆、梁诸州军事。太和四年(369),领军攻前燕,农历六月以水军溯流而上,利用泗水运兵至金乡。因水路不通,不得进。命毛穆之在巨野泽开挖渠道,勾连泗水、济水、大汶河,从济水又可转入黄河。后世称毛穆之所挖河道为"桓公沟"。

### 宇文恺

生卒年:公元555—612年,朔方郡(今陕西靖边白城子)人,字安乐。隋文帝时,奉命营造大兴城。他在营建城市过程中,开凿了广通渠,"以决渭水通黄河,通漕运"。隋炀帝时,又任东都副监。期间,他浚治洛阳城市周边水系,进行了一些规划和工程技术工作。其事载于他自作的《东都图记》(已散佚)。

## 三、 宋元时期

### 钱镠

生卒年:公元852—932年,字具美(一作巨美),小字婆留,杭州临安(今浙江临安)人,五代十国时期吴越开国国君。后梁乾化二年(912),梁"许吴越广建牙城",钱镠改建杭州城,并疏浚西湖。后梁贞明元年(915),吴越始设置"都水营使",在太湖周边招募兵卒,负责开挖沟渠,疏浚河道,称"撩浅军"。在西湖旁,还设有"撩湖兵","岁辄开治"用来挖除西湖葑草、淤泥。在越州鉴湖,则造作堰闸,按时蓄水和放水,"旱则运水溉田,涝则引水出田"。《宋史·河渠志》载"钱氏有国,始置撩湖兵七千人,专一开浚"。

### 范仲淹

生卒年:公元989—1052年,字希文,苏州吴县(今江苏苏州)人,北宋大中祥符八年(1015)进士,景祐元年(1034),改任苏州知州,时值太湖水灾"沦稼穑,坏室庐"。他以官仓粮食招募饥民开河泄水,"浚白茆、福山、黄泗、许浦、奚浦、三丈浦,及茜溪、下张、七丫",使得太湖水位可控,"节宣由人"。在给吕夷简的疏劄中,范仲淹称:"昨开五河,泄去积水……积而未去者,犹有二三……复请增理数道,以分其流。"

### 王安石

生卒年:公元1021—1086年,字介甫,号半山,抚州临川(今江西抚州)人,北宋庆历二年(1042)进士。熙宁二年(1069)以来,朝廷新、旧两党围绕黄河是否应北流"回河"发生政争。王安石认为应当修二股河并引水入六塔河,再堵塞黄河北流,得到神宗赞同。有"选人"李公义献铁龙爪扬泥车法,用于疏浚黄河。其法"用铁数斤,为爪形,以绳系舟尾而沉之水,篙工急棹,乘流相继而下;一再过,水已深数尺"。宦官黄怀信虽赞同这种办法,又嫌铁爪太轻。三人一同研制了浚川杷:"以巨木长八尺,齿长二尺,列于木下如杷状,以石压之;两旁系大绳,两端碇大船,相距八十步,各用滑车绞之,去来挠荡泥沙,已又移船而浚。"熙宁六年(1073),宋廷设置疏浚黄河司,预备"自卫州浚至海口",但卒以效果不彰而罢。

在王安石疏浚黄河的同时,又有程昉、王广廉等人于熙宁四年(1071)动用兵卒万人,疏浚了泛滥成灾的漳河160余里。旧党文彦博等人认为漳河已是地上河,不出于东即出于西,修之无益。王安石认为疏浚可使漳河"复行地中"。熙宁六年十二月(1074年1月),河北提举常平韩宗师向神宗上条陈,列举程昉十大罪状,请予治罪。王安石对程回护甚多,替其分辩。

### 侯叔献

生卒年:公元1023—1076年,字景仁,江西抚州宜黄(今江西省宜黄县)人。北宋庆历六年(1046)进士。始任雍丘县尉,改桐庐县令。所到之处,皆有政绩,奸吏、豪强敛缩。后调制置三司条例司任秘书丞,参与议法。

熙宁三年(1070),侯叔献擢升都水监、提举沿汴淤田,引樊水和汴水淤田治理盐碱地。熙宁六年(1073),迁河北水陆转运判官兼都水监,主持引京、索二水,开挖河道,设置河闸,调节用水,既利灌溉,又利水运。后又亲自督率民工疏浚了白沟、刀马、自盟等河,修复废塞的朝宗闸,开河2000余里,改善灌溉条件。熙宁八年(1075),他主持引汴入蔡工程,使漕运畅通。同一时期,他还参与了疏浚汴河工程。他建议在已经疏浚南京(今河南商丘)至泗州(今安徽泗县)汴河河道至"概深三尺至五尺"的基础上,继续开挖虹县(今江苏泗洪)以东共30余里的礓石;还请求专用訾家口而关闭汴口,但实行不久就因汴河洪水,水深过大而重新开启汴口泄洪。熙宁九年(1076),他病逝于扬州光山寺治水任上。王安石特作《叔献公挽诗》一首:"江河复靓舜重瞳,荒度平成继禹功。爱国忘家钦圣命,劳身焦思代天工。光山寺远星辰暗,薤露歌残血泪红。臣子如公直不愧,两全忠孝古人风。"宋神宗称赞他"古人所谓勤于邦,尽力乎沟洫,于卿无愧",停止视朝一日。

### 沈括

生卒年:公元1031—1095年,字存中,杭州钱塘(今浙江杭州)人,嘉祐八年(1063)进士,熙宁六年(1073)主持疏浚吴淞江。晚年归居润州(今江苏镇江)梦溪园,所著《梦溪笔谈》记载了他考察雁荡山时,所见水流对山石的侵蚀下切作用。

### 苏轼

生卒年：公元 1037—1101，四川眉山人，宋哲宗时期历任翰林学士、侍读学士、礼部尚书等职，并出知杭州、颍州、扬州、定州等地。在此期间分别疏浚了颍州西湖和杭州西湖，在地方水系治理方面有所建制。据传，有创制"疏浚宴"等轶事流传。

### 郏亶

生卒年：公元 1038—1103 年，字正夫，平江府昆山县（今江苏太仓）人，嘉祐二年（1057）进士，历任睦州团练推官、广东安抚司机宜。熙宁三年（1070），上条陈，言苏州水利，提出治理低洼田地应当"浚三江"，以高圩深浦疏导洪水归于大海，为王安石所称善。熙宁五年（1072），除司农寺丞，历江东转运判官、太府寺丞、温州知府。后遭地方豪强攻击去职，归乡后著有《吴门水利书》，已佚。

### 郭守敬

生卒年：公元 1231—1316 年，字若思，顺德邢台（今河北邢台）人。中统三年（1262），郭守敬向元世祖忽必烈上书言事，提出在华北平原开凿灌渠和运河等 6 项建议，获得元世祖赞同，任职副河渠使。他于至元元年（1264）主持恢复了宁夏灌区的唐徕渠、汉延渠等灌溉渠系。至元八年（1271），郭守敬调任都水监，在今北京昌平一带疏浚白浮泉并整理瓮山河，修白浮堰、整理大都水系。至元二十八年至至元三十年（1291—1293），他主持开凿、疏浚维护了从大都至通州高丽庄的通惠河，长约 160 余里，使得北运河往来货船可直抵积水潭（今什刹海西海）一带。

### 贾鲁

生卒年：公元 1297—1353 年，河东高平（今山西高平）人，字友恒，为工部郎中。元至正四年（1344），黄河决口后，运道北移，黄泛入运，影响漕运安全。至正八年（1348），贾鲁任都水监丞，采取"疏塞并举"法治理黄河，在河北岸修堤而借淮河支流及新开人工河道贾鲁河等，疏导黄河水南下淮河，借道入海。至正十一年（1351），贾鲁改任工部尚书，总治河防，兴大工疏浚黄河、修筑堤防。在挑浚黄河过程中，独眼石人出于黄陵岗，而汝颍之寇乘时而起。其后，贾鲁在元末追随脱脱等人在徐州一带镇压红巾军。在领兵围攻郭子兴时，贾鲁死于濠州（今安徽凤阳县东北）军中。

## 四、 明清时期

### 夏元吉

生卒年：公元 1366—1430 年，湖广湘阴（今湖南省湘阴县）人，字维喆，明洪武末年以太学生入仕为户部主事,后改户部尚书。永乐元年(1403),为治理苏州、松江、嘉兴一带水患,主持疏浚了华亭(今上海松江)、上海运盐河、金山卫闸、漕泾分水港、浏河、白茆;引吴淞江水经下界浦至刘家港入长江;开范家浜,接续大黄浦、淀山湖、泖湖水由南仓浦口入海。黄浦江水道雏形即起于此。

## 宋礼

生卒年:1361—1422年,河南永宁(今河南洛宁)人,洪武年间,宋礼以国子监生员入仕山西按察使司佥事。永乐九年(1411),济宁州同知潘淑正建议疏浚会通河,以行漕运。明成祖派遣已经升任工部尚书的宋礼,会同该部侍郎金纯等人疏通会通河。宋礼采用山东汶上老人白英建议,引汶河水入运河,发山东、徐州、镇江、应天府等地民工,蠲免租赋110万石,用时200天完工。其后不久,宋礼又建议疏浚山东东平县沙河,引其水入马常泊,入会通河。同时,宋礼还领衔总管了疏浚黄河祥符鱼王口至中滦一段故道的工程。此段工程的发起人实际为工部侍郎张信、兴安伯徐亨、工部侍郎蒋廷瓒。永乐十年(1412),宋礼又主持了借黄行运的新疏浚工程,自黄河魏家湾引水入土河,又自山东德州西新开支河入旧黄河。运河山东临清至徐州河段年运力提升至400万石。宋礼治理漕运完工后,建议增加漕运而减少海运。至永乐十三年(1415),海运漕粮停止。

## 万恭

生卒年:公元1515—1592年,江西南昌府南昌县(今江西南昌)人,字肃卿,明嘉靖二十三年(1544)进士科进士。隆庆六年(1572),领兵部左侍郎兼都察院右佥都御史,总理河道。万历二年(1574),被劾罢官。高邮、宝应间减水疏导工程,多得其力襄助。在黄河、运河工程施工过程中,万恭首次提出了"束水攻沙"理论及其实际操作方法。著有治理黄河、疏通运河的重要著作《治水筌蹄》。

## 陈璜

生卒年:公元1637—1688年,浙江嘉兴人,字天一。顺治十六年至康熙十六年(1659—1677),辅助时任河道总督靳辅治水。康熙二十七年(1688),因遭诬陷,被革职下狱,忧愤而死。有遗作《河防摘要》《河防述言》,存于靳辅《治河方略》卷尾。

## 潘季驯

生卒年:公元1521—1595年,字时良,又字惟良,号印川,浙江布政使司湖州府乌程人。嘉靖二十九年(1550),进士科进士。历任九江府推官、广东巡按御史、大理寺左少卿、左都御史、刑部右侍郎、工部左侍郎、工部尚书、兵部尚书、刑部尚书、都察院右都御史、总督河道兼理军务。嘉靖、隆庆、万历三朝,潘季驯 3 次任河道总督,4 次总理河道。著有《两河管见》《河防一览》《总理河漕奏疏》等疏浚、河工专著。在综合治理黄河、淮河、运河期间,他提出"束水攻沙,蓄清刷黄"理论,规划和领导建设了由缕堤、遥堤、格堤等构成的河防工程体系,制定了"四防二守"(昼防、夜防、风防、雨防、官守、民守)的修浚制度。潘季驯在治水过程中取得的经验、对黄河水沙关系的总结等,直接影响了清代靳辅的治河方略。

### 靳辅

生卒年:公元 1633—1692 年,字紫垣,奉天省奉天府辽阳州人,属汉军镶黄旗,以官学生入仕。康熙十六年(1677),升任总督河道提督军务兵部尚书兼都察院右副都御史,上奏《治河八疏》。在河道总督任上,他将黄河、淮河、运河通盘考虑,综合治理,力求已淹之田可耕,见在之地可保,运道可通,额课可复。在治理清口枢纽过程中,他发展了潘季驯的"束水攻沙"理论,提出"寓浚于筑,疏浚并举""治河、导淮、保运"。康熙十六年至三十一年(1677—1692),靳辅先后进行了导黄入海、挑浚清口五河、骆马湖新开皂河、伽河黄运分离、云梯关海口疏浚等项工程。靳辅治河保证了漕运数十年畅通,黄河安澜。他著有《治河奏牍》《治河奏绩书》《治河方略》。《治河书》等疏浚书籍。

### 朱轼

生卒年:公元 1665—1736 年,字若瞻,又字伯苏,号可亭,瑞州府高安县艮下村(今属江西省高安市村前镇艮下朱家村)人。康熙三十三年(1694)进士。雍正时与怡亲王共治畿辅营田水利,蓄泄得宜,溉田 60 顷。其后,他任浙江巡抚时,又首创用"水柜法"修筑鱼鳞大石塘。

### 陶澍

生卒年:公元 1779—1839 年,字子霖,一字子云,号云汀、髯樵,湖南安化人。嘉庆七年(1802)进士,授庶吉士、翰林编修,后升御史,曾先后调任山西、四川、福建、安徽等省布政使和巡抚。道光十年(1830),任两江总督,后加太子少保。总制两江期间,陶澍主持疏浚了吴淞江、蒲汇塘、练湖、雕鹗河、孟渎、浏河、白茆浦、七丫浦、杨林浦、京杭运河丹徒段。所有疏浚动议、筹划、兴工经过、奏销开支、奏报议叙属僚功绩等事,皆有档案留存。道光十九年(1839),以这些档案为底本,由陶澍监修、陈銮编纂的编年体《江南水利全书》共 75 卷修成。

## 完颜麟庆

生卒年：公元 1791—1846 年，一般简称麟庆，字伯余，别字振祥，号见亭，满洲镶黄旗人，金世宗完颜雍后裔。嘉庆十四年(1809)进士。道光年间官任江南河道总督 10 年，"蓄清刷黄"，筑坝建闸，后以河决革职，旋再起，官四品京堂。麟庆生平涉历之事，各为记，记必有图，称《鸿雪因缘记》，又有《黄运河口古今图说》《河工器具图说》《凝香室集》。《河工器具图说》约成书于道光十六年(1836)，内容为他在河道任所主持修防、疏浚、抢险堵口等事时所见和所用到的器具。共附图 289 种并加注说明，考其源流，推其原委。

## 孙峻

生卒年不详，约为乾隆末至嘉庆时人，字耕远，江苏青浦孙家圩人，监生。为说明长江中下游平原一带圩田的功能区划分布置、灌溉和排涝工程设施设置、筑作圩田的利弊等事，孙峻于嘉庆十八年(1813)著有《筑圩图说》一册。其中提到，在圩田塘岸之内，岸地势高低不同，农田可被分为上、中、下 3 级，每级之间应修堤岸，每级之内又有小格堤；农田和堤防上，应开挖有分级分区排水系统；在圩田低洼处，另开通向河道的排水渠，"疏消下田之水"。

## 吴邦庆

生卒年：公元 1765—1848 年，字霁峰，顺天霸州人。以乡贡举人入仕为昌黎训导，嘉庆元年(1796)进士及第，翰林院馆选庶吉士，授编修，迁御史。巡视东漕，奏请重浚运河，并复山东春兑春开旧制。数论河漕事。道光三年(1823)，海河内涝，清廷决意疏浚，吴邦庆搜罗有关京津冀区域相关历史文献 9 种，重编成《畿辅河道水利丛书》。道光十二年(1832)，吴邦庆改任河东河道总督，"以山东运河全赖泉源灌注，请复设泉河通判，以专责成"。

## 林则徐

生卒年：公元 1785—1850 年，字元抚，又字少穆、石麟，号竢村退叟，福建省福州府侯官县人。嘉庆十六年(1811)进士科进士。嘉庆二十五年(1820)，林则徐在杭嘉湖兵备道任上加固海塘。道光九年(1829)，林则徐在乡丁忧期间，主持疏浚了福州西湖。道光十七年(1837)，林则徐在湖广总督任上维修了荆江、汉水堤防。道光二十一年(1841)，林则徐被贬新疆伊犁，在惠远城兴修水利，发展屯田，在托克逊推广"坎儿井"地下暗渠。他留有与疏浚有关的著述《畿辅水利议》1 卷。

## 第二节　重要疏浚思想

### 一、黄河治理中的疏浚思想

中国古代疏浚天然河道的实践,有很大一部分是与黄河,尤其是黄河中下游的尾闾摆动水系作斗争。在治河过程中,古人积累了关于河流流向、水流速度、水力梯度等方面的朴素认识,形成了一系列治理思想和与之相适应的工程技术实践。其集大成者,是西汉末年时人贾让。汉哀帝绥和二年(前7),朝廷"博求能浚川疏河者"。贾让应诏在著名的《治河三策》中,总结了远古至西汉时期前人治河经验。提出"徙冀州之民当水冲者,决黎阳遮害亭,放河使北入海""多穿漕渠于冀州地,使民得以溉田,分杀水怒""缮完故堤,增卑倍薄"的上、中、下三策。[①] 这其中,就包含着后来更为细化的改道、分水、蓄洪滞洪等思想的萌芽。

#### 1. 改道说

黄河干流在流经黄土高原以后,携带了大量的泥沙。经过较长里程的行河路段,途经的下游河床往往被淤高。在黄河下游施工,促使其改道,归入新的较深河槽,是一种常被提及的主张。

譬如,明嘉靖六年(1527)讨论治河问题时,光禄寺少卿黄绾针对当时黄河在归德(治今河南商丘南)、徐州之间乱流入运河的状况,提出:"今黄河只金龙口至安平镇一支时或北流,其余不入漕河,则入汴河,皆合淮入海矣。今则跨中条而南,乃在山阜之上,河下为河南、山东、两直隶交界处,地势西南高、东北下,水性趋下,河下之地皆易垫没。故自昔溃决必在东北而不在西南也。""今欲治之,非顺其性不可。川渎有常流,地形有定体,非得其自然不足以顺其性。必于兖、冀之间,寻自然两高中低之形,即中条、北条交合之处,于此浚导使返北流,至直沽入海,而水由地中行。如此治河,则可永免河下诸路生民垫没之患。"[②] 万恭也曾提议对黄河支流施工,促使其改道,以减少黄河干流水量,间接降低黄河决口风险。其曾建议,"河以南,水之大者莫如淮;河之北,水之大者莫如卫。若使伊、洛、瀍、涧⋯⋯导致悉南

---

① 班固:《汉书》卷29,《沟洫志》,中华书局,1962,第1692-1696页。

② 黄绾:《论治河理漕疏》,载黄河水利委员会黄河志总编辑室:《历代治黄文选(上)》,河南人民出版社,1988,第90-93页。

归于淮","丹、汾、沁河……导之悉北归于卫","黄河经由秦晋本来之面目,何患哉"?[①]

这种以人力开掘新河道或修整自然低洼地带,使之成为新河槽,并将河流有计划地改道,以求避免其自然摆动所带来的风险和损失的思想及其实践,对于治理黄河水患,有一定的作用。其实践也确实在一定时间段内,减少了河流淤积带来的灾害损失。但是,它不能解决河流本身输送砂石并自然淤积的根本问题。况且寻找低洼地带修整成新河槽,或人工使得某水系支流改变走向,将占用大量土地。由于所选之处必须"地势就下",这些区域往往比较适宜居住和耕种,为此又面临迁移和重新安置大量人口的新问题。所以,改道之说因代价很高,得到实践的机会较少,即使为之,也只能暂时解决问题而不能根除遗害,故无论民间还是庙堂,支持者寥寥。

### 2. 分杀水怒说

"分杀水怒"之说,最早起于元末明初政治家宋濂。他说:"河源起自西北,去中国(即中原)为甚远。其势湍悍难制,非多为之委,以杀其流,未可以力胜也。""夫以数千里湍悍难治之河,而欲使一淮以疏其怒势,万万无此理也……莫若浚入旧淮河,使其水南流复于故道。然后导入新济河,分其半水,使之北流以杀其力,则河之患可平矣。"[②]景泰帝时期内阁首辅徐有贞也主张开挖新的分水河道,即所谓:"水势大者宜分,小者宜合。分以去其害,合以取其利。今黄河之势大,故恒冲决;运河之势小,故恒干浅。必分黄河水合运河,则可去其害而取其利。"[③]徐有贞张秋治水时,曾经做过水瓮泄水的实验。"或谓当浚一大沟,或谓多开支河,乃以一瓮窍方寸者一,又以一瓮窍之方分者十,并实水开窍,窍十者先竭。"[④]即找两个容量相等的容器,装满同样质量的水,一个底部开一个大窟窿,另一个底部开若干面积总和与大窟窿相同的小窟窿,同时开始放水,开若干小窟窿的容器内的水先放完。这就是400年后,现代物理学著名的水箱放水实验。徐有贞借此说明了,在开挖运河缓解水患的问题上,与其开挖一条大运河,不如开挖若干条总流量相等的小运河。这样

---

① 万恭:《治水筌蹄》,朱更翎点校,水利电力出版社,1985,第 188 页。

② 宋濂:《治河议》,载丁守和编:《中国历代奏议大典(3)》,哈尔滨出版社,1994,第 858-859 页。

③ 徐有贞:《言河湾治河三策疏》,载丁守和编:《中国历代奏议大典(3)》,哈尔滨出版社,1994,第 911 页。

④ 方以智:《物理小识》,卷 2,《地类·治水开支河》,载戴念祖,老亮:《力学史》,湖南教育出版社,2001,第 266 页。

可以更为快速地"分杀水怒"。户部侍郎白昂在治理运河张秋决口时,就采信了徐有贞的意见。白昂鉴于河水"合颍、涡二水入淮者,各有滩碛,水脉颇微",认为"宜疏浚以杀河势"。① 万历二十年(1592),张贞观上奏:"泄淮不若杀黄,而杀黄于淮流之既合,不若杀于未合。但杀于既合者与运无妨,杀于未合者与运稍碍。别标本,究利害,必当杀于未合之先。"②

这种疏浚思想看似经过了比较严密的科学论证,似乎可以加快洪水排泄速度,多股河道也能够降低水位,减缓水势。但是,包括黄河在内的华北平原地区诸多河流,都苦于泥沙输送量过大。分杀水怒的同时,水动力减弱,携带泥沙能力降低。泥沙淤积时间一久,河道就又要自然摆动,寻找新的出路。明清时期,黄河南徙之后,分多股入淮。借道行洪的后果,并没有得到长久安澜。淮河淤积加重以后,黄河又恢复了向北摆动,淮河自身也开始因行洪不畅,由利转害,持续性地为祸一方。

### 3. 洼地滞洪说

王莽新朝时(9—23),长水校尉关并总结了西汉黄河决口的规律,发现"河决率常于平原、东郡左右,其地形下而土疏恶"③。即黄河经常在今天山东平原县、河南濮阳一带决口。那里地形低洼,而且土质疏松(沙质较多)。"闻禹治河时,本空此地,以为水猥,盛则放溢,少稍自索。"④ 即古人有把这一代当做滞洪区的习惯。关并依据西汉末年至新朝的经验,总结出"秦汉以来,河决曹、卫之域,其南北不过百八十里"的经验,并据此认为可以"空此地,勿以为官亭民室"而"为水猥"⑤。这是要在洪峰来临时,放黄河水入太行以东、菏泽以西、北到大名(今保定)、南到开封的范围内。但是,西周前期这里还可以说有一些无人定居的"隙地"。东周以来,这个地方则已经相当繁华,人口聚集。在此行洪、蓄洪,只是空想。以后中国历代也不断有人提出设置行洪、蓄洪区。其中比较突出的有明嘉靖十一年(1532)陆深提出的"湖陂治河说",以及嘉靖二十二年(1543)周用提出的"沟洫治河说"。但是,中国越发地狭人稠的现实,又使得绝大多数治河者,不得不以高坝约束各条内河,以至于"水行墙上"的情况越来越多、愈演愈烈。行洪、蓄洪之论,实践也相当缺乏。

---

① 　张廷玉:《明史》,卷83,《河渠志一》,中华书局,1974,第2021页。
② 　张廷玉:《明史》,卷84,《河渠志二》,中华书局,1974,第2057页。
③④⑤ 　班固:《汉书》,卷29,《沟洫志》,中华书局,1962,第1696-1697页。

### 4. 束水攻沙说

不论是开挖新河槽的改道说,还是多股行河的"分杀水怒"说,又或者是放任洪峰蓄积后自然消退的滞洪说,都不涉及河流为害的根源——泥沙淤积垫高河槽问题。王莽新朝时(9—23),大司马史张戎首先提出了以水力冲刷河槽、借助自然力量进行疏浚的主张。

张戎分析黄河的水流特性说:"水性就下,行疾,则自刮除,成空而稍深。河水重浊,号为一石水而六斗泥。"[①]他敏锐地抓住了黄河最突出的特点是"河水重浊",还定量估算了黄河的含沙量,"一石水而六斗泥"。他进一步分析了水流与冲淤的关系,"行疾,则自刮除,成空而稍深",水流急,就会冲走河床底沙,刷深河梢;"河流迟,贮淤而稍浅",水流缓,则河流挟带的泥沙就会停积下来,淤浅河梢。[②]

他认为:"今西方诸郡,以至京师东行,民皆引河、渭山川水溉田。春夏干燥,少水时也,故使河流迟,贮淤而稍浅;雨多水暴至,则溢决。"[③]这是说,在黄河中游普遍引水灌溉,会减少黄河干流的水量。春夏少水时,流速降低,河道淤积;一旦雨多洪水暴涨,就会决溃。

他提出:"国家数堤塞之,稍益高于平地,犹筑垣而居水也。可各顺从其性,毋复灌溉。则百川流行,水道自利,无溢决之害矣。"[④]而现在朝廷单纯靠加高堤防,河床越淤越高,堤防越筑越高,就像两堵墙一样把河水圈在堤内,一遇暴雨洪水,难免会决堤。因此,他主张不要再引水灌溉,让水集中下泄,刷深河道,水流通畅,也就"无溢决之害"了。

张戎抓住了黄河致患的症结在于含沙量太高,明确指出水流速度和挟沙能力之间的关系,解释了河床冲淤的原因。他提出了最早的河流挟沙能力的概念,明代潘季驯的"束水攻沙"正是这一概念的重要发展。东汉经学家桓谭在《新论》中说张戎"习灌溉事"。可见,张戎这一见解的形成,正是他从事灌溉实践的经验总结。不过,张戎不让上中游引水灌溉的意见,在当时的人口条件下,已经是行不通的了。而且,当时黄河上中游灌溉引水量并不大,还不足以对下游防洪产生决定性的影响。更何况黄河的泥沙淤积主要产生在洪峰后部。根据东亚季风向北推进的规律,黄河洪峰往往出现在 8 月中旬到 10 月上旬。春夏少水时的黄河反而淤积较

---

① 同上书,第 1697 页。
②③④ 班固:《汉书》,卷 29,《沟洫志》,中华书局,1962,第 1697 页。

少。因此,禁止灌溉仍达不到减少河床淤积的目的。

### 5. 综合一体说

在长期的治河实践中,古人对水沙关系产生了较为深入的综合性认识。因此,在疏浚思想及其工程实践方面,至清代,形成了综合一体的新理论。淮安清口是漕运出入运河的咽喉要道,清代治理黄河、淮河、运河,焦点在清口、淮安。靳辅所谓:"盖运道之阻塞,率由于河道之变迁。而河道之变迁,总由向来之议河者多尽力于漕艘经行之地,若于其他决口,则以为无关运道而缓视之。殊不知,黄河之治否,攸系数省之安危,即或无关运道,亦断无听其冲决而不修治之理……治河之道,必当审其全局,将河道、运道为一体,彻首尾而合治之,而后可无弊也。"①

基于这种认识,靳辅及其副手陈璜提出:"中国诸水,惟河源为独远;源远则流长,流长则入河之水遂多;入河之水既多,其势安得不汹涌而湍急?况西北土性松浮。湍急之水即遂波而行,于是河水遂黄也……伏秋之涨,尤非尽自塞外来也。类皆秦陇冀豫,深山幽谷,层冰积雪,一经暑雨,融消骤集,无不奔注于河。所以每当伏秋之候,有一日而水暴涨数丈者,一时不能泄泻,遂有溃决之事。从来致患,大都出此。"②即当时的人们已经摸索到了黄河为害的根源起于中上游水土流失。而要治理其下游的灾害,在没有办法根除上游水土流失的情况下,就要在下游"疏浚并举"。

具体而言,即首先"大辟海口",使淤塞数十年之久的黄河能够被导入海中。其二,则是兴修清口枢纽,在淮河水出洪泽湖的薄弱地带,开挖张福口、帅家庄、裴家场等引河,再并为一股,于清口入黄河,以"刷黄"并力入海。其三,又修皂河工程,以新开皂河40里将迦河、骆马湖、黄河联通,利于行漕;皂河迤东至龙岗、岔路口、张家庄20里新河,用于防止黄河倒灌。皂河以南,靳辅在黄河北岸遥堤、缕堤之间,沿宿迁、桃源、仲家庄一线,开辟中运河。黄、运分离。以运河行漕并泄沂河、泗水,以黄河专司泄洪。在解决好下游水流去处之后,靳辅等人即将重点转为堵塞黄河两岸、高家堰四周大小决口55口,以杨家庄大工迫使黄河回归正流。为了能够加大刷沙水力,使得海口不浚自辟,靳辅又主持在云梯关以下河段修束水堤,在高家堰增筑捍减水坝、分洪闸等工程。

---

① 靳辅:《治河方略》,卷6,《河道敝坏已极疏》,中国工程学会,1937,第216页。
② 张霭生:《河防述言》,《皇朝经世文编》,卷98,载《魏源全集》编辑委员会编校:《魏源全集(第18册)》,岳麓书社,2004,第297页。

总之,靳辅等人关于开辟河道、建筑河堤、堵塞决口、建闸分洪、黄运分行、疏浚海口等事的论述和实践,是清中期以后,中国古代疏浚思想逐渐综合一体化的生动体现。

## 二、 太湖治理中的疏浚思想

唐五代时期,太湖滨湖地区兴起的塘浦圩田,是在太湖水网低洼地区将治水与治田相结合,处理好围田垦殖与防洪排涝矛盾的一种有效的水利形式。而到宋代,因其管理和修浚制度被废弃,塘浦圩田系统解体,太湖圩田被分割成以浜泾为界的众多小圩。宋初为便利漕运,太湖地区以转运使替代都水营田使,转运使为便于转漕,废弃碍航的堰闸。又在吴淞江口修长桥,吴江长桥的阻水作用,使太湖清流减弱,清不抵浑,吴淞江主干道逐渐形成淤塞。南宋时期,因过度围垦建坝,吴淞江淤积更为严重。由于河港水系混乱,堤岸堰闸毁坏,河道淤滞,太湖地区洪涝灾害频仍,给江南地区的农业生产及经济产出带来了不利影响。政府因此不得不对太湖水系进行疏浚和治理,治水者亦纷纷建言献策。这些方略虽有不同,但都涉及如何处理治水与圩田的关系,疏浚是其中的重要内容。

### 1. 疏浚为主,辅以置闸

北宋景祐元年(1034),范仲淹任苏州知州。时值太湖大水,他实地考察后认为,太湖水患是由于湖东地势低洼,而来水丰沛,泄水三江仅存淞江一派,通江入海港浦虽多,却"湮塞已久,莫能分其势"。因此,他提出以疏浚为主、辅以置闸的治理主张。对于疏浚,他强调:"今疏导者,不唯使东南入于松江,又使东北入于扬子与海。"他采取措施,"既导吴淞入海,又于常熟之北、昆山之东入江入海之支流普疏而遍治之"。他认识到,浦之通流在于疏,而疏之实效在于闸。于是,他提出疏浚之后必须置闸,"常时扃之,御其来潮,沙不能塞也。每春理其闸外,工减数倍矣。旱岁亦扃之,驻水溉田,可救燠涸之灾。潦岁则启之,疏积水之患"。闸门启闭以时,既可御潮挡沙,又可蓄水溉田,泄洪排涝。

庆历年间(1041—1048),范仲淹任参知政事,将"疏浚为主,辅以置闸"理念,进一步发展为"修围、浚河、置闸并重"的主张。这是他在总结了江南圩田置闸和浙西开河筑围的历史经验之基础上得到的。他分析说,唐五代江南圩田"每一圩方数十里,如大城。中有河渠,外有门闸。旱则开闸,引江水之利;潦则闭闸,拒江水之害。旱涝不及,为农美利"。"浙西地卑,常苦水渗,虽有沟河可以通海,唯时开导,则潮泥不得而埋之;虽有堤塘可以御患,唯时修固,则无摧坏。"

修围、浚河、置闸并重,可以较妥善地解决蓄水与泄洪、挡潮与排涝、治水与治田的矛盾。修围、浚河、置闸各有其效,不可偏废。若只浚河而不修围,虽河渠通畅,但低洼之地仍受外水入侵,圩区洪水散漫难泄,水仍不得治。若只修围而不浚河,虽有圩岸高筑,但水网散乱,塘浦河渠洪水不能通江达海,仍洪涝频繁。倘若浚河而不置闸,河渠泥沙与海潮淤沙不断淤积,河道复塞。

范仲淹的治理理念,被后来的一些治水者所继承。北宋政和六年至宣和元年(1116—1119),赵霖主持大规模治理太湖,就引申范仲淹"修围、浚河、置闸并重"的主张,提出太湖治理之计,"大抵三说,一曰开治港浦,二曰置闸启闭,三曰筑围裹田,三者缺一不可"。元大德八年(1304),任仁发治理太湖时,进一步阐述范仲淹的理念,"大抵治水之法有三,浚河港必深阔,筑围岸必高厚,置闸窦必多广。设遇水旱,就三者而乘除之,自然不能为害"。

### 2. 先浚塘浦,后疏江河

在范仲淹之后,郏亶针对太湖治理难题,提出先治田、后治水,力主恢复塘浦圩田古制。他批判"自来议者只知决水,不知治田",认为"盖治田者,本也,本当在先。决水者末也,末当在后"。因此,他提出:"循古人之遗迹,或五里、七里而为一纵浦,又七里或十里而为一横塘。因塘浦之土以为堤岸,使塘浦阔深,而堤岸高厚。塘浦阔深,则水通流而不能为田之害也。堤岸高厚,则田自固而水可壅,而必趋于江也。"他强调,先恢复塘浦圩田,外修塘浦,纵横贯通,以河网调节水流;再内修堤岸,形成圩田,控制排灌;然后疏治江河。"塘浦既浚矣,堤防既成矣,则田之水必高于江,江之水亦高于海。然后择江之曲者而决之。"其治理理念亦可从疏浚角度概括为,"先浚塘浦,后疏江河"。

郏亶的主张得到王安石的赞许,熙宁五年(1072),"令提举兴修"。但由于宋代土地制度已经改变,郏亶想要恢复塘浦圩田古制,需要将土地集中予以整体规划经营,这遭到地方势要的普遍反对。另外,该方案实施起来,也给普通民众带来繁重负担,招致民怨。"亶至苏兴役,凡六郡、三十四县,比户调夫,同日举役。转运、提刑,皆受约束。民以为扰,多逃移。"施工仅一年就不得不停办,郏亶也受到罢官的处分。

不过,郏亶的治理理念,多为后人治理太湖所效法。南宋景定二年(1261),华亭县黄震请修水利,也以恢复塘浦圩田为治水的基本措施。"唯复古人之塘浦,驾水归海,可冀成功",先浚塘浦,后疏江河。宋代以后,虽还有人主张恢复塘浦圩田古制,但多数也不再提万亩大圩,而是提倡将众多的浜泾小圩并为三五百亩的小圩。

### 3. 分疏上源、下游，归江入海

在郏亶之后，单锷主张先治水、后治田，提出"上阻、中分、下泄"的太湖治理方案。单锷认为造成太湖周边水患的主要原因，一是"宜兴之有百渎，古之所以泄荆溪之水东入于震泽(太湖)，今已埋塞"；二是宜兴而西、溧阳之上，原有胥溪河五堰，"古所以节宣、歙、金陵九阳之水，由分水、银林二堰直趋太平州芜湖"，后为便利商运而废五堰，"宣、歙、金陵九阳之水，或遇五六月山水暴涨，则皆入于宜兴之荆溪，由荆溪而入震泽"；三是宋庆历以来为便利通漕，在苏州至平望之间，"吴江筑长堤横截江流，由是震泽之水常溢而不泄"。因此，他提出治理太湖要"上阻"，即修复五堰，阻堵西部水阳江流域之水东流；"中分"，即开通夹苎干渎，由常州运河分泄宜兴之水北入江；"下泄"，即"先开江尾菱芦之地，迁沙村之民，运其所涨之泥"，后凿吴江堤为桥，"开白蚬、安亭二江，使太湖水由华亭、青龙入海"，"水既泄矣，方诱民以筑田围"。

郏侨(郏亶之子)汲取了单锷的观点，提出"上源、下游分疏归江入海"的主张。他认为："古人建立堤堰，所以防太湖泛溢，淹没腹内良田。今若就东北诸渚，决水入江，是导湖水经由腹内之田，弥漫盈溢，然后入海。"因此，他提出应先治上源，后治下游。"为今之策，莫若先究上源水势"，"上源不绝，弥漫不可治也。"他进一步指出将西北上源之水分三路归江入海。"必先于江宁治水阳江与银林江等五堰，体势故迹，决于西江。润州治丹阳练湖，相视大冈，寻究涵管水道，决于北海。常州治宜兴隔湖、沙子淹及江阴港浦入北海。"在杜绝太湖上源方面，郏侨比单锷更进了一步。他不仅要绝西北之源，使"西北之水，不入太湖为害"，而且要绝东南之源，"杭州迁长河堰，以宣、歙、杭、睦等山源，决于浙江。如此则东南之水，不入太湖为害"。对于下游，他则认为："若止于导江开浦，则必无近效。若止于浚泾作埠，则难以御暴流。要当合二者之说，相为首尾，乃尽其善。"因此他提出，在开浚吴淞江等河浦的同时，要修筑两岸圩埠，并置堰闸，"以外防潮之涨沙"。

单锷、郏侨关于上源、下游并治的思路对后世仍有一定的影响。明永乐年间，夏原吉疏吴江水门、浚宜兴百渎，正统年间周忱修筑溧阳二坝，皆用单锷之说。[①]

## 三、 以测量为基础的疏浚理念

古人提倡"君子不器"，将科学技术视为奇技淫巧，通常不注重技术的精确性。

---

[①]　对各派太湖治理理念的叙述，系援引毛振培、谭徐明的著作。毛振培、谭徐明：《中国古代防洪工程技术史》，山西教育出版社，2017，第 129-133 页。

饶是如此,仍有如郭守敬、徐光启等跻身于士大夫阶层的技术专家提倡将精确测量作为疏浚工程实施基础,展现出古代疏浚在科学性向度上的可贵发展。

郭守敬是元代的著名科学家,对水利科学与疏浚事业有重要贡献。他亲自参加京杭大运河中的会通河和通惠河两个重要河段的勘测、规划和设计工作,尤其是通惠河一段,自始至终都是在郭守教主持下开凿的。郭守敬还亲自参加了修复宁夏灌区的勘测和规划工作,"相治河渠泊堰大小数百余所"。郭守敬以实地测量的结果为基础,为运河开凿与宁夏灌渠修浚的施工方案提供指导。

元中统三年(1262),郭守敬详细勘测了京畿附近的一系列水道和地形,并对改造北方的水上运道提出了一系列的建议。至元十二年(1275),丞相伯颜南征时,起意开凿山东段运河,并指派郭守敬进行勘测。同年,郭守敬完成了对会通河沿线的勘测,认为开凿运河可行。京杭运河最困难的是元代修建的纵跨山东地垒的一段,重点在于开辟分水岭上的补给水源,其勘测工作便成为京杭运河能否成功的关键。虽然会通河最终开凿时,并未采纳郭守敬规划的路线,但郭守敬的勘测结论对促成元廷最终决定开凿沟通南北的京杭运河起了重要作用。

至元十三年(1276),丞相伯颜攻下南宋首都临安(今杭州)后,见江南水路四通八达,向元世祖忽必烈建议:"今南北混一,宜穿凿河渠,令四海之水相通,远方朝贡京师者,由此致达,诚国家永久之利。"这个建议受到忽必烈的重视。至元十九年(1282),即开凿了京杭大运河的济洲河段。会通河经过一系列的准备工作之后,于至元二十六年(1289)正式动工。动工之前,边源和都漕运副使马之贞等又到现场做进一步的具体规划和施工布置。至元二十八年(1291),郭守敬上奏通州至大都的通惠河段的具体开凿计划。次年春,即动工开凿。

郭守敬规划会通河沿线 6 条测线,"自陵州至大名;又自济州至沛县,又南至吕梁;又自东平至纲城;又自东平、清河逾黄河故道,至与御河相接;又自卫州御河至东平;又自东平西南水泊至御河",进行详细周密的测量后,"乃得济州、大名、东平,泗、汶与御河相通形势,为图奏之"。在修复宁夏灌区以后,"自中兴(今宁夏银川市一带)还,特命舟顺河而下四昼夜至东胜(今内蒙古茂明安旗)",进行实地勘测,不仅发现此段河道可以通航,且了解到众多古渠可经修理用于灌溉。

在宁夏和京师两地的测量实践中,郭守敬利用海平面作为基准点测量地形相对高低。"又尝自孟门以东循黄河故道纵广数百里间皆为测量平地,或可以分杀河势,或可以灌溉田土,具有图志。又尝以海面较京师至汴梁地形高下之差,谓汴梁之水去海甚远,其流峻急,而京师之水去降至近,其流且缓,其言信而有征。"这里对京师和汴梁高差的比较,即以海平面基点为准进行计算。[①]

徐光启不仅是明末著名的政治家,还是杰出的科学家。他平生涉猎较多,在农业和水利方面的研究影响最广。徐光启重视精确的水利测量工作,提出"测量审,规划精"的观点,他在《农政全书》中对此进行了深入论述,其疏浚思想也在其中得以集中体现。

万历三十一年(1603),徐光启为上海疏浚河道的主管官员撰写了《量算河工及测验地势法》,收录于《农政全书》中。该文详细列举了河道疏浚的一应具体实施办法以及测量之后的数学计算,包括如何测量河道的长度、宽度、深度,计算开浚河道的土方量,用勾股定律算边坡防坍,测水深定水平线,验收核实等技术方法。针对太湖流域河道的疏浚,他提出测量太湖平原河道的深浅,以算出所要浚深的尺寸。因太湖平原的河道为潮汐河,每日消长,水位多变化,测验未易,故提出用众人同时测量,"约潮退将涸未涨时,四境火炮应声俱发,炮响后,各兵夫悉于各号(桩)河底中心,将木棍量定水痕,用刀刻记",将尺寸注于号票上,编成号簿,"逐一扣算酌量加深之数,即河身砥平,不致停积浑水,以成浅淤"。

徐光启还引耿橘《大兴水利申》,阐述"地形高下之宜,水势通塞之便,疏瀹障排之方,大小缓急之序,夫田力役之规,官帑辅助之则,经营量度之法,催督考验之术"在水利工程中的重要性,并对耿橘的具体措施在注解中加以修正。耿橘"开河法"加宽加深河道时的土方计算,误将河道新增多边形横截面按梯形面积计算。徐光启指出其"不言总深,亦难算其实数",然后分别给出假设河道深度 1 丈和水深 1 尺、2 尺、3 尺、4 尺时应开浚的土方数。

他在《漕河议》中赞赏郭守敬的测量之术,提出应进行大范围的测量,"西自孟门,东尽云梯,南历长淮,北逾会通,无分水陆,在在测验",将地形水势,河道走向,及其广狭浅深,高下夷险,绘图立论,刻成一书。有了这些详细的测量数据,可以确定河流所能宣泄的最大流量,堤防应修筑多高、多宽,也可比较相邻河道高程,及河道淤积后其他河道可宣泄分流的水量,可知当地地势和适宜种植的作物,及能否兴建灌溉工程等,从而进行合理的规划和经费估算,并为当政者提供审批依据。

---

[①] 此处对郭守敬相关事迹的叙述,系援引《中国水利史稿》以及周魁一的论文。《中国水利史稿》编写组:《中国水利史稿(中册)》,水利电力出版社,1987,第 270-272、328-330 页;周魁一:《郭守敬勘测规划会通河线路及水源补给的科学史学辨析》,《历史地理(第三十七辑)》2018 年第 1 期,第 1-22 页。

1603年后,徐光启认识了意大利传教士利玛窦、熊三拔等人,注意向他们学习西洋科技知识,并翻译西洋的科学著作。徐光启翻译《测量法义》《勾股义》等,也是为了使水利测量更加精确,"广其术以治水治田"[①]。

## 第三节  主要疏浚器具

产业化专门化的现代疏浚,借助于高精度的机械化疏浚装备来实施。而在数千年的古代疏浚实践中,人们也创造发明了诸多疏浚器具。这些器具虽然在疏浚成效上无法与现代疏浚装备比拟,但仍体现出古人的疏浚智慧,有些器具甚至呈现出现代装备的雏形,不应忽视。

## 一、 铁龙爪扬泥车

据《宋史·河渠志》记载,有一名候补官员李公义,向朝廷进献铁龙爪扬泥车法,用于疏浚黄河。"其法:用铁数斤为爪形,以绳系舟尾而沉之水,篙工急棹,乘流相继而下,一再过,水已深数尺。"[②]虽然铁龙爪扬泥车法是在北宋发明的,但使用效果不好,易出事故,成本昂贵。公元1289年,郭守敬对铁龙爪扬泥车进行综合改进,以适应挖凿疏浚施工工程的需要,提高作业效率和操作安全性,成为抓斗式挖泥船的最早雏形。

郭守敬从这几个方面进行改造:加宽铁龙爪扬泥车的船身,将船首设计成翘起状,然后将铁龙爪安置在船首位置,铁龙爪下半部为半球体,淤泥和碎石等下滑到里面,再由人工绳索装置,将扬泥车拉至空中,把泥石等抛至岸边;在铁龙爪扬泥车首部和船舷两侧配置几根粗大的定位木桩,当扬泥车停泊在施工区域时,将粗大木桩牢固在河床中或河岸边,以支撑铁龙爪抓起河床中土石的总重量;将铁龙爪扬泥车开口改进放大,使铁龙爪抓泥面积扩大,提高了抓泥的精确度,具有挖泥整平的功效;除在船首和船前部船板上设有铲斗外,还命工匠设计安装数台绞绳架,配合铲斗的移动和起降,并且在扬泥车上安装了整平铁耙,以平整清理现场。

改造铁龙爪扬泥车后,郭守敬派巡河官等监吏查勘扬泥车的质量和运行效果。

---

① 对徐光启思想的叙述,系援引尹北直以及张芳的论文。尹北直:《农为政本,水为农本——〈农政全书·水利卷〉与科技实学》,《中国农业大学学报(社会科学版)》2009年第1期,第198-200页。张芳:《徐光启的水利思想》,《古今农业》2004年第4期,第65-72页。
② 周魁一等注释:《二十五史河渠志注释》,中国书店,1990,第68页。

巡河官先是查看外形:铁龙爪扬泥车船型长达7~8米,型宽4~5米。内河枯干处或浅水处由人工牵绳拉铁龙爪扬泥车至施工处作业,深水区或区域河流需要深挖或疏浚时,直接驶入施工区挖土。巡河官查看铁龙爪扬泥车的承重量和抓斗质量,并进行实地操作勘察:但见铁龙爪扬泥车抓斗斗体呈箱型,宽度较大,以便抓斗抛泥时不至于因为倾斜度而将土石漏下。泥斗安装在一个巨大臂柄的前端,由臂柄送到河道下挖泥。监工查看后向郭守敬做了检看测试汇报,认为设计改进后的铁龙爪扬泥车具有很高的实用施工价值,可在干燥和浸水地下挖土,以及在松软沙石层向正前下方的泥土层进行深挖,并可通过人力牵绳的杠杆作用将铁龙爪提升高度至岸边。①

## 二、浚川耙

《宋史·河渠志》记载,宦官黄怀信认为李公义制造的铁龙爪扬泥车重量过轻,在王安石的授命下,他与李公义改进制作了浚川耙。"其法:以巨木长八尺,齿长二尺,列于木下如耙状,以石压之;两旁系大绳,两端碇大船,相距八十步,各用滑车绞之,来去挠荡泥沙,已又移船浚。"②同样在公元1289年,郭守敬也对浚川耙进行了综合改进,以适应挖凿疏浚施工工程的需要,提高作业效率和操作安全性。浚川耙是半回转铲斗式挖泥船的最早雏形。

浚川耙是安置在岸边的一种半人工机械挖沙石装置。郭守敬在浚川耙上设计了几种半机械杠杆装置,通过杠杆作用人力拉压木杆等,对硬土、卵石和碎石碴等进行作业,由人工抬拉着挖凿,可向河床内侧和斜下方深挖扩展。郭守敬还在浚川耙底部添置了多块宽大的木板垫,作为承重设置。浚川耙造好后,郭守敬派物料场官与巡河官察视其质量:改进设计后的浚川耙船型小于铁龙爪扬泥车;监工检看浚川耙的铲斗,但见前铲部分由尖锐的铸铁齿构成,具有一定的碎岩功能,破土力大。铲斗两侧斗壁用覆板加固,可侧向抬高,将部分碎石土抛至岸边,比铁龙爪扬泥车更适合较硬沙石层。物料场官与巡河官还查看浚川耙的装载容斗,但见装土容积大,密封严实,质量牢靠。经改进的浚川耙投入使用,再配备锯牙、木笼、木岸和马头等挖河工具,有助于节约人力和施工时间。③

① 此处关于郭守敬改造"铁龙爪扬泥车"的叙述,系援引《宋代科技成就》。邵国庆主编:《宋代科技成就》,河南科学技术出版社,2014,第176-177页。
② 周魁一等注释:《二十五史河渠志注释》,中国书店,1990,第68页。
③ 此处关于郭守敬改造"浚川耙"的叙述,系援引《宋代科技成就》。邵国庆主编:《宋代科技成就》,河南科学技术出版社,2014,第177-178页。

### 三、驱泥引河龙

清道光年间，陆千戎发明了驱泥引河龙（见图 8-1）。驱泥引河龙是应用水力疏浚的器具。据江苏省洪泽湖三河闸管理处保存的图纸资料记载，驱泥引河龙的构造为："器身长一丈六尺。前口宽四尺，高二尺；后口宽一丈，高八尺。下有铁梁，口有铁条，背编藤篾，旁用桓木。四足用铁，取下坠；中空，使水贯注；虚空无底，取不停淤；大口进，小口出，取聚水冲溜；身长，使水直而远注，用时亦有锁缆坠后。"

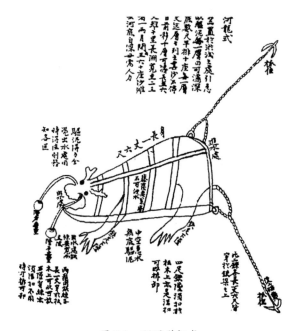

图 8-1　驱泥引河龙

资料来源：毛振培，谭徐明：《中国古代防洪工程技术史》，山西教育出版社，2017，第 432 页。

驱泥引河龙沉放时，尾部向上游，头部向下游。常 10 个一排，每排下游冲刷距离可达 5 丈，每日冲深数尺。若自上而下平排若干座，逐日将其用船挟带向下游移动，疏浚效果显著。为保证冲淤效果，一是龙身藤篾要密，每次使用后要用生桐油油漆一遍，使龙身密不透水；二是龙须铁链坠石要重，在河底浚深后要随时放铁链，务必使引河龙头俯向河底。驱泥引河龙试用数年，"屡屡驱沙有效"。"十里长洲，宽至二三里者，一两月间，用五六十座（引河龙），沙滩尽去，河底自深，毋需人力。"

由于驱泥引河龙只能增大局部水流速度，并未提高全河断面的平均流速，因此只适用于疏浚局部险滩，而不能解决全河的泥沙淤积问题。尽管如此，驱泥引河龙仍然体现了中国古代在长久的疏浚实践中积累的智慧和经验。[①]

## 四、清河龙

清河龙(见图 8-2)为治河官员黄树毂所创制,是清代的人力挖泥船,用于疏浚运河。由 9 节组成,节间用铁钩连接。首节为龙头,中间 7 节为龙腹,即泥舱,最末龙尾一节。龙头长 2 丈,上有绞盘柱,柱下端围以铁齿,能插入泥沙中,柱后有进泥的龙口、龙舌、龙喉。人力推绞盘柱绞动,船即前进,柱下铁齿随同转动,并将泥沙搅起,从龙口顺龙喉而出,落入其后之泥舱。泥舱每节长 9 尺,宽 8 尺,深 6 尺;一节装满,摘钩脱开就堤卸泥,并将后节泥舱提前,联接龙头,继续作业,依次更换,待 7 节都卸完,再连成一体照前式重复施工。最后一节称龙尾,是舵舱。龙头两侧还装有披水板,用以分水;龙腹两侧装有龙爪,用以梳泥。每条清河龙带小船一只,作探水深浅、系缆、解卸泥舱和联络之用,称为子龙。施工挖泥时,用两条清河龙为一

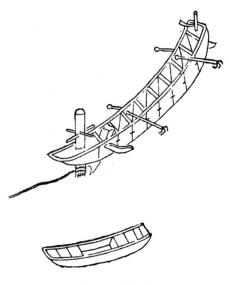

清河龙式

图 8-2　清河龙

资料来源:完颜麟庆:《河工器具图说》,载中国水利史典编委会整理:《中国古代河工技术通解》,中国水利水电出版社,2018,第 210 页。

---

① 此处关于"驱泥引河龙"的叙述,系援引《中国古代防洪工程技术史》。毛振培、谭徐明:《中国古代防洪工程技术史》,山西教育出版社,2017,第 432 页。

组,龙头相对,相距 20 丈,两龙绞盘柱间系绳连接,同时绞动,相对前进。当两船碰头时,此段河道即告疏通。[①]

## 五、 其他疏浚器具

清人麟庆在其所撰写的《河工器具图说》中,还记录了众多其他疏浚器具,此处略述之。

### 1. 畚臿

畚是盛土的器具,用草绳、蒲竹、荆柳等编织而成。畚一般与臿同时使用,合称"畚臿"。臿,即锹,开凿渠道时,用于挖土。臿的出现与使用,可追溯到先秦时期。《汉书·沟洫志》记《白渠歌》有"举臿为云,决渠为雨"之语,《淮南子》有"尧之时,天下大水,禹执畚臿以为民先"之说。畚臿(见图 8-3)是古代疏浚中必备的基础工具。

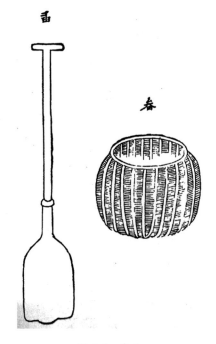

图 8-3 畚臿

资料来源:完颜麟庆:《河工器具图说》,载中国水利史典编委会整理:《中国古代河工技术通解》,中国水利水电出版社,2018,第 188 页。

---

① 此处关于"清河龙"的叙述,系援引《水运技术词典》。《水运技术词典》编辑委员会:《水运技术词典·古代水运与木帆船分册》,人民交通出版社,1980,第 35 页。

### 2. 铁杴和长柄杴

杴与臿属于同种器具,只是头部比臿宽,手柄无短枴,用于铲挖沙土。铁杴(见图 8-4)可用于平整埽工表面之土。长柄杴(见图 8-4)是挑浚河道淤泥的工具,长手柄可使淤泥摔得较远,方便从河道低洼处将挖出的淤泥摔到岸边。

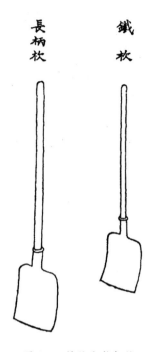

图 8-4 铁杴和长柄杴

资料来源:完颜麟庆:《河工器具图说》,载中国水利史典编委会整理:《中国古代河工技术通解》,中国水利水电出版社,2018,第 190 页。

### 3. 柳斗和布兜

柳斗(见图 8-5)是用柳条编织而成的容器,形状与斗相似。挑挖河道时,用于装运泥土。如果挖出的是稀泥,则用布兜(见图 8-5)装运。

### 4. 麻布兜、泥合子、长柄泥合、刮淤板

这四种都是挑挖淤泥的工具(见图 8-6)。麻布兜盛淤泥时,可以同时滤去其中的水。泥合子是用木头做成的盒状物,中间安有提把,用于装取中转淤泥。长柄泥合则以坚硬的木头做手柄,用柳木为头,形如蒲锹,两边高中间下凹,可把淤泥摔到远处。刮板是由木头削成的,有手柄,用于刮淤泥,然后盛入泥合子。

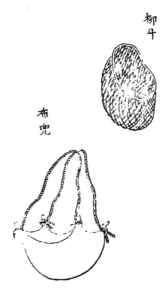

图 8-5 柳斗和布兜

资料来源：完颜麟庆：《河工器具图说》，载中国水利史典编委会整理：《中国古代河工技术通解》，中国水利水电出版社，2018，第 201 页。

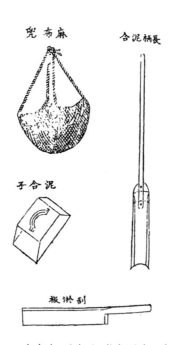

图 8-6 麻布兜、泥合子、长柄泥合、刮淤板

资料来源：完颜麟庆：《河工器具图说》，载中国水利史典编委会整理：《中国古代河工技术通解》，中国水利水电出版社，2018，第 201 页。

### 5. 合子枚、空心枚、双齿锄、五齿钯

这四种是捞浚工具（见图 8-7）。合子枚的头部用木削成，中间下凹如勺，四周镶铁，可盛稀薄的淤泥。空心枚将木板中间刳空，四周凿上小洞，在后面钉上布袋，前面系上一根绳子，再用长竹为柄，使用时一人拉绳子，一人扶手柄，捞取淤泥。双齿锄头部锻铁而成，形似燕尾，可破砂礓。五齿钯锻铁为齿，形长而扁，可除胶淤。

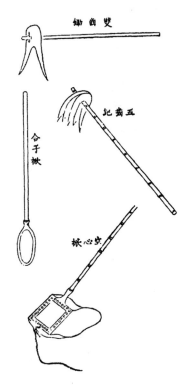

图 8-7　合子枚、空心枚、双齿锄、五齿钯

资料来源：完颜麟庆：《河工器具图说》，载中国水利史典编委会整理：《中国古代河工技术通解》，中国水利水电出版社，2018，第 202 页。

### 6. 九齿耙、杏叶耙、十二齿钯

九齿耙（见图 8-8）头部用一横木，附以铁锻造而成的齿，是破除土块、搜剔瓦砾的利器。杏叶耙（见图 8-8）头部锻铁而成，形如杏叶，用于捞浚河底的淤柴。十二齿钯（见图 8-8）是捞拉浅水淤沙的器具。

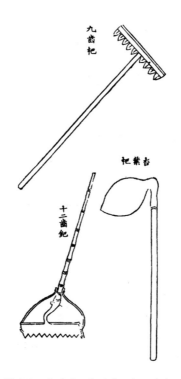

图 8-8　九齿杷、杏叶杷、十二齿钯

资料来源：完颜麟庆：《河工器具图说》，载中国水利史典编委会整理：《中国古代河工技术通解》，中国水利水电出版社，2018，第 203 页。

### 7. 铁板、铁罱

铁板（见图 8-9）是起土捞浅之具，头部与铧类似。铁罱（见图 8-9）用铁铸造成勺状，中间有轴连贯，可以开合，有两根竹木手柄。遇有水道淤阻之处，驾船前去捞浅时，可将铁罱探入水下，夹取稀泥，倒入船舱，较为巧便。

### 8. 吸笆

吸笆（见图 8-10）是将竹斗口朝下放置，两旁各系一根绳子，底部中间插一根竹柄，从而制成。遇泥沙淤积形成土埂之处，将船排泊其侧，使人手持吸笆插入河底，再抽出，多次重复，可吸取沙土。由此清除土埂，浚深河道。

### 9. 铁笆

铁笆（见图 8-11）是用铁铸造而成的形似笆竹的器具，挑河疏淤时使用。笆竹，即棘竹，一丛共生，根若推轮，节若束针。

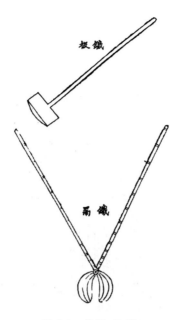

图 8-9　铁板、铁刷

资料来源：完颜麟庆：《河工器具图说》，载中国水利史典编委会整理：《中国古代河工技术通解》，中国水利水电出版社，2018，第 204 页。

图 8-10　吸笆

资料来源：完颜麟庆：《河工器具图说》，载中国水利史典编委会整理：《中国古代河工技术通解》，中国水利水电出版社，2018，第 204 页。

图 8-11　铁笆

资料来源：完颜麟庆：《河工器具图说》，载中国水利史典编委会整理：《中国古代河
工技术通解》，中国水利水电出版社，2018，第 208 页。

### 10. 铁篦子

铁篦子（见图 8-12），顾名思义，是用铁铸成的篦子。使用时，将铁篦子系于船尾，船极速往来行驶，搅动泥沙，使其涌起，流动不停。铁篦子在顺水顺风时使用效果较好，逆水时需用人力牵引保持船行之速，如若行驶较慢，则无甚效果。

### 11. 混江龙

混江龙（见图 8-13）体似圆轴，以硬木为轴，周身密布铁箭，两头凿孔，用于穿钩系绳。圆轴上专有 3 个滚轮，轮身排布铁齿。使用方法与铁篦子相同，将其系于船尾，由船牵引其滚动前行，从而翻动河中淤积的泥土。

### 12. 挨牌、逼水板

挨牌、逼水板（见图 8-14）是运河淤浅时，纯用人力逼水冲沙之具。挨牌上下同宽，逼水板上窄下宽，中间安放 3 道横杠，两面横钉厚板。由人在背后托举，放立于浅水处，八字排开，以逼水流汇聚，冲刷淤泥，浚深河道。但作用范围不大，只能用于数丈之地，长则无效。

子 篦 鐵

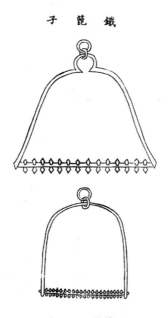

图 8-12 铁篦子

资料来源：完颜麟庆：《河工器具图说》，载中国水利史典编委会整理：《中国古代河工技术通解》，中国水利水电出版社，2018，第 209 页。

龍 江 混

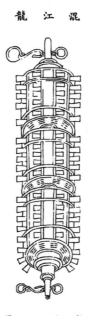

图 8-13 混江龙

资料来源：完颜麟庆：《河工器具图说》，载中国水利史典编委会整理：《中国古代河工技术通解》，中国水利水电出版社，2018，第 209 页。

图 8-14 挨牌、逼水板

资料来源：完颜麟庆：《河工器具图说》，载中国水利史典编委会整理：《中国古代河工技术通解》，中国水利水电出版社，2018，第 210 页。